Gordon Müller-Seitz

Positive Emotionalität in Organisationen

Identifikation realtypischer
Erscheinungsformen und
Gestaltungsoptionen aus Sicht des
Humanressourcen-Managements

Mit einem Geleitwort von Prof. Dr. Max J. Ringlstetter

GABLER EDITION WISSENSCHAFT

Bibliografische Information Der Deutschen Nationalbibliothek
Die Deutsche Nationalbibliothek verzeichnet diese Publikation in der
Deutschen Nationalbibliografie; detaillierte bibliografische Daten sind im Internet über
<http://dnb.d-nb.de> abrufbar.

Dissertation Katholische Universität Eichstätt-Ingolstadt, 2007

1. Auflage 2008

Alle Rechte vorbehalten
© Betriebswirtschaftlicher Verlag Dr. Th. Gabler | GWV Fachverlage GmbH, Wiesbaden 2008

Lektorat: Frauke Schindler / Stefanie Loyal

Der Gabler Verlag ist ein Unternehmen von Springer Science+Business Media.
www.gabler.de

Umschlaggestaltung: Regine Zimmer, Dipl.-Designerin, Frankfurt/Main
Gedruckt auf säurefreiem und chlorfrei gebleichtem Papier
Printed in Germany

ISBN 978-3-8349-0862-9

GELEITWORT

Die Arbeit von Gordon Müller-Seitz befasst sich mit einem Phänomen, das sowohl wissenschaftstheoretisch als auch für die Praxis des Humanressourcen-Management von ganz erheblicher Bedeutung ist. So sind durch positive Emotionalität geprägte Zustände wie Freude, Flow-Gefühle oder Stolz zwar allgegenwärtige und zugleich auch betriebswirtschaftlich relevante Erscheinungen, indes liegen dazu bis heute weder fundierte noch umfassende Forschungsarbeiten aus dem Blickwinkel des Humanressourcen-Managements vor.

Diese erstaunlichen und zugleich bedenklichen Forschungslücken werden von Müller-Seitz systematisch und fundiert geschlossen, wobei der Autor zugleich den theoretischen Rahmen konzipiert, auf dessen Grundlage er dann interessante Impulse mit hoher Relevanz für die Unternehmenspraxis anbietet. Letztgenannter Aspekt unterstreicht dabei den innovativen Charakter seiner Konzeption, die weit über die traditionell am Individuum orientierten konventionellen Ansätze hinausgeht. Im Hinblick auf die Sozialisation positiver Emotionalität etwa, um nur ein Beispiel herauszugreifen, werden wissenschaftlich fundiert und zugleich praxeologisch wertvoll unterschiedliche Sozialisationsphasen und -agenten, z.B. Kunden, problematisiert.

Die Arbeit von Gordon Müller-Seitz betritt damit wissenschaftliches Neuland, das auch im Hinblick auf ein "Scientific Management" von unschätzbarer Relevanz ist. Angesichts der eingangs diagnostizierten Forschungssituation stellt die Arbeit somit nicht nur den "state-of-the-art" dar, sondern liefert gleichsam unkonventionelle, ja teilweise provokante Anregungen für weitere Forschungsbemühungen. Insofern kann die Arbeit als inspirierende und in ihrer Bedeutung nicht hoch genug einzuordnende Informationsquelle gelten, die für den akademisch orientierten Leser ebenso wie für den einschlägig befassten Wissenschaftler und vor allem auch das Humanressourcen-Management "vor Ort" von ganz erheblichem Wert ist.

Prof. Dr. Max Ringlstetter

VORWORT

Der Themenfindungsprozess für diese Arbeit begann bereits bei der Abfassung meiner Diplomarbeit mit einer Reflexion über meine zukünftigen Karrierepläne. In dieser Phase reifte der Entschluss, eine Tätigkeit anzustreben, die geistig fordernd, interessant und für mich zugleich auch emotional stimmig sein sollte. Dabei realisierte ich, dass dies im Wesentlichen für das wissenschaftliche Arbeiten zutraf. Vor diesem Hintergrund war es nicht mehr als konsequent, dass ich mich im Rahmen meiner Dissertation mit dem Thema positive Emotionalität auseinandersetzte.

An dieser Stelle möchte ich mich daher bei *Allen* recht herzlich bedanken, die dazu beigetragen haben, dass ich eine von positiver Emotionalität geprägte Promotionszeit hatte. Mein besonderer Dank gilt diesbezüglich zuallererst meinem Doktorvater, Prof. Dr. Max Ringlstetter. Indem er mir stets hohe akademische Freiheitsgrade gewährte und für ein inspirierendes akademisches Lehrstuhlumfeld sorgte, fühlte ich mich dort stets rundum zufrieden und konnte infolgedessen mein eigenes Engagement auch voll entfalten. Zugleich möchte ich mich ebenfalls recht herzlich bei meinem akademischen Lehrer, Prof. Dr. Bernd Stauss, bedanken – nicht nur, aber vor allem auch wegen der Übernahme des Korreferats.

Wie bereits angedeutet, habe ich mich in dem stimulierenden Umfeld des Lehrstuhls jederzeit gut aufgehoben gefühlt. In diesem Zusammenhang möchte ich an dieser Stelle zunächst PD Dr. Stephan Kaiser erwähnen, der als „Sparringspartner" für unzählige Flow-Zustände verantwortlich war und von dessen Anregungen ich nachhaltig profitiert habe. Zudem erhielt ich auch wertvolle Unterstützungen bei der Ausarbeitung der Dissertation durch das gesamte Lehrstuhlteam in den Forschungsseminaren, insbesondere durch Dipl.-Kfm. Christian Gehbardt, Dipl.-Kfm. Christian Haas, Dipl.-Kfm. Oliver Kohmann, Dipl.-Kfm. Alexander Reichhuber, Dr. Thomas Salditt und Dipl.-Kfm. Felix Schulze-Borges. Dies trifft vor allem auch auf Dipl.-Kffr. Susanne Knittel zu, mit der ich nicht nur im Hinblick auf die gemeinsame Zusammenarbeit in unserem Büro Positives verbinde, sondern auch in Bezug auf den privaten Austausch. Mit Dipl.-Kffr. Simone Kansy und Dipl.-Kfm. Tilo Polster werde ich zudem immer den Duathlon im Rahmen der Summer Challenge sowie die KaPoGo-Malsession in Verbindung bringen. Für das angenehme Lehrstuhlklima sorgte dabei immer wieder auch Walburga Mosburger. Ihre herzliche und vorausschauende Art trugen ebenfalls maßgeblich dazu bei, dass ich mich immer sehr wohl fühlen und viele verwaltungstechnische „Herausforderungen" meistern konnte.

Des Weiteren bin ich Dr. Christian Coenen für die angenehmen privaten Gespräche und den anregenden akademischen Diskurs sehr zu Dank verpflichtet. Aus dem privaten Umfeld möchte ich insbesondere Dipl.-Kfm. Andreas Hauser, Prof. Dr. Dieter Wagner sowie Dipl.-Psych. Till Wagner hervorheben, die ebenfalls wertvolle Impulse lieferten.

Für die finanzielle Unterstützung in Form eines Promotionsstipendiums möchte ich mich nicht zuletzt bei der Erich-Kellerhals-Stiftung, insbesondere bei Hans Pütz bedanken. Auch profitierte meine Arbeit von den wertvollen Anregungen der Interviewpartner. Neben dem permanent-konstruktiven Austausch mit Prof. Dr. Utho Creusen, sind hier vor allem auch Dr. Jutta Gallenmüller-Roschmann, Dr. Wolfgang Güttel, Prof. Dr. Dr. h.c. Ekkehard Kappler, Dr. Wendelin Küpers sowie Prof. Dr. Dr. Waldemar Molinski zu nennen.

Abschließend gebührt mein herzlicher Dank meiner langjährigen Lebensgefährtin Nina Wagner sowie meinen Eltern, Bernadette und Prof. Dr. Peter Müller-Seitz. Insbesondere für die kritischen Kommentare und die moralische Unterstützung möchte ich mich an dieser Stelle bei meinem Vater bedanken, dem diese Arbeit gewidmet ist.

Gordon Müller-Seitz

INHALTSVERZEICHNIS

ABBILDUNGSVERZEICHNIS

ABKÜRZUNGSVERZEICHNIS

Abb.   = Abbildung

ALDI   = Albrecht-Discount

BCG   = The Boston Consulting Group

BMW   = Bayerische Motoren Werke

bspw.   = beispielsweise

$ = US-Dollar

d.h.   = das heißt

€   = Euro

E-Mail   = Electronic Mail

et al.   = et alii

etc.   = et cetera

f.   = folgende

ff.   = fortfolgende

HR   = Humanressourcen

HRM   = Humanressourcen-Management

Hrsg.   = Herausgeber

IBM   = International Business Machines

i.H.v.   = in Höhe von

i.S.v.   = im Sinne von

IT   = Informationstechnologie

Mrd.   = Milliarden

MTU   = Motoren- und Turbinen-Union

o.g.   = oben genannte/n

PC   = Personalcomputer

s.   = siehe

S.   = Seite

s.o.   = siehe oben

SMS   = Short Message Service

Sp.   = Spalte

SWB   = Subjective Well-Being (subjektives Wohlbefinden)

USA   = United States of America

u.U.   = unter Umständen

vgl.   = vergleiche

z.B.   = zum Beispiel

EINFÜHRENDE BEMERKUNGEN

Zustände wie Freude, Neid oder Stolz stellen gemeinhin bekannte und *allgegenwärtige Phänomene* dar.[1] Betroffen ist dabei *sowohl die Privatsphäre als auch der Berufsalltag*.[2] So überrascht es nicht, dass sich wissenschaftliche Beiträge dem Thema Emotionalität[3] auch und vor allem aus interdisziplinärer Warte angenommen haben. Das Spektrum naturwissenschaftlicher Ausführungen erstreckt sich dabei auf solch unterschiedliche Disziplinen wie z.b. die Neurobiologie,[4] Medizin[5] oder Psychotherapie.[6] Demgegenüber umfassen sozialwissenschaftliche Untersuchungen insbesondere Ansätze aus der Soziologie[7] und Philosophie.[8] Impulse betriebswirtschaftlicher Provenienz hingegen sind vor allem in den Bereichen Dienstleistungsmanagement und Marketing zu verorten.[9] Auch aus der Psychologie liegen entsprechende

---

[1] Vgl. Fredrickson et al. (2000), Katzenbach/ Santamaria (1999).

[2] Vgl. Akhavan Farshchi/ Fisher (2000), Bolton (2005), S. 1, Küpers/ Weibler (2005).

[3] Vgl. hier und im Folgenden: Ringlstetter/ Müller-Seitz (2006a), S. 133f. Der Begriff „Emotion" in seiner konventionellen Verwendung scheint verengt (Seo et al. 2004), weshalb die Autoren das klassische Begriffsverständnis erweitern und von Emotionalität bzw. synonym emotionalitätsbasierten Zuständen sprechen. Dieses Verständnis liegt der Arbeit ebenso zugrunde. Der Terminus fungiert als Oberbegriff für Emotionen, Gefühle und Stimmungen sowie eine auf emotionalen Faktoren basierende Einstellung. Diese drei Begriffe lassen sich anhand ihrer Dauerhaftigkeit und Nachhaltigkeit unterscheiden. Während Gefühle akuter und temporärer Natur sind, weisen Einstellungen eher einen latenten, dafür aber chronischen Charakter auf. Stimmungen nehmen im Vergleich dazu eine Mittelposition ein. Nachstehend wird somit zwischen diesen Begriffen differenziert, insbesondere zwischen Emotion und Emotionalität bzw. synonym emotionalitätsbasierten Zuständen, wobei Zustände in diesem Zusammenhang nicht mit dem englischsprachigen Begriff „state" gleichzusetzen sind. Für eine detaillierte Betrachtung sei auf die Teile I und II verwiesen.

[4] Vgl. Damasio (2002), Damasio (2004), LeDoux (1996) und Zak et al. (2004).

[5] Ein zentraler Betrachtungsgegenstand medizinischer Untersuchungen ist beispielsweise Alexithymie. Der Begriff stellt im engeren Sinne auf die Unfähigkeit ab, Gefühle artikulieren zu können. Gängiger und etwas weiter gefasst versteht man hierunter jedoch das begrenzte Gewahrsein hinsichtlich eigener Gefühle bzw. von denjenigen anderer Personen; vgl. Taylor et al. (1997). Daneben stehen im medizinischen Kontext vor allem emotionalitätsbezogene Störungen im Vordergrund; exemplarisch: Watts (1992).

[6] Vgl. Pennebaker/ Segal (1999).

[7] Vgl. Ciompi (2004), Gerhards (1988a), Hochschild (1983a), Hochschild (1983b).

[8] Vgl. Solomon (1993). Ergänzend ist darauf hinzuweisen, dass jüngst auch die Analyse sozialer Bewegungen sowie politisch orientierte Forschungsbemühungen Emotionalität zum Untersuchungsgegenstand haben; vgl. exemplarisch Goodwin et al. (2000), Jasper (1998), Klatch (2004), Perry (2002).

[9] Vgl. Liljander/ Strandvik (1996), Locke (1996), Menon/ Dube (2000). Die breite Rezeption im Rahmen der Dienstleistungsmanagementforschung lässt sich u.a. durch die zunehmende volkswirtschaftliche Bedeutung von Dienstleistungen erklären. Denn immer mehr Menschen gehen Dienstleistungsberufen nach, die mit direktem Kundenkontakt verbunden sind (Briner 1999, Institut der deutschen Wirtschaft 2006, S. 12, Krämer 1998, S. 184, Meffert/ Bruhn 2003, S. 3f.). In diesen Austauschsituationen sind meist auch Zustände wie Ärger oder Freude vorherrschend bzw. relevant, was für die Mitarbeiter, gleichermaßen aber auch für die Kunden gilt (Kiely 2005, Stauss 1997, Stauss/ Neuhaus 1997). Für den Bereich des Dienstleistungsmanagements lassen sich exemplarisch Stauss et alii (2005) anführen, die emotionale Aspekte der Kundenfrustration bei Kundenloyalitätsprogrammen untersuchten. Eine auf die Marketingwissenschaft bezogene Auseinandersetzung erfolgt beispielsweise bei Bagozzi et al. (1999), O'Shaughnessy/

Arbeiten vor. Dies ist u.a. darauf zurückzuführen, dass die Emotionspsychologie bereits auf eine sehr lange und elaborierte Forschungstradition zurückblicken kann.[10]

Ein weiterer Grund für die wissenschaftliche Auseinandersetzung mit Emotionalität dürfte neben ihrer Allgegenwärtigkeit bzw. ihrer interdisziplinären Rezeption insbesondere darin zu sehen sein, dass grundsätzlich ein *betriebswirtschaftliches Forschungsinteresse zu unterstellen* ist. Diese Annahme lässt sich u.a. mit diversen wissenschaftlichen Studien belegen, die den *Erfolgsbeitrag positiver* emotionaler Zustände auf verschiedenen Ebenen nachweisen konnten.[11] Häufig konstatierte Folgen positiver Emotionalität auf *intrapersoneller Ebene* werden beispielsweise in der Verbesserung der Kreativität, erhöhter Flexibilität oder in Motivationssteigerungen gesehen.[12] Zudem weisen diverse Untersuchungsergebnisse auf förderliche Wirkeffekte im Hinblick auf die Gesundheit der Mitarbeiter hin.[13] Dies betrifft sowohl kurzfristige Effekte wie die Produktion von Endorphinen, als auch eher langfristige Folgen, wie z.b. eine potenzielle Erhöhung der Lebenserwartung.[14] Daneben scheint auch die Arbeits- und Lebenszufriedenheit durch emotionale Zustände beeinflussbar.[15] Positive Konsequenzen aus betriebswirtschaftlicher Perspektive können in diesem Zusammenhang exemplarisch in einer Verringerung der Fehlzeiten sowie in einem Abbau von Fluktuationsraten gesehen werden.[16] Auf *interpersoneller Ebene* ist positive Emotionalität insofern interessant, als arbeitspsychologische Studien die Entwicklung von Gemeinschaftssinn bzw. steigender Bereitschaft zu prosozialem Verhalten nachweisen konnten.[17] Ähnliche Wirkeffekte sind auf *kollektiver Ebene* zu konstatieren. So konnten z.b. Harter et alii eine Erhöhung der Produktivität auf Ab-

---

| | O'Shaughnessy (2003), Plötner/ Ehret (2006) oder Verbeke/ Bagozzi (2003). Zudem ist auf die Rolle von Emotionalität im Bereich der Werbewirksamkeitsforschung zu verweisen, bei der eine Emotionalisierung der Werbebotschaft als zentrale Komponente aufgefasst wird; vgl. Cotte/ Ritchie (2005), Mehta/ Purvis (2006), Mudie et al. (2003), Taylor (2000a) sowie für einen generellen Überblick Huang (2001). |

10   Vgl. Gerhards (1988b), S. 187, Krell/ Weiskopf (2001), S. 6, Strongman (2003), S. 259. Die Forschungsrichtung Psychologie wird hier als eine bereichsübergreifende Wissenschaft gesehen und kann daher nicht eindeutig dem Bereich der Natur- oder Sozialwissenschaften zugeordnet werden; vgl. auch II.1.

11   Diese Arbeit konzentriert sich auf *positive* Emotionalität. Neben der noch zu erörternden besonderen Relevanz ist dies vor allem mit der im Vergleich zu negativer Emotionalität seltener vorzufindenden isolierten Betrachtung positiver Emotionalität zu begründen; vgl. auch die ausführliche Erörterung in I.1.3.

12   Vgl. Fredrickson et al. (2000), James et al. (2004).

13   Alle folgenden, eingeschlechtlichen Formulierungen sind geschlechtsneutral zu verstehen.

14   Vgl. exemplarisch Danner et al. (2001) und Lazarus (1991a).

15   Vgl. Spector (1997), Suh et al. (1998), Warr (1999).

16   Vgl. Grandey (2000), S. 10f., Hochschild (1983b). Ähnlich argumentiert auch Gauger (2000, S. 88f.) in ihrer Auseinandersetzung mit affektivem Commitment sowie II.2.2.

17   Vgl. Coenen (2005), Isen (1987) sowie ähnlich Stauss (2004). Einschränkend ist zu konstatieren, dass hier auch negative Konsequenzen denkbar sind (vgl. hierzu I.3).

teilungsebene nachweisen.[18] Daneben belegen auch volkswirtschaftliche Studien die Bedeutung des allgemeinen Wohlbefindens bzw. der Gesundheit, z.b. hinsichtlich der Gesundheitskosten von Unternehmen.[19]

Vor diesem Hintergrund ist es überraschend, dass interessanterweise *kaum eigenständige Ansätze* aus dem Bereich stammen, der sich originär mit der Emotionalität von Mitarbeitern auseinandersetzen könnte bzw. müsste, nämlich dem des *Humanressourcen-Managements* (HRM).[20] Dies verwundert vor allem angesichts der Tatsache, dass Emotionalität bereits seit dem Aufkommen der Human Relations-Bewegung zumindest indirekt eine Rolle spielt.[21] Zwar zeichnet sich hier ein Trend ab,[22] der diesbezüglich auf eine zunehmende Rezeption hindeutet. Allerdings betrifft dies bislang primär angelsächsische Publikationen.[23] Entsprechend konstatiert Sturdy:

„The neglect of emotion in organization studies is now well known and beginning to be addressed, albeit gradually" (Sturdy 2003, S. 82).

Für Publikationen aus dem deutschsprachigen Raum kann Ähnliches festgestellt werden.[24] In dieser Verbindung dürfen Küpers und Weibler nicht unerwähnt bleiben, die eine solche Ver-

---

[18]   Vgl. Harter et al. (2003). Die Autoren konnten nachweisen, dass Abteilungen mit emotional gebundenen Mitarbeitern weitaus produktiver waren, als Abteilungen, in denen die Mitarbeiter weniger emotional gebunden waren.

[19]   Vgl. stellvertretend für differenzierte Ergebnisse Diener/ Oishi (2000), S. 204, Frank (1999), S. 111ff., Lahelma (1992), S. 261ff., Layard (1980), S. 737ff., sowie Layard (2005), S. 48.

[20]   Vgl. Anhang 1. Zur Auslegung des HRM-Begriffs ist auf die nachstehenden Ausführungen in dieser Einleitung zu verweisen [(2) b]. Für weiterführende Überlegungen hinsichtlich der Unterscheidung der diversen HRM-nahen Begriffe bzw. deren unterschiedlicher Nuancierung sei an dieser Stelle exemplarisch auf die bereits vorhandenen Gegenüberstellungen von Garnjost/ Wächter (1996), Hentze/ Kammel (2001), S. 47ff., sowie Scholz (2000), S. 42ff., verwiesen. Der vorliegenden Arbeit liegt eine relativ weit gefasste Auslegung des Begriffs zugrunde, um sich nicht gegenüber realtypischen Phänomenen zu verschließen; vgl. Sattelberger (1996a), S. 232ff.

[21]   Vgl. Ashforth/ Humphrey (1995), S. 98, die auf die Werke von Likert (1967), Mayo (1945) und Roethlisberger/ Dickson (1939) verweisen. Dennoch ist einschränkend darauf hinzuweisen, dass auch dem Human-Relations-Ansatz das Rationalitätsprinzip zugrunde liegt (Holtbrügge 2001, S. 200). Streng genommen ist die Human Relations-Bewegung der Organisationslehre zuzuordnen, soll hier jedoch aufgrund der Konzentration auf das Individuum dem breit ausgelegten Bereich der Forschung zum HRM zugeordnet werden.

[22]   Süffisant könnte man nun entgegenhalten, dass die Beschäftigung mit Emotionalität einer Modeerscheinung gleichkommt (Kieser 1996). Denn die Erkenntnis, dass (positive) Emotionalität bis dato äußerst stark vernachlässigt worden ist, reicht per se für ein fundiertes Plädoyer für mehr Aufmerksamkeit, nicht aus. Einer solchen Argumentation steht jedoch insbesondere die eingangs aufgezeigte Bedeutsamkeit aus individueller wie auch kollektiver Warte entgegen (vgl. Ausführungen zu Teil I).

[23]   Vgl. Deeken (1997), S. 25, der zwar auf die grundlegende Bedeutung sowie Vernachlässigung dieser Thematik verweist, jedoch kaum weiter darauf eingeht, wenn er festhält, dass „die Bedeutung intangibler Ressourcen wie Vertrauen, Loyalität und Akzeptanz wohl immer noch erheblich unterschätzt" (Deeken 1997, S. 25) wird.

[24]   Vgl. Gallenmüller-Roschmann (2005), S. 45f., Kaiser (2001), S. 58. Kaiser diskutiert vor allem den Einfluss positiver Emotionen auf kognitive Lernprozesse. In diesem Zusammenhang konstatiert er, dass „die

nachlässigung ebenso wie Sturdy konstatieren: Positive Emotionen würden im Berufsalltag „weitgehend ausgeblendet oder bestenfalls am Rande berücksichtigt" (Küpers/ Weibler 2005, S. 17).

Betrachtet man nun die wenigen existierenden Ansätze zu Emotionalität im organisationalen Kontext[25], so lässt sich relativ häufig die Übernahme von Konstrukten anderer Disziplinen beobachten. Es scheint fast so zu sein, als käme es zu einer *„Kolonialisierung"* des HRM *durch benachbarte Disziplinen*, wie z.b. durch die Psychologie oder Soziologie.[26] Allerdings erfolgt dabei selten eine kritische Reflexion hinsichtlich der erkenntnistheoretischen und praxeologischen Relevanz der übernommenen Ansätze. Hierbei lässt sich insofern zunächst ein deutliches *Rezeptionsdefizit* konstatieren.[27] Das legt den Schluss nahe, dass das HRM kaum in der Lage zu sein scheint, den gegenwärtigen Diskussionsstand seiner Nachbardisziplinen um eigenständige Impulse zu bereichern. Ein *Unterstützungsdefizit* resultiert aus der Tatsache, dass Handlungsempfehlungen des HRM aufgrund ihrer Oberflächlichkeit und geringen Anpassung an die speziellen Bedürfnisse der Unternehmenspraxis kaum brauchbar sind.

Die *Bedeutung von positiver Emotionalität für die Unternehmenspraxis* lässt sich an verschiedenen Beispielen festmachen. Sie stützen nachhaltig das Plädoyer, positive Emotionalität für das HRM umfassender zu erschließen.[28] Legitimiert wird diese Forderung z.B. durch die folgende Kampagne des Personalmarketings von Sony, bei der das Unternehmen mit positiver Emotionalität in Verbindung gebracht werden soll, um so die Attraktivität des Arbeitsplatzangebots zu erhöhen:

> „Our success is created by our people. Together we generate ideas, enthusiasm and dedication. This spirit makes us different, and helps us exceed expectations at every step. And

---

[25]   derzeitige Forschung zur Relevanz von Emotionen in Arbeitssituationen noch in den Kinderschuhen" (Kaiser 2001, S. 58) stecke.

Der Begriff organisationaler Kontext soll im Folgenden als Synonym zu den Begriffen Organisation und Unternehmen bzw. Unternehmung aufzufassen sein.

[26]   Vgl. Poder (2004), S. 186. Vor allem die Hegemonie psychologischer Ansätze wird durch Poder kritisiert bzw. angefochten.

[27]   Vgl. hier und im Folgenden: Kniehl (1998), S. 12f. Der Autor bezieht sich auf das HRM im Zusammenhang mit der Motivationsforschung und beobachtet dort gleichermaßen ein Rezeptions- sowie Unterstützungsdefizit.

[28]   Vgl. Barsade/Gibson (2007), S. 42ff. für einen aktuellen Überblick. Neben den genannten Forschungsbemühungen stellen zahlreiche populärwissenschaftliche Publikationen ein weiteres Indiz für das gegenwärtige Interesse für diese Thematik dar (Kotchemidova 2005, S. 14). Unglücklicher Weise geht mit der Popularität von Emotionalität auch eine Flankierung durch diverse belletristisch anmutende Publikationen einher. Exemplarisch ist hier auf das Konzept der Emotionalen Intelligenz zu verweisen, welches von Salovey und Mayer (1990) entwickelt und später von Daniel Goleman (1997) für ein breites Publikum zugänglich gemacht wurde (s. hierzu kritisch: Sieben 2001). Weitere populärwissenschaftliche Beispiele für die steigende Akzeptanz der Thematik stellen die Beiträge von Gonschorrek (2002) sowie Jaehrling (2002) dar.

behind it all is a passion for technology. Put simply, we believe in enjoying what we do"
(Sony 2006).

Interessant ist in diesem Zusammenhang auch eine repräsentative Erhebung des US-Forschungsinstituts Gallup.[29] Die Ergebnisse zeigten, dass sich lediglich 13 % der deutschen Arbeitnehmer emotional an ihren Arbeitgeber gebunden fühlen. Demgegenüber weisen 69 % eine nur geringe und 18 % überhaupt keine emotionale Bindung auf. Der volkswirtschaftliche Gesamtschaden dieses fehlenden Engagements wird in der Untersuchung auf rund € 1,7 Mrd. geschätzt. Analoge Zusammenhänge sieht auch Creusen, der positive emotionale Zustände bei Mitarbeitern als entscheidend für überdurchschnittliche Leistungen einordnet.[30]

Wird nun positive Emotionalität als allgegenwärtiges und betriebswirtschaftlich relevantes, jedoch im Bereich des HRM bis heute weithin vernachlässigtes Phänomen anerkannt, so erscheint eine diesbezüglich fundierte Auseinandersetzung unumgänglich.[31] Dazu sollen an dieser Stelle einige *propädeutische Vorüberlegungen* angestellt werden. Sie umfassen zunächst die Identifikation zentraler Forschungsdefizite hinsichtlich positiver Emotionalität im organisationalen Kontext sowie die daraus resultierenden Forschungsleitfragen (1). Daraufhin erfolgt eine Reflexion über die dem Beitrag zugrunde liegende Perspektive sowie die gewählte Methodik (2), bevor abschließend der Aufbau der Arbeit knapp skizziert wird (3).

(1) Forschungsdefizite und resultierende Forschungsleitfragen

Um das Erkenntnisinteresse der Arbeit verdeutlichen zu können, scheint zunächst eine *Skizzierung der bisherigen Rezeption* zweckvoll, um so die Grundlage für die Ableitung der resultierenden *Forschungsdefizite* aus Sicht des HRM schaffen zu können. Im Anschluss daran gehen die festgestellten Defizite in die jeweiligen *Forschungsleitfragen* ein.

Wie eingangs angedeutet, kann positive Emotionalität als ein omnipräsentes und zugleich bedeutsames Phänomen aufgefasst werden, für das bislang kaum Ansätze im Bereich des

---

[29] Vgl. hier und im Folgenden: Geißler (2006), Nink/ Wood (2004), Wood, fernmündlich 13.07.2006, Wood/ Nink (2005).

[30] Vgl. Creusen, persönlich-mündlich 13.03.2006.

[31] Vgl. auch Ringlstetter/ Müller-Seitz (2006b), die positive Emotionalität aus der Perspektive des Resource-Based View als zumindest eingeschränkt wettbewerbsrelevante Ressource charakterisieren.

HRM existieren.[32] Diese Erkenntnis bildet den Ausgangspunkt der nachstehenden Argumentation und wird z.b. auch von Rafaelis Appell unterstrichen:[33]

„Emotions are an inherent part of everyday life of organizations. Emotion is what sets people and organizations in motion. So let's give it the attention it deserves" (Rafaeli 2002, S. xiii).

Ein Blick auf die vorhandenen wissenschaftlichen Publikationen verdeutlicht, dass das *Begriffsverständnis* der betreffenden Forscher aufgrund ihrer unterschiedlichen Festsetzungen naturgemäß *sehr heterogen* ausfällt.[34] Zudem dominieren Beiträge, die sich mit negativen Emotionen befassen, etwa mit Ärger oder Disstress.[35] Entsprechend scheint es zielführend, das bisherige Spektrum an wissenschaftlichen Konzeptionen zu sichten und für den Bereich des HRM relevante Forschungsschwerpunkte herauszufiletieren.[36] Vor diesem Hintergrund sollen folgende, miteinander in engem Zusammenhang stehende Forschungsleitfragen definiert werden:

Forschungsleitfrage 1a: Welche Gründe lassen sich für die geringe Rezeption von insbesondere positiven Emotionen für den Bereich des Humanressourcen-Managements festhalten?

Forschungsleitfrage 1b: Auf welche interdisziplinären Ansätze greifen gängige Konzeptionen des Humanressourcen-Managements im Hinblick auf Emotionen zurück?

Forschungsleitfrage 1c: Welche Schwerpunktsetzungen werden bei den bisherigen Ansätzen im Bereich des Humanressourcen-Managements greifbar?

---

[32] Für eine dezidierte Auseinandersetzung mit den bisherigen Forschungsschwerpunkten sei auf I.2.1 verwiesen.

[33] Die Autorin bezieht sich zwar auf „Emotions", doch es scheint möglich, ihre Gedankengänge auf Emotionalität, insbesondere positive Emotionalität, zu übertragen; vgl. hierzu die detaillierte Auseinandersetzung in I.2.1 sowie Teil II.

[34] Vgl. Lundberg/ Young (2001), S. 531. Das heterogene Begriffsverständnis basiert auf zwei Aspekten. Einerseits kursieren unterschiedliche Termini. So existieren neben den vergleichsweise gängigen Ausdrücken Emotion, Stimmung und Affekt, noch weitere Begriffe, die teilweise irreführend wirken können. Beispielsweise sprechen Bower et alii (1978) von „emotional mood" und Stearns und Stearns (1985) von „emotionology". Andererseits trägt die Auffassung, dass diverse Begriffe als Synonyme aufzufassen sind zusätzlich zur Konfusion bei. So fasst Dunkel (1988) die Begriffe Gefühl, Emotion und Emotionalität synonym auf, Tritt (1991) setzt Affekt, Emotion und Gefühl gleich.

[35] Vgl. Chesney et al. (2005), Mann/ Holdsworth (2003), Seligman/ Pawelski (2003) sowie die Diskussion in I.2.1. Fredrickson spricht in diesem Zusammenhang von einer „natural tendency to study something that afflicts the well-being of humanity – and the expression and experience of negative emotions are responsible for much of what ails this world" (Fredrickson 2003, S. 330). Die Unterteilung in Dis- und Eustress nahm erstmals Selye vor (Selye 1976). Disstress wird dabei als negativ bzw. kontraproduktiv aufgefasst, Eustress hingegen als subjektiver Stress, der sich positiv interpretieren lässt; vgl. Selye (1976), S. 15, Nelson/ Simmons (2004) bzw. Campbell Quick et al. (2004).

[36] Vgl. Fineman (1996), S. 546, der hierzu prägnant konstatiert: „The field is confusing, and different terms are used intercheably".

Forschungsleitfrage 1d: Wie sieht eine Konzeption positiver Emotionen aus, die originär am Humanressourcen-Management ausgerichtet ist?

Im Anschluss an die Auseinandersetzung mit diesen Forschungsleitfragen und einer Inhaltsanalyse der relevanten Veröffentlichungen wird der Mitarbeiter als zentrales Untersuchungsobjekt identifiziert. Ortmann bemerkt hierzu treffend:

> „Ich merke nur an, dass der größte Teil der einschlägigen Literatur auf Individuen und ihre emotionale Intelligenz abstellt, nicht auf Organisationen" (Ortmann 2001, S. 305).

Dies kann als Folge der Hegemonie *psychologischer Forschungsansätze* interpretiert werden, in denen naturgemäß das *Individuum* das *traditionelle Untersuchungsobjekt* repräsentiert.[37] Eine Ausweitung des Betrachtungsfokus auf Gruppen- bzw. Unternehmensebene erfolgt insofern wesentlich seltener.[38] Auch stellen diesbezüglich gängige Ansätze vornehmlich auf den kurzfristigen Charakter von Emotionen ab.[39] Mögliche interpersonelle Wirkeffekte positiver Emotionen im Zeitablauf bleiben infolgedessen außerhalb des gängigen Argumentationsspektrums.[40] Vor diesem Hintergrund ist die Formulierung weiterführender Forschungsleitfragen plausibel:

Forschungsleitfrage 2a: Inwiefern lassen sich am Individuum ausgerichtete Untersuchungen in eine Mehrebenenbetrachtung überführen?

Forschungsleitfrage 2b: Welche grundsätzlichen Konzeptionsmöglichkeiten bestehen, um die Dynamik positiver Emotionen im Zeitablauf zu erschließen?

Geht man schließlich über eine bloße Deskription der betrachteten Phänomene hinaus, stellt sich die Frage, inwiefern sich möglicherweise positive Emotionalität durch ein HRM gezielt beeinflussen ließe. Aufgrund der beschriebenen tendenziellen Verengung der Diskussion auf Emotionen als kurzfristiges Individualphänomen, orientieren sich diesbezügliche Steuerungsansätze folglich zumeist an individuellen Trainingsmaßnahmen.[41] Diese Beobachtung unterstreicht auch Landen:

---

[37] Vgl. Poder (2004), S. 186, und Gallenmüller-Roschmann, persönlich-mündlich am 05.12.2006. Ähnlich äußert sich auch Fineman (1993), S. 10, der aus sozialkonstruktivistischer Warte die eng gefassten Ansätze psychologischer Provenienz kritisiert.

[38] Vgl. Parkinson (1995a), S. 18f., Sandelands/ Boudens (2000), S. 47.

[39] Vgl. Ashkanasy (2003), Fineman (1993) sowie van Buskirk/ McGrath (1992).

[40] Vgl. Eiselen/ Sichler (2001), S. 49. Die Autoren kritisieren diesen Sachverhalt, indem sie festhalten, dass Emotionalität in Austauschsituationen entsteht und einen „sozialen Hintergrund [hat], auch wenn sie individuell erlebt wird" (Ergänzung durch G.M.-S.).

[41] Exemplarisch sei hier auf die Handlungsempfehlungen von Rastetter (2001) bzw. – speziell für den Anwendungskontext des Dienstleistungsmanagements – von Nerdinger (2001) verwiesen.

„In an attempt to capitalize on the 'subjective' factor, HRM sought to mould employees in the image of the new 'model worker' by way of selection, training and appraisal [...] Now the control of others is to be achieved though techniques of self-management and self-development. The individual is incited to reposition his or her behaviour and reshape his/her mental or emotional dispositions. Techniques of self-discipline are offered to lead to the accomplishment of the organization's goals, techniques such as: a) self-examination by discovering strengths and weaknesses b) goal-setting and monitoring c) ongoing self-monitoring" (Landen 2002, S. 509).

Ergo werden ganz überwiegend primär am Individuum orientierte Ansatzpunkte vorgetragen, die meist *exklusiv an einzelne Arbeitssituationen* anknüpfen. So stellen z.B. Kundenkontaktsituationen in der Luftverkehrsbranche einen vielfach diskutierten Anwendungskontext dar. Die Handlungsoptionen zielen dabei meist auf kundenorientiertes Mitarbeiterverhalten ab, etwa das angemahnte Lächeln von Stewardessen gegenüber den Passagieren.[42] Unterstellt man dieser Beobachtung Generalisierbarkeit, so fehlt es an Konzeptionen, die sich *Steuerungsoptionen* in gleicher Weise *auf kollektiver Ebene* annehmen.[43] In der Konsequenz ist dies wiederum ein Indiz für die partikular gehaltene Auseinandersetzung mit dem Thema Emotionalität.[44]

Aus den angeführten Gründen kann infolgedessen auf eine fehlende integrative Betrachtung geschlossen werden, was unmittelbar zu den folgenden Forschungsleitfragen führt:

Forschungsleitfrage 3a: Welche potenziellen Maßnahmenbündel lassen sich zur Beeinflussung von positiver Emotionalität auf intra- und interpersoneller Ebene begründen?

Forschungsleitfrage 3b: Welche Handlungsoptionen sind zur Beeinflussung von positiver Emotionalität auf kollektiver Ebene grundsätzlich denkbar?

Die letztgenannten Forschungsleitfragen zielen mithin darauf ab, scheinwerferartig[45] diverse Forschungsstränge miteinander zu verbinden, womit eine ganzheitliche Betrachtungsweise von positiver Emotionalität in Organisationen aus Sicht des HRM angestrebt werden soll.

(2)   Reflexion über Forschungsperspektive und -methodik

Eine Explikation des gewählten Vorgehens soll die Positionierung der vorliegenden Arbeit fundamentieren. Ein solches Vorgehen ermöglicht es, das Verständnis des Verfassers besser nachvollziehen zu können. Die angestrebte *Sensibilität für die Thematik* soll durch die Diskussion von *drei Aspekten* erfolgen: eine kurze Reflexion der ex ante vorliegenden Festset-

---

[42] Vgl. stellvertretend Bogner/ Wouters (1990), Dunkel (1988) sowie Taylor/ Tyler (2000).

[43] Vgl. Ashkanasy (2003) sowie die zuvor aufgeführte Aussage von Ortmann. Ferner lässt sich dieser Sachverhalt auf das HRM generell übertragen; vgl. Ringlstetter/ Kniehl (1995), S. 155-158.

[44] Vgl. Rosenberg/ Fredrickson (1998) sowie die Ausführungen in I.1.1 und I.2.1.

zungen des Verfassers (a), eine Darstellung des Bezugsrahmens, vor dessen Hintergrund argumentiert wird (b) sowie Ausführungen zur gewählten Methodik (c).

(a) Das Anfertigen dieser Arbeit erfolgte dabei unter einer Reihe von Prämissen,[46] die letztlich den Gang der Untersuchung bzw. die Beweisführung in erheblichem Maße determinieren. Sich diese *Prämissen* zu vergegenwärtigen ist das zentrale Anliegen eines Konzepts, das mit dem Terminus *Reflexivität* verbunden werden kann.[47] Ausgangspunkt für Überlegungen zur Reflexivität bildet die kritische Auseinandersetzung mit traditionellen sozialwissenschaftlichen Kriterien, etwa den Begriffen Realität, Objektivität oder Validität.[48] Grundsätzlich stellt Reflexivität in diesem Zusammenhang darauf ab, über die eigenen theoretischen Grundannahmen sowie die Forschungsmethodik nachzudenken, durch welche die Forschungsergebnisse hochgradig mitbestimmt werden.[49] Es geht daher weniger um die Diskussion der Komplexität durch die Vielzahl potenziell anwendbarer Forschungstraditionen, als vielmehr um Formen der „Welterzeugung".[50] Nightingale und Cromby fassen diese Gedanken plakativ wie folgt zusammen:

> „explore the ways in which a researcher's involvement with a particular study influences, acts upon and informs such research" (Nightingale/ Cromby 1999, S. 228).

---

[45] Vgl. Kirsch (1997a), S. 4f.

[46] Vgl. auch Israel (1972). Der Autor spricht zwar explizit von Festsetzung oder Stipulation, doch scheinen die Gedankengänge auf den vorliegenden Kontext übertragbar zu sein. Der Begriff Stipulation deutet auf die grundsätzlich individuelle Überzeugung, die Forscher gegenüber der Gültigkeit von wissenschaftlich entwickelten Aussagen einnehmen, hin.

[47] Vgl. Cunliffe (2003), Finlay (2002), Hardy et al. (2001), Holland (2003), Johnson/ Duberley (2003). Die Diskussion der Reflexivität steht auch im Zusammenhang mit Kuhns Überlegungen zum Begriff des Paradigmas (Kuhn 1962; kontrovers: Fleck 1980), welche ähnlich gelagert sind und teilweise für bis heute andauernde Diskussionen sorgen (exemplarisch: Hoyningen-Huene 2002, Jackson/ Carter 1991, Scherer/ Steinmann 1999, Weaver/ Gioia 1994). An dieser Stelle sei angemerkt, dass der Versuch einer Definition bzw. Vorstellung des Themas Reflexivität nicht einer gewissen Ironie entbehrt, geschieht dies doch auch vor dem Hintergrund des Verständnisses des Verfassers. Ferner ist die hier betrachtete Reflexivität von der so genannten Rollenreflexion abzugrenzen. Ringlstetter und Kniehl diskutieren unter diesem Begriff die Reflexion von professionellen Mitarbeitern des HRM (Ringlstetter/ Kniehl 1995; vgl. auch für Manager allgemein den Beitrag von Sattelberger 2003).

[48] Diesbezüglich ist zudem festzuhalten, dass Reflexivität vergleichsweise spät Einzug in betriebswirtschaftliche Auseinandersetzungen gefunden hat (Johnson/ Duberley 2003). Während Nachbardisziplinen wie die Philosophie (Derrida 1976, Heidegger 2004), Linguistik (de Saussure 1959, Wittgenstein 1992) oder Soziologie (Garfinkel 1967, Gouldner 1970) teilweise bereits seit Mitte des letzten Jahrhunderts reflexive Ansätze verfolgen, hat diese Thematik erst in den 1990er Jahren vermehrt Eingang in die Organisations- und Managementforschung gefunden. Exemplarisch für die letztgenannten Ansätze sei auf Alvesson/ Deetz (2000), Holland (1990), Linstead (1994) sowie Watson (1995) verwiesen. Weick spricht sogar von einem „reflexive turn" in der Managementforschung und unterstreicht damit die zunehmende Verbreitung (Weick 1999).

[49] Vgl. Cunliffe (2003), S. 984, sowie Hardy et al. (2001). Alvesson und Sköldberg (2000) sprechen in diesem Zusammenhang prägnant von der Interpretation der Interpretation.

[50] Vgl. Goodman (1993), der diesen Begriff prägte.

Aufbauend auf der knapp und abstrakt gehaltenen Beschreibung des Konzepts Reflexivität sollen die der vorliegenden Arbeit zugrunde liegenden Prämissen vorgestellt werden.[51] Dies betrifft aus Sicht des Verfassers im Wesentlichen *zwei Aspekte*, einerseits die Annahme der Vereinbarkeit von Aussagen unterschiedlicher Kontexte, andererseits die als relevant beurteilten bzw. ausgewählten wissenschaftlichen Publikationen.

Grundsätzlich wird vom *Verfasser* dieser Arbeit unterstellt, dass die *unterschiedlichen inhaltlichen Aussagen* interdisziplinärer Beiträge bis zu einem gewissen Grade miteinander verbunden werden können.[52] Dies betrifft eine Vielzahl von Differenzierungskriterien, wie etwa den disziplinären Hintergrund, die Argumentationsbasis, den Kontext der Untersuchung und die inhaltliche Ausrichtung der Beiträge. Exemplarisch sei diesbezüglich auf die Ausführungen von Hochschild verwiesen.[53] Zwar argumentiert sie aus soziologischer Warte, doch lassen sich ihre Aussagen zur Emotionalität aus Sicht des Verfassers durchaus als Grundlage für Überlegungen aus der Perspektive des HRM nutzbar machen. So dürfte es beispielsweise zweckvoll sein, Mitarbeitern an Emotionalität orientierte Trainingsmaßnahmen anzubieten, um potenziell negative Konsequenzen von Emotionsarbeit zu verringern bzw. diesen vorzubeugen.

Einen zweiten Aspekt bilden die konsultierten *wissenschaftlichen Publikationen*, vor allem unter interdisziplinärem Aspekt. So stammen die Veröffentlichungen vornehmlich aus dem Bereich der Sozialwissenschaften, die für die vorliegende Arbeit am geeignetsten erschienen. Dabei wird wiederum vornehmlich auf die Disziplinen Soziologie, Politologie und Sozialpsy-

---

[51] Der Verfasser ist sich bewusst, dass die Auswahl der vorgestellten Einflüsse subjektiv ist. Natürlich ließen sich einige viele Aspekte diskutieren. Demzufolge deckt die vorliegende Reflexion lediglich einen Teilausschnitt ab. Ziel ist es hierbei jedoch nicht, möglichst viele Aspekte eklektisch aufzugreifen. Vielmehr sollen nach Ansicht des Verfassers zentrale Einschränkungen dargelegt werden. Ferner ist zu erwähnen, dass diese Punkte lediglich die Person des Verfassers betreffen. Eine Auseinandersetzung mit dem gewählten Bezugsrahmen sowie der Forschungsmethodik wird im Anschluss vorgenommen.

[52] Vgl. Kuhn (1962), der für diesen Sachverhalt den Begriff der Inkommensurabilität geprägt hat. Hinsichtlich einer intensiven Auseinandersetzung im Bereich des Managements sei an dieser Stelle auf Kirsch (1997a, S. 198ff.) sowie Ringlstetter (1988, S. 236f.) verwiesen. In diesem Zusammenhang wird daher der Erkenntnispluralismus als Element der methodologischen Grundposition einer angewandten und problemorientierten Führungslehre – wie sie von Kirsch konzipiert wurde – vertreten (Kirsch 1997a, S. 35ff.; Trux/ Kirsch 1979, S. 218). So soll positive Emotionalität als Multi-Kontext-Phänomen bzw. - Problem aus Sicht des HRM zu charakterisieren sein. Das „Problem der Probleme" (Kirsch 1997a, S. 181ff.) ist dabei die Tatsache, dass man sich dem Thema Emotionalität aus einer Vielzahl von Kontexten annähern kann. Grundlage für diese Annahme ist die Unterstellung einer lediglich schwachen Inkommensurabilität, d.h. der Kontext Führungsforschung ist durchaus in die hiesigen Zielsetzungen überführbar, eine Brückenbildung zwischen den Argumentationslinien mithin denkbar (vgl. Gioia/ Pitre 1990, S. 592). Ein solcher Umgang mit der Inkommensurabilität wird von Scherer (1995, S. 153ff.) als so genannte Multiparadigmen-Strategie bezeichnet. Dies ist insofern relevant, als ein derartiges Verständnis auch der vorliegenden Arbeit zugrunde liegt.

[53] Vgl. Hochschild (1983b) sowie die kontrastierende Darstellung in Anhang 2.

chologie Bezug genommen. Es wurden aus Zeit- und Verständnisgründen ausschließlich deutsch- und englischsprachige Quellen herangezogen.[54]

Eng damit verbunden ist eine weitere Restriktion, denn die herangezogenen Fundstellen entstammen nahezu ausschließlich dem europäisch-angelsächsischen Kulturkreis.[55] Dabei sind die zitierten Quellen fast durchgängig doppelt-blind begutachteten Periodika, wissenschaftlichen Monographien sowie wissenschaftlichen Kongresspublikationen entnommen.[56] Letzteres vor allem deshalb, weil derartige Beiträge eine aktuelle Diskussion ermöglichen und damit gleichsam als Anreicherung bereits publizierter Argumentationslinien zu sehen sind.

(b) Neben dem HRM-Aspekt markiert die *geplante Evolution* als Basisphilosophie des HRM einen zweiten Schwerpunkt der Analyse.[57] Originär wurde das Konzept der geplanten Evolution von Kirsch für die Bandbreite der Steuerungsmöglichkeiten der Unternehmensfüh-

---

[54]   Eine rudimentäre Suche in den gängigen wissenschaftlichen Datenbanken betriebswirtschaftlicher Provenienz, wie etwa EBSCOhost oder dem Bibliotheksverbund Bayern, bestätigt diese Vermutung bei Eingabe der Suchbegriffe „Emotion". Die höhere Verbreitung in angelsächsischen Publikationen manifestiert sich u.a. auch in diversen neueren Fachzeitschriften, die sich mit Emotionalität beschäftigen (z.B. „Motivation and Emotion" seit 1976, „Cognition and Emotion" seit 1986 sowie „Journal of Happiness Studies" seit 2001). Ferner fällt dabei erneut die eingangs skizzierte Orientierung an negativen emotionalen Zuständen auf. Denn es dominieren Periodika, die sich mit negativer Emotionalität beschäftigen, wie z.B. das Journal „Work & Stress" (seit 1986). In diesem Zusammenhang sei auch auf die Bedeutung des Zeitpunkts verwiesen, zu dem die Arbeit angefertigt wurde. Denn aus zeitgeschichtlicher Warte erfolgte die hier diskutierte Behandlung der Thematik noch sehr rudimentär und keineswegs so weit fortgeschritten wie in den Nachbardisziplinen.

[55]   Von Ausnahmen – wie etwa Syed et al. (2005) oder Mangaliso (2001) – abgesehen, ist die Diskussion daher nahezu ausschließlich an Beispielen und Fragestellungen aus dem bzw. für den westlichen Kulturkreis orientiert und insofern eine gewisse ethnozentrische Befangenheit gegeben. Dazu ist beispielsweise von Chow passend festgestellt worden, dass „Research in socialization has increased in both quantity and quality over the last two decades […] However, most of the studies on socialization have been conducted mainly within US companies" (Chow 2002, S. 723), was somit letztlich nahezu unweigerlich zu einer einseitigen Ausrichtung der Argumentation der Thematik führt (vgl. III.2.2).

[56]   Ausnahmen stellen lediglich solche Fundstellen dar, die als plakative Indizien fungieren. Hierzu zählen etwa die eingangs angeführten Fundstellen aus dem Internet zur Emotionalität am Arbeitsplatz.

[57]   Vgl. ausführlich Ringlstetter (1988) sowie zusammenfassend zu Knyphausen-Aufseß/ Ringlstetter (1995), S. 198. Die Auseinadersetzung mit den Konzepten der geplanten Evolution und HRM ist bewusst kurz gehalten. Grund hierfür ist die Existenz einer Reihe von Veröffentlichungen, in denen beide Kontexte bereits elaboriert dargestellt wurden und an die die vorliegende Arbeit wiederholt argumentativ anknüpft (exemplarisch für das Konzept der geplanten Evolution: Kirsch 1979 bzw. Trux/ Kirsch 1979, S. 222; exemplarisch für den HRM-Bezugsrahmen: Brandenberg 2001, S. 29, Ebert 2006, S. 3-9, Fargel 2006, S. 7-12, Höllmüller 2002, S. 54-57, Kaiser 2001, S. 3-5, Kaiser 2004, Kniehl/ Ringlstetter 1995 sowie Krauss 2002, S. 12). Eng damit verbunden ist ein zweiter Grund, das Selbstverständnis des Verfassers, der sich dem Gedankengut zugehörig fühlt bzw. durch die entsprechenden Leitgedanken wissenschaftlich geprägt wurde. Schließlich ist noch zu konstatieren, dass eine ausschließliche Verortung von Emotionalität in den Aufgabenfeldern eines HRM schwierig erscheint bzw. nicht zielführend, da diverse Redundanzen zu vermuten sind. Beispielsweise ließe sich ein am Konzept der emotionalen Intelligenz orientiertes Analyseverfahren sowohl im Aufgabenfeld Akquisition als auch Placement anwenden. Zur emotionalen Intelligenz vgl. Goleman (1997) sowie die Diskussion in III.1.

rung entworfen.[58] Sie spiegelt nach Kirsch eine „gemäßigt voluntaristische" Perspektive wider, die eine Mittelposition zwischen der von Astley und van de Ven postulierten Dichotomie deterministischer sowie voluntaristischer Sichtweisen einnimmt.[59] In dieser Sicht ist die Unternehmensführung in der Lage, eine grundlegende Leitlinie für die unternehmerische Tätigkeit vorzugeben, die indes diversen Einflüssen unterliegt, aus denen Modifikationen der ursprünglichen Ausrichtung hervorgehen können. Solche Einflüsse können dabei sowohl akute Ereignisse bzw. Störungen des Umfeldes als auch neue Ideen und Konzepte sein.[60] Die Leitlinie konkretisiert sich somit stets in neu definierten Schritten bzw. Maßnahmen der Unternehmensführung, die anschließend wieder auf die konzeptionelle Gesamtsicht zurückwirken bzw. erneut emergenten Einflüssen ausgesetzt sind. So entsteht ein permanenter Prozess des Lavierens zwischen konzeptioneller Gesamtsicht und den skizzierten Einflüssen.

Ein Präzisieren des Begriffs *Humanressourcen-Management* erscheint aufgrund der Vielzahl unterschiedlicher Modelle im deutschsprachigen bzw. angelsächsischen Raum unverzichtbar.[61] Es steht somit die Explikation einer praktikablen Begriffsdefinition für die vorliegende Arbeit im Mittelpunkt. Der folgenden Auslegung kommt insofern vor allem eine integrative bzw. ordnende Funktion zu.

Unter dem Begriff Humanressourcen-Management sollen fortan all jene Maßnahmen und Bemühungen verstanden werden, die sich *systematisch mit der Handhabung der menschlichen Arbeitskraft in Organisationen auseinandersetzen.*[62] Dabei soll dem HRM grundsätzlich

---

[58]   Hier und im Folgenden: Kirsch (1997a) unter Rekurs auf Gupta/ Rosenhead (1968) und Lindblom (1965). Zwar charakterisiert Kirsch die geplante Evolution lediglich explizit für den Kontext der Unternehmensführung, doch lassen sich die darin enthaltenen Aussagen plausibel auf das HRM übertragen; vgl. Kaiser (2001), S. 5, Ringlstetter/ Kniehl (1995), S. 153f.

[59]   Vgl. Astley/ Van de Ven (1983), Kirsch (1990), S. 330ff., Ringlstetter (1988), S. 53ff. Die geplante Evolution impliziert daher weder, dass das Management der Umwelt völlig ausgeliefert ist und lediglich ein „Muddling Through" bzw. Inkrementalismus (Lindblom 1959) betreibt, noch dass sich die Möglichkeit einer totalen Kontrolle der Umwelt ergibt. Mintzbergs Ausführungen gehen in die gleiche Richtung, doch spricht er von „intended", „deliberate" und „emergent" Strategien; vgl. Mintzberg (1978), Mintzberg/ Waters (1985).

[60]   Vgl. Kirsch (1990), S. 330ff.

[61]   Vgl. auch Scholz (2000), S. 42ff. Ein kurzer Einblick in die betreffenden Publikationen legt diese Vermutung nahe. So sprechen diverse Autoren von unterschiedlichen Begriffen bzw. systematisieren die Aufgabenfelder verschieden. Dennoch stehen zumindest teilweise ähnliche Inhalte zur Disposition, die sich meist stark überschneiden bzw. nur in Nuancen unterscheiden. So spricht Bühner von „Personalmanagement" (1994), Bisani (1995) von „Personalwesen und Personalführung", Ringlstetter/ Kniehl (1995) von „Humanressourcen-Management" und Gmür/ Thommen (2006) von „Human Resource Management". Für dezidierte Übersichten sei auf Garnjost/ Wächter (1996) und Scholz (2000) verwiesen.

[62]   Als Grundlage dient hier das Verständnis des HRM bzw. der von Ringlstetter und Kniehl (1995, S. 151ff.) dazu entwickelte Bezugsrahmen zur Professionalisierung des HRM. Vgl. hierzu auch die Ausführungen bei Kirsch (1997a, S. 3ff.). Seine wissenschaftstheoretische Sichtweise einer „angewandten Führungslehre" soll auch dieser Arbeit als Basis dienen.

ein „funktionales", d.h. an den Zielen der Unternehmung orientiertes Verständnis zugrunde gelegt werden.[63] Das HRM kann dabei – je nach hierarchischer Ausrichtung der Aufgabenstellung innerhalb der Organisation – als operativ wie auch als strategisch definiert werden.[64] Das *operative HRM* ist dabei stets mitarbeiter- oder aufgaben- bzw. stellenbezogen und somit am Individuum ausgerichtet. Demgegenüber abstrahiert das *strategische HRM* vom Individuum und bezieht sich auf Teile bzw. auf die Gesamtheit der Belegschaft. Eine solche Auslegung steht im Einklang mit den von Ringlstetter und Kniehl entwickelten Aufgabenfeldern eines lebenszyklusorientierten HRM.[65]

(c) Hinsichtlich der *Methodik* ist festzuhalten, dass die Arbeit vornehmlich *theoretisch* konzipiert ist. Begleitend dienten diverse, *explorativ geführte Interviews* mit Vertretern *aus Wissenschaft und Unternehmenspraxis* der empirischen Absicherung der Arbeit.[66] Zu den Praktikern zählten in diesem Zusammenhang Mitarbeiter und Führungskräfte verschiedener Unternehmen, Branchen und Hierarchiestufen. Zunächst erfolgten explorativ ausgerichtete Interviews, die weitgehend ohne Vorgaben bzw. Nachfragen geführt wurden, da eine mög-

---

[63] Vgl. Krauss (2002). Für den vorliegenden Zusammenhang sind vor allem die Ausführungen von Krauss (2002, S. 14; in Anlehnung an Neuberger 1997) zu seiner eigenen Grundposition treffend, die er als „gemäßigten Pragmatismus" bezeichnet und sich wie angedeutet somit an Kirschs Konzeption eines gemäßigten Voluntarismus orientiert. Er subsumiert hierunter eine anwendungsorientierte Ausrichtung, die sich gegenüber Erkenntnissen aus verschiedenen Forschungstraditionen offen zeigt. Ferner schließt er ethische Verhaltensregeln mit ein. Diese sind nicht a priori berücksichtigt, werden jedoch in der Regel inkludiert. Hiermit in Einklang steht auch die Argumentation hinsichtlich positiver Emotionalität, die ebenfalls funktional orientiert ist, vgl. Kapitel I.3.

[64] Vgl. Scholz (2000), S. 88-111. Scholz führt zudem eine dritte Ebene ein, die eine Mittelposition zwischen dem hier definierten strategischen und operativen HRM einnimmt. Er bezeichnet dies als taktische Ebene des „Personalmanagements", vgl. Scholz (2000), S. 110. Eine detaillierte Erörterung dieser Ebene entfällt jedoch, da eine solche Tripartition des Personalmanagements im Rahmen der vorliegenden Arbeit nicht weiter verfolgt wird. Im Hinblick auf das Thema Emotionalität wären Aufgabenstellungen des taktischen Personalmanagements am ehesten bei der Auseinandersetzung mit interpersoneller Emotionalität anzusiedeln.

[65] Vgl. Cascio (1989) sowie speziell Ringlstetter/ Kniehl (1995), S. 151-156. Kerngedanke ist dabei die Ableitung der Aufgabenfelder des HRM aus dem Lebenszyklus der Humanressourcen (vgl. Odiorne 1984, S. 61ff., sowie ähnlich Sattelberger 1995). Das HRM ist wiederum der Betrachtung aus Warte eines Resource-based View verhaftet (exemplarisch: Barney 1991, Wernerfelt 1995 sowie Übersichten bei Freiling 2001 und Thiele 1997), was zu einer ressourcenorientierten Betrachtung der Mitarbeiter führt, die somit als Erfolgspotentiale (Human*ressourcen*) im Sinne des Resource-based View zu verstehen sind (Kaiser 2001, S. 19ff.; vgl. auch Elsik 1992, S. 66ff.). Ein solches Denken in Potentialen spiegelt somit die Leitgedanken der geplanten Evolution wider; vgl. Ringlstetter/ Müller-Seitz (2006b) für eine kritische Auseinandersetzung.

[66] Die Ausrichtung lässt sich insofern in toto als verhaltenswissenschaftlich geprägt bezeichnen und unterliegt mithin gewissen Akzeptanzproblemen, vor allem gegenüber der Sicht personalökonomisch geprägter Ansätze (vgl. hierzu den Sammelband von Wunderer 1995). Obwohl vor allem in den 1990er Jahren eine intensive Debatte über die Eignung verhaltenswissenschaftlich bzw. ökonomisch geprägter Ansätze im HRM geführt wurde (exemplarisch: Alewell 1996, Sadowski et al. 1994, Weibler 1996) soll, wie bereits angedeutet, hier ein Erkenntnispluralismus vertreten werden, d.h. es werden Beiträge beider Forschungsstränge herangezogen (Kirsch 1997a, S. 35ff.).

lichst offene Haltung gegenüber realtypischen Manifestationen positiver Emotionalität eine zu frühe Verengung der Argumentationslinie verhindern sollte. Ergänzend wurden im Anschluss überwiegend halbstrukturierte Befragungen durchgeführt, um so die Argumentationslinie bzw. die daraus abgeleiteten Schlussfolgerungen möglichst realitätsnah präsentieren zu können.[67] Vor allem der im Hinblick auf die in Teil III der Arbeit genannten Gestaltungsoptionen konzipierte Leitfaden kam dabei gezielt bei Führungskräften zum Einsatz.

Die *Reihenfolge der Fragen* im Falle der Führungskräfte betraf dementsprechend zunächst die Erfassung realtypischer positiver Emotionen bzw. Emotionalität, im Anschluss daran Maßnahmen zu deren potenzieller Steuerung. Hinsichtlich der Gestaltungsoptionen sollten sich die Probanden aufgrund der Vorgaben durch den Interviewer in einem ersten Schritt zur intra- und interpersonellen Emotionalität, in einem zweiten Schritt zu denkbaren kollektiven Steuerungsoptionen äußern. Die Dauer der Interviews variierte zwischen 20 bis 90 Minuten und wurde auf Wunsch der Interviewpartner zumeist nicht dokumentiert.

(3)   Gang der Untersuchung

Aus den skizzierten Forschungsleitfragen lässt sich der Untersuchungsverlauf ableiten. Im *ersten Teil* erfolgt eine Konkretisierung des „klassischen" Begriffsverständnisses positiver Emotionen im organisationalen Kontext, die als Ausgangsbasis für die weitere Diskussion dienen soll. Dabei wird zuerst das breite Spektrum interdisziplinärer Ansätze zum Thema Emotionen vorgestellt, bevor positive Emotionen und deren besondere Merkmale im Vergleich zu negativen Emotionen in den Mittelpunkt der Argumentation rücken. Im Anschluss daran kommt es zu einer weiteren Verengung der Auseinandersetzung im Hinblick auf den Kontext Organisation, wobei zunächst bisherige Schwerpunkte sowie mögliche Gründe für die bislang unzureichende Rezeption aufzuzeigen sein werden. Basierend auf einer Differenzierung zwischen den Perspektiven des Mitarbeiters sowie des HRM erfolgt abschließend eine „klassisch" gehaltene Arbeitsdefinition positiver Emotionen.

---

[67]   Vgl. Anhang 3.

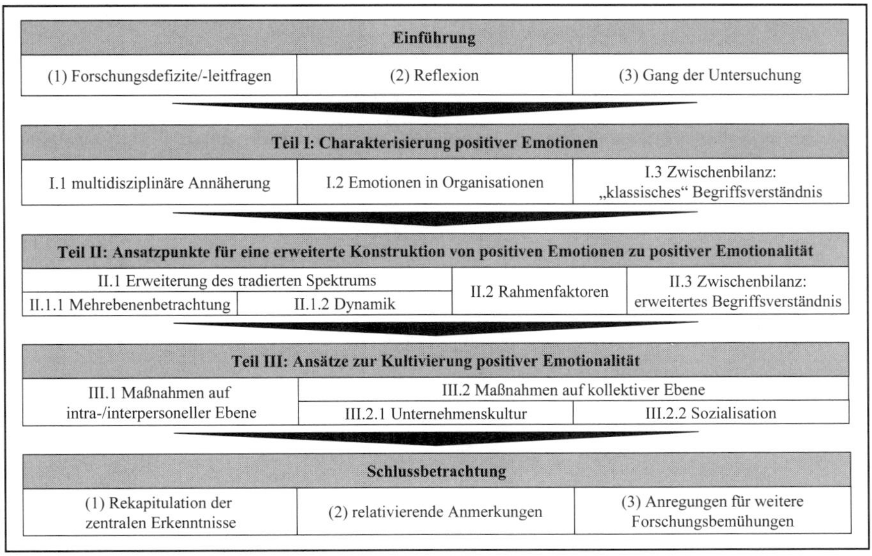

Einführung		
(1) Forschungsdefizite/-leitfragen	(2) Reflexion	(3) Gang der Untersuchung

Teil I: Charakterisierung positiver Emotionen		
I.1 multidisziplinäre Annäherung	I.2 Emotionen in Organisationen	I.3 Zwischenbilanz: „klassisches" Begriffsverständnis

Teil II: Ansatzpunkte für eine erweiterte Konstruktion von positiven Emotionen zu positiver Emotionalität			
II.1 Erweiterung des tradierten Spektrums		II.2 Rahmenfaktoren	II.3 Zwischenbilanz: erweitertes Begriffsverständnis
II.1.1 Mehrebenenbetrachtung	II.1.2 Dynamik		

Teil III: Ansätze zur Kultivierung positiver Emotionalität		
III.1 Maßnahmen auf intra-/interpersoneller Ebene	III.2 Maßnahmen auf kollektiver Ebene	
	III.2.1 Unternehmenskultur	III.2.2 Sozialisation

Schlussbetrachtung		
(1) Rekapitulation der zentralen Erkenntnisse	(2) relativierende Anmerkungen	(3) Anregungen für weitere Forschungsbemühungen

Abb. E-1: Aufbau der Arbeit

Im *zweiten Teil* wird das vorangestellte klassische Begriffsverständnis in eine möglichst realitätsnahe und integrative Auffassung von positiver Emotionalität in Organisationen überführt. Hierfür wird zunächst ein konzeptioneller Bezugsrahmen entworfen, der den nachfolgenden Ausführungen als Grundlage dient. Im Mittelpunkt steht sodann die Ausweitung des bis dato primär am Individuum orientierten Betrachtungsspektrums auf interpersonelle sowie kollektive positive emotionale Zustände. Komplementär steht die Dynamik positiver Emotionalität im Zeitablauf zur Diskussion. Eine Verbindung dieser Argumentationslinien mündet sodann in ein komplexeres Begriffsverständnis hinsichtlich realtypischer Erscheinungsformen positiver Emotionalität in Organisationen.

Der *dritte Teil* knüpft an die Argumentation in Teil zwei an, wobei potenzielle Optionen zur Steuerung positiver Emotionalität unterbreitet werden sollen. Als mögliche Ansatzpunkte dienen dabei zunächst unmittelbare, intra- bzw. interpersonelle Gestaltungsoptionen, die auf klassische Maßnahmen des Personalmanagements bzw. Konzepte der Führungsforschung rekurrieren. Daneben kommt es zur Erörterung von denkbaren Maßnahmen auch auf kollektiver Ebene. Den Abschluss bildet eine Auseinandersetzung mit praxeologischen Einwänden hinsichtlich der Umsetzbarkeit der skizzierten Handlungsoptionen.

Im Mittelpunkt der *Schlussbetrachtung* steht zunächst die Rekapitulation der zentralen Erkenntnisse und ihrer Relevanz für Forschung und Unternehmenspraxis. Ein gleichsam zweckmäßiges sowie notwendiges Komplement bildet dabei eine kritisch-abwägende Beurteilung des gewählten Vorgehens. Hieraus resultieren Anregungen für weitere Forschungsbemühungen.

TEIL I: POSITIVE EMOTIONEN – KONTURIERUNG EINES ERKLÄRUNGSBEDÜRFTIGEN PHÄNOMENS AUF BASIS GÄNGIGER ANSÄTZE

Prima facie wurde zu dem Komplex positiver Emotionen eine Vielzahl konzeptioneller Ansätze aus unterschiedlichsten Disziplinen vorgelegt. Daher erscheint es zweckvoll, sich dem Phänomen zunächst im Wege einer Skizzierung interdisziplinärer Ansätze anzunähern, um so zu einer theoretisch sowie praxeologisch fundierten und zielführenden Definition gelangen zu können. Scherer stuft diesen Sachverhalt ähnlich ein und formuliert:

> „The definition of emotions, distinguishing them from other affective states or traits, and measuring them in a comprehensive and meaningful way have been a constant challenge for emotion researchers in different disciplines of the social and behavioral sciences over a long period of time" (Scherer 2005, S. 724).

Eine solche Annäherung ist dabei mit zwei zentralen Schwierigkeiten konfrontiert. Einerseits scheint das Definiendum – nicht nur alltagsweltlich – kaum im Konsens greifbar zu sein.[68] Denn vermutlich prägen bereits persönliche Beurteilungen das Begriffsverständnis zu einem gewissen Grad, wobei zwar die Auslegung des Phänomens Emotion zunächst als gemeinhin identisch beurteilt wird. Indes scheint bislang kaum näher darüber reflektiert worden zu sein.[69] Andererseits ist die Anzahl unterschiedlicher Definitionsansätze hoch und vielfach sind diese untereinander inkommensurabel.[70]

Aus diesen Komplikationen resultiert denn auch die *Zielsetzung dieses ersten Teils*. Zunächst kommt es zur Skizzierung des interdisziplinären Forschungsfeldes, wobei die Ausführungen zunächst noch keine explizit organisationale Ausrichtung aufweisen, sondern eine eher ordnende Funktion haben (I.1). Anschließend erfolgt eine Konzentration auf primär sozialwissenschaftliche Erkenntnisse mit konkretem Bezug auf Organisationen (I.2). Aufbauend auf den in diesen beiden Kapiteln gewonnenen Erkenntnissen kommt es zu einer Arbeitsdefinition von positiven Emotionen, die aus der Gegenüberstellung der Perspektive des Mitarbeiters und

---

[68] Vgl. Ringlstetter/ Müller-Seitz (2006a), S. 134.

[69] Vgl. Fehr/ Russell (1984), S. 464. Die Autoren bekräftigen diese Ansicht und stellen fest, dass „Everybody knows what an emotion is, until asked to give a definition. Then, it seems, no one knows". Diesen Sachverhalt beurteilt Scherer ähnlich wenn er konstatiert, dass „defining „emotion" is a notorious problem" (Scherer 2005, S. 695).

[70] Vgl. Kleinginna/ Kleinginna (1981), S. 345f. Die Autoren konnten bereits zu dem damaligen Zeitpunkt nach einer Sichtung der einschlägigen psychologischen Fachliteratur 101 unterschiedliche Definitonsversuche identifizieren.

derjenigen des HRM resultiert (I.3). Diese gleichsam „klassische" Begriffsauslegung bildet dann den Ausgangspunkt für die Weiterentwicklung von Emotionen hin zur Konzeption von positiver Emotionalität in Teil II.

I.1 Interdisziplinäre Annäherung

Unbeschadet der Zielsetzung, eine interdisziplinäre Definition von positiven Emotionen zu generieren, kann es hier nicht darum gehen, die gesamte Emotionsforschung in toto zu referieren. Die Auseinandersetzung erfolgt vielmehr selektiv – primär an Ansätzen orientiert, die wiederum als Grundlage für die spätere Argumentationslinie dienen. Dabei steht zunächst das breite Spektrum definitorischer Konzeptionen zur Diskussion. Einer knappen Vorstellung der unterschiedlichen Ansätze folgt eine Definition, die der Arbeit vorläufig zugrunde gelegt werden soll (I.1.1). Basierend auf diesen begrifflichen Zusammenhängen kommt es zur Kontrastierung von Emotionen gegenüber verwandten Phänomenen (I.1.2). Die Erörterung einiger markanter Besonderheiten positiver Emotionen schließt dieses Kapitel ab (I.1.3).

I.1.1 Emotion als eine definitorische Gemengelage

Wie aus Abbildung I-1 ersichtlich, kann eine Kategorisierung der Forschungsdisziplinen anhand einer Unterteilung in *Sozial- und Naturwissenschaften* erfolgen.[71] Dabei kommt der Psychologie eine Art „Zwitterstellung" zu, da sich die Ansätze aus diesem Bereich oftmals derart unterscheiden, dass eine eindeutige Zuordnung unmöglich erscheint.[72] Vor diesem Hintergrund erfolgt eine Auseinandersetzung mit dem Thema Emotionen in den aufgeführten Disziplinen.[73] Einschränkend ist dabei anzumerken, dass Beiträge, die sich mit dem Geschehen in Organisationen aus betriebswirtschaftlicher Sicht beschäftigen, zunächst bewusst zurückge-

---

[71] Vgl. Roth (2001), S. 263. Während die Naturwissenschaften vorwiegend positivistischen Untersuchungsdesigns verhaftet sind, werden in den Sozialwissenschaften Emotionen als soziale Konstrukte und Konventionen aufgefasst, die zur Kommunikation beitragen.

[72] Vgl. Gallenmüller-Roschmann, persönlich-mündlich 05.12.2006.

[73] Die genannten Disziplinen können dabei lediglich einen Ausschnitt darstellen. Die Auswahl erfolgte plausibilitätsgestützt sowie unter Rekurs auf die Diskussion der einschlägigen Ansätze in Monographien (exemplarisch: Bolton 2005 oder Küpers/ Weibler 2005), Sammelbänden (Schreyögg/ Sydow 2001 oder Payne/ Cooper 2001) sowie Rezensionen (exemplarisch: Becker 2003, Brief/ Weiss 2002 oder Zapf 2002).

stellt werden. Dies gilt vorwiegend für die Betrachtung betriebswirtschaftlich geprägter Ansätze, die später in Kapitel I.2 das zentrale Erkenntnisinteresse darstellen.

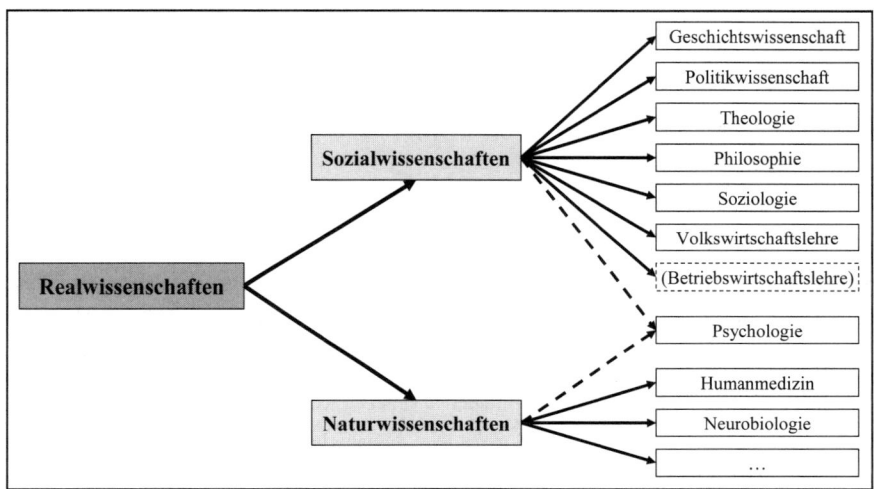

Abb. I-1: Skizzierung interdisziplinärer Konzeptionen zu Emotionen
(Quelle: eigene Darstellung in Anlehnung an Wöhe 2000, S. 23ff.)

Sozialwissenschaft soll im vorliegenden Fall als Oberbegriff für interpretative Verfahren bzw. Studien zu begreifen sein, die sich mit der Wahrnehmung und Erklärung der alltäglichen, kulturell geprägten Lebenswelt auseinandersetzen.[74] In diesem Kontext sollen kurz Ansätze aus den Teildisziplinen Geschichtswissenschaft, Politikwissenschaft, Theologie, Philosophie, Soziologie und Volkswirtschaftslehre vorgestellt werden.

Geschichtswissenschaftlich orientierte Beiträge befassen sich im Zusammenhang mit Emotionen in erster Linie mit den Veränderungsprozessen hinsichtlich des Erlebens bzw. Darstellens von Emotionen.[75] Böhme definiert dies auf anschauliche Weise wie folgt:

---

[74]   Vgl. Böhme/ Scherpe (1996).

[75]   Vgl. exemplarisch Böhme (1997), Burke (2005), Tarlow (2000) sowie Zeldin (1982). Der Vorteil einer solchen Sichtweise besteht in der Ausdehnung des Betrachtungshorizonts über längere Zeiträume hinweg, eine Leistung, die durch die noch zu erörternden psychologischen Konzeptionen allein nicht erbracht werden kann. Allerdings gilt umgekehrt auch, dass eine derartige Auseinandersetzung zu pauschalen Urteilen verführt (Gouk/ Hills 2005, S. 18). Ferner ist zu ergänzen, dass nachstehend kulturanthropologische Studien in die Erörterung miteinfließen. Zwar fokussieren diese eher auf kulturelle Unterschiede denn auf Veränderungen bezüglich des Erlebens von Emotionen, doch lassen sich diverse Parallelen zwischen beiden Themenkreisen identifizieren. Daher erscheint eine gemeinsame Erörterung plausibel; vgl. exemplarisch die Beiträge von Lyon (1995), Ratner (2000), Rosaldo (1980) sowie Röttger-Rössler (2004).

„Jeder Satz, der über Gefühle gesagt wird, ist von Traditionen getragen, aber auch be-
lastet, und in jedem Fall strittig" (Böhme 1997, S. 527).

In diesem Zusammenhang haben Stearns und Stearns den Begriff Emotionologie („emotionology") geprägt, um auf „collective emotional standards of a society" (Stearns/ Stearns 1985,
S. 813) hinzuweisen.[76] Derartige Analysen streben dabei nicht nur eine Analyse der Emotionen per se an, sondern darüber hinaus eine Reflexion hinsichtlich der Ursachen für den betreffenden Wandel.[77]

Der diesbezüglich wohl prominenteste Beitrag stammt von Elias, der den Wandel von E-
motionen im Zeitablauf untersucht und anschaulich dokumentiert hat.[78] Anhand der westeu-
ropäischen Gesellschaft erörtert er die zunehmende Selbstkontrolle im Hinblick auf das Ausleben von Emotionen. Weitere gängige Beispiele liefert Kessel.[79] So war es unter Männern in
Westeuropa im 18. Jahrhundert durchaus üblich, Trauer durch Weinen auszudrücken. Demgegenüber lässt sich seit dem 19. Jahrhundert diesbezüglich eine zunehmende Tabuisierung
beobachten, was sich u.a. in Redewendungen wie „Indianerherz kennt keinen Schmerz" manifestiert hat.[80] Weitere Kontexte sind religions-, milieu-, geschlechts- oder schichtenspezifische
Untersuchungen.[81]

In engem Zusammenhang damit steht auch die *Politikwissenschaft* als separates Forschungsgebiet.[82] Kennzeichnend für diesen Bereich ist ein relativ breit angelegtes Verständnis
von Emotionen. So führen diverse Autoren Loyalität als Emotion an,[83] worin vor allem ein
starker Gegensatz zu den noch zu diskutierenden psychologisch orientierten Konzeptionen zu
sehen ist.[84] Bei diesbezüglichen Studien lassen sich *zwei zentrale Themenkreise* identifizieren.[85] Erstens richtet sich das Hauptaugenmerk auf Emotionen in *sozialen Vereinigungen.*[86]

---

[76]   Vgl. Lutz/ White (1986), S. 422, sowie die Erörterung in II.1.2.
[77]   Vgl. hierzu auch die durch Foucault (2003) inspirierte Analyse bei Dror (2005), S. 231, Harding/ Pribram
       (2002), Gouk/ Hills (2005), S. 25, sowie Lutz (1990).
[78]   Vgl. Elias (1969), S. 323f., der explizit von Affekt spricht.
[79]   Vgl. hier und im Folgenden Kessel (2006), S. 33; vgl. auch Elias (1969) und Febvre (1990).
[80]   In jüngster Zeit lässt sich diesbezüglich jedoch erneut eine gegenläufige Tendenz ausmachen, eine Beo-
       bachtung die Elias und Dunning bereits in den 1980ern treffend mit „an enjoyable and controlled de-
       controlling of emotions" (1986, S. 44) bezeichnet haben; vgl. auch die Beiträge von Wouters (1991),
       Wouters (1995a) sowie Wouters (1995b) und die kritischen Ausführungen bei Mestrovic (1997) bzw.
       Mestrovic (1999).
[81]   Vgl. Stearns (1986), Stearns (1993), Stearns/ Stearns (1985), S. 818ff.
[82]   Vgl. Stearns/ Stearns (1985), S. 829 bzw. S. 833, die in ihren Untersuchungen explizit auf die Verknüp-
       fung beider Themengebiete hinweisen.
[83]   Vgl. Aminzade/ McAdam (2002), Staub (1997) sowie differenzierter Nullmeier (2006).
[84]   Vgl. exemplarisch Kleinginna/ Kleinginna (1981).
[85]   Vgl. hier und im Folgenden Marcus (2000), S. 222.

Dabei kommt es vor allem zur Erörterung der Entstehung von Emotionen, etwa durch Repres-
salien seitens der politischen Eliten,[87] oder die Vermittlung von Emotionen, zum Beispiel
durch Sozialisationsmaßnahmen.[88] Diese Phänomene führen mitunter häufig zur Herausbildung einer auf emotionalen Zuständen basierenden kollektiven Identität.[89] Daneben sind
zweitens die politischen *Führungskräfte* und ihr Verhalten, etwa im Falle der Vermittlung von
Emotionen durch charismatische Persönlichkeiten angesprochen.[90]

Die *Theologie* weist ebenfalls eine enge Verbindung zum Themenkreis Emotion auf.[91]
Dies lässt sich auf den ersten Blick mit der Vermutung belegen, dass für viele Menschen Begriffe wie „Glaube", „Himmel" oder „Gott" meist positiv konnotierte und zudem mit Emotionen belegte Ausdrücke darstellen.[92] Häufig genannte Indizien sind dabei Existenzängste als
Grund für die auf Emotionen basierende Bindung an Gott sowie das Ausüben von Ritualen.[93]
Das Praktizieren bestimmter religiös geprägter Rituale erlernen Menschen dabei üblicherwei-
se im Austausch mit anderen Personen. Diese Beobachtung veranlasst Thagard zu der Aussage, dass religiöse Grundwerte durch derartige soziale Mechanismen vermittelt werden. Dabei
hebt er unter Rekurs auf Hatfield und Kollegen den Prozess der emotionalen Ansteckung ge-

---

[86] Vgl. Emirbayer/ Goldberg (2005), S. 485ff. Vermutlich ist dies der vor allem in jüngster Zeit häufiger
rezipierte Themenkreis. Indizien für diese Annahme stellen sowohl der Sammelband von Flam/ King
(2005) als auch der von Goodwin und Kollegen (2001) dar.

[87] Vgl. Yang (2005), der mit der Diskussion der Studentenproteste in der Volksrepublik China im Jahr 1989
ein anschauliches Beispiel liefert; vgl. ähnlich Perry (2002). Weniger kritisch, dennoch vergleichsweise
negativ konnotiert, sind diesbezüglich auch die Ausführungen von Reddy, der auf Emotionen basierende
Ordnungssysteme („emotional regimes"; Reddy 2001, S. 129) als unabdingbare Grundlage von Regierun-
gen bzw. Institutionen ansieht; vgl. auch die ausführliche Auseinandersetzung in dem Sammelband von
Lutz/ Abu-Lughod (1990) bezüglich der gezielten Nutzung der Sprache.

[88] Vgl. Jasper (1998), McAllister Groves (1995) sowie Young (2001).

[89] Vgl. Andersen/ Born (2006), Pratt et al. (2006) sowie Ritter (1999), S. 233. Thematisch verwandte Aspekte umfassen die Bildung von Empathie oder Commitment bzw. Solidarität; vgl. auch Ringlstetter
(1998), S. 12ff., Sattelberger (1999), S. 71, und die Auseinandersetzung in II.1.2.

[90] Vgl. exemplarisch Greenstein (1994). Abschließend ist zu konstatieren, dass die Auseinandersetzung mit
diesen Themenkreisen bezüglich der Diskussion kollektiver positiver Emotionalität sowie der Austauschsituationen zwischen Führungskraft und Mitarbeitern später noch von Belang sein wird.

[91] Vgl. James (1958), S. 329, sowie Thagard (2005), S. 59. Der christlich konnotierte Ausdruck Theologie
ist an dieser Stelle bewusst gewählt, um eine thematische Differenzierung von den Ausführungen in anderen Religionen zu ermöglichen. Wie bereits im Rahmen der Auseinandersetzung mit dem Thema Reflexivität angedeutet, verengt sich die Argumentationslinie im Folgenden primär auf westlich geprägte Anschauungen bzw. Vertreter. Insofern werden ex ante potenziell interessante Fragestellungen zu Emotionen
aus fernöstlicher Warte (z.B. Fischer-Schreiber/ Schuhmacher 1986 bzw. Trainor 2003) sowie der islami-
schen Philosophie (exemplarisch: Rudolph 2004) ausgeblendet, freilich ohne normativen Hintergrund.

[92] Vgl. Thagard (2005), S. 64.

[93] Vgl. exemplarisch Atran (2002). Rituale werden vor allem im Hinblick auf den Aspekt Unternehmenskultur erneut in III.2.1 erörtert; vgl. auch Whitehouse (2000) sowie McCauley/ Lawson (2002) bzw. Oatley/
Jenkins (1996), S. 107.

sondert hervor, verstanden als automatische zwischenmenschliche „Übertragung" bzw. „Ansteckung" von Emotionen.[94]

In diesem Zusammenhang sind zudem die Ausführungen von Blasi interessant, nach dessen Auffassung Emotionen erst durch *moralische Grundhaltungen* entstehen können.[95] Exemplarisch führt er als „moralische Emotionen" Sympathie, Empathie und Schuld- bzw. Schamgefühle an. Schließlich ist zu konstatieren, dass diese Auslegung des Emotionsbegriffs, ebenso wie die in der Politikwissenschaft, auf eine recht breit ausgelegte Interpretation von Emotionen hindeutet.

Umfassend konzipiert ist ebenfalls die Begriffsauslegung in der *Philosophie*.[96] Ursächlich hierfür ist die Tatsache, dass diese Disziplin bereits auf eine lange, bis auf Aristoteles zurückgehende Tradition hinsichtlich der Auseinandersetzung mit Emotionen zurückblicken kann.[97] Daran anknüpfend stellt etwa Döring fest, dass diesbezügliche Begriffsschemata oftmals „*prima facie* inkommensurabel" (Döring 2006, S. 66; Hervorhebungen im Original) mit empirisch bzw. positivistisch gehaltenen Konzeptionen zu sein scheinen.[98] Im Mittelpunkt philosophischer Beiträge steht vor allem die Reflexion über das Wesen bzw. Erleben von Emotionen aus der Perspektive des Individuums.[99] Emotionen werden dabei vorwiegend kognitiv konzipiert.[100]

Daneben widmen sich diverse Abhandlungen dem Verhältnis von Emotionen zu Rationalität.[101] Eng verknüpft mit philosophischen Fragestellungen sind auch ethisch inspirierte Konzeptionen, die als Teilbereich der Philosophie aufgefasst werden können.[102] Zentrales Er-

---

[94] Vgl. Thagard (2005), S. 66f. Eine dezidierte Auseinandersetzung mit dem Phänomen der emotionalen Ansteckung („emotional contagion") erfolgt in II.1.1.

[95] Vgl. Blasi (1999), S. 1 und 6, Greenspan (2000), Nunner-Winkler (1999), Priddat (1998) sowie Tangney et al. (2007) bzw. die Erörterung von Empathie und Sympathie in II.1.1.

[96] Vgl. Strongman (2003), S. 274, der in seiner Rezension philosophischen Ansätzen grundsätzlich heuristischen Wert beimisst, jedoch gleichsam die geringen Möglichkeiten zur Operationalisierung kritisiert.

[97] Vgl. die ausführliche Darstellung bei Küpers/ Weibler (2005), S. 30ff., sowie Lyons (1992), S. 295. Krell und Weiskopf (2001, S. 6) halten außerdem fest, dass die Diskussion von Emotionen ursprünglich philosophischen Ansätzen dominiert wurde, aber seit Mitte des 19. Jahrhunderts zunehmend psychologische Konzeptionen an Bedeutung gewinnen.

[98] Vgl. auch die Diskussion bei Griffiths (1997) und Rorty (1984).

[99] Vgl. Solomon (1993), der jedoch den Ausdruck Leidenschaft benutzt.

[100] Vgl. Strongman (2003), S. 274; s. hierzu auch kritisch Griffiths (1989), S. 300f.

[101] Vgl. hierzu auch Ortmann (2001) und Nippa (2001) aus der Perspektive des Managements.

[102] Vgl. u.a. Lurie (2004) sowie Nussbaum (2001).

kenntnisinteresse bildet dabei die Rolle von Emotionen im Hinblick auf sittliches Verhalten.[103]

Beiträge aus der *Soziologie* ähneln denen der Philosophie insofern, als sie ebenfalls über einen hohen heuristischen Wert sowie innovative Ansätze verfügen, zugleich aber kaum operationalisierbare Konstrukte hervorbringen.[104] Zentrale emotionsbezogene Themenstellungen betreffen dabei insbesondere interpersonelle Austauschsituationen sowie den Einfluss sozialer Strukturen.[105] Grundsätzlich lassen sich diesbezüglich zwei Strömungen festhalten. Einerseits ist bei diversen Vertretern eine tendenziell positivistische Haltung zu beobachten.[106] Grundannahme dieser Forschungsrichtung ist die eindeutige Identifizierbarkeit bzw. Interpretierbarkeit von Emotionen, mithin deren Unabhängigkeit von soziokulturellen Einflüssen, womit diese Ansätze eine gewisse Nähe zu psychologischen Konzeptionen aufweisen.[107] Andererseits – in Abkehr zu den positivistischen Strömungen – sind die Beiträge vielfach konstruktivistischen Ansichten verhaftet.[108] Kennzeichnend für diese Bewegung ist die Auffassung, dass Menschen in der Lage sind, über ihre Emotionen zu reflektieren und diese teilweise zu steuern.[109] Das Wesen von Emotionen wird dabei annahmegemäß in erster Linie durch die lokal vorherrschenden kulturellen sowie sozialen Rahmenfaktoren determiniert.

Abschließend sollen noch Ansätze der *Volkswirtschaftslehre* beleuchtet werden.[110] Charakteristisch ist diesbezüglich in erster Linie die kontrovers geführte Auseinandersetzung im Hinblick auf das Verhältnis von Rationalität im Sinne des homo oeconomicus zu Emotionali-

---

[103] Vgl. Solomon/ Stone (2002), S. 418ff. Die Autoren vertreten die Ansicht, dass im Wesentlichen die individuellen Werthaltungen für das Hervorrufen von Emotionen entscheidend seien. Diese kognitiv geprägte Auffassung wird nachstehend vor allem im Hinblick auf die Konzeption von Lazarus (1991a) in I.2.2 relevant sein; vgl. auch Döring (2006), S. 76.

[104] Vgl. Strongman (2003), S. 274f., sowie für einen aktuellen Überblick Turner/ Stets (2006). Turner stellt zudem fest, dass die Emotionssoziologie eine der „leading edges of micro-level theorizing" darstellt (Turner 1999, S. 133). Generelle Übersichten zu soziologischen Ansätzen im Hinblick auf Emotionen finden sich in dem Sammelband von Barbalet (2002) sowie den Monographien von Flam (2002) und Gerhards (1988a). Soziologische Ansätze sind für diese Arbeit relevant, da sie sowohl eine Mehrebenenbetrachtung (vgl. II.1.1) als auch Dynamisierung (vgl. II.1.2) von Emotionen problematisieren.

[105] Vgl. exemplarisch Radley (1988, S. 7ff.) für interpersonelle Austauschbeziehungen sowie Barbalet (2002, S. 3f.) und von Scheve/ von Luede (2005, S. 309) im Hinblick auf die Berücksichtigung der Wechselwirkungen zwischen Individuum und Struktur.

[106] Vgl. exemplarisch Kemper (1991), der Emotionen anhand der Dimensionen Status und Macht untersucht.

[107] Vgl. Kemper (1981), S. 337ff.

[108] Vgl. die noch später genauer zu erörternde Studie von Hochschild (1983b) sowie die grundlegenden Ausführungen bei Gerhards (1986, S. 767f. bzw. 1988a, S. 56ff.). Kontrastierend ist anzumerken, dass konstruktivistisch orientierte Wissenschaftler vor allem durch die Unzulänglichkeiten positivistischer Untersuchungsdesigns angeregt wurden (Ratner 1989, S. 213).

[109] Vgl. hierzu die vom symbolischen Interaktionismus inspirierte Auslegung von Shott (1979).

[110] Vgl. Loewenstein (2000) sowie Nippa (2001) für dezidierte Erörterungen.

tät.[111] Allerdings scheint sich zunehmend die Erkenntnis durchzusetzen, dass Menschen nur begrenzt rational handeln.[112] Eine Rolle spielen dabei neuerdings experimentelle Untersuchungen von Entscheidungssituationen. Individuen bilden dabei das zentrale Erkenntnisobjekt,[113] aber auch Studien zu kollektivem Verhalten, etwa an Aktienmärkten, wurden durchgeführt.[114] Emotionen werden dabei meist als Störfaktoren interpretiert,[115] wobei die Auslegung des Emotionsbegriffs auch hier recht breit ist und z.b. auch Sympathie beinhaltet.[116]

Im Gegensatz zu den Sozialwissenschaften beschäftigen sich *naturwissenschaftliche Untersuchungen* mit den physiologischen Abläufen beim Empfinden von Emotionen.[117] Neben der Humanmedizin ist hier vor allem die Neurobiologie von Belang. Untersuchungen aus dem Bereich der *Humanmedizin* konzentrieren sich dabei in erster Linie auf negative Emotionen. Zentrale Themenbereiche umfassen dabei die Identifikation potenziell negativer emotionaler Zustände,[118] die Unfähigkeit zum Erleben von Emotionen (Alexithymie),[119] die Analyse von Gesichtsausdrücken[120], psychotherapeutische Interventionen und vor allem auch pharmakologische Maßnahmen.[121] Diese an Pathologien orientierte Tendenz der humanmedizinischen Forschung hat zur Folge, dass zunehmend der Ruf laut wird, sich auch positiven emotionalen

---

[111]   Vgl. Ortmann (2001), S. 287ff., sowie Bolle (2006), S. 53f.

[112]   Vgl. hierzu Simon (1979), Kahneman (2003), Muramatsu/ Hanoch (2005) sowie Tversky/ Kahneman (1982), die in diesem Zusammenhang von „bounded rationality" sprechen, ein Sachverhalt, der später erneut unter dem Schlagwort „bounded emotionality" in I.2.1 aufgegriffen wird. Dabei ist hinzuzufügen, dass Emotionen erst spät Eingang in die Diskussion gefunden haben, was vor allem auf die vermeintliche Inkommensurabilität von Rationalität und Emotionalität zurückzuführen ist. Dies veranlasst Elster zu der Aussage, dass die Vernachlässigung von Emotionen in der Volkswirtschaftslehre „second to none" (Elster 1996, S. 1386) ist.

[113]   Vgl. stellvertretend Bosman/ van Winden (2002) und Hoelzl/ Rustichini (2005).

[114]   Vgl. exemplarisch die Betrachtung emotionalitätsbedingter Verwerfungen am Aktienmarkt bei Goedhart et alii (2005) sowie Pixleys (2002) teilweise soziologisch orientierte Auseinandersetzung mit kollektiven Aktoren bzw. dem Verhalten von Finanzinvestoren.

[115]   Vgl. Ortmann (2001). Einschränkend ist zu konstatieren, dass neuerdings Volkswirte auf den potenziellen Nutzen von Emotionen hinweisen, Emotionen mithin nicht mehr per se negiert bzw. vernachlässigt werden (Frank 1988).

[116]   Vgl. Sally (2002), S. 455, sowie die Erörterung in II.1.1.

[117]   Die nachstehenden Erläuterungen sind bewusst kurz gehalten, da sie nur die sozialwissenschaftlich geprägten Ansätze komplettieren sollen, um ein relativ umfassendes Abbild der Emotionsforschung zu generieren.

[118]   Vgl. Selye (1976), der sich vornehmlich der Untersuchung von Stress widmete.

[119]   Vgl. Taylor et al. (1997).

[120]   Vgl. Ekman/ Friesen (1984), Ekman/ Friesen (1986), Ekman/ Oster (1979).

[121]   Vgl. Greenberg/ Safran (1989). Letztere sind zwar nicht unmittelbar der Humanmedizin zuzuordnen, allerdings scheint dies hier aus Vereinfachungsgründen vertretbar. Interessanterweise sind in jüngster Zeit diverse Beiträge zu identifizieren, die dieses Gedankengut im Hinblick auf Organisationen aufgreifen. Spiritus Rector dieser Bewegung ist vermutlich Gabriel, der hierzu bereits eine Reihe von Beiträgen veröffentlicht hat (exemplarisch: Antonacopoulou/ Gabriel 2001, Gabriel 1998 sowie Gabriel/ Carr 2002).

Zuständen zu widmen.[122] Ergänzend ist zu konstatieren, dass humanmedizinische Studien Emotionen sehr eng definieren und diesbezüglich meist experimentelle Untersuchungsdesigns verwenden.

Die *Neurowissenschaften* sind eng mit der Humanmedizin verbunden und richten das Hauptaugenmerk auf das Phänomen Emotion, aber vor allem vor dem Hintergrund der Funktionsweise des zentralen Nervensystems.[123] Hierbei wird der Frage nachgegangen, wie das zentrale Nervensystem Informationen verarbeitet bzw. auf Reize reagiert, mithin Emotionen auslösen bzw. steuern kann.[124] Letztlich handelt es sich dabei um eine Auseinandersetzung mit den potenziellen Wechselwirkungen zwischen Körper und Psyche.[125] Schließend ist anzumerken, dass die Neurobiologie ein Teilgebiet der Neurowissenschaften darstellt, das die (Neuro-)Psychologie einschließt und insofern einen weiteren Schwerpunkt darstellt.[126]

Der *Psychologie* kommt insofern eine Ausnahmestellung zu, als hier Forschungsbeiträge vorliegen, die sowohl sozial- als auch naturwissenschaftlichen Charakter besitzen.[127] Während sozialwissenschaftlich ausgerichtete Ansätze in erster Linie Fragestellungen der Soziologie und Philosophie aufgreifen,[128] basieren naturwissenschaftlich konzipierte Studien primär auf positivistischen Untersuchungsdesigns.[129] Zudem erscheint es legitim, die Psychologie als die hier wohl dominierende Forschungsdisziplin im Hinblick auf Emotionen zu bezeichnen.[130] Als Indiz dafür lässt sich die Tatsache anführen, dass lediglich die Psychologie über eine eigene Teildisziplin „Emotionspsychologie" verfügt.[131] Dies impliziert jedoch keineswegs ein

---

[122]   Vgl. Sauter et al. (1999).

[123]   Vgl. Gallenmüller-Roschmann, persönlich-mündlich 05.12.2006. Damasio kommt in diesem Zusammenhang zu dem Schluss, dass Entscheidungen ohne das Einwirken von Emotionen nicht möglich sind (Damasio 2004, S. 186; vgl. auch Schanz 1998, S. 83).

[124]   Vgl. stellvertretend Hamann/ Canli (2004), Herz et al. (2004) und LeDoux (1996).

[125]   Vgl. hierzu die Ausführungen bei Damasio (2004), der sich der seit Descartes gemeinhin geteilten Auffassung, Körper und Bewusstsein seien voneinander zu trennen bzw. unabhängig, widerspricht und Wechselwirkungen zwischen beiden Sphären unterstellt.

[126]   Die Neurowissenschaften setzen sich im Wesentlichen aus drei Teildisziplinen zusammen, den biologischen, physikalischen sowie medizinischen Neurowissenschaften. In jüngster Zeit ist jedoch eine Ausdehnung auf diverse andere Disziplinen zu beobachten, weshalb u.a. auch ein Forschungsbereich Neuroökonomie entstanden ist; vgl. auch Ahlert/ Kenning (2006) und Chorvat/ McCabe (2005).

[127]   Vgl. Gallenmüller-Roschmann, persönlich-mündlich am 05.12.2006, sowie Aronson et al. (2004), S. 6ff., sowie Zimbardo/ Gerrig (1999), S. 2ff.

[128]   Vgl. stellvertretend de Rivera (1992). Die Ausführungen de Riveras werden später erneut vor dem Hintergrund kollektiver positiver Emotionalität problematisiert.

[129]   Vgl. exemplarisch Parrott et al. (2005).

[130]   Vgl. Poder (2004), S. 186.

[131]   Vgl. Krell/ Weiskopf (2001), S. 6. Mees (2006), S. 104, hält zudem fest, dass sich dies auch durch eine Reihe internationaler Konferenzen und Journals belegen lässt.

einheitliches Begriffsverständnis.[132] Vielmehr scheint es je nach Orientierung des betreffenden Wissenschaftlers zu einer unterschiedlichen Auslegung zu kommen.

Trotz dieser Vielfalt lässt sich jedoch meist ein Konsensus hinsichtlich der zentralen Elemente festhalten.[133] Grundsätzlich orientieren sich psychologisch konzipierte Forschungsarbeiten an dem Verlauf von Emotionen mit den drei Komponenten Entstehung (a), Erleben (b)
und Auswirkungen (c).[134]

(a) Die *Entstehung* von Emotionen wird stets durch einen Stimulus hervorgerufen. Dieser
kann sowohl intern/endogen (z.b. durch Gedanken an eine Person) als auch extern/exogen
(z.b. aufgrund eines gerade stattfindenden Ereignisses) begründet sein.[135] Ein solcher Stimulus muss jedoch nicht zwangsläufig eine Emotion hervorrufen. Vielmehr ist zunächst die subjektive Wahrnehmung des Individuums entscheidend. Nimmt eine Person einen solchen Stimulus wahr, folgt ein Beurteilungsprozess, bei dem dessen Relevanz intraindividuell einge-
schätzt wird.[136]

(b) Das individuelle *Erleben* von Emotionen lässt sich anhand einer typisierten Reaktions-
trias beschreiben.[137] Hierzu zählen subjektive, physiologische sowie motorisch-expressive
Komponenten.

- Die *subjektive Komponente* ist in der Regel mit dem Begriff „*Gefühl*" belegt.[138] Zentraler Gegenstand ist somit das subjektive Erlebnis, als Teil der Emotion.[139] Es handelt

---

132 Vgl. Batson et al. (1992), S. 294.

133 Vgl. Kleinginna/ Kleinginna (1981), S. 355, Gallenmüller-Roschmann, persönlich-mündlich am
     05.12.2006, und Scherer (2003), S. 170.

134 Vgl. Kleinginna/ Kleinginna (1981).

135 Vgl. hier und im Folgenden Lazarus (1991a), dessen kognitiver Konzeption im Rahmen dieser Arbeit
     weitgehend gefolgt wird.

136 In diesen Prozess fließen diverse intraindividuelle Faktoren, wie etwa persönliche Erfahrungen und Werte
     bzw. Normen, aber auch soziodemographische Merkmale, wie das Alter oder Geschlecht mit ein. Der
     Ausdruck intraindividuell soll hier und im Folgenden synonym zum Begriff intrapersonell genutzt wer-
     den, mithin auf das Individuum abstellen.

137 Vgl. Scherer (2003), S. 170, sowie Vogel (1996), S. 44ff. Dies lässt sich sowohl anhand von so genannten
     subjektiven als auch objektiven Kriterien belegen. Subjektives Erleben kann zum Beispiel durch narrative
     Interviews erhoben werden, objektive Komponenten durch die Messung der inneren Erregung anhand des
     elektrischen Hautwiderstands oder der Herzfrequenz.

138 Vgl. hier und im Folgenden Goller (1992), S. 18ff.

139 Vgl. Denzin (1984) als einen Vertreter, der Emotionen aus phänomenologischer Warte erörtert. Er be-
     schreibt Emotionen in diesem Zusammenhang als „temporarily embodied, situated self-feelings" (Denzin
     1984, S. 49).

sich insofern um ein „aktiv erlebtes Wahrnehmen und Erfahren" (Küpers/ Weibler 2005, S. 39).[140]

■ Als *physiologische Komponente* stehen alle körperlichen Prozesse zur Diskussion, welche durch die Emotion bzw. die zeitlich zuvor stattfindende, kognitive Beurteilung ausgelöst werden können.[141] Evolutionstheoretisch betrachtet dient diese Komponente dazu, den Menschen umgehend in Handlungsbereitschaft zu versetzen. Gängige Symptome sind diesbezüglich Änderungen der Atmung oder Herzfrequenz.

■ Schließlich betrifft die *motorisch-expressive Komponente* das emotionsbezogene, motorische Verhalten, welches sowohl verbal als auch nonverbal erfolgen kann. Gängige Indikatoren sind Stimmlage, Sprechgeschwindigkeit, Blickrichtung sowie Mimik und Gestik.

(c) Die *Auswirkungen* von Emotionen können in motivationale, kognitive und psychische Aspekte gegliedert werden. Sie können motivierend wirken, falls sie die betreffende Person zum Handeln bewegen.[142] Daneben sind Emotionen auch bezüglich kognitiver Funktionen von Belang.[143] Mittlerweile existiert hierzu eine Reihe von Untersuchungen, die einen Einfluss von Emotionen nahezu einvernehmlich konstatieren.[144] Lediglich die Wirkeffekte sind umstritten.[145]

Außerdem können Emotionen Konsequenzen für die Psyche des Mitarbeiters besitzen.[146] Die offenbar gängigste Form ist diesbezüglich das Empfinden von Stress, etwa als Folge von Emotionsarbeit, das mittel- bis langfristig u.a. negative Konsequenzen, wie das so genannte Burnout-Syndrom, zur Folge haben kann.[147] Voraussetzung für intrapersonelle Wirkeffekte wie Stress ist dabei also die Unterstellung, dass Emotionen kumulative Folgewirkungen haben

---

[140]   Das Gefühl kann sich dabei im Sinne eines Lust- bzw. Unlustempfindens manifestieren; vgl. Meyer et al. (1993), S. 29.

[141]   Vgl. Schneider (1992), S. 414ff. Erneut ist darauf zu verweisen, dass der Verfasser der vorliegenden Arbeit für Situationen am Arbeitsplatz grundsätzlich auf kognitive Konzeptionen wie die von Lazarus (1991a) rekurriert; vgl. exemplarisch für eine der gegenläufigen Positionen: Zajonc/ McIntosh (1992).

[142]   Vgl. hier und im Folgenden die Ausführungen von Frijda (1986) im Hinblick auf die Diskussion der so genannten spezifischen Handlungstendenzen („specific action tendencies").

[143]   Vgl. Ciarrochi/ Forgas (2000), Forgas (1990).

[144]   Vgl. exemplarisch Forgas (2002a), S. 2ff., Isen (2000a), Izard/ Ackerman (2000), S. 253.

[145]   Vgl. hierzu die Diskussion der Janusköpfigkeit positiver Emotionen in I.2.2.

[146]   Vgl. Friedman/ Schustack (2004), S. 529. Der Begriff Psyche ist an dieser Stelle relativ breit gefasst und bezieht sich auf das seelisch-geistige Erleben von Situationen im Gegensatz zu körperlichen Befindlichkeiten.

können. Daher erscheint auch die später vorzunehmende Ausweitung des zeitlichen Betrachtungshorizonts zweckvoll.

Daneben lassen sich zwei weitere gemeinsame Merkmale psychologischer Forschung ausmachen. Einerseits die *Orientierung an negativen Emotionen*, vermutlich als eine Folge der Dringlichkeit von Pathologien sowie der häufig vorzufindenden thematischen Nähe zu klinisch bzw. medizinisch orientierten Ansätzen.[148] Andererseits stellt die *Betrachtung des Individuums* ein Spezifikum dar. Aufgrund der Dominanz des psychologischen Begriffsverständnisses und dem dort vorzufindenden, differenzierten Sprachspiel erscheint es vertretbar, sich im Folgenden mit der Abgrenzung gegenüber verwandten Konstrukten sowie den Besonderheiten positiver Emotionen näher auseinander zu setzen.[149]

I.1.2   Abgrenzung von Emotionen gegenüber verwandten Konstrukten

Wie bereits angedeutet, stammen aus dem Bereich der Psychologie nicht nur die meisten wissenschaftlichen Publikationen, sondern aufgrund der teilweise positivistisch konzipierten Untersuchungsdesigns auch die differenziertesten begrifflichen Auslegungen.[150] Daher bietet sich an dieser Stelle eine Auseinandersetzung mit den diversen Termini an, um so die Unterschiede zwischen Emotionen und verwandten Konstrukten herausarbeiten zu können. Ein solches Vorgehen scheint zudem unverzichtbar, um eine terminologische Ausgangsbasis für die vorliegende Arbeit zu generieren. Auf diese Grundlage wird sodann im zweiten Teil zurückzugreifen sein, um Emotionalität von den vorgestellten, psychologisch inspirierten Begrifflichkeiten abzugrenzen.

Aus dem vorhergehenden Unterkapitel wurde deutlich, dass auch im Bereich der Psychologie keinesfalls eine gemeinhin geteilte Definition des Begriffs Emotion existiert.[151] Aller-

---

[147]   Vgl. exemplarisch Cotton/ Hart (2003), Dollard et al. (2003), Mann (2004), Morrison/ Payne (2003) und Murphy/ Sauter (2003).

[148]   Vgl. Fredrickson (2003), S. 330, Seligman/ Csikszentmihalyi (2000), S. 5, sowie Ringlstetter et al. (2006a).

[149]   In den nachstehenden Ausführungen erfolgt sodann eine differenzierte Betrachtung vor dem Hintergrund psychologisch ausgerichteter Ansätze.

[150]   Vgl. Strongman (2003), S. 259, sowie Ulich/ Mayring (2003), S. 36ff.

[151]   Vgl. Schwartz/ Strack (1999), S. 61. So unterscheidet sich zum Beispiel die Konzeption von George/ Brief (1996, S. 100) deutlich von der hier zu Grunde gelegten Definition, da die Autoren Gefühle als Oberbegriff für Emotionen und Stimmungen nutzen. Interessanterweise verfolgt vor allem George diese Auslegung in ihren späteren Beiträgen nicht mehr (exemplarisch: George 2000a).

dings erscheint eine *Unterteilung verwandter Begriffe in zwei Themenkreise* gangbar, in inhaltlich verwandte sowie in eher entfernt anzusiedelnde Konzeptionen.

Inhaltlich in *engem Zusammenhang*[152] stehen Affekt, Gefühl, Stimmung sowie Einstellung.[153] Wie aus Abbildung I-2 ersichtlich, kann eine Unterscheidung dieser Phänomene entlang der Dimensionen Antezedenzien, Dauer, Frequenz, Funktion, Intensität, Stabilität, Objektbezogenheit sowie Verhaltensrelevanz erfolgen.[154]

Dimension/Konstrukt	Affekt	Emotion	Gefühl	Stimmung	Einstellung
Antezedenzien	Stimulus	Stimulus	Stimulus	kein Stimulus notwendig	kein Stimulus notwendig
Dauer	sehr kurzfristig	kurzfristig	kurzfristig	mittelfristig	langfristig
Frequenz	selten	häufig	häufig	nahezu permanent	permanent
Funktion	keine Funktion / Kontrollverlust	adaptiv-informative Funktion	reflexive Funktion	keine unmittelbare Funktion	keine unmittelbare Funktion
Intensität	sehr hoch	hoch	hoch	gering	sehr gering
Stabilität	sehr instabil; sehr labil	instabil; labil	instabil; labil	eher stabil	sehr stabil
unmittelbare Objektbezogenheit	sehr hoch	sehr hoch	sehr hoch	eher nein; diffuser Charakter	sehr gering
Verhaltensrelevanz	sehr hoch	hoch; v.a. bei negativen Emotionen	keine Verhaltensreaktion	eher gering	sehr gering

Abb. I-2:   *Gegenüberstellung der Charakteristika von Emotionen und von verwandten Begriffen*

(Quelle: Eigene Darstellung in Anlehnung an Gray/ Watson 2001 und Kleinginna/ Kleinginna 1981)

Der Ausdruck *Affekt* führt oftmals zu Missverständnissen, da er in der englischen und deutschen Sprache jeweils unterschiedlich verwendet wird. Im Englischen ist der Ausdruck „af-

---

[152]   Ohne die wesentlichen Gedankengänge aus II.1 bereits an dieser Stelle vorwegzunehmen, sei darauf verwiesen, dass die unterschiedlichen Termini durchaus miteinander in Verbindung stehen. So konstatieren Otto et alii denn auch, dass diese Begriffe, vor allem „Stimmungen und Emotionen nicht als unterschiedlich, sondern als Abstufungen auf einem grundlegenden Kontinuum emotionaler Prozese zu betrachten" (Otto et al. 2000, S. 13) sind. Zu ähnlichen Rückschlüssen gelangt Davidson (1994, S. 53), der davon ausgeht, dass Stimmungen durch die Akkumulation von Emotionen entstehen können.

[153]   Vgl. Gallenmüller-Roschmann (2005) und Härtel, persönlich-mündlich am 07.05.2005, denen zufolge sich hier eine weitestgehend einhellige Auslegung konstatieren lässt. Allerdings wird dieser Konsens oftmals durch individuelle Auslegungen unterlaufen. So verwendet Isen (1984, S. 186) den Terminus „feeling states" synonym zu Stimmung, eine Auslegung der in der vorliegenden Arbeit ebenfalls gefolgt wird. Demgegenüber differenzieren jedoch Autoren wie Otto und Kollegen (2000, S. 14) zwischen Stimmungen und „feeling states", und fassen Letztere als eher dispositionell auf.

[154]   Die aufgeführten Differenzierungskriterien sind im Wesentlichen den Veröffentlichungen von Abele (1996), Goldsmith (1994), Gray/ Watson (2001), Kleinginna/ Kleinginna (1981), Oatley/ Jenkins (1996) sowie Scherer (2005) entnommen; vgl. auch Ringlstetter/ Müller-Seitz (2006a).

fect" als Oberbegriff von Emotionen und Stimmungen zu begreifen.[155] Demgegenüber soll an dieser Stelle jedoch auf die Verwendung im deutschsprachigen Verständniszusammenhang zurückgegriffen werden. Affekt würde somit eine äußerst extreme Ausprägung von Emotion darstellen. Gängiges Beispiel aus dem Bereich der Kriminalistik bzw. dem Justizwesen ist die Tötung einer anderen Person „aus dem Affekt heraus".[156] Dies impliziert in der Regel den Verlust der Handlungskontrolle, mithin eine sehr hohe Verhaltensinstabilität. Zwar ähneln *Emotionen* ihrem Wesen nach stark Affekten, doch sind sie von deutlich geringerer Intensität. Das entscheidende Differenzierungskriterium ist der adaptive Charakter von Emotionen im Fall von Affekten.[157] Denn wie bereits angedeutet, sind Emotionen in der Regel eine *Re*aktion auf einen endogenen oder exogenen Stimulus („Auslöser") und ziehen meist ein situationsangemessenes Verhalten nach sich.

Der Ausdruck *Gefühl* ist als Teilkomponente von Emotionen zu begreifen und so sind die Eigenschaften mit denen von Emotionen in Teilen identisch (vgl. Abb. I-2).[158] Allerdings ziehen Gefühle im Gegensatz zu den anderen Emotionskomponenten aufgrund ihrer „Innenbezogenheit" keinerlei Verhaltensreaktionen nach sich. Insofern haben sie eher reflexiven Charakter, was häufig in Verbindung mit Erinnerungen deutlich wird.[159]

Stimmungen heben sich von Emotionen u.a. durch fehlende Intentionalität ab, d.h. sie verfügen in der Regel über keinen handlungswirksamen Charakter.[160] Überdies sind sie aufgrund des häufig fehlenden Stimulus weniger im Bewusstsein verankert. Diese Verschiedenheit lässt sich auch anhand der aus dem Bereich der Phänomenologie stammenden Analogie von Figur und Grund verdeutlichen. Gefühle lassen sich demzufolge als konkret zu erfassende Figur verstehen, Stimmungen eher als diffuser Bildhintergrund.[161] Außerdem zeichnen sich Stimmungen durch eine eher mittelfristige Dauer aus und können allenfalls über Tage hinweg er-

---

[155]   Vgl. Otto et al. (2000), S. 13. Im deutschsprachigen Raum wird anstelle des englischsprachigen Begriffs „affect" häufig der Ausdruck Zustand („state") benutzt. Dies ist insofern plausibel, als hierdurch ein Unterschied zwischen Zustand („state") und Charaktereigenschaft/Wesenszug („trait") möglich ist.

[156]   Vgl. Küpers/ Weibler (2005), S. 37.

[157]   Vgl. hier und im Folgenden Scherer (2005), S. 702ff.

[158]   Vgl. Damasio (2001), S. 781, Gallenmüller-Roschmann (2005) und die vorhergehende Erörterung des psychologischen Verständnisses von Emotionen in I.1.1.

[159]   Vgl. Roth (2001), S. 258.

[160]   Vgl. Gray/ Watson (2001), S. 25, Kleiginna/ Kleiginna (1981) und II.1.2.

[161]   Vgl. Wertheimer (1912).

lebt werden.[162] Bezüglich der Frequenz ihres Auftretens sind sie als eher pervasiv und vergleichsweise häufig auftretend zu charakterisieren.[163]

Auf Emotionen basierende *Einstellungen* lassen sich als Pendant zu Affekten begreifen. So muss zum Beispiel kein konkreter Stimulus vorliegen und ihre Intensität ist eher gering. Daneben sind Einstellungen überwiegend langfristig manifest und weisen mithin einen eher latent-stabilen Charakter auf.[164] Eine Konsequenz davon ist die fehlende Handlungswirksamkeit. Denn es existiert diesbezüglich lediglich eine tendenziell diffuse innere Haltung. Frijda führt hierzu anschaulich aus:

„Such dispositions are called sentiments or emotional attitudes [...] "I hate pitbull terriers"). Most sentiments are, it is generally assumed, acquired on the basis of previous experience or social learning" (Frijda 1994a, S. 64).

Anknüpfend an dieses Zitat kann auf Emotionen basierenden Einstellungen auch eine Nähe zur Sozialisation attestiert werden.[165] Grund hierfür ist die Vermutung, dass die Entwicklung solcher Einstellungen eine Folge wiederholt erlebter Emotionen sein könnte.

Des Weiteren lassen sich Erscheinungsformen identifizieren, die von Emotionen *thematisch weiter entfernt* sind, aber dennoch häufig im vorliegenden Zusammenhang diskutiert werden. Dazu zählen z.B. Zufriedenheit, subjektives Wohlbefinden, Eigenschaften, Temperament sowie Motivation.

Die diesbezüglich wohl schärfste Kontroverse bezieht sich auf die Abgrenzung von Emotionen gegenüber *Zufriedenheit*. Während eine Vielzahl an Autoren die Auffassung vertritt, Emotionen seien stets im Zuge der Zufriedenheitsforschung berücksichtigt worden,[166] lassen sich auch wissenschaftliche Beiträge identifizieren, die dieser Ansicht widersprechen:[167]

„Yet although satisfaction was initially defined in emotional terms, it has most often been studied as a rational information processing notion [...] When job satisfaction is defined this way, although it attempts to bring emotion into the picture, affect is essentially left

---

162 Vgl. Morris (1989), S. 2.
163 Vgl. Frijda (1994a), S. 60.
164 Vgl. nachstehend Scherer (2005), S. 703f.
165 Vgl. hier und im Folgenden Chatman (1991), Cooper-Thomas/ Anderson (2002), van Maanen (1975) sowie die Ausführungen zur Sozialisation positiver Emotionalität in III.2.2.
166 Vgl. Locke (1976) stellvertretend für eine frühe, Emotionen integrierende Zufriedenheitskonzeption, in der (Arbeits-)Zufriedenheit wie folgt beschrieben wird: „a pleasurable or positive emotional state resulting from the appraisal of one's job or job experiences" (Locke 1976, Sp. 1300).
167 Vgl. Frese (1990), S. 286, Sandelands/ Boudens (2000), S. 52ff., Weiss (2002), S. 176. Für den Bereich des Dienstleistungsmanagements lassen sich beispielsweise Studien benennen, die explizit auf die Bedeutsamkeit der emotionalen Komponente abzielen (exemplarisch: Yu/ Dean 2001). Für diese Arbeit ist auch relevant, dass positive Emotionen im Gegensatz zur Zufriedenheit keine negativen Ausprägungen aufweisen.

out [...] The failure of job satisfaction to explain performance may be due to this over-reliance on cognitive appraisals and the oversight of its emotional elements" (Rafaeli/ Worline 2001, S. 103).

An dieser Stelle wird der kritischen Einschätzung von Rafaeli und Worline gefolgt, die Zufriedenheit als primär kognitives Konzept einstufen. Daneben ist Zufriedenheit im Vergleich zu Emotionen meist als langfristiges und stabiles Konstrukt konzeptioniert.[168]

Hiermit eng verbunden ist die Forschung zum *subjektiven Wohlbefinden* (SWB).[169] Dieser Begriff ist ebenso wie Zufriedenheit eher langfristig angelegt. Dabei wird unterstellt, dass der Mensch grundlegend hedonistisch veranlagt ist, nach dem Erleben von Lust und Glück strebt und im Gegensatz dazu Schmerz möglichst vermeiden möchte.[170] Als zentrale Komponenten kommen grundsätzlich Emotionen, Stimmungen und eine primär kognitive Zufriedenheit in Betracht.[171] Zufriedenheit betrifft in diesem Zusammenhang diverse Facetten, wie etwa Lebenszufriedenheit, Arbeitszufriedenheit oder eine aus finanzieller Absicherung resultierende Befriedigung. Zusammenfassend ist somit zu konstatieren, dass SWB eine gewisse Nähe zum vorgestellten Emotionsbegriff aufweist, Emotionen davon jedoch stets nur eine Teilkomponente darstellen können. Außerdem ist für das Erreichen eines SWB kein konkreter Stimulus erforderlich, da es sich diesbezüglich um eine relativ dauerhafte globale Einstellung handelt.

Eigenschaften („traits") sollen im Folgenden als polarer Gegensatz von Zuständen i.S.v. Emotionen und Stimmungen verstanden werden. Eine gesonderte Abgrenzung dieser beiden Begriffe erscheint zweckvoll, da missverständliche Formulierungen häufig zu der Annahme verleiten, beide Konstrukte seien nahezu identisch. Scherer konstatiert dazu, dass in der Alltagssprache gelegentlich irreführende Redewendungen benutzt werden, etwa wenn von einem

---

[168]   Diese Beobachtung lässt sich für diverse Bereiche konstatieren, etwa die Forschung zur Lebenszufriedenheit (exemplarisch: Cummins/ Nistico 2002), Mitarbeiterzufriedenheit (exemplarisch: Spector 1997) oder Kundenzufriedenheit (exemplarisch: Churchill/ Surprenant 1982; Oliver 1980; Yi 1990). Einschränkend ist diesbezüglich anzumerken, dass die einzelnen Konstrukte im Detail voneinander abweichen. So wird Mitarbeiterzufriedenheit gemeinhin als stabiles, langfristiges Phänomen angesehen, mithin als latent vorhandene Einstellung, wohingegen Kundenzufriedenheit vergleichsweise kurzfristigerer Natur ist; vgl. Bettencourt/ Brown (1997), S. 42, von Rosenstiel (2003a), S. 930, sowie die Konzeption von Stauss/ Neuhaus (1997), die bereits Emotionen beinhalten.

[169]   Vgl. nachstehend die Beiträge von Diener, dem Spiritus Rector dieser Thematik (Diener 1984 sowie Diener 2000). Mittlerweile existiert eine Reihe von Studien, die sich mit dem SWB in Verbindung mit diversen Themenkreisen beschäftigen, etwa der Arbeitsleistung oder Kreativität (vgl. exemplarisch: Wright/ Cropanzano 2004).

[170]   Vgl. Ryan/ Deci (2001) für eine dezidierte Auseinandersetzung mit der hedonistisch konzipierten Auslegung von SWB im Vergleich zu eudämonistischen Auffassungen.

[171]   Vgl. hier und im Folgenden Diener et al. (1999), S. 277. Emotionen und Stimmungen werden bei Diener entsprechend der vorherigen Diskussion als „affektive" Komponenten bezeichnet.

„lustigen Typen" die Rede ist.[172] Im Unterschied zu Emotionen sollen Eigenschaften daher als andauernde, spezifische Verhaltenstendenzen zu begreifen sein.

Temperament wird in der Regel als partiell genetisch bedingt definiert und manifestiert sich in für das betreffende Individuum typischen Reaktionsmustern.[173] Durch diese Reaktionsmuster entsteht jedoch insofern thematisch eine gewisse Verbindung zu Emotionen, als sie die Empfänglichkeit für bzw. die Intensität von Emotionen prägen. Davidson spricht daher von einer systematischen, durch das individuelle Temperament bedingten Verzerrung von Emotionen.[174] Als Folge hiervon lassen sich zwei weitere Unterschiede identifizieren, der fehlende Stimulus sowie die geringe unmittelbare Verhaltensrelevanz.

Der Ausdruck *Motivation* steht bereits etymologisch gesehen in engem Zusammenhang mit Emotionen, da beide Wörter das lateinische Wort movere („bewegen") beinhalten. Deshalb kann es kaum verwundern, wenn Sokolowski behauptet, dass Emotion und Motivation als „phänomenal kaum trennbares Emotionsgemisch" (Sokolowski 1993, S. 182) zu betrachten sind.[175] Grundsätzlich lassen sich beide Konstrukte jedoch trennen, da Emotionen tendenziell als Antezedenzien von Motivation aufgefasst werden können:[176]

> „Der zentrale Unterschied zwischen dem emotions- und dem motivationspsychologischen Erklärungsfeld liegt in der auf zukünftige Situationen weisenden Richtung von letzterem. Emotionen können als personenspezifische Bewertungen der jeweils aktuellen Situation angesehen werden, die Motivation führt jedoch aus der aktuellen Situation heraus in eine antizipierte anstrebenswerte oder zu vermeidende Lage - motivationales Handeln ist aufsuchend oder meidend gerichtet" (Sokolowski 1993, S. 182).

Als Beispiel lässt sich Stolz anführen, der realiter durchaus erlebt werden kann.[177] Ein solcher Einfluss von Emotionen wurde bereits in unterschiedlichen Kontexten, etwa bei Dienstleistungsunternehmen, nachgewiesen.[178] Seo und Kollegen gehen einen Schritt weiter und diffe-

---

[172] Vgl. Scherer (2005), S. 705.

[173] Vgl. hier und im Folgenden Gray/ Watson (2001) sowie Zautra et al. (2005).

[174] Vgl. Davidson (1994), S. 54.

[175] Vgl. auch Burkart (2003), S. 87, den Beitrag von Meyer/ Turner (2002) sowie die Ausführungen von Schwarz (1990) zum motivationalen Einfluss von Emotionen. Zwar bezieht sich der Autor explizit auf den Begriff „affektive Zustände", doch scheint eine Berücksichtigung der Ideen gangbar.

[176] Vgl. Frijda (1986), der in diesem Zusammenhang Emotionen spezifische Handlungstendenzen zuordnet („specific action tendencies"; Fredrickson/ Branigan 2001, S. 124ff., Bottenberg/ Daßler 2002 sowie Frijda 1986). Einschränkend ist zu konstatieren, dass auch ein umgekehrter Einfluss plausibel erscheint. Diesen Sachverhalt konnten auch Kaiser und Müller-Seitz anhand einer Untersuchung von Nutzern von Online-Tagebüchern („weblogs") nachweisen (Kaiser/ Müller-Seitz 2005a).

[177] Vgl. exemplarisch Schützwohl (1991). Zwar kann Stolz nicht nur als aktuelle Emotion, sondern auch als situationsübergreifende, spezifische Persönlichkeitskomponente klassifiziert werden (Frese 1990), doch soll an dieser Stelle primär auf die Auslegung von Stolz als Emotion abgestellt werden.

[178] Vgl. Abele (1999), Badovick et al. (1992) sowie Brown et al. (1997).

renzieren zwischen einem direkten und indirekten Einfluss von Emotionen auf die Motivation.[179] Als direkten Einfluss bezeichnen sie die Tendenz, dass mit zunehmender Intensität positiver Emotionen der Aufwand steigt, diese Emotion weiterhin zu erleben.[180] Einen indirekten Wirkeffekt halten sie ebenfalls für möglich und postulieren, je angenehmer eine positive Emotion erlebt wird, desto höher wird auch die Erwartung an ein positives Ergebnis ausfallen.[181] In der Folge erhöhen sich das Erwartungsniveau, die Nutzeneinschätzung und damit letztlich auch die Motivation, das Ziel zu erreichen.[182] Damit wird eine gewisse Nähe zum hedonistisch konzipierten SWB erkennbar.

I.1.3   Besonderheiten positiver Emotionen

Neben den hier beschriebenen grundlegenden Merkmalen von Emotionen weisen positive gegenüber negativen Emotionen diverse Unterschiede auf, die an dieser Stelle erörtert werden sollen.[183] Zunächst fällt auf, dass positive Emotionen bis dato weitaus seltener als negative Emotionen untersucht worden sind.[184] Dies ist vermutlich auf die in der Psychologie dominierende Konzentration auf negative Phänomene zurückzuführen.[185] Für die nachstehende Diskussion ist zunächst das Positive an positiven Emotionen vorzustellen, um anschließend positive Emotionen gegenüber negativen Emotionen anhand diverser *Abgrenzungskriterien* zu kontrastieren.

Die Einstufung von Emotionen als „positiv" bzw. „negativ" stellt dabei auf die intraindividuelle Wahrnehmung von Erlebnissen ab.[186] Vor dem Hintergrund der vorgebrachten termi-

---

[179]   Vgl. hier und im Folgenden Seo et al. (2004).

[180]   Vgl. auch Csikszentmihalyi (2000).

[181]   Vgl. ebenfalls Abele/ Gendolla (2000), S. 297.

[182]   In diesem Zusammenhang sei zudem auf den verwandten Begriff der Volition verwiesen (vgl. Kniehl 1998 für eine dezidierte Auseinandersetzung), worunter gemeinhin der Wille, eine bestimmte Handlung auszuführen, verstanden wird. Wie schon im Fall der Motivation, so sind auch bei der Volition Emotionen vorwiegend als Antezedenz konzipiert, weshalb Bagozzi et alii explizit von „anticipatory emotions" (Bagozzi et al. 1998, S. 5) sprechen.

[183]   Sofern im Folgenden auf Emotionen bzw. später auf Emotionalität rekurriert wird, soll dies aus Verständnisgründen stets implizieren, dass es sich um positive Emotionalität im hier diskutierten Sinne handelt. Sofern explizit negative Emotionen zur Sprache kommen, ist dies an den entsprechenden Stellen eindeutig formuliert, etwa durch Verwendung des Terminus „Angst".

[184]   Vgl. Fredrickson (1998), S. 201.

[185]   Vgl. Baumeister et al. (2001) sowie Seligman/ Csikszentmihalyi (2000). Dieser Sachverhalt wird im nächsten Kapitel erneut aufzugreifen sein, da sich für den Bereich der betriebswirtschaftlichen Forschung eine analoge Argumentation nachweisen lässt.

[186]   Vgl. die Erörterung in I.2.2.

nologischen Überlegungen und den diskutierten Definitionsansätzen sollen *positive Emotionen* an dieser Stelle wie folgt *definiert* werden:

> *Positive Emotionen umfassen all jene Zustände, die vom Individuum situativ als angenehm wahrgenommen werden.*

Eine „positive" Emotion wäre also ein subjektiv wahrgenommener, angenehmer Erlebniszustand, wie etwa Freude oder Glück.[187] Davon sind grundsätzlich unerwünschte bzw. unangenehme Gemütszustände (z.B. Angst) abzugrenzen, welche auf ungünstige oder unerwünschte Ursachen zurückzuführen sind. Allerdings ist die Erörterung positiver Emotionen nicht nur aus hedonistischer Sicht interessant. Vielmehr sind auch humanistische Gründe anzuführen, da positive Emotionen im Regelfall mit einer Reihe günstiger physischer und psychischer Wirkeffekte in Verbindung gebracht werden, wie etwa einer erhöhten Lebenserwartung.[188]

Bezüglich denkbarer *Abgrenzungskriterien* ist auf das Sprachspiel, die Beobachtbarkeit, den Verschmelzungsgrad sowie insbesondere die spezifischen Handlungstendenzen einzugehen.[189] Das vorhandene *Sprachspiel*[190] kann insofern zur Unterscheidung herangezogen werden, als sich positive Emotionen derzeit mit dem psychologischen und alltagsweltlichen Sprachspiel vergleichsweise schwierig beschreiben lassen.[191] Einen treffenden Beleg für diese Behauptung liefert Averill.[192] Er entwickelte einen 558 Wörter umfassenden „semantischen Atlas" zur Beschreibung von Emotionen. Nach Auswertung der Ergebnisse konnte er rund eineinhalb mal so viele negative wie positive Begriffe identifizieren (62 % negative vs. 38 % positive Ausdrücke).[193] Als weiteres Indiz kann die Untersuchung der so genannten Basisemotionen gelten, unter die sich nach Ansicht der Vertreter dieser Forschungsrichtung alle

---

[187]   Die Auseinandersetzung orientiert sich an den zuvor bereits skizzierten hedonistisch ausgerichteten Überlegungen (vgl. I.2.2).

[188]   Vgl. exemplarisch Danner et al. (2001).

[189]   Die hier vorgestellten Abgrenzungskriterien repräsentieren eine Zusammenstellung der in der Literatur vorzufindenden Differenzierungskriterien; vgl. auch Fredrickson (1998), S. 300ff., sowie Ringlstetter/ Müller-Seitz (2006a), S. 134.

[190]   Vgl. Wittgenstein (1992) sowie die Ausführungen bei Chomsky (1969), S. 46f., Kirsch (1997a), S. 168ff., und Krippendorf (1984), S. 60.

[191]   Vgl. Fredrickson/ Branigan (2001), S. 124, Lazarus (1991a), S. 264, und Vogel (1996), S. 28ff. Levy (1973, S. 287) umschreibt diesen Sachverhalt mit den Begriffen „hypercognated" bzw. „hypocognated". Am Beispiel von Stämmen auf Tahiti wies er nach, das für bestimmte Emotionen ein sehr differenziertes Vokabular zur Verfügung steht („hypercognated"), wohingegen die Menschen bei anderen Empfindungen nur wenige Ausdrücke („hypocognated") bereithalten.

[192]   Vgl. Averill (1980).

[193]   Vgl. Myers (2000). Zu einem ähnlichen Entschluss gelangen auch Baumeister und Kollegen in einem aktuellen Beitrag nach Durchsicht der entsprechenden Literatur. Sie konstatieren für die Beschreibung negativer und positiver Zustände insgesamt, dass „negative words appear to be more varied than positive words" (Baumeister et al. 2001, S. 332).

weiteren Emotionen subsumieren lassen. Unter Rückgriff auf die frühen Erkenntnisse Darwins, wiesen Ekman et alii dabei die Existenz von sieben universell gültigen Emotionen nach.[194] Interessanterweise sind dabei fünf Emotionen als negativ (Wut, Ekel, Furcht, Traurigkeit und Verachtung) und jeweils nur eine Emotion als neutral (Überraschung) bzw. positiv (Fröhlichkeit) einzustufen.

Daneben sind positive Emotionen generell *schwieriger zu beobachten*. So sind Furcht oder Traurigkeit anhand des individuellen Gesichtsausdrucks relativ einfach zu erkennen.[195] Indes lässt sich authentisch erlebte Freude anhand des Lächelns gegenüber einem aufgesetzten, nicht mit den eigenen Gefühlen übereinstimmenden Lächeln, meist nicht so leicht abgrenzen.[196]

In enger Verbindung zu den vorangegangenen Beispielen steht auch die Annahme, positive Emotionen verfügten über einen höheren *Verschmelzungsgrad*.[197] Dies betrifft zunächst die visuelle Wahrnehmung bzw. Interpretation, vor allem aber auch das subjektive Erleben positiver Emotionen. Strongman kommt diesbezüglich zu dem Fazit, dass „it is hard to find clear distinctions between happiness, joy and elation" (Strongman 2003, S. 136).

Schließlich lässt sich der vermutlich wesentlichste Unterschied zwischen positiven und negativen Emotionen anhand der Untersuchungen von Fredrickson aufzeigen.[198] Sie kritisiert die Fokussierung auf die so genannten *spezifischen Handlungstendenzen* („specific action tendencies")[199] zur Beschreibung sämtlicher Emotionen.[200] Ihren Analysen zufolge ist die Charakterisierung von Emotionen anhand dieser Handlungstendenzen in erster Linie nur im Hinblick auf negative Emotionen sinnvoll. So kann in der Regel einer Emotion wie etwa Furcht relativ eindeutig die spezifische Handlungstendenz Flucht zugeordnet werden. Indes scheint im Falle positiver Emotionen, denkt man z.B. an das Erleben von Glücksempfindun-

---

[194]   Vgl. exemplarisch Ekman (1992) sowie Ellsworth/ Smith (1988).
[195]   Vgl. die ausführliche visuelle Darstellung und inhaltliche Interpretation bei Ekman/ Friesen (1984).
[196]   Ein breit rezipiertes Beispiel stellt das so genannte „Duchenne-Lächeln" dar (vgl. Duchenne de Boulogne 1990 sowie Fredrickson 2003, S. 331). Duchenne de Boulogne konnte bereits im 19. Jahrhundert mit einer bestimmten Stimulation der Gesichtsmuskulatur demonstrieren, dass sich das spontane, unwillkürliche Lächeln vom willkürlichen dadurch unterscheidet, dass bei Letzterem eine Bewegung bei einem bestimmten Gesichtsmuskel (musculus orbicularis oculi) unterbleibt. Allerdings ist dies, wie bereits angedeutet, nur sehr schwierig zu erkennen.
[197]   Vgl. de Rivera et al. (1989).
[198]   Vgl. hier und im Folgenden Fredrickson (1998).
[199]   Vgl. exemplarisch Frijda (1986), Levenson (1994a) sowie Oatley/ Jenkins (1996).
[200]   Vgl. Fredrickson (2001), S. 219f.

gen, eine solche Handlungskonsequenz zu fehlen.[201] Frijda kann dementsprechend auch nur grob von einer „free activation" sprechen, wenn er die Handlungsfolgen von Freude schildert.[202] Fredrickson schlägt deshalb in ihrem „Broaden-and-Built"-Modell vor, eher kognitive denn verhaltensbezogene Kriterien ins Kalkül mit einzubeziehen. Den Ausgangspunkt ihres Modells bildet die Annahme, dass positive Emotionen zu einer Erweiterung des momentanen Denk- und teilweise sogar auch Handlungsrepertoires führen („broaden"-Komponente).[203] So können aus dem Erleben von Freude kreativere Problemlösungen resultieren,[204] z.b. ein Interesse, neue Informationen aufzunehmen.[205] In der Folge kann es mittel- bis langfristig zum Aufbau von Ressourcen („Built"-Komponente) kommen. Impliziert sind demnach physische (z.b. durch den Abbau von Stress),[206] intellektuelle (z.b. durch kumulative Effekte im Hinblick auf das Denkvermögen)[207] sowie soziale (z.b. durch den Aufbau von interpersonellen Beziehungen)[208] Ressourcen.[209]

Grundsätzlich soll hier den Ausführungen von Fredrickson et alii gefolgt werden, doch ist abschließend darauf hinzuweisen, dass auch positive Emotionen teilweise spezifische Handlungstendenzen auslösen können. Obwohl sie es tendenziell negieren, führen Fredrickson und Levenson andererseits an, dass Freude zu extrovertiertem Verhalten führen kann, etwa im Zugehen auf andere Menschen oder dem Erkunden der eigenen Umwelt.[210] In ähnlicher Form existieren Befunde, die darauf hindeuten, dass positive Emotionen wie Freude oder Glück, zu prosozialem Verhalten führen.[211] Allerdings hängt das prosoziale bzw. extrovertierte Verhalten wahrscheinlich auch vom jeweiligen Kontext, der Persönlichkeit etc. ab. So konnten Clark

---

[201] Vgl. Fredrickson/ Levenson (1998), S. 192, sowie Levenson (1994b), S. 255. Die Autoren weisen in diesem Zusammenhang auch erneut auf die Beobachtung hin, dass das Sprachspiel für positive Emotionen über einen vergleichsweise geringeren Umfang verfügt, was sie ebenfalls als problematisch einstufen.

[202] Frijda subsumiert unter „free activation" folgendes Verhalten: „in part aimless, unasked-for readiness to engage in whatever interaction presents itself and in part readiness to engage in enjoyments" (Frijda 1986, S. 89). Eine solche Ziellosigkeit begründet Frijda mit der Vermutung, dass positive Emotionen „result from achieving [...] conditions of satisfaction, in which case they signal that activity toward the goal can terminate" (Frijda 1994b, S. 113).

[203] Vgl. hier und im Folgenden Fredrickson (1998), S. 304ff.

[204] Vgl. Isen (1999a) bzw. Isen (1999b).

[205] Vgl. exemplarisch Izard (1977).

[206] Vgl. Fredrickson/ Levenson (1998) sowie Fredrickson et al. (2003).

[207] Vgl. Carnevale/ Isen (1986), Isen (1987) sowie Matas et al. (1978).

[208] Vgl. Staw/ Barsade (1993).

[209] An dieser Stelle ist zu ergänzen, dass die Betrachtung mittel- bis langfristiger Phänomene im Zusammenhang mit (positiven) Emotionen in psychologischen Untersuchungen eher selten erfolgt. Dieser Sachverhalt ist jedoch von Belang, da er insbesondere in II.1.2 erneut aufgegriffen wird.

[210] Vgl. Fredrickson (1998), S. 205.

[211] Vgl. Magen/ Aharoni (1991), Scherer/ Tran (2001) sowie für einen Überblick Isen/ Baron (1991), S. 11ff.

und Watson beobachten, dass Menschen es als angenehm empfinden, sich im Rahmen sportli-
cher Aktivitäten oder in lockerer Atmosphäre am Abend mit anderen Personen zu treffen.[212]
Als unangenehm werden demgegenüber Situationen empfunden, die eher formalisiert sind,
wie etwa Unterrichtsstunden in der Schule oder Arbeitstermine im Unternehmensalltag.

I.2   Fokussierung auf Emotionen im organisationalen Kontext

Im vorangegangenen Kapitel standen ein skizzenhafter interdisziplinärer Überblick zu emoti-
onsbezogenen Forschungsansätzen sowie die dominierende Auslegung aus psychologischer
Perspektive im Mittelpunkt. *Zielsetzung dieses Kapitels* ist es, den Betrachtungsfokus auf den
Komplex Organisationen[213] zu verengen. Dabei rückt die jeweilige Forschungsdisziplin eher
in den Hintergrund und die Untersuchung konzentriert sich auf den konkreten Organisationskontext.

Zunächst soll ein Überblick zu den bisherigen Themenschwerpunkten vorgestellt werden
(I.2.1). Im Anschluss richtet sich das Hauptaugenmerk auf positive Emotionen aus Sicht der
Humanressourcen (I.2.2). Daraufhin erfolgt ein Perspektivenwechsel, indem positive Emotionen aus Warte des HRM das zentrale Erkenntnisinteresse bilden (I.2.3), bevor dieser Teil mit
einer ersten Zwischenbilanz (I.3) abgeschlossen wird.

I.2.1   Reflexion über das Spektrum bisheriger Forschungsbemühungen
              zu Emotionen in Organisationen

Grundsätzlich kann den einleitenden Bemerkungen zu dieser Arbeit gefolgt werden und in
Bezug auf Emotionen in Organisationen tendenziell von einem „*blinder Fleck*" aus dem
Blickwinkel des HRM gesprochen werden.[214] Dafür lassen sich in erster Linie *zwei Gründe*

---

[212]   Vgl. Clark/ Watson (1988).
[213]   Im Rahmen dieser Arbeit sollen die Begriffe Organisation und Unternehmen bzw. Unternehmung als
        synonyme Begriffe verwendet werden. Ferner zielt die Argumentation stets auf profitorientierte Unter-
        nehmen bzw. das HRM ab, um so die Grundlage für potenzielle Handlungsoptionen in Teil III zu generie-
        ren.
[214]   Vgl. Ringlstetter/ Müller-Seitz (2006b), Sturdy (2003), S. 82, die dies für angelsächsische Publikationen
        festhalten bzw. Küpers/ Weibler (2005), S. 17, für den deutschsprachigen Raum.

anführen, die Inkommensurabilität der unterschiedlichen Forschungskontexte sowie eine Aus-richtung an rationalitätsgetriebenem Handeln.[215]

- Der Begriff *Inkommensurabilität* ist den Ausführungen Kuhns entnommen und deutet auf die Schwierigkeit hin, die Termini bzw. Ansichten verschiedener Forschungskon-texte miteinander zu vereinen.[216] Dabei lassen sich grundsätzlich zwei Formen unter-scheiden.[217] Die *technische* Inkommensurabilität stellt auf die mangelnde Vereinbarkeit von Untersuchungsergebnissen aufgrund der unterschiedlichen Technologien ab. Ein typisches Problem liegt hier in der Interpretation von Untersuchungsergebnissen mit experimentellem Design.[218] So können manche Studienergebnisse durchaus kritisch hin-terfragt werden. Als anschauliches Beispiel sei auf Forgas et alii verwiesen, die im Rahmen ihrer Studien Probanden in Hypnose versetzten.[219] Ob sich die hierbei gewon-nen Erkenntnisse „Punkt-zu-Punkt"[220] auf alltägliche betriebswirtschaftliche Situationen übertragen lassen, erscheint mindestens diskussionswürdig. Demgegenüber deutet der Begriff *inhaltliche* Inkommensurabilität auf die Schwierigkeit hin, sich aufgrund der di-vergierenden interdisziplinären Sprachspiele miteinander auszutauschen.[221] Wie bereits dargelegt, legen zum Beispiel Soziologen den Emotionsbegriff wesentlich weiter als Psychologen aus, wodurch eine wechselseitige Verständigung erschwert wird.[222]

- Als weitere Ursache kann die anhaltende Dominanz von *Rationalität* gelten. Denn in den meisten Beiträgen scheint Zweckrationalität zumindest implizit weiterhin das Pri-mat „vernünftigen" Handelns zu sein.[223] So sehen etwa Ansätze der klassischen Ent-scheidungstheorie rationales Entscheiden als einzige Option, bei Problemen zu zwin-

---

[215] Vgl. hier und im Folgenden Ringlstetter/ Müller-Seitz (2006a), S. 135f.

[216] Vgl. Kuhn (2001) sowie die Auslegung bei Kirsch (1997a), S. 198.

[217] Vgl. nachstehend Ringlstetter/ Müller-Seitz (2006a), S. 135.

[218] Vgl. Kniehl (1998). Der Autor prangert an, dass vor allem neurobiologische Untersuchungen „mit einer gewissen Vorsicht zu behandeln [sind], da sie im wesentlichen auf Erkenntnissen der Tierforschung beru-hen" (Kniehl 1998, S. 118; Ergänzung G.M.-S.).

[219] Vgl. Forgas et al. (1984), S. 502.

[220] Vgl. Walter-Busch (1979), der den Ausdruck der „Punkt-zu-Punkt"-Übertragung prägte.

[221] Vgl. Chomsky (1969), S. 46f., Krippendorf (1984), S. 60.

[222] Vgl. Barbalet (1996) für eine breite Auslegung, die auch Vertrauen inkludiert, sowie kontrastierend die enge Auslegung bei Cacioppo et al. (1999).

[223] Vgl. Hegel (1955), S. 44, Kirsch (1997a), S. 410ff., Luhmann (1968), Marr/ Filiaster (2005) und Mintz-berg (1990), S. 70. Diese Hegemonie lässt sich letztlich auf Taylors Konzeption eines „Scientific Mana-gement" (Taylor 1911) bzw. Webers Konzeption einer „idealen Bürokratie" (Weber 1985) zurückführen. Fortentwicklungen in der Tradition Taylors umfassen u.a. die volkswirtschaftlich ausgerichtete Forschung zum homo oeconomicus (exemplarisch Priddat 1998 und Suchanek 1993), die Spieltheorie (z.B. Mor-genstern/ von Neumann 1947) bzw. die Transaktionskostentheorie (exemplarisch Williamson 1985).

gend logischen Schlussfolgerungen gelangen zu können.[224] Als Folge hiervon wurden bzw. werden bis heute Emotionen diesbezüglich tendenziell ausgeblendet, oftmals sogar bewusst negiert.[225]

Dennoch lässt sich mittlerweile eine Reihe von Studien anführen, die sich grundsätzlich dieser Thematik widmen.[226] Als Forschungsobjekte stehen dabei vor allem die Kategorisierung von Emotionen, das Verhältnis von Emotionen zu Rationalität, Emotionsarbeit, emotionale Intelligenz, Mitarbeiterführung und emotionsgetriebenes Lernen im Vordergrund.[227]

Das Ziel einer *Kategorisierung* von Emotionen lässt sich oftmals auf psychologisch bzw. generell positivistisch ausgerichtete Studien zurückführen.[228] In den meisten Ansätzen erfolgt eine Zuordnung nach positiven und negativen Emotionen oder nach der Anzahl universell gültiger Basisemotionen.[229] Allerdings lassen sich auch ausdifferenziertere Untersuchungsdesigns festhalten. Aus dem Jahr 1992 stammt eine der ersten detaillierten Auseinandersetzungen, im Rahmen derer Pekrun und Frese eine konzeptionelle Einteilung von Emotionen entlang der Dimensionen positiv und negativ bzw. aufgabenbezogen und sozialzentriert vornahmen.[230] Es folgte eine Reihe weiterer Definitionsansätze, wobei ein Trend zu positivistisch ausgerichteten Studien unübersehbar ist. Als ein Indiz lässt sich die Erörterung diverser Skalen zur Messung von Emotionen bei Wegge nennen, die in der Regel ebenfalls in eine Kategorisierung münden.[231]

Das kontrovers diskutierte *Verhältnis von Rationalität zu Emotionen* bildet einen weiteren Schwerpunkt, der sich aus dem vorherigen erschließt.[232] Nachdem Emotionen lange Zeit als irrational bzw. kontraproduktiv oder gar „gefährlich" ausgeblendet wurden, scheinen sie im

---

[224]   Vgl. Eisenführ/ Weber (2003).

[225]   Vgl. exemplarisch Simon (1987), S. 62.

[226]   Vgl. Ringlstetter/ Müller-Seitz (2006b). Weiss/ Brief (2001) bieten zudem einen historischen Überblick, der allerdings auf Emotionen und Stimmungen abstellt und ferner das Konstrukt der Mitarbeiterzufriedenheit integriert. Ferner bildet die Durchsicht nach dem Stichwort „Emotion" in gängigen HRM-Lehrbüchern ein weiteres Indiz für die tendenzielle Vernachlässigung von Emotionen (vgl. Anhang 1).

[227]   Die Festlegung auf die genannten Themenkreise erfolgte anhand bekannter Rezensionen; vgl. exemplarisch: Ashforth/ Humphrey (1995), Callahan/ McCollum (2002), Domagalski (1999), Giardini/ Frese (2004), Muchinsky (2000), Wegge (2001), Zapf (2000) sowie Zapf (2002).

[228]   Vgl. Krell/ Weiskopf (2001) sowie Krell/ Weiskopf (2006).

[229]   Vgl. Stanley/ Burrows (2001). Daneben spielt auch die Abgrenzung zu verwandten Erscheinungen eine Rolle; vgl. hierzu auch die vorangegangene Diskussion in I.1.2.

[230]   Vgl. Pekrun/ Frese (1992), S. 185.

[231]   Vgl. Wegge (2001), S. 53, sowie exemplarisch für ein positivistisch ausgerichtetes Untersuchungsdesign die Monographie von Fischbach (2003).

[232]   Vgl. Domagalski (1999), S. 835ff., sowie die Auseinandersetzung in I.1.

wissenschaftlichen Diskurs mittlerweile weitgehend akzeptiert zu sein.[233] Infolgedessen steht vor allem zur Disposition, ob Emotionen mit Rationalität verwoben oder dieser möglicherweise sogar dienlich sind.[234] So scheinen sich selbst Verfechter eines primär rational orientierten Menschenbildes von dem Modell des homo oeconomicus verabschiedet zu haben.[235] Vielmehr richtet sich auch hier das Hauptaugenmerk auf Modelle begrenzter Rationalität[236] bzw. die Einstufung, Emotionen seien ein Supplement von Rationalität.[237] Einige Autoren gehen diesbezüglich noch einen Schritt weiter und sprechen sogar von begrenzter Emotionalität.[238]

Das Thema *Emotionsarbeit* ist ein weiterer Themenschwerpunkt, der durch die inzwischen breit rezipierte Studie der Soziologin Hochschild ins Leben gerufen wurde.[239] Der Ausdruck Emotionsarbeit bezieht sich in der Regel auf Kundenkontaktmitarbeiter in der Dienstleistungsbranche, von denen eine „Arbeit" an den eigenen Gefühlen bzw. Emotionen erwartet wird.[240] Meist steht dabei das Demonstrieren positiver Emotionen im Mittelpunkt, wie etwa von Freude beim Bedienen der Kunden.[241] Gängige Beispiele bilden hier u.a. der Handel[242] oder die Fast Food Restaurants[243]. Indes existieren auch Beiträge, die sich explizit der Emotionsarbeit in Bezug auf negative Emotionen widmen.[244] Im überwiegenden Teil dieser Studien werden dabei negative Effekte für den betreffenden Mitarbeiter unterstellt, etwa das Burnout-

---

[233] Vgl. Fineman (1993), Simon (1987), S. 62, sowie zur Vielfalt der Rationalität verhafteter Ansätze Nippa (2001), S. 220ff.

[234] Vgl. Fineman (1996), S. 550f.

[235] Vgl. Hesch (1997) und Suchanek (1991) für konzeptionelle Ausführungen sowie Weinert/ Langer (1995) für eine empirische Untersuchung.

[236] Vgl. u.a. Foss (2003), Kahneman (2003) sowie Selten (1990).

[237] Vgl. die ausführliche Erörterung bei Ortmann (2001).

[238] Vgl. Martin et al. (1998) bzw. Mumby/ Putnam (1992). An dieser Stelle sei erwähnt, dass dieser Begriff insofern irreführend ist, als – zumindest dem Verfasser dieser Arbeit – keine Fundstelle vorliegt, die ausschließlich ein von Emotionen getriebenes Handeln unterstellt. Denn nur so ließe sich eine „bounded emotionality", wie sie von Martin und Kollegen skizziert wird, dem Namen nach programmatisch entwerfen (vgl. Gallenmüller-Roschmann, persönlich-mündlich am 05.12.2006).

[239] Vgl. Hochschild (1983b) sowie Grandey (2000), Rastetter (1999) und Thory (2005). Eine Erörterung der Sozialisation von Emotionen findet sich in III.2.2. Ergänzend ist festzuhalten, dass der Ausdruck Emotionsarbeit („emotional labor") von Hochschild bewusst und zwar aus Sicht sowohl kritischer Managementstudien als auch feministisch geprägter Ansätze gewählt wurde.

[240] Vgl. exemplarisch Constanti/ Gibbs (2005), Ogbonna/ Harris (2004) sowie Syed et al. (2005).

[241] Vgl. grundlegend Ashforth/ Humphrey (1993).

[242] Vgl. u.a. Dawson et al. (1990), Rafaeli/ Sutton (1990) sowie Redman/ Mathews (2002).

[243] Vgl. Leidner (1991).

[244] Vgl. exemplarisch Martin (1999), Pogrebin/ Poole (1991), Pratt (2000), Sutton (1991) sowie van Maanen (1975).

Syndrom[245], geringere Zufriedenheit[246] oder negative Konsequenzen für das Familienleben.[247] Es lassen sich jedoch auch Indizien festhalten, die ergänzend auf positive Effekte von Emotionsarbeit hinweisen, wie etwa eine erhöhte Zufriedenheit.[248] Des Weiteren wird Emotionsarbeit häufig im Zusammenhang mit dem Thema Geschlechterstudien („gender studies") diskutiert, primär im Hinblick auf weibliche Angestellte in Dienstleistungsberufen.[249] Derartige Untersuchungen sind dabei meistens feministischen Ansätzen oder den so genannten kritischen Managementstudien („Critical Management Studies") zuzuordnen.[250] Zentral ist hier die Kritik an dem vorherrschenden Stereotyp, dass Emotionen primär feminin seien, die vermeintlich erstrebenswerte Rationalität primär maskulin.[251]

Mit der Emotionsarbeit eng verbunden ist zudem die Auseinandersetzung mit dem Konstrukt der *emotionalen Intelligenz*, die häufig als wichtige Bedingung für den Umgang mit den eigenen Emotionen gilt.[252] Vermutlich ist dies der diesbezüglich am häufigsten diskutierte Themenkreis.[253] Erste Ansätze stammen von Gardner sowie Salovey und Mayer.[254] Allgemein populär wurde das Konzept jedoch erst später durch die Veröffentlichungen von Goleman.[255] Kernaussage ist die Behauptung, dass emotional intelligentere Menschen erfolgreicher im Berufsleben sind und u.a. negative Emotionen besser bewältigen können bzw. positive Emotionen eher zu zeigen vermögen. Auch in diesem Fall bilden Dienstleistungsberufe den wohl gängigsten Anwendungskontext.[256]

---

[245] Vgl. Brotheridge/ Grandey (2002) sowie Büssing (1992).

[246] Vgl. Pugliesi (1999), S. 146f.

[247] Vgl. Menaghan (1991), Montgomery et al. (2006).

[248] Vgl. exemplarisch Chu (2002) und Youssef (2005). Ferner sind Morris/ Feldman (1996), Morris/ Feldman (1997) sowie Nerdinger (2001) für vergleichsweise ausgewogene Darstellungen zu nennen.

[249] Vgl. stellvertretend Gherardi (1995), Hatcher (2003) sowie Williams (2003).

[250] Vgl. Hochschild (1983a) und Lupton (1998) für feministisch orientierte Studien sowie Bolton (2000) für einen Beitrag aus Sicht des kritischen Managements.

[251] Vgl. Härtel/ Zerbe (2000), S. 99, sowie Krell (2003), S. 71.

[252] Vgl. Goleman (1997) sowie die Diskussion in III.1.2.

[253] Als ein Indiz für die Popularität des Konzepts lässt sich eine einfache Abfrage bei der Datenbank Business Source Premier des Anbieters EBSCOhost heranziehen. Als Suchkriterien dienten die Termini Führungskraft („leader") sowie emotionale Intelligenz („emotional intelligence") bzw. Emotion („emotion"). Die Recherche beschränkte sich dabei auf englischsprachige Periodika („Scholarly Journals"), bei denen die Qualität der eingereichten Beiträge durch ein doppelt-blindes Begutachtungsverfahren gesichert wird. Die Suchanfrage erfolgte im September 2006 und beschränkte sich auf den Bereich „Abstract". Als Ergebnis ist festzuhalten, dass rund die Hälfte der 59 Beiträge, die sich dem Thema Führungskräfte und Emotion entsprechend der gewählten Suchkriterien widmeten, emotionale Intelligenz zum Untersuchungsgegenstand hatten.

[254] Vgl. Gardner (1983) und Salovey/ Mayer (1990).

[255] Vgl. exemplarisch Goleman (1997) bzw. Goleman (1999); kritisch: Fineman (2000) und Sieben (2001).

[256] Vgl. hierzu Rastetter (2001), S. 113f., sowie Nerdinger (2001), S. 303ff.

In engem Zusammenhang mit der emotionalen Intelligenz steht auch die Forschung zur *Mitarbeiterführung*.[257] Epigonen dieser Forschungsrichtung sind durch die Diskussion zum Thema charismatische bzw. transformationale Führung inspiriert.[258] Charakteristisch für die Auseinandersetzung mit der Thematik ist die Annahme, dass Führungskräfte nicht nur durch ihre Position, sondern auch durch ihr Wesen in der Lage sind, den einzelnen Mitarbeiter emotional zu binden bzw. zu mobilisieren.[259] Vereinzelt werden dabei auch Fragestellungen zu Emotionen in Gruppen aufgegriffen.[260] Kennzeichnend für diesbezügliche Studien ist meist die Beschäftigung mit potenziellen Ansteckungsprozessen von Emotionen, wie etwa von Freude zwischen Mitarbeitern.[261]

Abschließend ist noch *emotionsgetriebenes Lernen* als relativ neuer Themenschwerpunkt zu nennen.[262] In diesbezüglichen Untersuchungen wird der Emotionsbegriff häufig am Individuum orientiert, doch lassen sich gleichsam relativ breit ausgelegte Arbeiten identifizieren, bei denen der Betrachtungsfokus auf Gruppen übertragen oder auf interpersonelle Konstrukte, wie Vertrauen ausgeweitet wird.[263] Das wesentliche Erkenntnisinteresse richtet sich in diesen Fällen meist auf die Frage, inwiefern bestimmte Emotionen zu einem Lernerfolg beitragen bzw. die Kooperationsfähigkeit fördern:[264]

> „Learning in an organization which allows experimentation, innovation and failure is different from learning in an organization that values tradition, obedience and avoidance of failure at all costs" (Gabriel/ Griffith 2002, S. 215).

Die Skizzierung *bisheriger Themenschwerpunkte* der Emotionsforschung mit explizit organisationalem Bezug lässt sich wie folgt *zusammenfassen*: Erstens scheinen psychologisch geprägte Konzeptionen zu dominieren, was sich etwa in den positivistisch ausgerichteten Untersuchungsdesigns zu Emotionstaxonomien oder der Messung emotionaler Intelligenz widerspiegelt. Hieraus ergibt sich die zweite Tendenz, die Fokussierung auf das Individuum. Drittens orientieren sich die Beiträge vielfach an negativen Emotionen bzw. negativen Konse-

---

[257]   Vgl. die Auseinandersetzung in III.1.2.

[258]   Vgl. Barbuto Jr./ Burchbach (2006) sowie McColl-Kennedy/ Anderson (2002).

[259]   Vgl. hierzu die Ausführungen von Deeken (1997), Harter et al. (2002), Kahn (1990), Kahn (1992) sowie Wood, fernmündlich am 13.07.2006.

[260]   Vgl. stellvertretend Sy et al. (2005).

[261]   Vgl. exemplarisch Barsade (2002) sowie die detaillierte Auseinandersetzung in II.1.1.

[262]   Vgl. Kaiser (2001), S. 58, bzw. die Erörterung der Sozialisation von Emotionen in III.2.2.

[263]   Vgl. De Dreu et al. (2001), Tran (1998) sowie die konzeptionellen Ausführungen bei Kaiser (2001), S. 58f.

[264]   Vgl. hierzu auch Creusen, persönlich-mündlich 13.03.2006. Aus diesem Zitat wird erneut der enge Zusammenhang zwischen Emotionen, Lernen und Sozialisation deutlich (vgl. III.2.2).

quenzen von Emotionen, wofür der Forschungsgegenstand Emotionsarbeit wohl das beste
Beispiel darstellt. Viertens existieren kaum Arbeiten, die sich dezidiert mit strategisch orien-
tierten Ansatzpunkten aus Sicht des HRM befassen, vielmehr überwiegen – im Falle ihrer
Berücksichtigung – partikularistisch gehaltene operative Fragestellungen.

I.2.2   Positive Emotionen aus Sicht der Humanressourcen

Im Anschluss an die vorangegangene Skizzierung organisationsbezogener Gesichtspunkte soll
nunmehr eine Konzentration auf positive Emotionen aus der Perspektive des einzelnen Mitarbeiters erfolgen. Hierzu werden die dominierenden, psychologisch konzipierten Überlegungen
erneut aufgegriffen und konkret auf den organisationalen Kontext angewandt.[265] Dies erscheint vor allem aus zwei Gründen zweckvoll. Erstens rekurriert der überwiegende Teil diesbezüglicher Publikationen auf negative Mitarbeiteremotionen.[266] Zweitens ist Brief und Weiss
zu folgen, die konstatieren, dass

> „it is apparent that we know less than we should about features of work environments that
> are likely to produce particular (positive or negative) [...] emotions among those who
> spend perhaps the majority of their working hours in them [...] What we do not have and
> need are theories that guide us in identifying specific kinds of work conditions and/or
> events [...] associated with specific affective states" (Brief/ Weiss 2002, S. 299).

Die Erörterung positiver Emotionen im organisationalen Kontext erfolgt anhand einer Kategorisierung in bewusste und unbewusste Emotionen. Im Anschluss erfolgt eine kritische Reflexion, bevor eine Arbeitsdefinition diese Diskussion abschließt.

Um sich realtypischen Phänomenen nicht zu verschließen, werden nicht nur *bewusste,
sondern auch unbewusste positive Emotionen* zu berücksichtigen sein.[267] Ansätze bezüglich
des *bewussten Erlebens* begreifen Emotionen als Konsequenz des „aktiven Wahrnehmens"
durch den betreffenden Mitarbeiter.[268] Dies impliziert jedoch nicht, dass der Einschätzungs-
prozess selbst reflektierend wahrgenommen wird. Es ist lediglich entscheidend, dass die Emo-

---

[265]   Diese Dominanz manifestiert sich u.a. in der Fokussierung auf das Individuum; vgl. exemplarisch: Rafae-
li/ Worline (2001).

[266]   Vgl. erneut Fredrickson (1998) sowie Seligman/ Csikszentmihalyi (2000).

[267]   Diese Unterteilung erfolgte im Zuge der Reflexion des Interviews mit Creusen, persönlich-mündlich am
13.03.2006, sowie vor dem Hintergrund der Auflistung von Arbeitsemotionen bei Temme/ Tränkle
(1996), S. 290.

[268]   Eine derartige Konstruktion der Wirklichkeit liegt auch den sozialkonstruktivistischen Annahmen
zugrunde (vgl. Berger/ Luckmann 2004), die die Grundlage der Argumentationslinie im Hinblick auf interpersonelle und kollektive positive Emotionalität in II.1 darstellen.

tion erlebt wird.[269] Insofern wird hier in erster Linie der Auslegung kognitiver Emotionstheorien gefolgt.[270] Vertreter dieser Forschungsrichtung betrachten Wahrnehmung und Erkennen (Kognition) konkreter Ereignisse und Sachverhalte als Auslöser für Emotionen bzw. unterstellen eine wechselseitige und enge Verbindung zwischen beiden Sphären.[271]

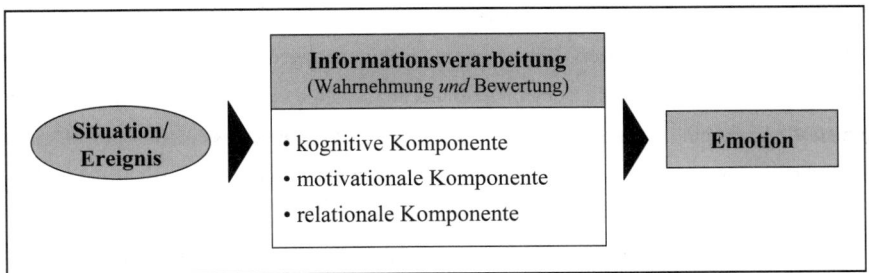

Abb. I-3:   Positive Emotionen aus Perspektive der kognitiven Emotionspsychologie
             (Quelle: eigene Darstellung in Anlehnung an Lazarus 1991b)

Eine der wohl am breitesten rezipierten Ansätze stammt diesbezüglich von Lazarus, der Emotionen als Ergebnis einer Einschätzung der Person-Umwelt-Beziehung auffasst (vgl. Abb. I-3).[272] Er bezeichnet seine Theorie selbst als „cognitive-motivational-relational theory",[273] womit er andeutet, dass eine Emotion durch das Wissen bzw. die Bewertung einer Umweltänderung hervorgerufen wird (kognitive Komponente). Außerdem sind Emotionen als Reaktion auf den Status eigener Ziele gerichtet (motivationale Komponente) und ergeben sich aus der Beziehung zur Umwelt (relationale Komponente). Im Falle positiver Emotionen besteht dabei stets eine Zielkongruenz zwischen den eigenen Zielen und der veränderten Situation bzw.

---

[269]   Vgl. Fredrickson (2000), die hierzu ausführt, dass der Beurteilungsprozess „may be either conscious or unconscious, and it triggers a cascade of response tendencies manifest across loosely associated component systems, such as subjective experience, facial expressions, and physiological changes" (Fredrickson 2000, S. 132).

[270]   Vgl. stellvertretend Bower (1995), Forgas (2002b), Frijda (1988), Lazarus et al. (1980) sowie Smith/ Ellsworth (1985). Insbesondere die Ausführungen von Lazarus (1991a) und Lazarus (1991b), einem der wohl prominentesten Vertreter dieser Bewegung, dienen den nachstehenden Ausführungen als Grundlage.

[271]   Vgl. Fredrickson (2000), die festhält, dass typischerweise „an emotion process begins with an individual's assessment of the personal meaning of some antecedent event" (Fredrickson 2000, S. 131f.). Ein anschauliches Beispiel liefern auch Klein et alii (2001, S. 166) anhand der Unternehmenskommunikation. Auch im Bereich des Dienstleistungsmanagements ist dies relevant, wird Kundenzufriedenheit doch ähnlich konzipiert; vgl. Oliver (1997), S. 310, sowie auch die Übersicht bei Stauss (1999a).

[272]   Vgl. Lazarus (1991a).

[273]   Vgl. hier und im Folgenden Lazarus (1991a), S. 89ff. Dieser Ansatz stellt eine stark geänderte Version seiner zuvor entworfenen Konstruktion dar; vgl. Lazarus (1966).

dem betreffenden Ereignis. Als ein interessantes Beispiel kommt etwa das Empfinden von Entzückung oder Freude („joy")[274] in Betracht, die

> „occurs when we think we are making *reasonable progress toward the realization of our goals*" (Lazarus 1991a, S. 267; Hervorhebungen im Original).

Ein Projektleiter in einer Unternehmensberatung könnte die z.b. empfinden, wenn er die Nachricht erhält (kognitive Komponente), dass seine vorgetragenen Vorschläge vom Klienten begrüßt werden (motivationale Komponente) und er daraufhin einen Folgeauftrag erhält (relationale Komponente).[275] In diesem Zusammenhang ist zu betonen, dass es sich stets um eine individuelle Interpretation handelt. Ein Kollege des Projektleiters könnte dabei die gleiche Information möglicherweise ganz anders aufnehmen und z.b. ärgerlich gestimmt sein, falls er nur ungern mit dem betreffenden Klienten zusammen arbeitet. Insofern kann hier eine *Prisma als Metapher* dienen. Denn jeder Mitarbeiter nimmt die auf ihn einströmenden Umwelteindrücke auf unterschiedliche Art und Weise wahr, schätzt diese anschließend intraindividuell ein und zeigt demzufolge auch unterschiedliche Emotionen. Dies bedeutet jedoch im Umkehrschluss keineswegs, um bei der Prismametapher zu bleiben, dass intraindividuelle Informationsverarbeitungsprozesse nicht auch zu gleichartigen Emotionen führen können.

Abschließend sollen hier noch einige *kritische Anmerkungen* zu den kognitiven Emotionstheorien gemacht werden. Einerseits betrifft dies die Beobachtung, dass Emotionen auch ohne Kognitionen ausgelöst werden können, etwa durch subliminale Reize oder Konditionierungsprozesse.[276] Andererseits marginalisieren kognitiv orientierte Konzeptionen die Rolle einiger der zuvor vorgestellten Emotionskomponenten, nämlich vor allem die der gefühlsbezogenen sowie physiologischen Komponente.[277]

Infolgedessen scheinen daneben auch Formen *unbewusster positiver Emotionen* von Belang. Ein prominentes Beispiel hierfür ist das so genannte Flow-Konzept („Flusserleben"),

---

[274] Vgl. Lazarus (1991a), S. 265. Der Autor grenzt dabei „joy" als vergleichsweise ekstatische und starke Emotion zum verwandten Begriff „happiness" ab.

[275] Die eingangs konstatierte Vernachlässigung der Vielschichtigkeit positiver Emotionen lässt sich an dieser Stelle verdeutlichen. Denn Freude muss nicht zwangsweise dem hier genannten Situationstypus entsprechen. So ist es ebenfalls denkbar, dass Freude auch eine „andere Form" annehmen kann, etwa hervorgerufen durch eine unerwartete Situation, die als humorvoll eingestuft wird und in Freude beim Mitarbeiter mündet; vgl. Fine (1984a).

[276] Vgl. hier und im Folgenden Zajonc (1980), S. 151. Der Wissenschaftler führt Studien aus diversen Kontexten an, in denen Emotionen losgelöst von Kognitionen ausgelöst wurden (u.a. Zajonc 1984). Zudem ist die einseitige Einflussrichtung kritisch zu hinterfragen, da auch Emotionen Kognitionen beeinflussen dürften (Sokolowski 1993, S. 24).

[277] Vgl. exemplarisch Denzin (1984), Küpers (2002), Panksepp (1998) sowie Plutchik (1980).

das von Csikszentmihalyi in die Diskussion eingebracht wurde.[278] Ein solcher Zustand tritt ein, wenn ein Mitarbeiter im Rahmen seiner Tätigkeiten eine Balance zwischen den Anforderungen seiner Arbeitsaufgabe und den eigenen Fähigkeiten auf möglichst hohem Niveau erzielt.[279] Dann wäre es vorstellbar, dass er seine Aufmerksamkeit vollständig auf die Tätigkeit konzentriert, das Zeitgefühl verliert, die Umwelt kaum mehr wahrnimmt und irrelevante Umwelteinflüsse ausblendet. In solchen Fällen wird auch von einem Aufgehen im Tun[280] oder auch von autotelischen Erfahrungen gesprochen, ein Begriff, der auf den Aspekt der Selbstmotivation abstellt. Interessanter Weise lassen sich derartige Flow-Zustände eher bei der Arbeit als in der Freizeit festhalten, was wahrscheinlich auf die in der Regel herausfordernde Natur von Arbeitsaufgaben zurückzuführen ist.[281] Eine weitere Form unbewusster Emotionen betrifft das Hervorrufen von Emotionen durch olfaktorische oder akustische Stimulanzien, etwa durch angenehme Geruchsstoffe oder Hintergrundmusik.[282] So könnte bei einem Mitarbeiter ein als angenehm empfundener Geruch positive Emotionen hervorrufen, z.B. durch Erinnerungen an ein ergreifendes Erlebnis.

An dieser Stelle soll gesondert eine akzentuiert *kritische Reflexion* positiver Mitarbeiteremotionen erfolgen. Denn eine ausschließlich an positiven Wirkeffekten orientierte Auseinandersetzung erscheint diesbezüglich verkürzt.[283] So könnte es genauso gut zutreffen, negative Konsequenzen positiver Emotionen zu unterstellen, was Lazarus wie folgt zum Ausdruck bringt:

> „when people feel happy as a result of a positive outcome in an encounter, they also sometimes experience guilt or are preoccupied with the danger that the positive condition may come to an end, and so they experience anxiety, too" (Lazarus 1991a, S. 267).

---

[278]   Vgl. Csikszentmihalyi (1975).
[279]   Vgl. Nakamura/ Csikszentmihalyi (2002), S. 90.
[280]   Ferner wird davon ausgegangen, dass die betreffende Person in solchen Fällen ihre Befangenheit ablegt und keine Versagensängste mehr verspürt; vgl. Csikszentmihalyi (1975).
[281]   Vgl. Csikszentmihalyi/ LeFevre (1989) sowie Emerson (1998). Die Autoren führen jedoch auch Beispiele aus der Freizeit an, in denen Menschen Flow-Zustände erleben, etwa beim Autofahren oder bei kreativen bzw. anspruchsvollen Leistungen, wie z.B. beim Spielen eines Musikinstruments. Kaiser und Müller-Seitz konnten diesen Effekt auch bei Nutzern von Online-Tagebüchern, so genannten Weblogs, beobachten. Ihr Untersuchungsobjekt war die Fortentwicklungsplattform einer Software von Microsoft, auf der Kunden freiwillig konstruktive Beiträge lieferten. Insgesamt ist zu konstatieren, dass diese Ausführungen zunächst paradox anmuten, da Arbeit von vielen Menschen grundsätzlich als vermeidenswert eingestuft wird, sich derartige angenehme Zustände aber vorwiegend gerade bei der Arbeit erleben lassen; vgl. Kaiser/ Müller-Seitz (2005b) sowie Kaiser et al. (2007a).
[282]   Vgl. exemplarisch Mattila/ Wirtz (2001), S. 286, sowie die Ausführungen in II.2.1 und III.2.1.
[283]   Vgl. hierzu auch Kniehl (1998), S. 169.

Insofern kann diesbezüglich auch von einer *Janusköpfigkeit* positiver Emotionen gesprochen werden.[284] In Anlehnung an die römische Mythologie soll damit auf die ambivalenten Wirkeffekte positiver Emotionen hingewiesen werden. Mögliche negative Konsequenzen lassen sich dabei u.a. auf kognitiver[285] und motivationaler[286] Ebene vermuten. Ferner ist denkbar, dass äußerst intensive positive Emotionen später erlebte positive Emotionen – aufgrund eines Vergleichs der betreffenden Erlebnisse – relativieren.[287] So wird sich ein Sportler über seine erste Zielerreichung bei einem Marathon sicherlich weitaus mehr freuen können als über die folgenden Zieleinläufe.

Aufbauend auf diesen Überlegungen sollen positive Emotionen im organisationalen Kontext nunmehr wie folgt definiert werden:

> *Positive Mitarbeiteremotionen werden durch die bewusste oder unbewusste Informationsverarbeitung einer Situationsänderung im Rahmen der Arbeit ausgelöst. Dabei wird diese Änderung bzw. das entsprechende Ereignis sodann als intraindividuell zielkongruent bewertet und löst mithin angenehme Gefühlszustände aus.*

Diesem Begriffsverständnis positiver Emotionen liegt implizit die Annahme zugrunde, dass die Wirkeffekte für den betreffenden Mitarbeiter günstig sind. Allerdings ist die Auseinandersetzung mit positiven Emotionen noch um eine weitere Facette zu ergänzen, nämlich den Blickwinkel des HRM.

I.2.3 Positive Emotionen aus Sicht des Humanressourcen-Managements

Die nachstehende Erörterung einer Arbeitsdefinition stellt insofern einen deutlichen *Perspektivenwechsel* dar, als nunmehr das HRM und nicht das Individuum das zentrale Untersuchungsobjekt repräsentiert.[288] Ein solches Vorgehen erscheint vor allem aus zwei Gründen

---

[284] Vgl. Ringlstetter/ Müller-Seitz (2006a).

[285] Vgl. exemplarisch Ashby et al. (2002), Fiedler (1991) und Isen et al. (1978). So ist es denkbar, dass positive Gefühle zu einer Verringerung der Konzentrationsfähigkeit führen können, was u.a. Mackie/ Worth (1989) nachweisen konnten.

[286] Vgl. Isen (1993), S. 268ff., und Schwarz (1990), S. 527ff. Ein anschauliches Beispiel liefern Scherer/ Tran (2001), die aufzeigen konnten, dass die positive Emotion Interesse u.U. von wichtigen Zielen ablenken kann.

[287] Vgl. Diener et al. (1991).

[288] Vgl. Bolton (2005), S. 1, sowie den Beitrag von Ringlstetter/ Müller-Seitz (2006b), die das Gedankengut von Kaiser (2001, S. 19ff.) aufgreifen und positive Emotionalität aus ressourcenorientierter Perspektive untersuchen; vgl. auch Wright et al. (1994). Für detaillierte Ausführungen zum Resource-based View sei

sinnvoll. Erstens sind, wie bereits angedeutet, Emotionen aus betriebswirtschaftlicher Perspektive bedeutsam, weshalb eine gesonderte Auseinandersetzung gerechtfertigt erscheint.[289] Dies lässt sich u.a. treffend anhand des Austauschs zwischen Mitarbeiter und Kunde veranschaulichen:[290]

> „Thanks to the rising service sector [...] and the resource-based view of Human Resource Management that focuses on emotion as a valuable resource to be harnessed in order to gain employee commitment and competitive advantage" (Bolton 2005, S. 1).

Zweitens ist eine differenziertere Betrachtung von Belang, da die Begriffsauslegung positiver Emotionen aus Sicht der einzelnen Mitarbeiter grundsätzlich anders ausfallen kann, als aus derjenigen des HRM.[291] Infolgedessen scheint eine differenzierte Reflexion aus Sicht des HRM nur konsequent zu sein.[292]

Grundsätzlich ist im Hinblick auf die managementorientierte Diskussion insbesondere positiver Emotionen ein *dominantes Deutungsmuster* zu identifizieren.[293] Dies betrifft die selten hinterfragte Annahme, dass positive Emotionen bei den Mitarbeitern im Sinne eines allgemeinen Wohlergehens auch aus Warte des HRM grundsätzlich wünschenswert bzw. produktiv seien.[294] Eine solche Auslegung ist in die Literatur unter dem Stichwort „happy-productive-worker"-These eingegangen.[295] Ausgangspunkt für diese Überlegungen waren die Hawthorne-Experimente,[296] die schließlich in das vor Jahrzehnten von der damaligen Bundesregierung initiierte Forschungsprojekt „Humanisierung der Arbeit" bzw. dessen Nachfolge-

---

[289] an dieser Stelle auf die diesbezüglich einschlägige Literatur verwiesen; vgl. exemplarisch: Barney (1991), Penrose (1959), Wernerfelt (1995) sowie die Übersichten bei Freiling (2001) und Thiele (1997).

[290] Vgl. Ortmann (2001), S. 305, sowie Ringlstetter et al. (2006b) und Kaiser et al. (2007b).

[291] Vgl. exemplarisch Grandey et al. (2005a), van Dolen et al. (2004) sowie Zapf/ Holz (2006).

[292] Vgl. Ringlstetter/ Müller-Seitz (2006a) und Creusen, persönlich-mündlich am 13.03.2006, sowie Sommer, persönlich-mündlich am 24.02.2006.

[293] Diese Zielsetzung impliziert ein Streben nach Professionalisierung des HRM, wie es von Ringlstetter/ Kniehl (1995), S. 143, in die Diskussion eingebracht wurde.

[294] Vgl. hier und im Folgenden Ringlstetter/ Müller-Seitz (2006a). Eine ausführliche Übersicht bieten Küpers/ Weibler in ihrer Monographie (2005, S. 160f.).

[295] Vgl. exemplarisch Staw et al. (1994) für einen frühen Beitrag mit explizitem Bezug zu positiven Emotionen.

[296] Vgl. stellvertretend Layard (2005), Quick/ Quick (2004), Staw (1986) sowie Wright/ Cropanzano (2004). Einschränkend ist dabei zu konstatieren, dass hier zwar explizit von „happy" die Rede ist, meist jedoch die kognitiv konzipierte Mitarbeiterzufriedenheit im Mittelpunkt stand.

[296] Vgl. Mayo (1945), Roethlisberger/ Dickson (1939). Die Hawthorne-Experimente fanden in der Hawthorne-Fabrik der Western Electric Corporation zwischen 1924 und 1932 statt. Als eine zentrale Erkenntnis konnte die Bedeutung sozialer Faktoren, wie etwa Aufmerksamkeit, für die Arbeitsproduktivität festgehalten werden.

vorhaben „Arbeit und Technik" mündeten.[297] Zwar existieren diesbezüglich mittlerweile diverse Studien, die dieser eher monistischen Auslegung mit deutlicher Skepsis begegnen.[298] Indes lässt sich vor allem in praxi selten eine kritische Reflexion vorfinden.[299] Denn vordergründig scheinen Praktiker nach wie vor durch vermeintlich intuitiv-sinnvolle Schlussfolgerungen geleitet zu sein. Hierzu zählt z.b. die Beobachtung, dass eine auf positiven Emotionen basierende enge Bindung an das Unternehmen mit geringeren Fluktuationsraten und erhöhter Produktivität einhergehen kann.[300] Zwar sollen diesbezügliche Indizien keinesfalls negiert, dennoch im Folgenden aber relativiert werden, um zu einer kritisch-realistischeren Sichtweise für das HRM zu gelangen.[301]

Wie schon im Falle der Erörterung positiver Mitarbeiteremotionen ist es infolgedessen zentrales Anliegen, erneut die Möglichkeit einer *Janusköpfigkeit* von Emotionen zu belegen.[302] Grundidee ist dabei die Annahme, dass positive Mitarbeiteremotionen aus Sicht des HRM keinesfalls per se positiv einzustufen sind und negative Mitarbeiteremotionen mithin nicht zwingend negativ.

Im Hinblick auf die *negativen Wirkeffekte positiver Emotionen* lassen sich in erster Linie nachteilige Effekte bezüglich kognitiver Vorgänge und der Arbeitsmotivation identifizieren. Indizien für die Beeinträchtigung der *kognitiven Leistungsfähigkeit* liefern diverse Studien, in denen Versuchspersonen unter dem Einfluss positiver Emotionen dazu tendierten, Informationen weitaus unkontrollierter und weniger systematisch zu verarbeiten als neutral gestimmte Probanden.[303] Daneben spricht vieles für die Annahme, dass positive Emotionen erlebende Mitarbeiter unter *motivationalem Aspekt* dazu neigen werden, sich eher Aufgaben zu widmen,

---

[297] Vgl. u.a. Ashforth/ Humphrey (1995), S. 98. Diverse weitere Beiträge wurden durch diese Studien inspiriert, etwa die motivationalen Ansätze von Argyris (1964), Maslow (1954) oder McGregor (1960).

[298] Vgl. hierzu Staw/ Barsade (1993) sowie Wright/ Staw (1999) für eine differenzierte Betrachtung sowie die folgenden Ausführungen zur Janusköpfigkeit von Emotionen.

[299] Vgl. Creusen, persönlich-mündlich 13.03.2006.

[300] Vgl. Buckingham/ Coffman (2002) bzw. Harter et al. (2002).

[301] Vgl. Popper (1992).

[302] Vgl. hier und im Folgenden Ringlstetter/ Müller-Seitz (2006a), S. 138ff.

[303] Vgl. exemplarisch Clark/ Isen (1982), Fiedler (1991) sowie Mackie/ Worth (1989). Untersuchungen von Muthig zufolge beurteilen beispielsweise glückliche Menschen Personen in ihrem Umfeld auf Basis weitaus weniger stichhaltiger Argumente als traurige Versuchspersonen (Muthig 1999, S. 274f.). Ein weiteres Beispiel stellt die mit positiven Emotionen offensichtlich korrelierende Risikobereitschaft dar. Schwarz konnte diesbezüglich situative bzw. kognitive Leistungsverzerrungen nachweisen; vgl. Schwarz (1990), S. 527ff. Eng verbunden mit dieser Beobachtung sind Überlegungen zur positiven Emotion Stolz. Diese kann diversen Studien zufolge insofern negative Wirkeffekte hervorrufen, als sie in Hybris, verstanden als eine übersteigerte Form von Stolz, münden kann (exemplarisch: Colvin et al. 1995, Lewis 2000a und Louro et al. 2005).

die ihnen einfacher bzw. bequemer erscheinen.[304] So existieren durchaus Untersuchungen, die den zuvor skizzierten Annahmen von Fredrickson (vgl. Abb. I-4) widersprechen. Diese Studien laufen darauf hinaus, dass die durch positive Emotionen hervorgerufene Handlungspersistenz und Experimentierfreudigkeit gleichsam zur Ablenkung von wichtigeren Zielen führen kann.[305] Eng damit verbunden ist die Annahme, dass äußerst *intensiv erlebte positive Emotionen* ebenfalls zu negativen Konsequenzen führen können.[306] Denn wie im Falle von Stolz als sehr involvierender Emotion,[307] die leicht in Hybris ausarten kann, ist grundsätzlich zu vermuten, dass die Besonderheit eines Erlebens positiver Emotionen langfristig tendenziell nachlassen wird.[308] So freut sich ein Mitarbeiter vermutlich vor allem dann sehr über ein Lob durch seinen Vorgesetzten, wenn es im Anschluss an eine außergewöhnliche Leistung erfolgt. Kommt es jedoch wiederholt zu ausgezeichneten Leistungen und damit einhergehendem Lob, ist eine Abnahme der Wertschätzung des Lobs wahrscheinlich.

Emotion	gemeinhin angenommene Konsequenzen	vernachlässigte, potenziell negative Konsequenzen
Stolz	Steigerung des Selbstbewusstseins sowie der Gruppenidentität	Förderung von Selbstgefälligkeit und Arroganz; hierdurch u.U. Hervorrufen negativer Emotionen im Umfeld
Freude	Erhöhung der Toleranz, Generosität sowie ggf. Kreativität	Übereilige Schlussfolgerungen und Entschlüsse aufgrund unkonzentrierter Beurteilungen der Aufgabe/Situation
Begeisterung/ Hochgefühl	Gefühl der Überlegenheit und Auskostung des Erfolgs	Prahlerisches Verhalten erzeugt Missfallen bei den Kollegen
Erleichterung	Abbau von Stress und sammeln von Energie	Erleichterung kann in geringerer Aktivität bzw. Zielorientierung münden
Interesse	Steigerung der Kuriosität, Handlungspersistenz und der Experimentierfreudigkeit	Ablenkung von anderen, eventuell wichtigeren Zielen

Abb. I-4:   Beispiele für negative Konsequenzen positiver Emotionen aus Sicht des Humanressourcen-Managements

(Quelle: eigene Überlegungen in Anlehnung an Colvin et al. 1995, Tarlow Friedman et al. 2002, Lazarus 1991a, Scherer/ Tran 2001)

---

[304]   Vgl. Isen (1993), S. 268ff., und Isen (2000a) bzw. Isen (2000b).
[305]   Vgl. ausführlich Scherer/ Tran (2001).
[306]   Vgl. Brehm (1999).
[307]   Vgl. Stepper (1992), S. 6.
[308]   Vgl. Ringlstetter/ Müller-Seitz (2006a), S. 138f.

Demgegenüber sind hinsichtlich *negativer Emotionen* auch *positive Wirkeffekte* denkbar (s. Abb. I-5). Zwar dominieren dabei Beiträge, die Scham oder Wut vor allem negativ beurteilen, doch erscheint es plausibel, hier – wie im Falle positiver Emotionen – parallel entgegengesetzte Wirkeffekte zu vermuten. Ein mögliches Beispiel wäre die *kathartische Funktion* negativer Emotionen, wie etwa von Trauer. Denn ein „Ausleben" dieser Emotion kann reinigend wirken, wohingegen das wiederholte Unterdrücken zu psychischen und physischen Schäden führen dürfte.[309]

Außerdem kann Angst zu einer *Mobilisierung* kognitiver Ressourcen führen.[310] Unter Rekurs auf das Beispiel der positiven Emotion Interesse ließe sich ein positiver Wirkeffekt von Angst durch eine in der Folge verbesserte Leistungsfähigkeit annehmen. Einen weiteren anschaulichen Anwendungskontext stellt auch die Angst vor dem Verlust des Arbeitsplatzes dar. Diesbezüglich existiert eine Reihe von Studien, nach denen eine solche Angst zu erhöhter Kooperationsbereitschaft unter Mitarbeitern führen kann.[311] Von einem ähnlichen Phänomen berichten Bruch und Ghoshal im Falle des Softwareherstellers Oracle, bei dem die Unternehmensführung negative Emotionen, wie z.B. Wut, bei den Mitarbeitern hervorrief.[312] Diese negativen Emotionen sind aus Sicht des Unternehmens positiv, da sich die Aggressivität der Mitarbeiter auf die Wettbewerber richtet und sich infolgedessen in einer erhöhten eigenen Wettbewerbsfähigkeit niederschlagen kann.

---

[309] Vgl. Kowalski (2002), S. 1029. Dies lässt sich besonders gut anhand von Dienstleistungsberufen verdeutlichen, da die Mitarbeiter dort häufig dazu angehalten sind, negative Emotionen gegenüber dem Kunden zu verbergen. Eine solche „emotionale Dissonanz" (vgl. Heuven/ Bakker 2003, Lewig/ Dollard 2003, Nerdinger/ Röper 1999) kann langfristig negative Folgen hervorrufen, wie zum Beispiel Stress oder das Burnout-Syndrom; vgl. Brotheridge/ Grandey (2002), Montgomery et al. (2006), Zapf et al. (2001).

[310] Vgl. Derryberry/ Tucker (1994), S. 167ff., Lazarus/ Cohen-Charash (2004), S. 55f.

[311] Vgl. Cartwright/ Cooper (1993), Deeken (1997), Doorewaard/ Benschop (2003), Gaßner (1999), Huy (1999), Huy (2005), Kiefer (2002a), Kiefer (2002b), Rieckmann (1996), Ringlstetter (1991a), S. 27, sowie Vince (2006). Der überwiegende Teil dieser Beiträge bezieht sich auf Situationen, die sich dem Bereich des Change Managements zuordnen lassen. Naturgemäß kommen bei hoher Intensität negative Wirkeffekte zum Tragen; vgl. Ebert (2006), S. 26, sowie die dort angeführte Literatur.

[312] Vgl. Bruch/ Ghoshal (2003), S. 46f.

Emotion	gemeinhin angenommene Konsequenzen		vernachlässigte, potenziell positive Konsequenzen
Betroffenheit/ Traurigkeit	selbstattribuierte Inkompetenz		realistische Betrachtung der Situation durch konstruktive Nutzung des Feedbacks sowie Stärkung von zwischenmenschlichen Beziehungen
Scham	Veränderung des Interaktionsverhaltens		Betonung der Gemeinsamkeiten und Einschränkung von Aggressivität
Schuld	Wahrnehmung von Isolation und Nachsinnen über den Stimulus		Ermutigung zu versöhnlichem Handeln und Einschränkung von Aggressivität
Neid	„Vergiftung" der zwischenmenschlichen Beziehung		Mobilisierung der eigenen Person zur Verbesserung der Situation
Wut	Frustration und asoziales Verhalten		Konzentration auf wesentliche Ziele

Abb. I-5:   *Beispiele für positive Konsequenzen negativer Emotionen aus Sicht des Humanressourcen-Managements*

(Quelle: eigene Überlegungen in Anlehnung an Dafter 1996, S. 9, Lazarus 1991a, Norem/ Chang 2002, S. 997f., Scherer/ Tran 2001)

Zusammenfassend lässt sich konstatieren, dass eine am HRM orientierte, *funktionale Betrachtung* sinnvoll erscheint, da auf diesem Wege eine differenziertere Sichtweise ermöglicht wird.[313] Daher soll nachstehend folgende Arbeitsdefinition zugrunde gelegt werden:

Positive Emotionen aus Sicht des Humanressourcen-Managements stellen auf betriebswirtschaftlich günstige („funktionale") Wirkeffekte ab. Somit kommen neben positiven Emotionen aus Perspektive der Mitarbeiter auch negativ empfundene Emotionen in Betracht, die u.a. zu einer Mobilisierung der Humanressourcen beitragen können.

I.3   Zwischenbilanz: Zum konventionellen Begriffsverständnis positiver Emotionen

Zielsetzung dieses Teils war die Beantwortung der in der Einführung vorgestellten Forschungsleitfragen. Daher wurde zunächst erörtert, welche interdisziplinären Ansätze vorwiegend Emotionen zum Betrachtungsgegenstand haben, warum insbesondere positive Emotio-

---

[313]   An dieser Stelle sei hinzugefügt, dass psychologisch ausgerichtete Studien oft von der Funktionalität von Emotionen sprechen (exemplarisch: Davidson 1994, S. 52f.). Diese Auslegung von Funktionalität unterscheidet sich jedoch deutlich von der hier vorgetragenen Interpretation, da Funktionalität im psychologischen Kontext meist einer evolutionsbiologisch inspirierten Auslegung folgt und mithin als adaptiv zu interpretieren ist; vgl. auch die Ausführungen zu den spezifischen Handlungstendenzen vor allem im Falle negativer Emotionen sowie Gallenmüller-Roschmann, persönlich-mündlich am 05.12.2006.

nen bislang wenig rezipiert sind und welche Fragestellungen im organisationalen Kontext dominieren. Darauf aufbauend erfolgte eine Definition positiver Emotionen aus Sicht des einzelnen Mitarbeiters sowie des HRM. Die letztgenannten Ausführungen waren dabei insbesondere deshalb bedeutsam, weil im Hinblick auf die Humanressourcen (HR) Facetten wie etwa Flow-Erlebnisse integriert wurden. Daneben stellt eine originär am HRM ausgerichtete Betrachtung eine weitere Novität dar.

Der Teil schließt mit einer *Gegenüberstellung der unterschiedlichen Perspektiven.* Dies ist insofern interessant, als damit das Verständnis von positiven Emotionen für den weiteren Gang der Untersuchung vorbereitet werden kann.

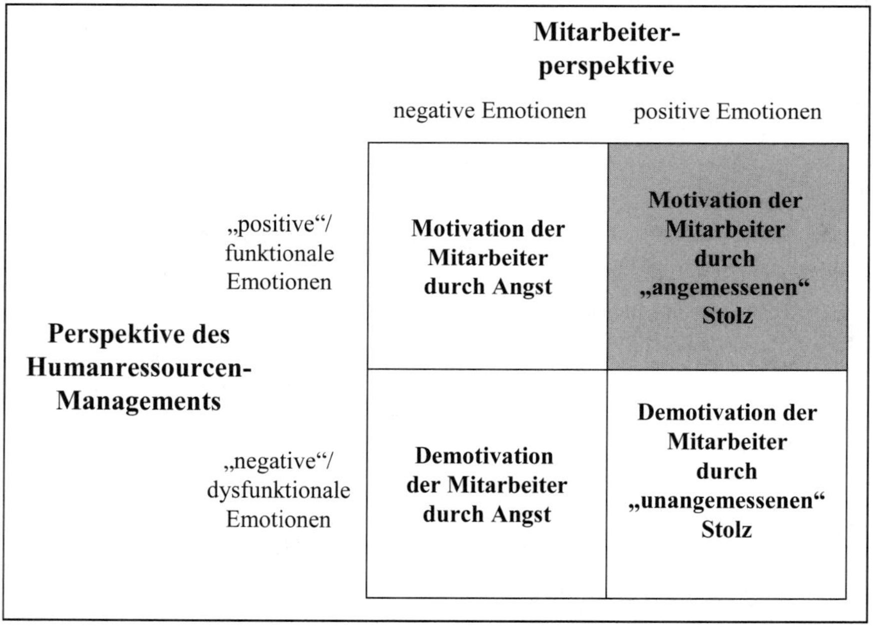

		Mitarbeiter- perspektive	
		negative Emotionen	positive Emotionen
Perspektive des Humanressourcen-Managements	„positive"/ funktionale Emotionen	**Motivation der Mitarbeiter durch Angst**	**Motivation der Mitarbeiter durch „angemessenen" Stolz**
	„negative"/ dysfunktionale Emotionen	**Demotivation der Mitarbeiter durch Angst**	**Demotivation der Mitarbeiter durch „unangemessenen" Stolz**

Abb. I-6: *Gegenüberstellung der Beurteilung von Emotionen aus Sicht der Mitarbeiter sowie des Humanressourcen-Managements*

(Quelle: eigene Darstellung in Anlehnung an Ringlstetter/ Müller-Seitz 2006a)

Aus Abbildung I-6 wird ersichtlich, dass eine Kombination der angesprochenen Perspektiven zu ganz unterschiedlichen Konsequenzen führen kann. Aufgrund der ambivalenten Wirkeffekte ist letztlich nur eine Symbiose aus der Warte beider Parteien wünschenswert. Im Folgenden richtet sich daher das Hauptaugenmerk auf eine *„Zielkongruenz"* zwischen der Sichtweise der Mitarbeiter („positive Emotionen") und des HRM („funktionale Emotionen"). Eine solche Fokussierung erscheint einerseits zielführend, um entsprechend der übergreifenden Themenstellung dieser Arbeit ausschließlich auf „positive" Emotionen zu rekurrieren.[314] Andererseits wird somit eine fokussierte Diskussion des Transfers von positiven Emotionen zu positiver Emotionalität ermöglicht und ein Ausufern der Argumentationslinie vermieden.

---

[314] Vgl. auch Palmer/ Hardy (2000), S. 279, und Ringlstetter/ Müller-Seitz (2006a), S. 146f. Zwar stehen an dieser Stelle noch ausschließlich Emotionen zur Disposition, doch erfolgt im folgenden Teil der im Titel angedeutete Transfer hin zu positiver Emotionalität.

TEIL II: ANSATZPUNKTE FÜR EINEN TRANSFER POSITIVER EMOTIONEN ZU POSITIVER EMOTIONALITÄT

Das bis zu diesem Stadium erarbeitete Begriffsverständnis positiver Emotionen ist wesentlich psychologisch geprägt. Infolgedessen wird dieses Definiendum im Regelfall vergleichsweise positivistisch, mithin recht eng ausgelegt.[315] Vor diesem Hintergrund erscheint es zweckvoll, diese eingeschränkte Sichtweise zu ergänzen. Eine solche Erweiterung könnte dazu beitragen, für das HRM ein möglichst realitätsnahes Begriffsverständnis zu schaffen und das in den einführenden Bemerkungen konstatierte Rezeptions- und Unterstützungsdefizit gleichsam zu verringern. Daher ist es *Zielsetzung des zweiten Teils*, eine erweiterte Auslegung positiver Emotionen hin zu positiver Emotionalität zu erarbeiten.

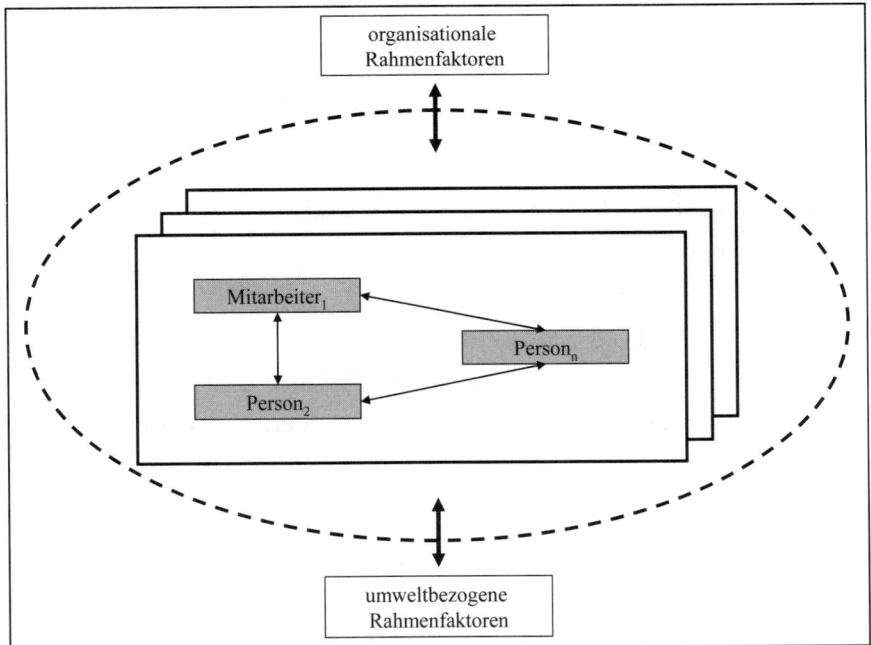

Abb. II-1:   *Konzeptioneller Bezugsrahmen zur Identifikation potenzieller Ursachen positiver Emotionalität*

---

[315]   Vgl. hierzu auch Krell/ Weiskopf (2006), S. 37. Jean-Paul Sartre bemerkte dazu aus phänomenologischer Warte ähnlich kritisch: „Die heutigen Psychologen [...] wollen ihrem Gegenstand so gegenüberstehen wie der Physiker dem seinen" (Sartre 1964, S. 156).

Dabei steht zunächst die *Konstruktion eines konzeptionellen Bezugsrahmens* potenzieller Ursachen positiver Emotionalität im Vordergrund, um eine Grundlage für die Ableitung von Handlungsempfehlungen für den dritten Teil zu schaffen. Hier kommen im Wesentlichen sechs Aspekte auf zwei Ebenen in Betracht, die intrapersonelle, interpersonelle, kollektive und zeitliche Dimension einerseits sowie organisationsinterne und umweltbezogene Rahmenfaktoren andererseits.

- *Intrapersonelle* Faktoren sind auf das Erleben von Emotionalität einer einzelnen Person, z.B. eines Mitarbeiters, bezogen. Dies spiegelt die bereits oben angesprochene Dominanz psychologisch orientierter Ansätze wider.

- Wie gezeigt wurde, befassen sich Beiträge originär psychologischer bzw. arbeitswissenschaftlicher Provenienz kaum mit den Besonderheiten zwischenmenschlich hervorgerufener positiver Emotionen im Sinne einer *interpersonellen* Dimension.[316] Aufgrund der Tatsache, dass Mitarbeiter in Organisationen in der Regel jedoch wiederholt mit anderen Mitarbeitern in Kontakt treten müssen, erscheint eine Ausweitung des intrapersonellen Fokus auf eine interpersonelle Ebene nur konsequent.[317] Dabei wird eine inhaltliche Nähe zu soziologischen Ansätzen, wie etwa dem Sozialkonstruktivismus, deutlich.[318] Zunächst betrifft dies vor allem das *unmittelbare zeitliche und örtliche Aufeinandertreffen* (Interaktion) von zwei oder mehr Personen, in Abbildung II-1 durch die Pfeile zwischen den Personen angedeutet.[319]

- Allerdings ist auch eine *kollektive positive Emotionalität* denkbar, bei der Mitarbeiter nicht unmittelbar miteinander in Kontakt treten, grafisch veranschaulicht durch eine „Karte" in der Abbildung. Dieser Sachverhalt unterscheidet sich von den zuvor erörterten Phänomenen in zweierlei Hinsicht. Erstens sollen Umstände skizziert werden, in de-

---

[316] Vgl. auch Berkowitz/ Harmon-Jones (2004). Die Ausdrücke Dimension und Ebene werden nachstehend synonym verwendet.

[317] Damit wird eine Art Perspektivenwechsel vollzogen, weg von der „Innenseite", hin zur „Außenseite" von Emotionen (Küpers/ Weibler 2005, S. 75). Die Autoren bringen mit der „Innenseite" vor allem Forschungsdisziplinen wie die Neurowissenschaften, mit der „Außenseite" zum Beispiel soziologische Ansätze in Verbindung.

[318] Vgl. Averill (1980), Berger/ Luckmann (2004); s. auch II.1.1.

[319] Obwohl erste Ansätze existieren, Emotionen bei der Arbeit mit Personalcomputern (exemplarisch: Kiesler/ Sproull 1992) bzw. dem IT-vermittelten Austausch mit Kollegen und Kunden (exemplarisch: Kaiser/ Müller-Seitz 2005b) zu untersuchen, wird im Rahmen dieser Arbeit nicht näher auf diese Sonderform eingegangen. Kelly und Barsade halten hierzu fest, dass diese Thematik jedoch zunehmend von Bedeutung sein dürfte, da „Given their gaining presence in work life, [...] electronic communication and the field of e-commerce offer an importance and rich area for future research" (Kelly/ Barsade 2001, S. 121).

nen Personen Emotionen gemeinsam erleben, obwohl sie nicht unmittelbar örtlich und zeitlich miteinander interagieren. Zweitens hebt sich diese Betrachtung von der interpersonellen Emotionalität insofern ab, als insbesondere hier die konkreten emotionalitätsbasierten Zustände durchaus unterschiedlich sein können. Entscheidend ist lediglich die Unterstellung einer positiven emotionalen Kongruenz, d.h. die „Richtung" der Emotionalität sollte aus der eingangs skizzierten funktionalen Perspektive zwischen den Personen bzw. Gruppen identisch sein.[320]

■ Daneben erscheint es nahe liegend, separate *Effekte im Zeitablauf* zu unterstellen, in der Abbildung durch die hintereinander gelegten Karten verdeutlicht. Wie noch zu zeigen sein wird, lassen sich die zu konzipierenden kurzfristigen Emotionen auf interpersoneller sowie kollektiver Ebene ebenso wie auf intrapersoneller Ebene, in eine mittel- bis langfristige Perspektive überführen, was dem hier vorgetragenen Konzept von Emotionalität entspricht.

■ Als *Rahmenfaktoren* sollen nunmehr all jene Determinanten zu verstehen sein, die sich dem Einfluss des HRM weitestgehend entziehen bzw. sich nur in Verbindung mit unverhältnismäßig großem Aufwand in Ansätzen beeinflussen lassen.[321] Für die vorliegende Arbeit bietet sich dabei eine einfache Unterteilung der Rahmenfaktoren in *zwei generische Kategorien* an. *Organisationale* Rahmenfaktoren betreffen diesbezüglich Aspekte, die die positive Emotionalität der Mitarbeiter im Zuge des Arbeitsprozesses unmittelbar beeinflussen können. Hierzu zählen diverse aufgabenbezogene und soziale Rahmenfaktoren. *Umweltbezogene* Rahmenfaktoren umfassen demgegenüber Phänomene, die außerhalb des organisationalen Einflussbereichs liegen, wie z.B. die Privatsphäre der HR.

Ausgehend von diesem Bezugsrahmen steht die Ausweitung des klassischen Betrachtungsspektrums sodann in zweifacher Hinsicht im Mittelpunkt (II.1). Begreift man Emotionalität

---

[320] Vgl. auch die Diskussion in I.3. An einem Beispiel lässt sich dieser Sachverhalt verständlich darstellen: Die Mitarbeiter von Ferrari werden im Falle eines Formel-1-Sieges von Michael Schumacher unterschiedliche positive Emotionen oder Stimmungen erleben. Während die verantwortlichen Mechaniker vor allem stolz auf ihre ingenieurtechnische Leistung sein dürfen, empfinden Teile der Unternehmensführung eventuell Freude. Entscheidend ist also das kollektive Erleben gleichgerichteter positiver Emotionalität, jedoch nicht notwendigerweise das Teilen einer spezifischen Emotion wie in diesem Fall Stolz oder Freude.

[321] Vgl. grundlegend Ringlstetter/ Kniehl (1995).

vor allem auch als soziales bzw. relationales Phänomen,[322] ist eine *Mehrebenenbetrachtung* hinsichtlich interpersoneller bzw. kollektiver positiver Emotionalität nur konsequent (II.1.1). Der Transfer von positiven Emotionen zu positiver Emotionalität wird in diesem Kontext zudem durch eine *dynamische Perspektive* angestrebt (II.1.2). Intrapersonelle positive Emotionen bilden dabei erneut den Ausgangspunkt, von dem aus erneut interpersonelle und kollektive Entwicklungsmuster erschlossen werden können. Anschließend ist das Erkenntnisinteresse auf *organisationale sowie umweltbezogene Rahmenfaktoren* als Auslöser positiver Emotionalität fokussiert (II.2). Beide Aspekte sind oftmals eng miteinander verbunden, die Trennung mithin rein analytischer Natur. Dennoch soll und muss hier eine Differenzierung erfolgen. Denn organisationale Rahmenfaktoren können, zumindest grundsätzlich, durch das HRM beeinflusst werden. Umweltbezogene Rahmenfaktoren – wie z.B. das Wetter – sind diesem Einfluss hingegen weitgehend entzogen.[323] Der Teil schließt mit einer kurzen Zusammenfassung der gewonnen Erkenntnisse (II.3).

II.1   Erweiterung des tradierten Betrachtungsspektrums von positiven Emotionen hin zu positiver Emotionalität

Der zuvor entworfene Bezugsrahmen sollte eine Identifikation sowie Einordnung der unterschiedlichen potenziellen Determinanten positiver Emotionalität ermöglichen. Darauf aufbauend ist es vorrangige *Zielsetzung dieses Kapitels*, den Transfer positiver Emotionen zu positiver Emotionalität zu vollziehen. Dies erfolgt in zwei Schritten, zunächst durch die Ausweitung auf eine Mehrebenenbetrachtung, anschließend durch die Dynamisierung des vorgelegten Konzepts.

---

[322] Vgl. Küpers/ Weibler (2005), S. 75.

[323] An dieser Stelle ist bereits einschränkend anzumerken, dass intrapersonelle Faktoren sowie umweltbezogene Rahmenfaktoren im Zuge der Untersuchung nur vergleichsweise knapp erörtert werden können. Grund hierfür ist die Annahme, dass intrapersonelle Faktoren primär dem im ersten Teil vorgestellten psychologischen Begriffsverständnis positiver Emotionen entsprechen. Das Hauptaugenmerk galt dabei persönlichen Prädispositionen, was für den Bereich des HRM insofern weniger interessiert, als diese Veranlagungen weitgehend als Datum hinzunehmen sind. Sie dürften mithin – wenn überhaupt – eher in geringem Umfang steuerbar sein; vgl. Daniels (1998), De Raad/ Kokkonen (2000), Diener/ Lucas (1999) sowie die analoge Argumentationslinie bei Gerhards (1988a), S. 193. Im Hinblick auf organisationsexterne Rahmenfaktoren ist zu konstatieren, dass diese sich dem Einfluss eines HRM per definitionem weitestgehend entziehen. Eine ausführlichere Betrachtung erscheint demzufolge wenig zielführend, da von daher nur äußerst vage praxeologische Handlungsempfehlungen für den späteren dritten Teil zu generieren wären. Insofern konzentriert sich die Argumentation auf die potenziell leichter beeinflussbaren organisationsinternen Rahmenfaktoren.

Den Ausgangspunkt für die *Mehrebenenbetrachtung* (II.2.1) bilden positive Emotionen. Die Ausweitung des tradierten psychologischen Betrachtungsspektrums geschieht anschließend durch die Erörterung der Besonderheiten *interpersoneller* positiver Emotionalität. Die Betonung dieses Aspekts ist vor dem Hintergrund der Annahme zu sehen, dass die Mitarbeiter eines Unternehmens in der Regel mit unterschiedlichen Adressaten kommunizieren, wie etwa Kollegen, Vorgesetzen oder Kunden. Schließlich lässt sich positive Emotionalität auch auf *kollektiver* Ebene vermuten, worunter Aggregationen von Humanressourcen zu verstehen sind. Als Betrachtungsobjekte kommen etwa Teileinheiten der, oder im Extremfall die gesamte Organisation selbst in Betracht.

Zugleich soll das tradierte Verständnis erweitert werden, womit die *Dynamik* positiver Emotionen im Zeitablauf in den Mittelpunkt rückt (II.2.2). Dabei wird erneut auf die drei zuvor erörterten Ebenen rekurriert, um so einen engen Zusammenhang beider Argumentationslinien zu ermöglichen. Leitgedanke ist die Vermutung, dass positive Emotionen auf allen drei Ebenen nicht nur kurzfristig isolierbare Wirkeffekte hervorrufen, sondern auch mittel- bis langfristige Auswirkungen haben dürften.

II.1.1 Ausweitung des tradierten Betrachtungsspektrums auf eine Mehrebenenbetrachtung

Als Grundlage für eine Mehrebenenbetrachtung positiver Emotionalität ist es zunächst notwendig, das zuvor eingeführte, vergleichsweise eng gefasste positivistische Verständnis von positiven Emotionen zu ergänzen.[324] Denn die hier angesprochenen, in erster Linie von der Psychologie inspirierten, Auffassungen beziehen sich in der Regel allgemein auf „Situationen" oder „Ereignisse", wodurch kein Raum für eine differenzierte Betrachtungsweise hinsichtlich der potenziellen Besonderheiten einzelner Auslöser bzw. der betreffenden Umstände bleibt.[325] Fineman formuliert dazu:

> „emotions cannot be fully understood outside of their social context [...] there is so much that is learned, 'social', interpretive, culturally specific, in the meaning and production of

---

[324] Vgl. Klein et al. (1999), S. 243. Die Autoren propagieren, dass eine Mehrebenenbetrachtung bei Untersuchungen im Organisationskontext grundsätzlich wünschenswert ist.

[325] Vgl. Ritter (1999), S. 220. Ein Indiz für diese Vermutung ist die derzeitige Popularität der so genannten Affective-Events-Theory (Weiss/ Cropanzano 1996). Kern der Argumentation ist die Annahme, daß bestimmte Ereignisse am Arbeitsplatz zum Auslösen von Emotionen führen können. Allerdings wird hier abstrakt von „Ereignissen" gesprochen.

emotions, that strictly biological, in-the-body, explanations soon lose their potency" (Fineman 1993, S. 10).

Diese Kritik aufgreifend, bietet sich eine Befassung mit dem so genannten *interpretativen Forschungsprogramm* an.[326] Das zentrale Erkenntnisinteresse von Vertretern dieser Forschungsrichtung ist die Untersuchung der subjektiven Wahrnehmung der Umwelt durch die Mitarbeiter. Diesem Ansatz folgend existiert keine objektive Realität an sich, vielmehr ist „Realität" stets das Ergebnis einer subjektiv konstruierten Wirklichkeit. Innerhalb dieser Forschungsrichtung ist vor allem der *sozialkonstruktivistische Ansatz* erwähnenswert, der für die vorliegende Arbeit von besonderem Interesse ist.[327] Denn in diesem Fall spielen nicht nur Wahrnehmung und Verhalten der einzelnen Menschen per se eine Rolle, sondern auch die *inter*subjektive Konstruktion sozialer Wirklichkeit:[328]

> „Die Wirklichkeit der Alltagswelt stellt sich mir ferner als eine intersubjektive Welt dar, die ich mit anderen teile" (Berger/ Luckmann 2004, S. 25).

Es geht demzufolge nicht um eine individuumszentrierte Auslegung, sondern primär um das wechselseitig orientierte und interpretierte Handeln der Mitarbeiter im Unternehmen.[329] Dies geschieht durch einen interpersonellen Abgleich der subjektiven Realitätskonstruktionen einzelner Mitarbeiter, denen bei der sozialen Konstruktion eine aktive Rolle zukommt.[330] Die

---

[326]   Vgl. Burrell/ Morgan (1979), S. 1.

[327]   Vgl. Berger/ Luckmann (2004), die diesen soziologischen Ansatz durch ihre Monographie populär gemacht haben. Den Auffassungen der Autoren folgend bleibt als Kern der Argumentationslinie primär der Sozial*konstruktivismus*. Dieser hebt sich vom thematisch verwandten Sozial*konstruktionismus* (exemplarisch: Gergen 1985, Gergen 2002) insofern ab, als Letztgenannter die soziale Konstruktion der Wirklichkeit aus Warte des Individuums betrachtet, während der Sozialkonstruktivismus auf intersubjektive Interpretationsprozesse abzielt. Allerdings teilen die beiden Ansätze diverse Ansichten, etwa die kritische Einstellung gegenüber als selbstverständlich angesehenem Wissen, den Einfluss historischer bzw. kultureller Gegebenheiten sowie die Wissensbildung als sozialen Prozess (Burr 2003).

[328]   Vgl. Scholz (2000), S. 111. Der Autor identifiziert diesbezüglich zwei grundlegende Strömungen im Personalmanagement. Während sich die informationsorientierte Strömung des Personalmanagements an der sinnvollen Gewinnung, Interpretation und Nutzung von Informationen im Hinblick auf Prozesse des Personalmanagements konzentriert, orientiert sich die verhaltenswissenschaftlich geprägte Strömung primär an Ursachen, Verlauf sowie Folgewirkungen des Verhaltens der HR; vgl. auch Kroeber-Riel/ Weinberg (1999), S. 10ff., für eine Diskussion des Konsumentenverhaltens aus verhaltensorientierter Perspektive.

[329]   Vgl. Averill (1980), S. 309 sowie S. 312, und Clore/ Centerbar (2004). Berger/ Luckmann (2004), die sich auf Gesellschaften im Allgemeinen konzentrieren und stets von der Alltagswelt sprechen. Allerdings scheint die Argumentation auf den organisationalen Kontext übertragbar, da sich auch deren Mitglieder die Organisation subjektiv aneignen.

[330]   Vgl. Domagalski (1999), S. 841.

Wirklichkeitskonstruktionen sind dabei niemals völlig identisch, nähern sich aber idealiter stark aneinander an, was sich u.a. in Form von Sozialisationsprozessen vollzieht.[331]

Eine Übertragung dieser Argumentation auf den Bereich emotionalitätsbasierter Zustände hat zur Folge, dass deren Erleben bzw. Vorzeigen gemeinsam durch die fokale Gruppe oder Organisation geprägt ist.[332] Die spezifische Ausprägung erfolgt dann jeweils durch die vorherrschenden Rollenskripts und Schemata.[333] Stearns und Stearns sprechen in ähnlich gelagertem Zusammenhang von „emotionology", ein Aspekt, der auch auf den vorliegenden Sachverhalt zutrifft:

> „Emotionology: the attitudes or standards that a society or a group within a society, maintains toward basic emotions and their appropriate expression; ways that institutions reflect and encourage these attitudes in human conduct, e.g., […] or personnel workshops as reflecting the valuation of anger in job relationships" (Stearns/ Stearns 1985, S. 813).

In der Diskussion aus sozialkonstruktivistischer Perspektive lassen sich dabei zwei wesentliche Themenschwerpunkte im wissenschaftlichen Diskurs identifizieren, die in Teil III erneut aufgegriffen werden.[334] Einerseits stehen Arbeiten im Mittelpunkt, die kulturelle Einflüsse auf das Erleben und Zeigen von Emotionen untersuchen.[335] Andererseits konzentrieren sich diverse Wissenschaftler auf die Analyse emotionsbezogener Verhaltensregeln.[336]

Ausgangspunkt der nachstehenden Ausführungen bildet die intrapersonelle positive Emotionalität, wie sie im vorangegangenen Teil vorgestellt wurde. Darauf aufbauend kommt es nunmehr zur Erörterung interpersoneller (1) sowie kollektiver (2) positiver Emotionalität, stets unter Rückgriff auf die Hauptgedanken des Sozialkonstruktivismus.

---

[331] Vgl. Berger/ Luckmann (2004), S. 144, sowie die Ausführungen zur emotionalen Kongruenz in III bzw. zur Sozialisation in III.2.2.

[332] Vgl. van Maanen/ Kunda (1989). Die Autoren verdeutlichen die unterschiedlichen Formen von Emotionsregeln anhand eines Technologieunternehmens sowie von Disneyland.

[333] Vgl. hierzu exemplarisch Hochschild (1979), S. 566, sowie die Diskussion in III.2.2.

[334] Vgl. hier und im Folgenden Weber (2000), S. 139.

[335] Vgl. exemplarisch Markus/ Kitayama (1991), die auf die national und kulturell geprägten Besonderheiten von „amae" hinweisen. Dieser japanische Begriff repräsentiert einen emotionalitätsbasierten Zustand, der eine Form interpersoneller intimer Geborgenheit repräsentiert, für die es im europäischen sowie US-amerikanischen Sprachgebrauch keinen entsprechenden Terminus gibt.

[336] Vgl. hierzu die Ausführungen im Hinblick auf den Einfluss der *Landes*kultur in II.2.2 sowie mögliche Wirkeffekte der *Organisations*kultur in III.2.1. Die Auswirkungen von Regeln auf positive Emotionalität werden in III.2.2 näher beleuchtet.

(1)   Interpersonelle positive Emotionalität

Im Folgenden geht es um das Entstehen positiver Emotionalität im Zuge *kurzfristiger Austauschsituationen*. Derartige Situationen sind durch das *unmittelbare* Aufeinandertreffen von *zwei oder mehr Personen* („interpersonelle Emotionen") gekennzeichnet, was Berger und Luckmann wie folgt charakterisieren:[337]

> „Als Vis-á-vis habe ich den Anderen in lebendiger Gegenwart, an der er und ich teilhaben, vor mir. [...] Ein ständiger Austausch von Ausdruck findet statt. Ich sehe ihn lächeln, ziehe die Stirne kraus, er lächelt nicht mehr, ich lächele ihn an, er lächelt wieder und so fort. Mein Ausdruck orientiert sich an ihm und umgekehrt, und diese ständige Reziprozität [...] öffnet uns beiden gleichermaßen Zugang zueinander" (Berger/ Luckmann 2004, S. 31).

Im Rahmen der Diskussion wird dabei bewusst auf eine Differenzierung zwischen zwei und mehreren Personen innerhalb dieser Interaktionsarenen verzichtet. Ursächlich dafür ist die Beobachtung diverser Autoren, dass hier jeweils weitestgehend analoge Effekte zu vermuten sind.[338] Aufgrund des kurzfristigen Zeithorizonts sind somit ausschließlich Emotionen in die Argumentation miteinbezogen.[339] Außerdem werden nur Austauschsituationen betrachtet, in denen die Interaktionspartner sowohl örtlich als auch zeitlich unmittelbar aufeinander treffen.[340] Ein mögliches Beispiel wäre das Empfinden von Glück bei einer gemeinsamen Feier aufgrund einer erfolgreichen Zusammenarbeit.

Eine Betrachtung dieser Form der Emotionalität erscheint vor allem aus zwei Gründen interessant. Einerseits sind in der wissenschaftlichen Diskussion Stimmen greifbar, die das Er-

---

[337]   Insofern handelt es sich hierbei zunächst um eine statische Perspektive, die jedoch anschließend in eine dynamische Betrachtung überführt wird. Folgerichtig stehen somit zunächst weiterhin Emotionen zur Diskussion und nicht die zeitlich länger andauernden Stimmungen und emotionalitätsbasierten Einstellungen. Das unmittelbare Aufeinandertreffen der Interaktionspartner entspricht dabei der „nächsten [...] Zone der Alltagswelt" (Berger/ Luckmann 2004, S. 25). Daneben ist festzuhalten, dass vor allem im Hinblick auf soziale Austauschprozesse in Gruppen kognitiv orientierte Konzeptionen dominieren, an Emotionen ausgerichtete Beiträge hingegen weitaus seltener vorzufinden sind (Barsade 2002, S. 644).

[338]   Vgl. Barsade (2002), S. 648, Hatfield et al. (1994), S. 5, Kelly/ Barsade (2001), S. 100, Schoenewolf (1990), S. 50. Einschränkend ist zu ergänzen, dass vermutlich Austauschsituationen zwischen lediglich zwei Personen stärker das Erleben von Emotionen beeinflussen als dies bei Gruppen der Fall ist. Scherer et alii liefern hierfür im Rahmen ihrer interkulturellen Untersuchungen Indizien (Scherer et al. 1988). Sie untersuchten die Emotionen Freude, Angst, Traurigkeit, Scham und Ekel in unterschiedlichen Kulturkreisen. Dabei konnten sie beobachten, dass Emotionen eher bzw. intensiver in Dyaden als in Gruppen erlebt wurden.

[339]   Vgl. Fredrickson/ Branigan (2001), S. 125, Gray/ Watson (2001), S. 25, Izard (1991), S. 44/80f., Kleinginna/ Kleinginna (1981) sowie die Ausführungen in I.1.2, vor allem hinsichtlich der Abgrenzung gegenüber Stimmungen; s. auch Abb. II-3.

[340]   Vgl. Kleinginna/ Kleinginna (1981), Otto et al. (2000) sowie Schmidt-Atzert (1996). Folglich werden interpersonelle Austauschsituationen, bei denen die betreffenden Menschen nicht unmittelbar miteinander

leben von Emotionen überwiegend auf andere Personen zurückführen.[341] Ein Indiz liefern Shaver und Kollegen, die in ihren Untersuchungen zu so genannten „emotionalen Prototypen" konstatieren, dass für die Mehrzahl dieser Prototypen andere Personen ursächlich sind.[342] So entsteht die Emotion Liebe zumeist durch Zuneigung gegenüber einem anderen Menschen. Andererseits kann interpersonelle Emotionalität auch aus betriebswirtschaftlicher Perspektive von Interesse sein. Pekrun und Frese führen dazu aus:

> „many emotions triggered by work events are of social nature [...] For example, falling in love with one's supervisor or secretary or being jealous of a competitor's career can strongly influence task performance" (Pekrun/ Frese 1992, S. 178).

Allerdings besitzen solche Situationen nicht nur Auswirkungen auf die Leistungsfähigkeit. Es lassen sich u.a. auch prosoziales Verhalten und gegenseitige Wertschätzung beobachten, womit eine Diskussion gerechtfertigt erscheint.[343]

Eine mögliche Annäherung an dieses Phänomen kann nunmehr im Hinblick auf die „*Richtung*" interpersoneller Emotionalität erfolgen (vgl. Abb. II-2). Dabei kommen grundsätzlich zwei Kategorien in Betracht, die sich als kongruent (a) und disgruent (b) bezeichnen lassen.

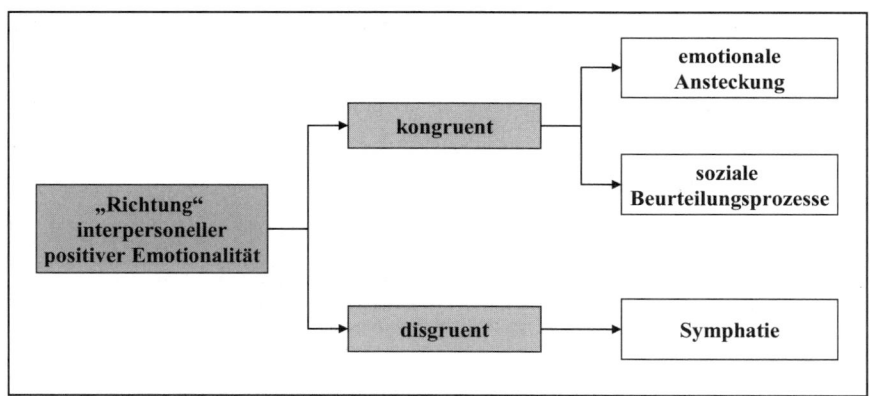

Abb. II-2:   Erscheinungsformen interpersoneller positiver Emotionalität

---

[341] interagieren, außer Acht gelassen. Daher stehen asynchrone, IT-vermittelte Interaktionen, wie etwa der Austausch über Internettelefonie oder Videokonferenzen, nicht zur Diskussion.
Vgl. Fischer et al. (2003), S. 176, McCarthy (1989), S. 52ff., Rime et al. (1991), S. 462f. Ein anschauliches Beispiel hierzu liefern auch Glasø/ Einarsen (2006, S. 68): „Emotions experienced during interaction may also function as an affective 'thermometer' for subordinates, who perceive and interpret their own emotions as well as those of their superiors, and in doing so picking up signs as to whether or not their superiors are satisfied with them and whether the relationship between them is positive or negative".

[342] Vgl. Shaver et al. (1987). Die Autoren bezeichnen fünf Emotionen als Prototypen: Freude, Liebe, Wut, Angst sowie Trauer.

[343] Vgl. exemplarisch die Ausführungen bei Berry/ Hansen (1996), S. 806f., Fredrickson et al. (2000), S. 239/254, Kemper (1991) und Lazarus (1991a).

Der Begriff *kongruente* interpersonelle Emotionalität zielt dabei auf das gemeinsame, „gleichgerichtete" Erleben von Emotionen ab.[344] Hier sind in erster Linie die emotionale Ansteckung und soziale Beurteilungsprozesse zu berücksichtigen. Vor dem Hintergrund einer funktionalitätsorientierten Betrachtung ließe sich gemeinsam geteilte Freude, die den Zusammenhalt einer Gruppe stärkt, als funktionale Ausprägung bezeichnen.[345] Dagegen können jedoch auch dysfunktionale Wirkeffekte entstehen. Zu denken wäre diesbezüglich etwa an die Angst vor einem Arbeitsplatzverlust, die sich unmittelbar nach einem misslungenen Projekt unter den beteiligten Mitarbeitern ausbreiten könnte.[346] Indes sollen nachfolgend primär als funktional zu beurteilende Konstellationen mit in die Diskussion einbezogen werden.[347]

Disgruente interpersonelle Emotionalität liegt demgegenüber vor, wenn die Interaktionspartner entgegengesetzte Emotionen erleben. Auch hier lassen sich wiederum funktionale und dysfunktionale Ausprägungen identifizieren. Funktional wäre beispielsweise das Empfinden und Zeigen von Sympathie gegenüber einem Kollegen, der Hilfe aufgrund einer Stress auslösenden Situation benötigt. Allerdings kann eine solche Divergenz auch dysfunktionale Folgen nach sich ziehen. Als plakatives Beispiel ließe sich Schadenfreude anführen. Denn bei dieser Ausprägung interpersoneller Emotionalität empfindet ein Mitarbeiter eine negative Emotion (z.B. Ärger über einen Fehler), wohingegen sein Kollege eine positive Emotion (Schaden-*freude*) erlebt. Der funktionalen Ausrichtung als der grundlegenden Argumentationslinie dieser Arbeit folgend, richtet sich das Hauptaugenmerk hier erneut auf interpersonelle Emotionalität, die als funktional einzustufen ist.

---

[344]   Einschränkend ist darauf hinzuweisen, dass aufgrund der gewählten sozialkonstruktivistischen Perspektive nicht unterstellt wird, dass zwei oder mehrere Personen exakt die gleichen Emotionen erleben. Es handelt sich dabei lediglich um den subjektiv konstruierten Abgleich von Emotionen, wodurch das „Teilen" interpersoneller positiver Emotionalität im Detail intrapersonell unterschiedlich ausgelegt werden kann: „Ich weiß selbstverständlich auch, daß die anderen diese gemeinsame Welt aus Perspektiven betrachten, die mit der meinen nicht identisch sind. Mein >>Hier<< ist ihr >>Dort<< [...] Das Wichtigste [...] ist, daß es eine fortwährende Korrespondenz meiner und ihrer Auffassungen von und in dieser Welt gibt, daß wir eine gemeinsame Auffassung von ihrer Wirklichkeit haben" (Berger/ Luckmann 2004, S. 26).

[345]   Vgl. Arnscheid (1999), Friedkin (2004) und Hogg (1992) im Hinblick auf Ausführungen zur Gruppenkohäsion. Dieser Ausdruck umschreibt u.a. die emotionale Anziehung zwischen Gruppenmitgliedern, die durch diverse Faktoren hervorgerufen wird, etwa Stolz oder affektives Commitment. Diesen Sachverhalt wiesen u.a. Mullen und Copper (1994) nach, die in ihren Untersuchungen einen leicht positiven Einfluss der Gruppenkohäsion auf die Gruppenleistung beobachteten; vgl. auch Sattelberger (1996b), S. 28, der diesbezüglich von Kohäsion in Managementteams als „emotionalem Klebstoff" spricht.

[346]   Vgl. Strazdins (2002), S. 246f. Die Autorin untersuchte die Auswirkungen von Emotionsarbeit. In ihrer Studie konnte sie beobachten, dass negative Emotionen unter Mitarbeitern zu gesundheitlichen und psychischen Problemen führen. Demgegenüber können interpersonell geteilte positive Emotionen, die sie anhand der Dimensionen Kameradschaft, Hilfsbereitschaft und Regulation operationalisiert, zu günstigen Wirkeffekten bei den betreffenden Mitarbeitern führen.

[347]   Vgl. die Erörterung in I.3 im Hinblick auf eine funktionalitätsorientierte Betrachtung.

(a) Der Begriff *emotionale Ansteckung* („emotional contagion") wurde im Wesentlichen von Hatfield und ihren Kollegen geprägt und lässt sich als eine Form *kongruenter* interpersoneller Emotionalität klassifizieren.[348]

Hatfield et alii greifen vorwiegend Gedanken hinsichtlich des Verhaltens von Massen und Überlegungen zum „group mind" auf.[349] Ausgangspunkt der Überlegungen ist die Vermutung, dass Menschen mit ihren eigenen Emotionen nicht nur ausschließlich kognitiv zu verarbeitende Informationen an andere Menschen übermitteln, sondern gleichsam in der Lage sind, ihre Emotionen teilweise auf andere Menschen zu übertragen:

> „The tendency to automatically mimic and synchronize expressions, vocalizations, postures, and movements with those of another person's and, consequently, to converge emotionally" (Hatfield et al. 1992, S. 153f.).

Für eine solche Ansteckung sind ex definitione zwei oder mehr Personen notwendig, ein Sender sowie ein oder mehrere Empfänger der Emotionen.[350] Der Gedanke der emotionalen Ansteckung lässt sich daher nicht nur für zwei-Personen-Konstellationen konstatieren, sondern ebenfalls auf *Gruppenebene*:[351]

> „a process in which a person or group influences the emotions or behavior of another person or group through the conscious or unconscious induction of emotion states and behavioral attitudes" (Schoenewolf 1990, S. 50).

Hatfield und Kollegen gehen davon aus, dass sowohl die Fähigkeit, andere Menschen emotional anzustecken, als auch die Neigung, dem Einfluss emotionaler Ansteckung zu unterliegen, je nach Person unterschiedlich ausfällt.[352] In diesem Zusammenhang ist die Fähigkeit empathisch zu reagieren, von gehobener Bedeutung.[353] Denn je höher die Empathie („Einfühlsamkeit") einer Person ist, desto stärker ist die Neigung zur Übernahme der Emotionen des Interaktionspartners.

---

[348] Vgl. Hatfield et al. (1994) für eine ausführliche Darstellung.

[349] Die Ausführungen zum Verhalten von Massen gehen dabei vor allem auf Le Bon (1896) zurück, der vornehmlich pathologische Verhaltensmuster von Menschenansammlungen untersuchte. Der Ausdruck „group mind" wurde von McDougall (1923) geprägt, der heute gängige Begriffe wie Sympathie oder das Nachahmen von Verhalten in sozialen Gruppen erörterte; vgl. auch Bion (1961), McPhail (1991) und Tuckman (1965).

[350] Vgl. Hatfield et al. (1994), S. 5.

[351] Vgl. auch die frühen Ausführungen von Redl (1942), S. 315.

[352] Vgl. exemplarisch Doherty et al. (1995), Hsee et al. (1990), Hatfield et al. (1994), S. 147ff., sowie die Ausführungen in III.1.2 vor dem Hintergrund hierarchischer Unterschiede im Falle von Austauschsituationen zwischen Führungskraft und Mitarbeiter; vgl. auch die Diskussion hinsichtlich der emotionalen Intelligenz von Führungskräften in III.1.2 sowie die nachstehenden Ausführungen zur Sympathie.

[353] Vgl. Davis (1994), Lazarus (1991a), S. 287, und die folgende Erörterung von Sympathie.

Allerdings ist darauf hinzuweisen, dass die Ansteckung im vorliegenden Fall vorwiegend *mimetischer Natur* ist, d.h. die Personen passen sich unmittelbar emotional aneinander an.[354] Dies betrifft sämtliche Emotionskomponenten, nicht nur Mimik und Gestik, sondern auch die Gefühle der betreffenden Person.[355] Bemerkenswert ist in diesem Zusammenhang die Beobachtung, dass dieser Übertragungsprozess *unbewusst* verläuft, indem eine Person etwa automatisch durch das Lachen einer anderen Person angesteckt wird. Aufgrund dieser Überlegungen sprechen die Autoren von rudimentären bzw. primitiven Ansteckungsprozessen.[356] Ein ähnliches Erkenntnisinteresse verfolgen auch Forschungsbeiträge, die sich *Verhaltensmitnahmen* („behavioral entrainment") widmen und diesen Sachverhalt ebenfalls bestätigen.[357] Außerdem liefern Ausführungen zum *Gruppenrapport bzw. synchronen Interaktionsverhalten* weitere Indizien für die Existenz mimetischer Anpassungsprozesse.[358]

Abschließend ist zu konstatieren, dass derartige Konvergenzphänomene in der Regel als Auslöser positiver Emotionalität einzustufen sind. Demgegenüber wird ein Mangel an Konvergenz durch die betreffenden Personen als unangenehm aufgefasst.[359]

Neben der emotionalen Ansteckung bilden *soziale Beurteilungsprozesse* („social appraisal") eine weitere potenzielle Form kongruenter interpersoneller positiver Emotionalität.[360] Dieser Begriff ist absichtlich sehr weit gefasst und umfasst mithin ähnlich gelagerte Konzeptionen, etwa die des „emotionalen Vergleichs" („emotional comparison").[361] Entscheidend ist dabei die Intention, weitere konvergierende Phänomene neben der emotionalen Ansteckung aufzuzeigen, die sich nicht durch mimetische Prozesse charakterisieren lassen. Das gewählte Differenzierungskriterium dieser Ansätze gegenüber der emotionalen Ansteckung ist die Annahme, dass diese Prozesse *bewusst* verlaufen.[362] Die Überlegungen basieren im vorliegenden

---

[354] Vgl. Hatfield et al. (1994).

[355] Vgl. Hatfield et al. (1994), S. 48ff.

[356] Vgl. Hatfield et al. (1994), S. 5.

[357] Vgl. Kelly (1988).

[358] Vgl. Tickle-Degnen/ Rosenthal (1987). In der Literatur werden die Begriffe Verhaltensmitnahme und synchrones Interaktionsverhalten zum Teil synonym verwendet. Dieser Auffassung wird hier nicht gefolgt und Verhaltensmitnahme als ein möglicher Prozess betrachtet, durch den synchrones Interaktionsverhalten hervorgerufen werden kann, obgleich die Effekte durchaus ähnlich sind.

[359] Vgl. Warner (1982).

[360] Vgl. Manstead/ Fischer (2001) als einen der ersten Beiträge, die sich explizit mit diesem Sachverhalt beschäftigen.

[361] Vgl. exemplarisch Bartel/ Saavedra (2000), S. 200f. Diese Sicht ist u.a. auch interessant aufgrund der Tatsache, dass die zuvor skizzierte „primitive emotional contagion" weitaus häufiger rezipiert wurde als die nachstehend zu erörternde Form konvergierender interpersoneller Emotionalität (Barsade 2002, S. 647).

[362] Vgl. Manstead/ Fischer (2001), S. 222.

Fall letztlich auf sozialen Informations- und Vergleichsprozessen, wie sie bereits bei Salancik und Pfeffer skizziert wurden, dort freilich ausschließlich im Hinblick auf kognitive Kriterien.[363] Allerdings lassen sich in jüngster Zeit erste Beiträge identifizieren, die diesen Sachverhalt näher im Hinblick auf Emotionen untersuchen.[364]

Arbeiten, die sich mit sozialen Beurteilungsprozessen beschäftigen, rücken vor allem die Wahrnehmung und Beurteilung einer Situation als Auslöser interpersoneller positiver Emotionalität in den Vordergrund.[365] Dadurch werden im Umkehrschluss die Emotionen der Interaktionspartner als solche weniger im Fokus stehen.[366] Eine solche Perspektive ermöglicht ein besseres Verständnis für interpersonelle Austauschprozesse bzw. deren potenziell *unterschiedliche Folgen*.[367] Fischer et alii illustrieren dies anschaulich anhand von Wut:

„Taking social appraisals into account […] may help to explain why the ways in which […] anger is expressed can range from crying to running away to shouting at somebody or slapping someone in the face, depending on how angry others are" (Fischer et al. 2003, S. 175).

Die vorliegende Argumentationslinie knüpft dabei zudem an die Ausführungen von McIntosh et alii an, die den Ausdruck sozial induzierter Affekt[368] („socially induced affect") benutzen, um sich von dem Gedanken einer unmittelbaren Übertragung von Emotionen wie bei Hatfield und Kollegen zu lösen:

„with regard to affect, induction indicates that a model's emotion caused emotion in an observer; contagion suggests that a model's emotions were transferred to the observer […] the term induction better describes the general phenomenon of interest, as when affect expressed by one person causes affect in another person […] it does not imply that an observer's response must be identical to that of the performer" (McIntosh et al. 1994, S. 275).

---

[363] Vgl. Salancik/ Pfeffer (1978).

[364] Vgl. exemplarisch Barsade (2002), die in ihren Ausführungen konkret auf diesen Sachverhalt im organisationalen Kontext eingeht. Diesbezüglich ist hinzuzufügen, dass Barsade den hier konzipierten Sachverhalt sozialer Beurteilungsprozesse als Unterkategorie von „emotional contagion" begreift. Dieser Auffassung wird hier nicht gefolgt, da dem vorliegenden Verständnis zufolge keine Ansteckung in mimetischer Form vorliegt. Ferner is zu ergänzen, dass Barsade die Begriffe Emotion und Stimmung synonym verwendet, was teilweise irreführend wirkt (Barsade 2002, S. 646).

[365] Vgl. Fischer et alii, die rückblickend auf eine Reihe von Studien zu dem Entschluss gelangen, dass „the physical presence of others affects our smiling more than does imagined or implicit presence. We smile more if we watch amusing videos in the presence of others, than when we know that another person is watching in a different room" (Fischer et al. 2003, S. 182).

[366] Vgl. Manstead/ Fischer (2001), S. 222.

[367] Es werden somit erneut sozialkonstruktivistische Gedankengänge aufgegriffen; vgl. Berger/ Luckmann (2004), S. 31f.

[368] Vgl. hierzu auch McIntosh et al. (1994), S. 275.

Daneben kommen die Autoren nach Durchsicht der entsprechenden Literatur zu dem Ergebnis, dass sozial induzierte Affekte tendenziell *eher kongruent als disgruent* sind.[369] Kongruenz betrifft in diesem Zusammenhang Situationen, in denen zwei oder mehr Personen miteinander in Kontakt treten. Dabei beobachtet eine Partei lediglich die Situation, die andere Partei ist demgegenüber einem Emotionen hervorrufenden Ereignis ausgesetzt, woraufhin dann beide Personen gleichgerichtete Emotionen erleben, etwa Freude und Stolz.

Des Weiteren scheinen *Vertrautheit und wahrgenommene Ähnlichkeit* der Interaktionspartner bedeutsam zu sein.[370] Denn je näher sich die betreffenden Personen kennen, desto eher kommt es zu interpersoneller positiver Emotionalität. Ebenso wie die Vertrautheit scheint auch die wahrgenommene Ähnlichkeit einzelner Attribute der Interaktionspartner die Wahrscheinlichkeit kongruenter Emotionalität zu determinieren.[371]

(b) Es wurde bereits angedeutet, dass auch *disgruente interpersonelle Emotionalität* funktional sein kann. Diesbezüglich scheint vor allem das Konzept der Sympathie von Belang. *Sympathie* zielt auf die Fähigkeit ab, die Gefühle einer anderen Person wahrzunehmen.[372] Dies kommt auch in dem deutschen Wort *Mit*gefühl zum Ausdruck.[373] Insofern ist den Ausführungen von Eisenberg und Miller zu folgen, für die Sympathie

> „an emotional response stemming from another's emotional state or condition that is not identical to the other's emotion, but consists of feelings of sorrow or concern for another's welfare" (Eisenberg/ Miller 1987, S. 92).

Sympathie ist somit nicht als Form kongruenter interpersoneller Emotionalität aufzufassen, da der betreffende Mensch die Emotionen des Gegenübers ja nicht übernimmt, sondern seine eigenen Emotionen quasi für sich bewahrt.[374] Hierin liegt ein entscheidender *Unterschied zur Empathie*, die – wie bereits angedeutet – eine Empfänglichkeit für die Emotionen der Interaktionspartner impliziert.[375] Der Unterschied lässt sich anhand einer alltäglichen Bürosituation wie folgt veranschaulichen: Zwei Kollegen arbeiten gut gelaunt in einem Büro, wobei ein

---

[369] Vgl. McIntosh et al. (1994), S. 274. Die Autoren benutzen den Ausdruck „concordant" (übereinstimmend), der aus Sicht des Verfassers weitestgehend als Synonym zum hier verwendeten Adjektiv „kongruent" aufgefasst werden kann.

[370] Vgl. McIntosh et al. (1994), S. 269.

[371] Vgl. Byrne et al. (1967), S. 86f., sowie ähnlich Kenny/ Cook (1999), S. 435, und Woodside/ Davenport (1974), S. 201.

[372] Vgl. Clark (1989), Lazarus (1991a), S. 287.

[373] Vgl. Gehring (1969), S. 435f.

[374] Vgl. für ausführlichere, primär philosophisch orientierte Darstellungen die Monographien von Mercer (1972) und Richter (1996).

[375] Vgl. Escalas/ Stern (2003), S. 567f., Gruen/ Mendelsohn (1986), S. 613f.

Mitarbeiter plötzlich dem Ärger des gemeinsamen Vorgesetzten durch dessen Telefonanruf ausgesetzt ist. In dieser Situation scheint es plausibel, dass der telefonierende Mitarbeiter Angst oder Scham empfindet. Sofern dessen Kollege nunmehr Sympathie für den Kollegen zeigt, wird er eventuell daran denken, wie es wäre, wenn er sich selbst in einer solchen Situation befinden würde. Sein eigenes Wohlbefinden bleibt davon jedoch unberührt. Demgegenüber wird der Mitarbeiter ebenso wie sein Kollege Angst oder Scham empfinden, wenn er über ein hohes Maß an Empathie verfügen würde. Letztlich kann Sympathie dabei als Vorläufer von Empathie angesehen werden, da ohne angemessene Wahrnehmung und Interpretation der Situation (Sympathie), kein Einfühlen im Sinne einer Gefühlsübernahme möglich zu sein scheint.[376]

Ein solches Verständnis für die Situation der Interaktionspartner ist insofern von Belang, als auf diesem Wege die *Grundlage für eine auf Emotionen basierende Beziehung* gelegt wird.[377] Denn das Zeigen von Sympathie für den Anderen kann Clark zufolge auch als „emotion that provides glue for social bonds, the building blocks of society" (Clark 1997, S. 5) angesehen werden.[378] Wie diesem Zitat zu entnehmen ist, scheint interpersonelle Emotionalität, wie etwa Sympathie oder das als kongruent bezeichnete Spektrum interpersoneller Emotionalität das Potenzial zu besitzen, nicht nur interpersonelle, sondern auch Wirkeffekte auf kollektiver Ebene hervorzurufen.

(2) Kollektive positive Emotionalität

Bisher konzentrierte sich die Argumentation ausschließlich auf die intra- und interpersonelle Ebene, d.h. unmittelbare Kontaktsituationen zwischen einzelnen Menschen bildeten das zentrale Erkenntnisinteresse. Würde die Betrachtung an dieser Stelle enden, wäre dies nach Ansicht des Verfassers jedoch zu einem gewissen Grade verkürzt. Denn damit würde sich die Arbeit gegenüber realtypischen Erscheinungen, wie kollektiv geteilter Wut im Falle der kürz-

---

[376] Vgl. Huy (1999), S. 335, Planalp (1999), S. 172.

[377] Vgl. grundlegend Byrne/ Griffitt (1973) im Hinblick auf intime Beziehungen sowie die Ausführungen zu potenziellen Entwicklungsmustern interpersoneller positiver Emotionalität in II.1.2. Ferner ist exemplarisch die Bedeutung der Austauschbeziehung zwischen Professional und Klient im Fall von Professional Service Firms zu nennen, bei der ebenfalls emotionale Aspekte von Belang sind; vgl. auch Bürger (2005), S. 48f.

[378] Vgl. auch Festinger (1950), S. 274.

lich bekannt gewordenen Arbeitsplatzverlagerungen bei BenQ,[379] verschließen. Daher sollen derartige Phänomene als eine Erweiterung der interpersonellen Emotionalität aufgefasst werden und unter dem Begriff *kollektive Emotionalität*, oder synonym Atmosphäre,[380] berücksichtigt werden.

An dieser Stelle ist anzumerken, dass somit ein vergleichsweise abstraktes und noch selten untersuchtes Phänomen in den Mittelpunkt rückt.[381] Grund für die bisher geringe Auseinandersetzung damit ist vermutlich die Tatsache, dass intra- und interpersonelle Emotionalität bislang Objekte fundamental unterschiedlicher Forschungsdisziplinen darstellen.[382] Denn, wie zu Beginn dieser Arbeit skizziert, repräsentieren Studien psychologischer, biologischer und neurowissenschaftlicher Provenienz das Gros intrapersonell orientierter Forschungsbemühungen. Daher findet an dieser Stelle vor allem die eher geringe Anzahl relevanter politikwissenschaftlich bzw. soziologisch orientierter Studien Eingang in die Untersuchung.

Für das *weitere Vorgehen* bietet sich an, zunächst das Definiendum näher zu charakterisieren und gegenüber intra- sowie interpersoneller Emotionalität abzugrenzen.

Anknüpfend an die eingeführte terminologische Differenzierung zwischen kongruenten und disgruenten Wirkungsrichtungen interpersoneller Emotionalität, soll nun ausschließlich auf *kongruente kollektive Emotionalität* abgestellt werden. Einschränkend ist dabei zu konstatieren, dass zwar naturgemäß auch disgruente Wirkeffekte nahezu unvermeidbar erscheinen,[383] doch wäre deren Betrachtung vor allem auch im Hinblick auf das Ableiten von generi-

---

[379]   Vgl. Hoffmann (2006). Dieses Praxisbeispiel wurde vor allem aufgrund der Aktualität und intuitiven Zugänglichkeit gewählt. Dabei dominieren negative Emotionen bei der Mitarbeiterschaft, wie Wut oder Angst; vgl. ähnlich Kim (2002). Allerdings scheint eine Übertragung auf positive kollektive emotionalitätsbasierte Zustände ebenfalls gangbar, was im Folgenden geschehen soll (vgl. ähnlich de Dreu et al. 2001). Ein aktuelles Beispiel hierfür, das allerdings nicht unmittelbar dem klassischen Organisationskontext entstammt, wäre die Fußballweltmeisterschaft 2006 in Deutschland. Denn im Verlauf des Turniers waren wiederholt weite Teile der Bevölkerung kurzfristig positiv emotional bewegt, was sich in Form von bundesweiten festlichen Aktivitäten niederschlug. Analoge Beobachtungen konnten Burkitt (2005) und Driver (2003) hinsichtlich diverser Terroranschläge machen, Waitt (2001) konstatiert dies anhand der olympischen Spiele in Sydney. Parrott und Harre (2001) liefern zudem ein Beispiel in Bezug auf den Tod von Prinzessin Diana. In diesem Zusammenhang ist auch die empirische Studie von Zurcher (1982) von Belang. Der Autor berichtet anschaulich, wie rund um die Durchführung von Baseball-Veranstaltungen kollektive, aber auch inter- und intrapersonelle emotionalitätsbasierte Zustände erzeugt werden.

[380]   Vgl. auch die spätere Begriffsauslegung von Atmosphäre, Klima und Kultur unter Rekurs auf de Rivera (1992) in II.1.2.

[381]   Vgl. Mazhindu (2003). Mazhindu untersuchte die Determinanten und potenziellen Wechselwirkungen zwischen den unterschiedlichen Ebenen von Emotionalität am Beispiel von Krankenschwestern, wobei er zu dem Ergebnis kam, dass „little is known about the connection between the different levels of emotions and the effects these have on different participants within organizations" (Mazhindu 2003, S. 247).

[382]   Vgl. Ashkanasy (2003), S. 37.

[383]   Vgl. de Rivera (1992), S. 198, der von der kollektiven Wirkung einer Ansprache des ehemaligen US-amerikanischen Präsidenten Roosevelt berichtet. So ist es unwahrscheinlich, dass die gesamte Nation

schen Handlungsempfehlungen in Teil III dieser Arbeit wohl kaum zielführend bzw. würde den Rahmen dieser Arbeit überschreiten. Es erfolgt jedoch eine Differenzierung zwischen funktionalen und dysfunktionalen Wirkeffekten kollektiver positiver Emotionalität.[384] Die Argumentationslinie ist dabei erneut vorwiegend an kongruent-funktionalen Beispielen ausgerichtet. Unbeschadet dessen kommt es abschließend zu einer kritischen Reflexion hinsichtlich dysfunktionaler Ausprägungen bzw. möglicher ambivalenter Wirkeffekte kollektiver positiver Emotionalität.

Auch für die *Definition kollektiver Emotionalität* bilden sozialkonstruktivistische Grundannahmen den Ausgangspunkt. Berger und Luckmann zufolge fühlen sich Individuen im Regelfall unterschiedlichen Kollektiven zugehörig, wie etwa der fokalen Organisation oder einer Nation.[385] Denn nur so kann kollektive positive Emotionalität überhaupt erst möglich werden.[386] Die Charakterisierung kollektiver Emotionalität soll dabei im Folgenden entlang der *Dimensionen Raum und Konkretisierungsgrad* erfolgen, um so Unterschiede zu den beiden vorherigen Konzeptionen besser verdeutlichen zu können.[387] Die Dimension *Raum* dient als Differenzierungskriterium, da im Gegensatz zu intra- und interpersoneller Emotionalität das unmittelbare räumliche Aufeinandertreffen von mehreren Personen nicht mehr – wie etwa im Fall von emotionaler Ansteckung – zwingend erforderlich ist.[388] Zwar erfahren Menschen ihre

---

durch die Ansprache positive emotionalitätsbasierte Zustände erlebte. Wesentlich wahrscheinlicher ist vielmehr die Annahme, dass die Rede viele Menschen gänzlich unberührt ließ bzw. eventuell sogar mobilisierte, gegen Roosevelts Politik zu opponieren.

[384] Vgl. Beyer und Niño, die kongruente kollektive positive Emotionalität im Zusammenhang mit Freudenfeuern an der Texas A&M University beobachteten. Allerdings scheinen solche Rituale – global betrachtet – auch dysfunktionale Wirkeffekte hervorzurufen. Denn in Texas existiert – wie zwischen vielen örtlich benachbarten Elitehochschulen – eine starke Rivalität unterschiedlich homogener Universitätskulturen. Dies führte letztlich dazu, dass „cultural events celebrating the A&M-UT rivalry encouraged strong feelings of hostility in each community toward the other school" (Beyer/ Niño 2001, S. 191).

[385] Vgl. Berger/ Luckmann (2004), S. 24. Grundlage hierfür ist das so genannte Alltagswissen, welches den Menschen das sichere Gefühl gibt, sich in ihrer subjektiv konstruierten Welt zu recht zu finden (Berger/ Luckmann 2004, S. 44ff.); vgl. auch Ringlstetter (1995), S. 57.

[386] In Anlehnung an Gamson (1995) bildet dabei zunächst die kognitive Beurteilung der Situation, in diesem Fall die Identifikation mit der Nation i.S. eines analytischen Vorgangs, den Ausgangspunkt. Die Identifikation als Ausgangsbasis für kollektive positive Emotionalität stellt sodann eine „'hot cognition' – one that is laden with emotion" (Gamson 1995, S. 90) dar.

[387] Die zeitliche Dimension orientiert sich an dieser Stelle an der Definition von Emotionen. Ergo werden hier nur kurzfristige Zustände erfasst, die der hier vorgetragenen, zunächst noch statischen Betrachtung Rechnung tragen. Der Ausdruck Emotionalität ist an dieser Stelle bewusst gewählt, da dieses Phänomen den Rahmen gängiger Emotionskonzeptionen überschreitet.

[388] Vgl. Berger/ Luckmann (2004), S. 45f. Die Autoren begreifen dies zudem als ein Merkmal moderner Gesellschaften, die ihrer Auffassung nach durch zunehmende Differenzierung immer unüberschaubarer und anonymer werden. Ein interessantes Beispiel stellt in diesem Zusammenhang auch der so genannte Werther-Effekt, benannt nach Goethes gleichnamiger Romanfigur (Goethe 1973), dar. Hierbei handelt es sich um das Nachahmen von Suiziden, das erstmals durch Phillips (1974) belegt wurde (Ziegler/ Hegerl 2002); vgl. Anderson/ Keltner (2004), S. 150f.

Wirklichkeit bzw. Umwelt primär durch die unmittelbar zeitlich und örtlich erlebten Geschehnisse um sie herum, jedoch

> „erschöpft sich [die Wirklichkeit der Alltagswelt] nicht in so unmittelbaren Gegenwärtigkeiten, sondern umfaßt Phänomene, die >>hier und jetzt<< nicht gegenwärtig sind. Das heißt, ich erlebe die Alltagswelt in verschiedenen Graden von Nähe und Ferne, räumlich wie zeitlich" (Berger/ Luckmann 2004, S. 25; Anmerkung G.M.-S.).

Insofern scheint eine Ausweitung des Betrachtungsspektrums auf kollektive Phänomene sinnvoll, da innerhalb des Berufsalltags durchaus Ereignisse auftreten können, die die kollektiv geteilte Alltagswelt räumlich verteilter Menschen tangieren.[389] Ein anschauliches Beispiel für kollektive positive Emotionalität liefert de Rivera, der von einem Wechsel in der emotionalen Atmosphäre wie folgt berichtet:[390]

> „Franklin D. Roosevelt's famous fireside talk of March 12, 1933 began to turn a climate of depression into one of confidence, restored morale, and promoted unification" (de Rivera 1992, S. 198).

Dieses Zitat lässt sich dahingehend interpretieren, dass der US-amerikanische Präsident durch seine Rede anscheinend in der Lage war, viele Bürger der Vereinigten Staaten emotional zu mobilisieren. Naturgemäß kann dabei unterstellt werden, dass sich die Menschen nicht alle an einem Ort versammelt hatten, sondern vielmehr landesweit verstreut waren.[391] Eine vergleichbare Beobachtung konnte Yang im Hinblick auf die Demonstrationen am Platz des Himmlischen Friedens in Peking machen. Dort änderte sich die kollektive Atmosphäre nahezu dramatisch:

> „The historic demonstration on April 27 was emotionally cathartic. That morning [...] fear and anxiety prevailed the gathering crowds [...] By the end of the day [...] the fear and anxiety had suddenly dissolved into the air, replaced by feelings of joy and triumph" (Yang 2000, S. 602).

Von einem entsprechenden organisationalen Anwendungskontext berichten Creusen und Sommer am Beispiel eines Einzelhandelsunternehmens. Sie führen Jubiläumsfeiern an, bei

---

[389] Vgl. hierzu auch die Untersuchung von Fridlund (1991). Der Autor konnte nachweisen, dass für das Auslösen von emotionalitätsbasierten Zuständen bereits der Gedanke an Menschen ausreicht, die den gleichen Stimuli ausgesetzt sind („implicit audience").

[390] Dabei ist anzumerken, dass die originären Ausführungen von Park (1967) stammen. Ferner spricht der Autor exemplarisch von „Klima", doch soll dieser Begriff im Einklang mit der vorliegenden Konzeption als „Atmosphäre" aufgefasst werden.

[391] Vgl. Hess et al. (1995) und Voola et alii (2004), die von ähnlichen Wirkeffekten im Hinblick auf Richard Branson, den Gründer der australischen Fluggesellschaft Virgin Blue, berichten. Indem er in der Lage war, durch Ansprachen an seine Mitarbeiter kollektive Emotionen zu generieren, konnte er „motivate, and unify staff from this industry at a time when many airline employees were disillusioned and sceptical in a third airline's ability to successfully operate in the Australian market" (Voola et al. 2004, S. 88).

denen mehrere Menschen zusammen an unterschiedlichen Orten Feste veranstalten, wobei die Beteiligten nicht unbedingt miteinander bekannt sein müssen.[392] Dennoch können sie offenbar gemeinsam kollektive positive Emotionalität erleben, wenn sie von der Atmosphäre innerlich berührt werden, weil sie zum Beispiel gemeinsam stolz auf ihren Arbeitgeber sind.

Aus den genannten Beispielen wird bereits deutlich, dass dabei häufig ein gewisses Maß an Anonymität impliziert ist, mithin der *Konkretisierungsgrad* im Vergleich zur intra- und interpersonellen Emotionalität zusehends verwischt.[393] Entscheidend dürfte vielmehr das zuvor bereits angedeutete Zugehörigkeitsgefühl sein.[394] Die Menschen innerhalb eines Unternehmens, oder wie in de Riveras Beispiel einer gesamten Nation, können einander zwar zu großen Teilen fremd sein, verfügen aber über eine gemeinsame Identität, etwa durch die Unternehmenszugehörigkeit oder die Nationalität.[395] Jasper äußert sich zu diesem Sachverhalt aus politikwissenschaftlicher Warte wie folgt:

> „Participation in social movements can be pleasurable in itself, independently of the ultimate goals and outcomes. Protest becomes a way of saying something about oneself and one's morals, and of finding joy and pride in them" (Jasper 1998, S. 415).

In diesem Zusammenhang sind vor allem auch die Überlegungen von Berezin relevant, die hierzu Gedanken von Scheler bzw. dessen Begriff „communities of feeling" aufgreift und weiterentwickelt.[396] Für Berezin sind „communities of feeling" in der Lage, emotionale Energien zu mobilisieren.[397] Obwohl die Autorin vor politikwissenschaftlichem Hintergrund argumentiert, scheinen ihre Gedanken durchaus auf den organisationalen Kontext übertragbar zu sein. So unterstellt sie, dass eine solche Mobilisierung entweder durch die Identifikation eines gemeinsamen Feindbilds oder Ziels zustande kommen kann.[398] Daneben scheinen Iden-

---

[392] Vgl. hier und im Folgenden Creusen, persönlich-mündlich 13.03.2006, sowie Sommer, persönlich-mündlich 24.03.2006; vgl. hierzu ebenfalls erneut Fridlund (1991), S. 236ff.

[393] Vgl. die Diskussion bei Berger/ Luckmann (2004), S. 31.

[394] Vgl. den Beitrag von Ahmed, die davon ausgeht, dass emotionalitätsbasierte Zustände „align individuals with collectives – or bodily space with social space" (Ahmed 2004, S. 26) bzw. „can also occur when others are remote or distant" (Ahmed 2004, S. 34).

[395] Vgl. auch Berezin (2001), S. 84. Die hier diskutierten Identitätskonzeptionen gehen im Wesentlichen auf die klassischen soziologischen Konzeptionen von Durkheim, Marx, Weber und Tönnies zurück; vgl. Cerulo (1997), S. 386.

[396] Vgl. Berezin (2001), S. 90f., Scheler (1992), S. 54, sowie die Diskussion in III.2.1. Berezin kritisiert Schelers Konzeption aus zwei Gründen. Einerseits verschließe sich Scheler der Existenz originär kollektiver Emotionalität, andererseits gehe er davon aus, dass die Personen ihre Emotionen gegenseitig verstehen.

[397] Vgl. hierzu auch Collins (1990), der diesen Sachverhalt unter dem Begriff emotionale Energie erörtert hat.

[398] Vgl. Yang (2000), S. 604. Ein anschauliches Beispiel stellt in diesem Zusammenhang auch die Propaganda der ehemaligen ostdeutschen Regierung dar. Denn in „der DDR spielte Hass als Mobilisierungsinstru-

tität stiftende „communities of feeling" ebenfalls eine Art bindender Kraft zu entfalten, indem sie Menschen einander näher kommen lassen.[399] Von ähnlichen Phänomenen berichten van Maanen und Kunda mit Verweis auf Mitarbeiter von IBM.[400] So scheint bei den Mitarbeitern von IBM allein durch den Anblick der Firmenflagge mehr kollektiver Stolz geweckt zu werden, als durch die Nationalflagge. Insofern dürften Polletta und Jasper Recht haben, wenn sie im Hinblick auf den Bereich der Politik festhalten, dass

> „Collective identity is not simply the drawing of a cognitive boundary; it simultaneously involves a positive affect toward other group members" (Polletta/ Jasper 2001, S. 299).

Kollektive positive Emotionalität wird somit letztlich im Zusammenhang mit gesellschaftlichen Institutionen als struktureller sowie gleichsam „apersonaler" Kontext bedeutsam.[401] Denn durch das Gefühl, zu einem fokalen Kollektiv zu gehören, entsteht eine emotionalitätsbasierte Bindung, die kollektive positive Emotionalität hervorrufen kann.[402] Küpers und Weibler fassen die hier angestellten Überlegungen wie folgt zusammen:

> „Mit dieser Betrachtungsebene wird der Bedeutung der strukturell-kontextuellen Dimension von Gefühlen und Emotionen Rechnung getragen [...] die Organisation als kulturelles, institutionelles und funktionales System mit seinen Strukturen und Atmosphären berücksichtigt" (Küpers/ Weibler 2005, S. 88).

Zuletzt ist noch auf die besonderen *Gefahren kollektiver positiver Emotionalität* aufmerksam zu machen. Hiermit sind in erster Linie *dysfunktionale Wirkeffekte* angesprochen, die sowohl aktiv als auch passiv ausfallen können. Eine mögliche *aktive Form* wären Gegenreaktionen seitens der Personen oder Gruppierungen, die nicht von der kollektiven positiven Emotionalität betroffen sind.[403] Diesbezüglich sei erneut auf die Ausführungen von Yang verwiesen. Denn „many students [...] experienced the joy of the April 27 demonstration" (Yang 2000, S. 603) bzw. empfanden sogar „pride in the courage to face death" (Yang 2000, S. 608). Allerdings führte dies zu den bekannten, heftigen Gegenreaktionen seitens der chinesischen Regierung bzw. deren Eingreiftruppen:

---

[399] ment eine wichtige Rolle. Offiziell durfte man nur den >>Klassenfeind<< oder die >>antisozialistischen Kräfte<< hassen" (Flam 2002, S. 268).
Vgl. auch Arendt (1991), die im Hinblick auf das Dritte Reich konstatiert, dass die Menschen stets „ihrer Regierung gegenüber ein gewisses aus Angst, schlechtem Gewissen und Bewunderung gemischtes Zugehörigkeitsgefühl" empfanden (Arendt 1991, S. 247).

[400] Vgl. van Maanen/ Kunda (1989), S. 46.

[401] Vgl. Küpers/ Weibler (2005), S. 88.

[402] Vgl. Berger/ Luckmann (2004), S. 24, Scheff (1994) sowie die praxeologisch orientierte Erörterung des Einflusses der Unternehmenskultur im Zuge unterschiedlicher Sozialisationsphasen in III.2.1 und III.2.2.

[403] Vgl. Anderson (1991), S. 4, der das Wesen von Nationalismus untersuchte, ein Phänomen, welches ebenfalls in der Regel auf Abgrenzung gegenüber anderen Kollektiven, etwa Staaten, basiert.

„When student's demands were ignored, they responded with sit-ins and confrontations with police in front of Xinhuamen, the government compound, on April 19 and 20. Injuries occurred during these confrontations. As news of police brutality spread, feelings of shock and anger grew rapidly" (Yang 2000, S. 600).

Dieses Zitat ist besonders interessant, da es unübersehbar auf die Gefahr der Eskalation solcher Konflikte hindeutet. Zwar dürften Auseinandersetzungen solchen Ausmaßes kaum in Organisationen vorkommen, doch sollte eine Sensibilisierung im Hinblick auf solche Konfliktpotenziale bzw. *Eskalationsgefahren* auch für Organisationen von Interesse sein.[404]

Schließlich ist noch auf die Möglichkeit hinzuweisen, dass kollektive positive Emotionalität möglicherweise äußerst *volatil* ist und mithin jederzeit umschlagen kann. Zumindest schlussfolgert Vester dies nach Durchsicht wissenschaftlicher Beiträge zum Verhalten von Menschen in Massen:[405]

„selbst noch die Fälle kollektiven Verhaltens, die mit positiven Emotionen verbunden sind [...], vermitteln dem außenstehenden Beobachter oft den Eindruck, als handle es sich hier um einen Tanz auf dem Vulkan, so als seien in der Menschenmenge auch noch die positiven Emotionen latent gefährlich, potentiell explosiv und kurz vor dem Umschlagen in ihr Gegenteil" (Vester 1991, S. 190).

Als passive Form *dysfunktionaler Wirkeffekte* wäre demgegenüber möglicherweise das Empfinden von *Nostalgie* einzustufen. Im Gegensatz zu aktiv dysfunktionalen Wirkeffekten mündet die passive Form nicht in unmittelbar gegenläufigen Handlungen, sondern lediglich in negativ einzustufenden emotionalitätsbasierten Zuständen, bei denen der betroffene Personenkreis indes inaktiv bleibt.[406] Wie gezeigt, kann die unmittelbare Erinnerung an die Vergangenheit zwar durchaus auch als angenehm empfunden werden, doch bleibt in der Regel gleichzeitig ein unangenehmer „Nachgeschmack" zurück, wenn die Rückkehr der „guten alten Zeit" wieder ersehnt wird.[407] So konnten Hermansson und Kollegen anhand einer empirischen Studie nachweisen, dass kollektive positive Emotionen bei Erinnerungen an vergangene Erlebnisse stets in engem Zusammenhang mit negativen emotionalitätsbasierten Zuständen

---

[404] Vgl. Shibutani (1966), S. 180, der von dysfunktionalen Konsequenzen wie dem Streuen von Gerüchten berichtet. Der Autor kommt zu dem Schluss, dass die Verbreitung von Gerüchten wie ein Virus wirken kann und letztlich kontraproduktiv ist. Ausgangspunkt ist dabei die jeweils vorherrschende emotionale Atmosphäre, die für die Verbreitung bestimmter Themen förderlich wirkt.

[405] Der Autor besitzt dabei ein Verständnis von kollektiven Emotionen, das nicht vollständig der Begriffsauslegung kollektiver positiver Emotionalität dieser Arbeit entspricht, ähnelt es doch eher dem der interpersonellen positiven Emotionalität. Allerdings dürften Vesters Ausführungen analog auf das vorgestellte Begriffsverständnis übertragbar sein, da letztlich die Idee ausschlaggebend ist.

[406] Vgl. Gabriel (1993), S. 118f.

[407] Vgl. exemplarisch Gabriel (1993), S. 128f.

stehen.[408] Eine derartige Vermischung kann daher durchaus auch als kontraproduktiv einge-stuft werden.

II.1.2   Öffnung des tradierten Betrachtungsspektrums hinsichtlich der Dynamik von positiver Emotionalität im Zeitablauf

In der *Dynamisierung* des Konzepts positiver Emotionalität, verstanden als eine Ausweitung des Zeithorizonts, besteht ein entscheidender Unterschied zu dem überwiegenden Teil bishe-riger wissenschaftlicher Beiträge. Die meisten Konzeptionen orientieren sich nämlich allein an gegenwärtigen bzw. kurzfristigen Erscheinungen.[409] Dies ist letztlich auch eine Folge der bereits erörterten Hegemonie psychologisch orientierter Konzeptionen.[410] Eine Verbindung zu längerfristigen Phänomenen wird dagegen in der Regel nicht verfolgt. Analog wird bei mittel- bis langfristig definierten Phänomenen Emotionalität entweder ausgeblendet,[411] oder aber deren kurzfristiger Ursprung kaum thematisiert.[412] Demgegenüber soll durch die nachstehen-de Charakterisierung eine Verbindung kurz-, mittel- und langfristiger Konzeptionen ange-strebt werden, um auch unter temporalen Gesichtspunkten den alltäglichen Phänomenen der Organisationspraxis gegenüber besser zu entsprechen.

Die Argumentation orientiert sich dabei an den drei geschilderten Ebenen intrapersoneller, interpersoneller sowie kollektiver Emotionalität und erfolgt jeweils in zwei Stufen. Bei der Betrachtung intrapersoneller Emotionalität (1) kommt es zunächst zu einer Ausdehnung des Begriffsspektrums auf Stimmungen, anschließend auf emotionalitätsbasierte Einstellungen. Im Fall von interpersoneller Emotionalität (2) richtet sich das Hauptaugenmerk auf sukzessive erfolgende interpersonelle Interaktionen, die schließlich in zwischenmenschliche Beziehun-gen münden können. Abschließend kommt es zur Erörterung der Dynamik kollektiver Emoti-onalität (3), wobei das Konstrukt der emotionalen Atmosphäre um die emotionalitätsbasierten Phänomene Klima und Kultur erweitert wird.

---

[408]   Vgl. Lundin et al. (1998).
[409]   Vgl. exemplarisch Kleiginna/ Kleiginna (1981) sowie die Auseinandersetzung in I.2.2.
[410]   Vgl. Brief/ Weiss (2002), die konstatieren, dass eine dynamische Betrachtung vergleichsweise selten in Betracht gezogen wird. Dennoch scheint ihnen die Auseinandersetzung mit der Dynamik von Emotionen zweckvoll: „may be more useful, is research that is less focused on particular performance dimensions and more focused on broader [...] processes" (Brief/ Weiss 2002, S. 298).
[411]   Vgl. Spector (1997). Im Rahmen des Beitrags wird beispielsweise Mitarbeiterzufriedenheit als primär kognitives Phänomen geschildert.
[412]   Vgl. Barbalet (1996), der Zuversicht, Vertrauen und Loyalität als Emotionen begreift.

(1)   Entwicklungsmuster intrapersoneller positiver Emotionalität

Das individuumszentrierte klassische Verständnis von Emotionen dient als Grundlage für die folgende Diskussion. Eine solch kurzfristig-statische Perspektive erscheint jedoch verkürzt,[413] weshalb an dieser Stelle eine dynamische Betrachtung diskutiert wird. Dazu formuliert Parkinson wie folgt:

> „Emotions are not self-contained stories beginning with the onset of a particular stimulus and ending with a felt experiential reaction, and ought not to be treated as such. Rather, we should try to understand how objects and events attain emotional significance by their contextualization in people's ongoing projects" (Parkinson 1995b, S. 18).

Insofern soll hier ein erweitertes Begriffsverständnis intrapersoneller positiver Emotionen durch eine Ausdehnung des Zeithorizonts vorgelegt werden. Hierfür kommen insbesondere die Begriffe Stimmung (a) und emotionalitätsbasierte Einstellung (b) in Betracht.[414] Wie aus Abb. II-3 ersichtlich, stehen die drei Begriffe miteinander in Verbindung und es lässt sich eine grobe Differenzierung dieser Termini anhand der Kriterien Akuität bzw. Dauerhaftigkeit und Nachhaltigkeit vornehmen. In Anlehnung an Oatley und Jenkins dauern Emotionen somit primär Sekunden oder Minuten an, Stimmungen hingegen eher Stunden, Tage oder gar Wochen. Einstellungen können demgegenüber nicht nur mehrere Wochen, sondern sogar Monate oder im Extremfall Jahre andauern.[415]

Differenzierungs-kriterium	Emotion	Stimmung	emotionalitätsbasierte Einstellung
Dauer	kurzfristig	mittelfristig	langfristig
Objekt	interner oder externer Stimuli	unfokussiert	unfokussiert, wiederkehrend
Intensität	hoch	gering	sehr gering
Frequenz	eher selten	nahezu permanent	permanent

Abb. II-3:   Kontrastierende Darstellung emotionalitätsbasierter Komponenten
(Quelle: verändert übernommen von Ringlstetter/ Müller-Seitz 2006a, S. 133f.)

---

[413] Vgl. hierzu auch Ulich/ Mayring (2003), S. 28, die ebenfalls konstatieren, dass Menschen Emotionen im Alltag nicht isoliert erleben, sondern stets in Episoden.

[414] Vgl. hier und im Folgenden Ringlstetter/ Müller-Seitz (2006a), S. 133f.

[415] Vgl. Oatley/ Jenkins (1996), S. 124, sowie Gray/ Watson (2001), S. 25.

(a) Die enge Verbindung zwischen positiven Emotionen und positiven *Stimmungen* lässt sich zunächst vom Sprachspiel her belegen. Als Indiz hierfür können diverse Studien gelten, in denen beide Aspekte aufgrund ihrer unterstellten inhaltlichen Nähe unter dem Oberbegriff Affekt subsumiert werden.[416] Gemeinsamkeiten lassen sich dabei vor allem in Abgrenzung zu den eher langfristig-stetigen Persönlichkeitseigenschaften bzw. der zu diskutierenden emotionalitätsbasierten Einstellung identifizieren. So sind positive Emotionen bzw. Stimmungen vergleichsweise nur kurzfristiger und zumeist auch variabler Natur.[417] Darüber hinaus lässt sich der enge Zusammenhang durch Verweis auf potenzielle Wechselwirkungen zwischen Emotionen und Stimmungen veranschaulichen.

Den *Einfluss von Emotionen auf Stimmungen* beschreibt vor allem Morris in seiner Monographie.[418] Ein möglicher Wirkeffekt lässt sich auf die im Vergleich zu Stimmungen höhere Intensität von Emotionen zurückführen. So erscheint es plausibel, dass eine intensiv erlebte positive Emotion, wie etwa Freude über einen herausragenden beruflichen Erfolg dazu führt, dass eine Person über einen längeren Zeitraum hinweg in eine „gute Stimmung" versetzt wird.[419] Eine alternative Erklärung bietet die Vermutung, dass Stimmungen durch Erinnerungen an emotional geprägte Ereignisse ausgelöst werden können. Bezugnehmend auf die Erörterung positiver Emotionen zu Beginn der Arbeit, handelt es sich dabei mithin um einen internen Stimulus.[420] Ein denkbares Beispiel wäre etwa die Erinnerung an eine lustige Situation, durch die die betreffende Person erneut in eine heitere Stimmung versetzt wird. Ferner erscheint es plausibel, dass Stimmungen auch durch das Unterdrücken von Emotionen entstehen können, wofür diverse Belege aus dem Themenkreis der Emotionsarbeit vorliegen. Brotheridge und Grandey führen dazu die häufig vorzufindenden Darstellungsregeln („display rules") für Kundenkontaktmitarbeiter an, durch die Emotionen unterdrückt und dadurch Stimmungen

---

[416] Vgl. exemplarisch Barsade (2002), S. 646, sowie die Ausführungen in I.1.2, bei denen der Fokus im Gegensatz zur hiesigen Diskussion auf den Differenzen zwischen den beiden Konzepten lag. Der Ausdruck Affekt wird an dieser Stelle in Anlehnung an den englischsprachigen Begriff „affect" verwendet, der – wie im Falle des Beitrags von Barsade – als Oberbegriff für Emotionen und Stimmungen fungiert. Hierin besteht somit ein fundamentaler Unterschied zum Affektbegriff in der deutschen Sprache, der einen „Verlust der Handlungskontrolle" (Bless 1997, S. 3) impliziert; vgl. auch Russell (2003).

[417] Vgl. Schmidt-Atzert (1996), S. 22f., Robbins (2005), S. 116ff., sowie Russell (2003), S. 148. Emotionen und Stimmungen lassen sich in diesem Zusammenhang auch als Zustände („state") konzipieren, wohingegen etwa mit „Frohnatur" eher eine grundlegende Charaktereigenschaft („trait") bezeichnet würde.

[418] Vgl. hier und im Folgenden Morris (1989), Rosenberg (1998) sowie Thayer (1997).

[419] Vgl. Morris (1989). Ergänzend ist diesbezüglich festzuhalten, dass Morris dies ausschließlich als eine konzeptionelle Überlegung anführt. Hintergrund ist ein zu konstatierender Mangel an empirischen Untersuchungen; vgl. Fredrickson/ Branigan (2001), S. 126.

hervorgerufen werden können.[421] Schließlich lässt sich diese Vermutung auch mit Verweis auf diverse empirische Experimente belegen. Denn häufig versuchen Wissenschaftler, ihre Probanden durch das Wachrufen bestimmter Erinnerungen in eine bestimmte Stimmung zu versetzen, um anschließend ihre Untersuchungen durchführen zu können.[422]

Demgegenüber existieren aber auch Indizien für Wirkeffekte von *Stimmungen auf Emotionen*, was ebenfalls eine Verbindung beider Konzepte rechtfertigen dürfte. Diesbezüglich halten Clark und Isen fest, dass kaum ein Zweifel daran bestehen könne, dass Stimmungen auf Beurteilungsprozesse und Verhaltensweisen in unterschiedlicher Art und Weise einwirken können.[423] Hierunter fällt auch die Möglichkeit, Emotionen zu beeinflussen. Denn je nach entsprechender Stimmung scheinen Personen für kongruente Emotionen in unterschiedlichem Ausmaß empfänglich zu sein.[424] So liegt die Vermutung nahe, dass eine gut gelaunte Person eher „für einen Spaß zu haben ist", verstanden als ein Emotionen erweckender Austausch mit Kollegen, als ein Mitarbeiter, der gerade schlecht gelaunt ist.

(b) Der präsumierte Zusammenhang zwischen Emotionen bzw. vor allem Stimmungen und einer auf *Emotionalität basierenden Einstellung* soll in erster Linie unter Rückgriff auf Ausführungen zum Commitment, insbesondere hinsichtlich der affektiven Teilkomponente, problematisiert werden.[425] Unbeschadet einiger Unterschiede in den verschiedenen Konzeptionen, lässt sich *organisationales Commitment* grundsätzlich als die innere Bindung an ein Unternehmen bzw. die innere Verpflichtung, weiterhin für ein Unternehmen tätig sein zu wollen, definieren.[426] Das wohl gängigste Konzept stammt dabei von Meyer und Allen, die organisationales Commitment in *drei Dimensionen* unterteilen.[427] *Normatives* Commitment bezeichnet

---

[420] Wie zu Beginn dieser Arbeit erläutert, können mithin auch Emotionen und nicht nur die weniger intensiven Stimmungen durch interne Stimuli hervorgerufen werden.

[421] Vgl. Brotheridge/ Grandey (2002), S. 22. Zwar konzentrieren sich diese Studien meist auf negative Emotionen und Stimmungen, doch scheint eine analoge Übertragung auf positive Emotionen und Stimmungen vertretbar.

[422] Vgl. exemplarisch Isen et al. (1978), S. 7f. Die Autoren führten ihre Studien in einem Einkaufszentrum durch. Dabei verteilten sie kleine Geschenke, um so die Stimmung der Probanden zu heben und konnten anschließend Rückschlüsse auf die Folgen positiver Stimmung ziehen.

[423] Vgl. Clark/ Isen (1982).

[424] Vgl. Bless (1997), S. 3, King et al. (2006), S. 194, sowie Rosenberg (1998), S. 253.

[425] Vgl. die grundlegenden Ausführungen bei Agarwal/ Malhotra (2005), Frijda (1994a) und Gauger (2000). Ferner sei auf die ähnlich gelagerte Konzeption von George und Jones verwiesen (George/ Jones 1997). Die Autoren stellen Überlegungen über den Zusammenhang von Werten, Einstellungen und Stimmungen an. Für den vorliegenden Kontext ist dabei vor allem die enge Verknüpfung von Stimmung und Einstellung relevant.

[426] Vgl. van Dick (2004), S. 3.

[427] Vgl. hier und im Folgenden Meyer/ Allen (1997). Der Begriff kalkulatives Commitment wird im deutschsprachigen Raum auch häufig als „abwägendes Commitment" bezeichnet.

dabei die moralische Verpflichtung, die ein Mitarbeiter gegenüber dem Unternehmen empfindet.[428] *Kalkulatives* Commitment führt demgegenüber zu einer Bindung an das Unternehmen aus rein rationalen Gründen im Sinne einer individuellen Kosten-Nutzen-Abwägung, und der Begriff *affektives* Commitment beschreibt die „positive innere Zuwendung zu einer Organisation auf emotionaler Basis" (Gauger 2000, S. 81).[429] Die u.a. auf Emotionen und Stimmungen beruhende Bindung ist dabei vor allem auch auf die Übereinstimmung der eigenen Werte und grundlegenden Verhaltensannahmen mit denen der betreffenden Organisation zurückzuführen.[430]

Eine auf Emotionalität basierende positive *Einstellung*[431] lässt sich unter Rückgriff auf die Ausführungen zum affektiven Commitment somit als Folge des wiederholten Erlebens positiver Emotionen und Stimmungen im Zuge des Arbeitsalltags beschreiben.[432] Entscheidend ist dabei, dass das fokale Unternehmen als Ursache bzw. Auslöser fungiert, wobei es unerheblich ist, ob der Auslöser ein Objekt, eine Person oder ein anderweitiger Umstand im Arbeitszusammenhang war. Dieser Grundgedanke lässt sich auch bei dem konzeptionellen Bezugsrahmen von Weiss und Cropanzano festmachen.[433] Denn unter Rekurs auf eine Reihe von Untersuchungen kommen die Autoren zu dem Ergebnis, dass Emotionen und Stimmungen neben subjektiven Überzeugungen („beliefs") einen entscheidenden Einfluss auf die Einstellungen gegenüber dem Arbeitsplatz bzw. der Organisation haben. Mignonac und Herrbach nahmen den Bezugsrahmen von Weiss und Cropanzano als Ausgangspunkt für eine empirische Studie bei französischen Managern. Im Ergebnis bestätigen sie den angenommenen Einfluss affektiver Zustände auf die Einstellung zur Arbeit, vor allem hinsichtlich positiver Emotionalität:

---

[428] Vgl. hierzu auch Eisenberger et al. (2001), die normatives Commitment als eine spezielle Form der Reziprozität auffassen.

[429] Vgl. auch die detaillierte Diskussion der Konzeptionen zum affektiven Commitment bei Maier/ Woschée (2002) sowie die Gegenüberstellung bei Gauger (2000), S. 88ff. Affektives Commitment ist dabei von besonderer Bedeutung, da es mit einer Reihe positiver Wirkeffekte für Unternehmen in Verbindung gebracht wird, etwa geringeren Fluktuations- oder Absentismusraten sowie erhöhter Produktivität (van Dick 2004; Weitbrecht 2005). Hierin kann eine Parallele zum subjektiven Wohlbefinden gesehen werden.

[430] Vgl. O'Reilly/ Chatman (1986), Wolkomir (2001), S. 311f. Dieser Aspekt wird später insbesondere im Hinblick auf die Auseinandersetzung mit dem Thema Unternehmenskultur von Belang sein (vgl. III.2.1).

[431] Vgl. Corsini (1979), S. 2, Scherer (2005), S. 703f. Grundsätzlich lässt sich *Einstellung* als eine relativ dauerhafte sowie erlernte Position gegenüber bestimmten Objekten oder Personen auffassen.

[432] In Anlehnung an den englischsprachigen Begriff „affect" wird hier bewusst der Einfluss von Emotionen *und* Stimmungen unterstellt. Dies erscheint insofern erwähnenswert, als vor allem bei deutschsprachigen Definitionen oft von affektivem Commitment gesprochen wird, dabei jedoch ausschließlich auf Emotionen als Auslöser rekurriert wird; vgl. hierzu auch Fredrickson (2003), die vor dem Hintergrund ihrer Broaden-and-Built-Konzeption konstatiert, dass „feeling grateful broadened positive learning, which in turn built optimism" (Fredrickson 2003, S. 334).

„Among all affective states, the pleasure dimension is the one that was most explained by the model. It is also the affective state that had the largest impact on attitudes. From a managerial viewpoint, it therefore seems relevant to favour the occurrence of events leading to pleasure at work" (Mignonac/ Herrbach 2004, S. 236).

(2)   Entwicklungsmuster interpersoneller positiver Emotionalität

Anknüpfend an die Beschreibung interpersoneller Emotionalität, verstanden als kurzfristig-situativ hervorgerufener Zustand, steht nun eine Erweiterung entlang des Zeithorizonts zur Disposition. Wie aus Abbildung II-4 ersichtlich, erfolgt analog zur intrapersonellen Emotionalität eine Erörterung *mittel- und langfristiger interpersoneller positiver Emotionalität* unter den Aspekten Episode (a) und Beziehung (b).[434] Wie aus der Abbildung anhand der gestrichelten Pfeile ersichtlich, ist potenziell auch ein Einfluss interpersoneller positiver Emotionalität auf die Beziehung bei besonders hoher Intensität denkbar. Da dies jedoch vermutlich relativ selten der Fall sein dürfte, soll die Entwicklung hier stufenweise entlang der Elemente Episode und Beziehung erörtert werden. Eine Auseinandersetzung erscheint dabei vor allem aus zwei Gründen reizvoll. Erstens stellt die Dynamik interpersoneller Austauschprozesse aus primär emotionalitätsorientierter Sicht im Kontext von Organisationen ein bislang weitgehend vernachlässigtes Phänomen dar.[435] Und zweitens deuten jüngere empirische Forschungsbeiträge darauf hin, dass dieser Sachverhalt durchaus auch betriebswirtschaftlich von Belang sein kann.[436]

---

[433]   Vgl. Weiss/ Cropanzano (1996, S. 12), deren „Affective Events Theory" dem Bezugsrahmen in diesem Teil als Ausgangspunkt dient.

[434]   Die Erörterung erfolgt unter Rückgriff auf eine Reihe ähnlich gelagerter Beiträge (exemplarisch: Hareli/ Rafaeli im Erscheinen, Kaiser/ Ringlstetter 2006a, Müller-Seitz/ Kaiser 2006 sowie Ringlstetter et al. 2006c), die durch Überlegungen aus dem Bereich des Dienstleistungsmanagements inspiriert sind (exemplarisch: Holmlund 2004). Ferner sei erwähnt, dass die Diskussion weiterhin vor dem Hintergrund einer funktionalen Perspektive erfolgt. Zwar ist davon auszugehen, dass stets eine gewisse „emotionale Varianz" zwischen den Personen bzw. innerhalb einer Gruppe vorherrscht (Tiedens et al. 2004, S. 164), doch sind grundsätzlich auch gleichgerichtete Phänomene denkbar (exemplarisch: Totterdell et al. 1998).

[435]   Vgl. Härtel, persönlich-mündlich am 07.05.2005. Zwar lassen sich diesbezüglich in den Sozialwissenschaften, etwa der Philosophie (exemplarisch: Merleau-Ponty 1998), Hinweise auffinden, doch sind solche Gedankengänge, insbesondere vor dem Hintergrund der Rekrutierung bzw. Sozialisation neuer Mitarbeiter, eher selten (für eine Ausnahme s. Lofland 1977, S. 312f., Reger 2004, S. 217). Die nachstehende Erörterung dient zudem als Grundlage für die Diskussion der emotionalen Sozialisation in III.2.2.

[436]   Vgl. exemplarisch Barsade (2002), Bierhoff/ Müller (1999), Huy (1999).

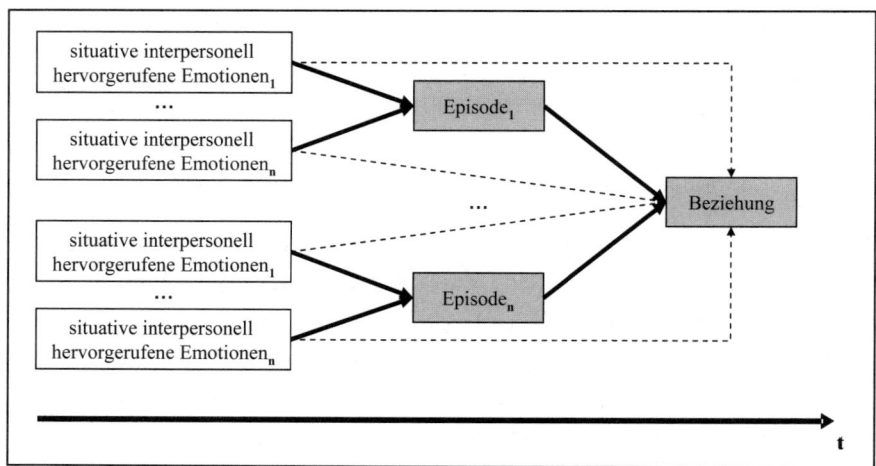

Abb. II-4:   *Dynamische Betrachtung interpersoneller positiver Emotionalität*

           (Quelle: eigene Darstellung in Anlehnung an Müller-Seitz/ Kaiser 2006)

(a) Der Begriff *Episode* bezeichnet im Folgenden das wiederholte unmittelbare örtliche und zeitliche Aufeinandertreffen von zwei oder mehr Interaktionspartnern, etwa im Zuge eines gemeinsamen Arbeitsprojekts.[437] Somit soll eine Episode als Folge einzelner Kontaktsituationen aufgefasst werden, in denen die betreffenden Menschen interpersonelle positive Emotionalität erlebt haben und diese auch auf den zwischenmenschlichen Austausch zurückführen.[438]

Die Relevanz solcher Episoden untermauert auch die folgende Aussage von Parkinson:

> „In everyday life, emotions may not usually arise as full-blown reactions within an individual consciousness, to be subsequently delivered out into the social world. Rather, emotions often emerge over the course of an unfolding interpersonal episode" (Parkinson 1995b, S. 19).

In diesem Zusammenhang scheint es plausibel, dass beim Aufeinandertreffen von zwei bzw. mehreren Personen emotionalitätsbasierte Wechselwirkungen zwischen den Interaktionspartnern entstehen können. Anderson und Keltner konnten in einer Reihe von Untersuchungen

---

[437] Vgl. hier und im Folgenden die ähnlich gelagerte Konzeption von Kaiser/ Ringlstetter (2006a), S. 106f., die sich wiederum auf Holmlund (2004) beziehen. Im Gegensatz zu den genannten Autoren soll an dieser Stelle jedoch keine Differenzierung zwischen Episode und Sequenz stattfinden, sondern lediglich der Ausdruck Episode gebraucht werden. Zudem ist eine Episode von ihrer Dauer her wie eine Stimmung zu begreifen.

[438] Vgl. Lawler et al. (2006). Die Autoren vermuten, dass „emotions are attributed partially to social units such as exchange relations. This occurs because emotions have ambiguous sources, and actors want to reproduce positive emotions and avoid negative emotions" (Lawler et al. 2006, S. 188).

diesbezügliche Wirkeffekte beobachten, die sie als emotionale Konvergenz definieren.[439] Dabei implizieren sie die Annahme, dass

„emotions of individuals in relationships will become increasingly similar over time – a process we call *emotional convergence* – as they navigate the terrain of long-term bonds" (Anderson et al. 2003, S. 1054; Hervorhebungen im Original).

Die Neigung von Individuen, sich im Zuge einer solchen *emotionalitätsbasierten Konvergenz* wechselseitig aneinander anzupassen, kann im Wesentlichen auf zwei miteinander in enger Verbindung stehende Ursachen zurückgeführt werden.[440] Erstens führt eine solche Konvergenz zur Koordination kognitiver Prozesse und Verhaltensweisen, wodurch ein koordiniertes Handeln ermöglicht bzw. erleichtert wird.[441] Zweitens fühlen sich Menschen wohler, wenn sie ihre Emotionalität mit anderen Personen teilen bzw. gemeinsam erleben können, was wiederum in eine Steigerung der Gruppensolidarität bzw. -kohäsion münden kann.[442]

Vor allem in Hinblick auf die später zu erörternden Austauschsituationen zwischen Mitarbeitern und Führungskraft ist die Vermutung interessant, dass *Machtunterschiede* in fast allen Prozessen emotionalitätsbasierter Konvergenz zu beobachten sind.[443] Der Ausdruck Macht ist dabei allerdings keineswegs wertend oder als dysfunktional einzustufen, sondern lediglich als konstitutives Merkmal von Episoden.[444] Die angeführten Studien legen in diesem Zusammenhang nahe, dass sich im Zuge der Konvergenz primär die unterlegene an die mächtigere Person annähern wird.

Einige Autoren gehen noch einen Schritt weiter. Sie nehmen Prozesse der emotionalitätsbasierten Konvergenz als Ausgangspunkt und vermuten analog zur emotionalen Ansteckung

---

[439] Dieser Gedankengang basiert letztlich auf den Ausführungen von McIntosh und Kollegen (1994) zur Diskussion bezüglich des sozial induzierten Affekts in II.1.1.

[440] Vgl. ähnlich Anderson/ Keltner (2004). Zwar untersuchen die Autoren vornehmlich private Beziehungen und sprechen konkret von „Emotionen", doch vermuten die Autoren, dass eine Übertragung auf den organisationalen Kontext bzw. die Auseinandersetzung mit dem Thema Emotionalität vertretbar sein dürfte (Anderson/ Keltner 2004, S. 156).

[441] Vgl. allgemein Hatfield et al. (1994) sowie Fridlund (1994, S. 139) speziell im Hinblick auf den Abgleich der Mimik. Diesbezüglich besteht jedoch noch keine Klarheit über Existenz oder Stärke des potenziellen Einflusses emotionaler Ansteckungsprozesse auf die emotionalitätsbasierte Konvergenz (vgl. Anderson et al. 2003, S. 1066).

[442] Vgl. Friedkin (2004), Krüger (1994), Mullen/ Copper (1994) sowie Lawler et al. (2000). Bartel und Saavedra unterstreichen diesen Aspekt ebenfalls und konstatieren: „Work groups that had frequent and continued contact and construed themselves as strongly interconnected [...] were especially prone to mood convergence" (Bartel/ Saavedra 2000, S. 224).

[443] Vgl. exemplarisch Anderson et al. (2001) sowie Neuberger (1987), Sp. 835ff.

[444] Vgl. Anderson/ Keltner (2004), S. 156f. Bestünden keinerlei Machtunterschiede, so wäre eine symmetrische Konvergenz zu vermuten, die jedoch äußerst selten eintreten dürfte; vgl. hierzu auch Anderson/ Keltner (2004), S. 152f.

auch die Existenz einer *stimmungsbezogenen Ansteckung* („mood contagion").[445] Mittlerweile konnte dieser Kontext durch mehrere Untersuchungen empirisch belegt werden,[446] und zwar vor allem mit Verweis auf Untersuchungen zur intrapersonellen positiven Emotionalität.[447]

(b) Schließlich ist der Aufbau einer *Beziehung* als das Ergebnis langfristiger interpersoneller positiver Emotionalität zu sehen,[448] definiert als eine vergleichsweise stabile interpersonelle emotionalitätsbasierte Konstellation von zwei oder mehr Personen.[449]

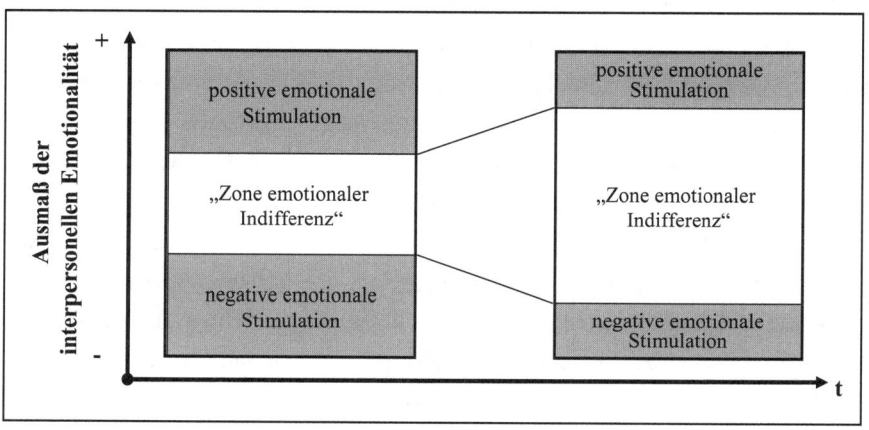

Abb. II-5:   *Potenzielles, langfristiges Entwicklungsmuster positiver interpersoneller Emotionalität*

                (Quelle: leicht verändert übernommen von Müller-Seitz/ Kaiser 2006)

In diesem Zusammenhang ist zu vermuten, dass sich eine solche Beziehung im Zeitablauf verfestigen wird, mithin in einen Tugendkreislauf mündet (vgl. Abb. II-5).[450] Diesbezügliche Überlegungen basieren auf dem Konzept der Toleranzzone („zone of tolerance"), das im Hin-

---

[445]   Vgl. Neumann/ Strack (2000), S. 221f., Totterdell (1999). Ähnliche Ausführungen lassen sich bei Barsade und Kollegen (Barsade et al. 2000; Barsade/ Gibson 1998) unter dem Stichwort „affective homogeneity" sowie bei George (1996) im Hinblick auf „group affective tone" wiederfinden.

[446]   Vgl. exemplarisch Bartel/ Saavedra (2000), S. 222f., sowie Barsade (2002), die zwar explizit von „emotional contagion" spricht, jedoch nach eigenen Angaben auf Stimmungen abstellt (Barsade 2002, S. 646).

[447]   Vgl. Kelly/ Barsade (2001) für Gruppen insgesamt sowie Bierhoff/ Müller (2005) und Sy et alii (2005) für den Bereich des Austauschs zwischen Mitarbeitern und Führungskräften.

[448]   Vgl. Shaver et al. (1996), S. 92ff. Dass dies grundsätzlich möglich ist, wurde bereits in dem Zitat von Keltner et alii deutlich. Eine solche Beziehung soll dabei als Pendant zu der emotionalitätsbasierten Einstellung im Falle intrapersoneller Emotionalität gelten.

[449]   Berger und Luckmann haben hierfür den Begriff der Objektivation geprägt, der auf eben solch eine Stabilisierung hindeutet (Berger/ Luckmann 2004, S. 24).

[450]   Vgl. hier und im Folgenden Müller-Seitz/ Kaiser (2006) sowie Kaiser/Müller-Seitz (2007), S. 63.

blick auf Kundenerwartungen im Dienstleistungssektor entwickelt wurde.[451] Angewandt auf den vorliegenden Kontext bedeutet dies, dass im Falle positiv verlaufender Episoden eine Zone emotionalitätsbasierter Indifferenz existieren kann. Die Interaktionspartner akzeptieren, dass ein jedes Aufeinandertreffen und die daraus resultierenden Episoden hinsichtlich der Emotionalität stets unterschiedlich ausfallen werden. Dies betrifft sowohl die Art der emotionalitätsbasierten Zustände (z.b. Stolz oder Flow-Gefühle) als auch deren Intensität (z.b. eine gute Stimmung oder Begeisterung). Entscheidend bleibt jedoch die Vermutung, dass letztlich eine Beziehung zwischen den Beteiligten entsteht, was Reger am Beispiel sozialer Bewegungen unter Rekurs auf Jasper (1998) wie folgt beschreibt:

> „Reciprocal emotions [...] are directed to other participants and give rise to feelings such as friendship, love and loyalty amongst activists" (Reger 2004, S. 208).

Als weiteres mutmaßliches Kennzeichen von Beziehungen dürfte dabei die Ausweitung der Indifferenzzone gelten, d.h. sowohl negative wie auch positive emotionalitätsbasierte Zustände werden im Laufe der Beziehung tendenziell zunehmend seltener ausgelöst.[452] Diese Vermutung lässt sich durch Erkenntnisse der Partnerschaftsforschung stützen, wonach sich im Zeitablauf entweder Tugend- oder Teufelskreisläufe entwickeln können.[453]

(3)   Entwicklungsmuster kollektiver positiver Emotionalität

Den Ausgangspunkt für die folgenden Überlegungen bildet die zuvor definierte kollektive positive Emotionalität, die in Anlehnung an de Rivera kurzfristig bzw. statisch als Atmosphäre bezeichnet werden kann. Ist eine solche Form kollektiver positiver Emotionalität schon schwierig zu charakterisieren, so verschärft sich die Problematik noch im Hinblick auf eine

---

[451] Vgl. Zeithaml et al. (1993), die dieses Konzept im Hinblick auf Kundenkontaktsituationen („service encounter") im Dienstleistungsbereich entwickelten. Ausgangspunkt ihrer Überlegungen ist die Annahme, dass ein Kunde stets ein bestimmtes durchschnittliches Serviceniveau erwartet. Stimmt der wahrgenommene Service mit den Erwartungen ungefähr überein, fällt dies in den Bereich der Toleranzzone. Übersteigt bzw. unterbietet der angebotene Service die Erwartungen, wird er als wünschenswert („desired service") bzw. gerade noch angemessen („adequate service") eingestuft. Die Bedeutung der Kundenkontaktsituationen wird auch durch den Begriff des „moment of truths" (Carlzon 1989, S. 13) hervorgehoben; vgl. auch Bitran/ Hoech (1992), Grönroos (1990), Stauss (1991), Stauss/ Mang (1999), S. 330f.

[452] Vgl. Hüppe (1998), Janke/ Hüppe (1990) und Kanfer/ Ackerman (2004) für diesbezügliche Hinweise im Hinblick auf Untersuchungen zum Altern.

[453] Vgl. hierzu auch die thematisch ähnlich gelagerten Ausführungen von Mikulincer/ Shaver (2005) zu so genannten Tugendkreisläufen („virtuous circles") im Gegensatz zu Teufelskreisläufen („vicious circles"); s. auch Raush (1965) und die Forschungen von Gottman (1979 bzw. 1998).

Ausdehnung des Zeithorizonts.[454] Dennoch scheint ein solches Vorgehen reizvoll und not-wendig zugleich, da diese Thematik u.a. in Change Management-Prozessen eine Rolle zu spielen scheint. Denn gerade in Umstrukturierungsprozessen lässt sich häufig eine Änderung und sodann Entstehung kollektiver emotionalitätsbasierter Phänomene beobachten, die mittel- bis langfristig im Unternehmen erkennbar werden.[455]

Wie schon im Fall der intra- und interpersonellen positiven Emotionalität soll auch hier ei-ne Dynamisierung des Konzepts in *zwei Etappen* erfolgen.[456] Zunächst wird dabei unterstellt, dass sich *mittelfristig* ein emotionalitätsbasiertes Klima herausbilden kann. Darauf aufbauend könnte ein solches Klima *langfristig* zur Manifestation einer durch kollektive positive Emoti-onalität geprägten Kultur beitragen.

Der Begriff des organisationalen *Klimas* ist zwar breit rezipiert worden,[457] bildet aber in letzter Zeit erneut den Gegenstand zahlreicher Untersuchungen.[458] Allerdings erfolgt relativ selten eine Beachtung bzw. Integration von Emotionalität.[459] Insofern erscheint es konse-quent, sich dem Phänomen zunächst vor dem Hintergrund kollektiver positiver Emotionalität anzunähern. Analog zum Zeithorizont im Fall von Stimmungen und Episoden, soll das emoti-onalitätsbasierte Klima konzeptionell *mittelfristig* angelegt werden. Hierin liegt somit ein we-sentlicher Unterschied zu diversen anderen Autoren, die Klimate wesentlich langfristiger de-finieren, etwa über Jahrzehnte hinweg.[460]

Daneben sollen Klimate, vergleichbar zu den zuvor skizzierten Tugendkreisläufen, als *Re-sultat aufeinander folgender gleichgerichteter Atmosphären* zu begreifen sein. Im Gegensatz dazu sind grundsätzlich zwar auch sehr volatile Atmosphären denkbar, allerdings dürfte sich dadurch nur selten ein gleichgerichtetes positives Klima im hier skizzierten Sinne entwi-

---

[454] Vgl. Ashkanasy (2003). Der Autor konstatiert, dass hinsichtlich der hier zu betrachtenden kollektiven Phänomene „the situation is much less clear" (Ashkanasy 2003, S. 38).

[455] Vgl. Huy (1999), S. 332, Vince (2006), S. 357f.

[456] Vgl. auch Küpers/ Weibler (2005), S. 88f. Zudem sei erneut an dieser Stelle auf Ashkanasy (2003, S. 38) verwiesen, der unter Rückgriff auf die Ausführungen von de Rivera (1992) zwar von einem nebulösen Konzept spricht, doch unbeachtet dieser Kritik ebenfalls auf die Konzepte Klima und Kultur zurückgreift.

[457] Vgl. exemplarisch die frühe ausführliche Darstellung bei Conrad/ Sydow (1984), S. 12ff.

[458] Vgl. Boerner/ von Streit (2005), Gelade/ Ivery (2003), Rogg et al. (2001), Schneider et al. (2000) sowie Zohar (2000).

[459] Vgl. Härtel (2005), S. 4f.

[460] Vgl. exemplarisch Averill (1992), S. 13.

ckeln.[461] Von einem anschaulichen Beispiel für eine derartige Verfestigung einzelner Atmosphären zu einem Klima berichtet Yang:

> „Linking emotions and events in their temporal sequences helps reveal how emotions shaped movement mobilization, even as mobilization also affected emotions" (Yang 2000, S. 607).

Des Weiteren ist zu konstatieren, dass ein solches Phänomen konzeptionell nur schwierig mit gängigen wissenschaftlichen Methoden zu fassen ist.[462] Um dennoch eine präzisere Auslegung des Begriffs zu erzielen, soll hier der alltagsweltlichen Definition von de Rivera gefolgt werden, der ein emotionalitätsbasiertes Klima wie folgt charakterisiert:

> „emotional climate is [...] an objective group or phenomenon that can be palpably sensed - as when one enters a party or a city and feels [...] gaiety or depression, openness or fear" (de Rivera 1992, S. 197).

Ein weiteres Merkmal betrifft die Notwendigkeit der *wechselseitigen Angleichung emotionalitätsbasierter Zustände*. Sie erfolgt im Wesentlichen durch die bis dato erörterten Facetten positiver Emotionalität. Unter Rekurs auf die sozialkonstruktivistischen Leitgedanken sowie die Ausführungen zur Herausbildung einer gemeinsamen emotionalitätsbasierten Identität dürfte es zudem von Belang sein, eine gemeinsame Wahrnehmung und Interpretation der organisationalen Geschehnisse zu erzielen.[463] Indizien hierfür lassen sich durch mehrere Studien in sozialen Bewegungen auffinden.[464] So ergab Regers Untersuchung einer feministischen Organisation, dass ein gemeinsames Bewusstsein als „emotion laden cognitive process" (Reger 2004, S. 207) aufgefasst werden kann. Kommt es nämlich nicht zu einer gemeinsam geteilten Wahrnehmung, so dürfte dies nicht nur einer *gemeinsamen Identitätsbildung* im Wege stehen, sondern darüber hinaus tendenziell kontraproduktive Wirkeffekte hervorrufen und ein Klima kollektiver positiver Emotionalität verhindern.[465]

---

[461] Vgl. Vester (1991), S. 187ff., sowie exemplarisch Brown/ Brooks (2002). Die Autoren untersuchten das Klima bei diversen Krankenhausstationen und konstatieren, dass das „climate can change often and abruptly" (Brown/ Brooks 2002, S. 331).

[462] Vgl. Ashkanasy (2003), S. 38.

[463] Vgl. Francis (1997), Ravasi/ Schultz (2006) und Snow et al. (1986), die explizit von der Angeleichung interpersoneller Schemata sprechen; s. hierzu auch die Diskussion in III.2.1.

[464] Vgl. auch Taylor (2000b), für die sich eine Emotionskultur aus Regeln zum Umgang mit Emotionen vor dem Hintergrund der gruppenspezifischen Charakteristika und Anliegen zusammensetzt.

[465] Vgl. exemplarisch die Studie von Olsson und Ingvad (2001). Die Autoren untersuchten die unterschiedlichen Wahrnehmungen emotionalitätsbasierter Klimate bei Mitarbeitern und Patienten eines Heimpflegeunternehmens. Ferner sei auf Überlegungen zum Themenkreis Vertrauen hingewiesen (vgl. exemplarisch Bierhoff 1987, Sp. 2031ff., Schweer/ Thies 2003, S. 18, sowie Walgenbach 2000). Denn lassen sich ähnliche Gedankengänge zu den dabei Wirkeffekten von „unpersönlichem" Vertrauen in Organisationen,

In engem Zusammenhang mit der Bildung einer gemeinsamen Identität dürfte die Manifestation einer durch positive Emotionalität geprägten *Kultur* als langfristige Ausprägung kollektiver positiver Emotionalität zu sehen sein.[466] Allerdings ist dies ein noch kaum beachteter Untersuchungsgegenstand, weshalb die nachfolgenden Überlegungen eher skizzenhaften Charakter besitzen, denn:

> „we know little about the emotions that accompany and shape collective identity. Collective identity is not simply the drawing of a cognitive boundary; it simultaneously involves a positive affect toward other group members" (Polletta/ Jasper 2001, S. 299).

Es ist jedoch zu vermuten, dass eine solche Identität bzw. durch kollektive positive Emotionalität geprägte Kultur grundsätzlich durch die *Akkumulation gleichgerichteter Klimate* entstehen kann.[467] Insofern handelt es sich hier erneut um eine Art Tugendkreislauf, der sich langfristig aus den mit Ereignissen verbundenen emotionalitätsbasierten Zuständen entwickelt.[468]

Um kollektive positive Emotionalität zu stimulieren bzw. zu erhalten, wird eine Kultur durch diverse Artefakte und Praktiken im alltäglichen Leben repräsentiert.[469] Ansätze aus dem Bereich der Politikwissenschaft deuten beispielsweise darauf hin, dass öffentlich abgehaltene Rituale diesbezüglich eine gängige Manifestation darstellen:

> „Emotion is the pivot upon which political ritual turns. It is a vehicle of political learning that has the capacity to create new identities" (Berezin 2001, S. 93).

Hier lassen sich erneut Berezins Überlegungen anführen. Die Autorin zieht dabei die Schlussfolgerung, dass derartige Rituale darauf ausgelegt sind, *Gefühlsgemeinschaften* („communities of feeling") zu schaffen, was der vorliegenden Konzeption sehr nahe kommt.[470] Als an-

---

[466] bzw. abstrakt gesprochen in Systemen, wieder finden (Graeff 1998, Shapiro 1987, S. 625; vgl. auch Luhmann 1976, S. 372ff.).

Vgl. hierzu Holmes (2004) und Sauer (1997) in Bezug auf feministische Politik sowie Mackie und Kollegen, die in ähnlichem Zusammenhang konstatieren, dass „we do not feel angry when protestors in another country burn our flag because of how they feel [...] Rather, such emotional experiences seem rooted in the common group membership and not in emotions shared with other specific individuals" (Mackie et al. 2004, S. 240).

[467] Vgl. Paez et al. (1995) sowie Vester (1991). Der Autor spricht in diesem Zusammenhang von emotionalitätsbasierten Zuständen, die in den „Gesamthaushalt einer Gesellschaft" (Vester 1991, S. 196) einfließen. Zwar benutzt Vester ein anderes Sprachspiel, doch erscheint eine Übertragung auf den hiesigen Kontext plausibel.

[468] Vgl. Kelly/ Barsade (2001), S. 117.

[469] Vgl. auch Gordon (1989), der unter Rückgriff auf Geertz (1973, S. 89) eine emotionalitätsbasierte Kultur als „patterns of meanings embodied in symbols, by which people communicate, perpetuate, and develop their knowledge about and attitudes toward emotions" (Gordon 1989, S. 115) definiert.

[470] Vgl. Berezin (2001), S. 92ff., bzw. Berezin (2002), S. 39f. Die Autorin belegt ihre Vermutung mit Verweisen auf diverse historische Beispiele, etwa das faschistische Regime in Italien unter Mussolini.

schauliches Resultat erfolgreich vermittelter Rituale führt sie das Nationalgefühl an.[471] Zu entsprechenden Erkenntnissen gelangen auch Rodriguez Mosquera et alii, die diesen Sachverhalt mit dem Ausdruck Zugehörigkeitsgefühl umschreiben, indes thematisch eng mit Berezins Ausführungen verbunden sind.[472]

Daneben ist anzunehmen, dass eine dauerhaft anhaltende Kultur nicht nur durch ihre Mitglieder geprägt bzw. institutionalisiert wird, sondern dass auch entsprechende Rückwirkungen auf die Mitglieder entstehen.[473] Bereits Durkheim stellte ähnliche Überlegungen an und umschrieb diesen Aspekt mit dem Ausdruck „Kollektivgefühl".[474] Neckel greift diesen Gedanken ebenfalls auf und beschreibt es als:

> „Erfahrung der Sozialstruktur einer Gesellschaft, wie sie sich in den Gefühlen ihrer Angehörigen repräsentiert" (Neckel 1999, S. 146).

Schließlich ist zu ergänzen, dass eine emotionalitätsbasierte Kultur zwar aus gleichgerichteten Atmosphären als relativ stabiles Phänomen hervorgerufen wird, dabei allerdings keineswegs unveränderlich ist. Vielmehr ist anzunehmen, dass auch die Kultur permanent andauernden *Veränderungsprozessen* auf intra- bzw. interpersoneller Ebene ausgesetzt ist, mithin ständig reproduziert und gleichsam marginal verändert bzw. abgeglichen wird:

> „an emotional culture is dynamically stable. It is usually held in place by a network of socialization practices and ordinarily only changes when a culture is transformed over generations of people" (de Rivera 1992, S. 198).

Interessant ist in diesem Zusammenhang auch der Verweis auf *Sozialisationsprozesse*, durch die die betreffende Kultur an neue Mitglieder weitergegeben wird.[475] So erlernen die Menschen auf diesem Wege die im Hinblick auf die vorherrschende Kultur angemessene Kodierung und Dekodierung von emotionalitätsbasierten Zuständen.[476] Auf die gesamte Thematik weisen auch Kelly und Barsade im Hinblick auf die Unternehmenswelt hin:

---

[471] Vgl. Bierhoff (2002), S. 138ff. Ähnlich wie im Falle des affektiven Commitments ließe sich somit eine Art Systemvertrauen konzipieren.

[472] Vgl. Rodriguez Mosquera et al. (2004), S. 195.

[473] Vgl. Badura (1990), der den kulturspezifischen Einfluss von Krankenhäusern auf Emotionsarbeit untersucht hat sowie auch die Ausführungen von Müller-Seitz/ Kaiser (2006) über den wechselseitigen Zusammenhang zwischen emotionalitätsbasierten Zuständen und Beziehungen aus strukturationstheoretischer Perspektive (vgl. Giddens 1984). Zwar konzentrieren sich die Autoren auf interpersonelle positive Emotionalität, doch scheint eine Übertragung auf den vorliegenden Kontext vertretbar.

[474] Vgl. Durkheim (1994), S. 535.

[475] Vgl. Callahan/ McCollum (2002), S. 6. Auf die Verbindung der beiden Themenkreise Unternehmenskultur und Sozialisation wird vor allem in III.3 näher einzugehen sein.

[476] Vgl. Hess/ Kirouac (2000), S. 372f., sowie Menon (2000), S. 46ff.

„Companies may have an interest in actively encouraging employees to share affective behavioral cues so that they maintain a common emotional style (such as consistently happy and enthusiastic people wanted by such companies as Southwest Airlines)" (Kelly/ Barsade 2001, S. 112).

II.2   Rahmenfaktoren als kollektiv wirksame Determinanten

Die möglichen Rahmenfaktoren lassen sich nach dem anfangs zugrunde gelegten konzeptionellen Bezugsrahmen grundsätzlich in *zwei Kategorien* unterteilen (vgl. Abb. II-6).[477] Organisationale Rahmenfaktoren betreffen dabei die Organisation und sind mithin zumindest ansatzweise steuerbar (II.2.1). Sie umfassen aufgabenbezogene, soziale, arbeitsumweltbezogene sowie intraorganisationale Faktoren.

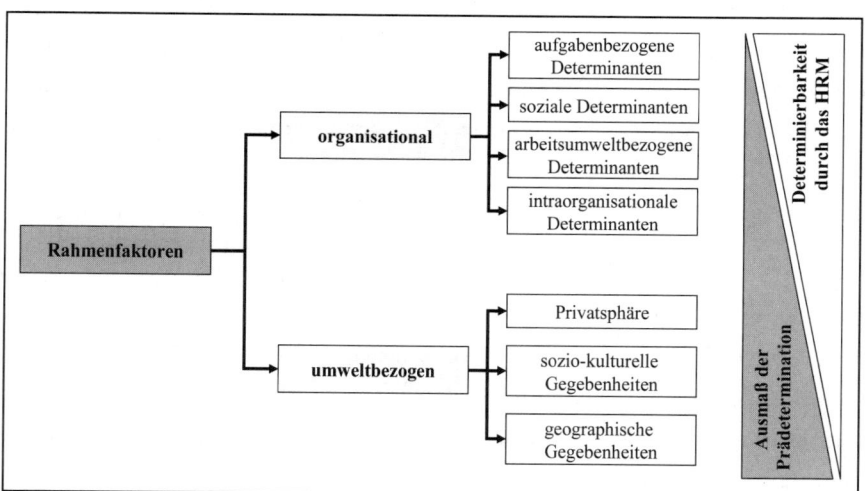

Abb. II-6:   Organisationale und umweltbezogene Rahmenfaktoren als weitere Determinanten positiver Emotionalität

Im Gegensatz dazu sind umweltbezogene Rahmenfaktoren meist als Datum hinzunehmen. Sie können also kaum durch die fokale Organisation beeinflusst werden (II.2.2). In diesem Fall kommen die Privatsphäre der Humanressourcen sowie sozio-kulturelle und geographische Gegebenheiten als potenzielle Ursachen in Betracht.

---

[477]   Vgl. hierzu auch die ähnlich gelagerte Betrachtung bei Ringlstetter/ Kniehl (1995) bzw. zusammenfassend Höllmüller (2002), S. 57f.

II.2.1 Organisationale Rahmenfaktoren

Organisationale Rahmenfaktoren lassen sich in vier Kategorien unterteilen. Hierzu zählen *aufgabenbezogene (1), soziale (2), arbeitsumweltbezogene (3) sowie intraorganisationale (4) Determinanten.*[478]

(1)   Aufgabenbezogene Rahmenfaktoren

Als *aufgabenbezogene Rahmenfaktoren* kommen grundsätzlich Unterbrechungen der Arbeitsabläufe (a), die wahrgenommene Arbeitsplatzsicherheit (b), die Aufgabengestaltung generell (c) sowie speziell der Austausch mit den Kunden (d) in Betracht.

(a) *Unterbrechungen* der Arbeitstätigkeit können naturgemäß mehr oder weniger stark zur Beeinträchtigung positiver Emotionalität beitragen.[479] Ältere Untersuchungen konzentrieren sich dabei meist auf Auslöser von Unterbrechungen, wie Lärm durch Maschinen sowie Gespräche anderer Kollegen etc.[480] Den Schwerpunkt solcher Studien bilden oftmals die negativen Folgen hinsichtlich der Konzentrationsfähigkeit der betreffenden Mitarbeiter. Zentrale Indikatoren hierfür sind die Schnelligkeit der Aufgabenbearbeitung sowie die Fehlerquote.[481] Darüber hinaus lässt sich die vorgetragene Argumentation durch die Forschungsergebnisse zu Flow-Erlebnissen stützen.[482] Denn um in derartige Zustände zu gelangen und Höchstleistungen zu erbringen, ist eine möglichst vollständige Aufgabengestaltung erforderlich.[483] Da Flow-Erlebnisse durch ein Aufgehen im Tun und Handeln mit einhergehender Ausblendung

---

[478] Vgl. Hattrup/ Jackson (1996) und Mowday/ Sutton (1993). In diesem Zusammenhang sind die Ausführungen von Johns interessant, der auf die Schwierigkeiten bei der Erfassung organisationaler Rahmenbedingungen verweist. Insofern ist ihm zu folgen, wenn er konstatiert, dass die aufgeführten Rahmenfaktoren „are not meant to be in any way exhaustive, but those listed are argued to be *important* contextual variables" (Johns 2006, S. 393), wobei Rahmenfaktoren im vorliegenden Verständnis den „contextual variables" bei Johns entsprechen. Als weiteres Indiz für diese Problematik ist auf die Ausführungen von Sells (1963) zu verweisen, der beim Versuch, eine vorläufige Liste potenziell relevanter Einflussfaktoren zusammen zu stellen, insgesamt 236 Elemente nennt. Der Verfasser ist sich insofern der zwangsläufig verkürzten Argumentation bewusst. Um die Auswahl der Faktoren möglichst plausibel zu gestalten, wurde auf diesbezüglich gängige Lehrbücher (exemplarisch: Bell et al. 2001, Bonnes/ Secchiaroli 1995) sowie Übersichtsartikel in Fachzeitschriften (exemplarisch: Sundstrom et al. 1996) zurückgegriffen.

[479] Vgl. auch die nachstehenden Überlegungen bezüglich der sozialen Dichte bzw. des Lärms als soziale Rahmenfaktoren.

[480] Vgl. exemplarisch Oldham et al. (1991).

[481] Vgl. stellvertretend Banbury/ Berry (2005), Bronzaft/ McCarthy (1975), Loewen/ Suedfeld (1992) sowie Topf (1989).

[482] Vgl. Csikszentmihalyi (2004) für eine ausführliche Erörterung hinsichtlich des Flow-Erlebens am Arbeitsplatz sowie die Ausführungen in I.2.2.

[483] Vgl. Kaiser/ Ringlstetter (2006b), S. 159f., sowie die dort aufgeführte Literatur.

des Faktors Zeit verbunden sind, dürften Unterbrechungen potenziell hinderlich, ihre Vermeidung hingegen zweckmäßig sein.[484]

Neben diesen gleichsam „klassischen" Friktionen stellen die neueren Informations- und Kommunikationstechnologien weitere mögliche Störfaktoren dar. Diese Beobachtung scheint zunächst kontraintuitiv, da beispielsweise E-Mails, Mobiltelefone und Blackberrys mittlerweile aus dem Alltag von Managern und Mitarbeitern nicht mehr wegzudenken sind. Sie werden gemeinhin als bedeutsam und nützlich wahrgenommen. Allerdings soll diesbezüglich eher der Ansicht von Jett und George gefolgt werden, die diesen Sachverhalt kritisch beurteilen und Folgendes konstatieren:

> „Moreover, advances in information technology have increased the number of ways that one person or group can interrupt another. For example, e-mail and other forms of electronic communication have joined telephones and pagers as communication media whose pervasive use has increased the possibility of interruptions in a person's work" (Jett/ George 2003, S. 494).

Einschränkend ist jedoch anzumerken, dass Unterbrechungen u.U. auch positive Wirkeffekte hervorrufen können.[485] Zu denken wäre hier etwa an Pausen oder Unterbrechungen, die den Mitarbeitern willkommene Ablenkung von monotonen Arbeitsvorgängen bieten, weshalb sie nicht grundsätzlich negativ einzustufen sind.

(b) Auswirkungen der wahrgenommenen *Arbeitsplatzsicherheit* auf die Emotionalität scheinen ebenfalls realistisch zu sein.[486] Strazdins und Andere konnten diesen Sachverhalt empirisch belegen und dabei sowohl kurzfristige als auch langfristige negative Konsequenzen nachweisen:

> „the perception of high insecurity could act like a chronic threat, heightening or dysregulating physiological stress responses and negative emotions, leaving employees more vulnerable to the impact of job strain" (Strazdins et al. 2004, S. 303).

Ebenso wie im Hinblick auf die anderen hier diskutierten arbeitsbezogenen Rahmenfaktoren, widmen sich die meisten Untersuchungen den negativen Konsequenzen von Arbeitsplatzunsicherheit.[487] Auf der anderen Seite erscheint es schlüssig und nachvollziehbar, dass Arbeitsplatzsicherheit entsprechend positive Konsequenzen hervorzurufen vermag.

---

[484] Vgl. die Ausführungen in I.2.2.

[485] Vgl. hier und im Folgenden Jett/ George (2003), S. 498f. Die Autoren klassifizieren Unterbrechungen anhand von vier Dimensionen und diskutieren jeweils mögliche positive und negative Wirkeffekte auf konzeptioneller Basis.

[486] Vgl. Ertel et al. (2005), S. 297f. Die Ergebnisse der Studie zeigen zudem, dass die Beeinträchtigung der Gesundheit bei Männern u.U. höher ist als bei Frauen.

[487] Vgl. exemplarisch Burke (1998), S. 97f., Collins (2005), S. 282f.

(c) Auch die *Ausgestaltung der Aufgaben* wird die positive Emotionalität vermutlich beeinflussen können.[488] Bahnbrechende, primär arbeitspsychologische bzw. arbeitswissenschaftliche Ansätze hierfür liegen bereits aus den 1980er Jahren vor.[489] Zu diesem Zeitpunkt untersuchten Wissenschaftler primär die negativen Folgen der Einschränkungen von Handlungs- und Entscheidungsspielräumen, die u.a. zu Störungen im SWB sowie sozialer Isolation führten.[490] Umgekehrt indes dürfte es eine durchaus legitime Schlussfolgerung sein, dass der Erhalt bzw. Ausbau von Handlungs- und Entscheidungsspielräumen positive Emotionalität am Arbeitsplatz, wie etwa das Entstehen von Flow-Gefühlen, fördern kann.[491] Einer der entscheidenden Gründe für das Erleben positiver emotionalitätsbasierter Zustände kann dabei die persönliche Kontrolle sein, die sich wie folgt definieren lässt:

> „an individual's belief, at a given point in time, in his or her ability to effect a change, in a desired direction" (Greenberger/ Strasser 1986, S. 165).

Auch ist vorstellbar, dass Anforderungsniveau und Umfang der jeweiligen Arbeitsaufgaben zum subjektiven Wohlbefinden beitragen können. So konnten Glowinkowski und Cooper beobachten, dass sowohl eine aufgabenbedingte Überforderung, als auch eine Unterforderung das subjektive Wohlbefinden, die Selbstachtung sowie auch physische und psychische Probleme nach sich ziehen können.[492] Zu ähnlichen Schlussfolgerungen gelangten auch Smith und Kollegen im Fall von Krankenschwestern und Polizisten. Sie konnten nachweisen, dass hohe Anforderungen im Rahmen der täglichen Arbeit oftmals einhergehend mit geringen Entscheidungsspielräumen bzw. einer Vielzahl von gleichzeitig zu bewältigenden Teilaufgaben, erheblichen Stress auslösen können.[493]

In diesem Zusammenhang sind auch rollentheoretische Überlegungen relevant.[494] Denn Phänomene wie Rollenambiguität[495], Rollenkonflikt[496] oder die Übernahme von Verantwortung für andere Mitarbeiter, können ebenfalls potenziell negative emotionalitätsbasierte Zu-

---

[488] Vgl. hier und im Folgenden die ähnlich gelagerten Ausführungen bei Kaiser/ Ringlstetter (2006b), S. 160.

[489] Vgl. Hacker (1986), S. 61, bzw. Spinas et al. (1983, S. 20), die explizit eine ganzheitliche Aufgabengestaltung einfordern.

[490] Vgl. Emery/ Thorsrud (1982), S. 50.

[491] Vgl. Emerson (1998), S. 40f.

[492] Vgl. Glowinkowski/ Cooper (1986).

[493] Vgl. Smith et al. (1995).

[494] Vgl. exemplarisch Shamir (1995).

[495] Vgl. Jackson/ Schuler (1985), Nyer (1996), Posner/ Randolph (1979).

[496] Vgl. Chung/ Schneider (2002), Friedman/ Podolny (1992), Shamir (1995).

stände zur Folge haben.[497] Ein Indiz für diese Annahme lieferten Jackson und Schuler, die auf Basis einer Meta-Analyse zu der Erkenntnis gelangten, dass Rollenambiguität und Rollenkonflikte relativ stark mit negativen und positiven emotionalitätsbasierten Zuständen, wie Beeinträchtigung oder Förderung des SWB korrelierten.[498] Ferner könnten Rollenkonflikte und -ambiguität auch zu anderweitig negativen Konsequenzen, wie etwa zu psychosomatischen Beschwerden oder mangelndem organisationalen Commitment führen.[499]

Ein weiterer in Betracht kommender Folgeeffekt kann in einer emotionalen Erschöpfung gesehen werden, was Kelloway und Barling bei Krankenschwestern feststellen konnten, die eigenen Angaben zufolge unter Rollenkonflikten und Rollenstress litten.[500]

(d) Aus dem letztgenannten Beispiel lässt sich eine weitere aufgabenbezogene Determinante ableiten, nämlich der *Austausch mit dem Kunden*.[501] Obwohl der Kunde als „externer Faktor" explizit eher selten in Beiträgen zum HRM berücksichtigt wird, lässt sich mit Verweis auf Studien aus den Bereichen Dienstleistungsmanagement und Marketing eine solche Beeinflussung durchaus vermuten.[502] Denn Untersuchungen über den möglichen Zusammenhang zwischen Mitarbeiter- und Kundenzufriedenheit konnten eindeutig Wechselwirkungen zwischen den Interaktionspartnern belegen. Solche Interdependenzen sind vor allem hinsichtlich interaktionsintensiver Dienstleistungen zu vermuten, in denen Mitarbeiter und Kunden zeitlich und örtlich unmittelbar miteinander interagieren.[503] Erste Belege lieferten hier die Analysen von Homburg und Stock, die den Einfluss der Mitarbeiter- auf die Kundenzufriedenheit empirisch nachweisen konnten.[504]

---

[497] Vgl. Glowinkowski/ Cooper (1986).

[498] Vgl. Jackson/ Schuler (1985). Daneben konstatieren die Autoren, dass der Zusammenhang zwischen Rollenambiguität und Rollenkonflikten mit emotionalitätsbasierten Zuständen stärker ist als mit verhaltensbezogenen Variablen, wie zum Beispiel Absentismus oder leistungsbezogenen Parametern und konstatieren, dass Rollenambiguität im Vergleich zum Rollenkonflikt höhere Korrelationen aufweist.

[499] Vgl. Jamal (1990).

[500] Vgl. Kelloway/ Barling (1991).

[501] Vgl. hier und im Folgenden Ringlstetter et alii (2006c) für eine detaillierte Auseinandersetzung; s. auch Bürger (2005), S. 83.

[502] Vgl. exemplarisch Hennig-Thurau et al. (2006), S. 68.

[503] Vgl. Hentschel (1992), S. 29, Meyer (1998), S. 10, Meyer/ Mattmüller (1987), S. 188, Zeithaml et al. (1985), S. 33.

[504] Vgl. Homburg/ Stock (2001), Homburg/ Stock (2004), Homburg/ Stock (2005), Stock (2003). Auch wenn die hier genannten Beiträge den Nachweis eines Zusammenhangs zwischen Mitarbeiter- und Kundenzufriedenheit liefern, ist darauf hinzuweisen, dass auch Beiträge existieren, die keinerlei Wechselwirkungen unterstellen; vgl. Schwetje (1999).

Hinsichtlich *kurzfristig wirksamer Auslöser* für positive Emotionalität ist u.a. an informelle positive Rückmeldungen durch den Kunden zu denken.[505] Daneben ist auch kundeninitiiertes Lob in Betracht zu ziehen.[506] Schließlich können Kunden u.U. emotional ansteckend wirken.[507] Ein Beispiel wäre das Verhalten eines Abnehmers, der von der noch andauernden oder soeben empfangenen Dienstleistung begeistert ist und dies gegenüber dem Kundenkontaktmitarbeiter zum Ausdruck bringt. Neben diesen kurzfristigen Wechselwirkungen sind auch *mittel- bis langfristige Effekte* bei interaktionsintensiven Dienstleistungen wahrscheinlich. Dies betrifft erneut in erster Linie Dienstleistungen, bei denen sich Mitarbeiter und Kunde im Zeitablauf wiederholt austauschen. Anknüpfend an die Ausführungen von Cannon und Perreault können durch mehrfach stattfindende Austauschsituationen so genannte „Konnektoren" entstehen, verstanden als zwischenmenschliche Verbindungen zwischen den Interaktionspartnern.[508] Eine denkbare Folge davon ist der Aufbau einer nicht nur kognitiv, sondern auch durch Emotionalität geprägten Beziehung, wie sie vergleichbar zu Beginn skizziert wurde. Eine solche Beziehung kann letztlich auch in ein verbessertes Verständnis der Personen untereinander münden.[509]

Abschließend ist im Hinblick auf Austauschsituationen mit dem Kunden zu konstatieren, dass sich das Erkenntnisinteresse der angeführten Studien gegenüber den Zielsetzungen der vorliegenden Arbeit in zwei Punkten grundlegend unterscheidet.[510] Einerseits konzentrieren sich die genannten Studien primär auf kognitiv orientierte Konzeptionen von Mitarbeiter- und Kundenzufriedenheit. Andererseits beziehen sich die Forschungsergebnisse in der Regel auf den Einfluss der Mitarbeiterzufriedenheit auf die Kundenzufriedenheit.[511] Unbeschadet dieser Einschränkungen erscheint indes eine Übertragung der vorgetragenen Argumentationslinie auf den Kontext positiver Emotionalität grundsätzlich gerechtfertigt und zielführend.

---

[505] Vgl. Jackman/ Strober (2003).
[506] Vgl. Kellogg et al. (1997), S. 215, Schneider et al. (1998), S. 159, sowie die empirische Studie von Coenen (2005).
[507] Vgl. hier und im Folgenden Barsade (2002) bzw. Hatfield et al. (1994) sowie die Diskussion zur emotionalen Ansteckung in III.1.2.
[508] Vgl. hier und im Folgenden: Cannon/ Perreault (1999) sowie die Erörterung in III.1.2.
[509] Vgl. u.a. Gremler/ Gwinner (2000) sowie Rogelberg et al. (1999).
[510] Vgl. hier und im Folgenden: Ringlstetter et al. (2006c).
[511] Für die Betrachtung der Wirkrichtung Mitarbeiter-Kunde sei erneut auf die Untersuchung von Hennig-Thurau et al. (2006) verwiesen.

(2)   Soziale Determinanten

Als *soziale Determinanten* scheinen im vorliegenden Kontext vor allem die soziale Dichte (a) sowie der Lärm (b) bedeutsam zu sein.[512]

(a) Der Ausdruck *soziale Dichte* bezieht sich dabei auf die Anzahl der Mitarbeiter, die sich dauerhaft und gemeinsam in einem arbeitsbezogenen Bereich aufhalten. Gängige Untersuchungsobjekte hierfür bilden Büro- oder Verkaufsräume.[513] Diesbezüglich deutet eine Reihe von psychologischen Studien darauf hin, dass Mitarbeiter tendenziell negativ auf eine steigende soziale Dichte reagieren.[514] Dies gilt insbesondere für den persönlichen Austausch mit Kollegen, da hier eine hohe soziale Dichte das SWB besonders zu beeinträchtigen scheint.[515] Als Indiz für diese Beobachtung lassen sich diverse Arbeiten heranziehen, bei denen eine positive Korrelation zwischen sozialer Dichte und Absentismus- sowie Fluktuationsraten identifiziert wurde.[516] Analog konnten negative Korrelationen im Hinblick auf Indikatoren wie Arbeitszufriedenheit bzw. Arbeitsleistung festgestellt werden.[517] Eng verbunden mit der sozialen Dichte ist auch die interpersonelle Distanz, die als räumliche Distanz zwischen einem Mitarbeiter und dem jeweils am nächsten gelegenen Kollegen beschrieben wird. Auch in diesem Fall weisen die Befunde grundsätzlich in die gleiche Richtung wie im Falle der sozialen Dichte, weshalb an dieser Stelle nicht näher auf die einzelnen Ergebnisse eingegangen wird.

(b) *Lärm* scheint das SWB bei der Arbeit ebenfalls zu beeinflussen.[518] Im Gegensatz zu teilweise als angenehm empfundenen Geräuschen, wie etwa Hintergrundmusik[519] oder das

---

[512]   Die Betrachtung von Lärm konzentriert sich nicht ausschließlich, aber vornehmlich auf Geräusche, die durch Kollegen verursacht werden. Daher wird dieser Aspekt hier als sozialer Faktor aufgefasst.

[513]   Vgl. Hayduk (1983), S. 225ff. Zu ähnlichen Schlussfolgerungen gelangen auch Oldham und Fried (1987, S. 76) in ihrem Überblick im Hinblick auf Raumteiler. Diese vermitteln scheinbar ein Gefühl von Privatsphäre am Arbeitsplatz, was Mitarbeiter grundsätzlich als angenehm empfinden.

[514]   Vgl. nachfolgend Oldham et al. (1991), Paulus (1980) und Sundstrom (1978).

[515]   Die hier skizzierte Argumentationslinie betrifft vor allem umweltpsychologische sowie arbeitswissenschaftliche Ansätze. Allerdings sind diese Aspekte umstritten (exemplarisch: Gabarro 1987, Szilagyi/ Holland 1980). Denn sozialpsychologisch orientierte Beiträge heben demgegenüber die positiven Folgen sozialer Dichte hervor, etwa dass „the absence of interior walls and barriers in open-plan offices facilitates the development of social relationships among employees" (Oldham/ Brass 1979, S. 267f.; ähnlich: Oldham/ Rotchford 1983).

[516]   Vgl. exemplarisch Dean et al. (1975) sowie Martocchio/ Jimeno (2003).

[517]   Vgl. hier und im Folgenden Paulus et al. (1976) sowie Sundstrom et al. (1980).

[518]   Naturgemäß ist die Wirkung des gleichen Stimulus – wie auch im Falle der anderen hier aufgeführten Faktoren – interpersonell unterschiedlich (Sailer/ Hassenzahl 2000, S. 1921, Topf 1989, S. 729f.). Dennoch scheinen grundsätzliche Überlegungen bzw. Verallgemeinerungen in eingeschränktem Umfang plausibel.

[519]   Vgl. Bittman et al. (2003), S. 13f. Zu dieser Schlussfolgerung gelangt das Autorenkollektiv bei Angestellten in Pflegeberufen. Die Ergebnisse zeigen, dass durch Musik sowohl die Stimmung der einzelnen Mitarbeiter gehoben, als auch Stress reduziert werden kann.

Singen bei der Arbeit,[520] ist der Ausdruck Lärm im Allgemeinen negativ belegt.[521] Untersuchungsergebnisse, die sich explizit mit Lärm am Arbeitsplatz beschäftigen, weisen tendenziell in die gleiche Richtung.[522] So scheint mit zunehmender Geräusch- bzw. Lärmintensität das SWB am Arbeitsplatz nachweislich abzunehmen.[523] Insbesondere eine Lärmbelästigung durch Personen scheint dabei im Vergleich zu Maschinenlärm als deutlich störender empfunden zu werden.[524] In diesem Zusammenhang ist, vor allem für den interpersonellen Austausch, folgende Beobachtung interessant:[525]

> „Other social cues that are often neglected when attention is restricted include those which carry information concerning the moods and subtly expressed needs of others. The neglect of such cues results in a lowered probability of helping another, expressing sympathy for another, or reacting appropriately to another's needs" (Cohen/ Lezak 1977, S. 561).

Erhöhte Lärmbelästigung kann zudem kurzfristig Stress auslösen und auch langfristig negative Folgewirkungen haben.[526] Folglich scheint es nur konsequent zu sein, in den Büroräumen

---

[520] Vgl. le Roux (2005), S. 1108. Die Autoren halten fest, dass eigene Gesänge wie Gewerkschaftslieder den Teamgeist fördern und Spaß bei der Arbeit vermitteln können. Zu diesem Entschluss gelangen sie aufgrund eines historischen Rückblicks hinsichtlich Musik bei der Arbeit bzw. der damit verbundenen gesundheitlichen Wechselwirkungen.

[521] Geräusche sind nach vorliegender Auffassung per se nicht negativ. Denn neben den zuvor genannten positiven Beispielen kann die Wahrnehmung von akustischen Signalen je nach Kontext auch als positiv empfunden werden. Zu denken wäre hier u.a. an Warnsignale, etwa im Falle des Ausbruchs eines Feuers im Bürogebäude, oder an allgegenwärtige informative Signale wie das Läuten des Telefons. Allerdings wird das letztgenannte Beispiel durchaus ambivalent beurteilt (hier und im Folgenden: Sundstrom et al. 1994). Denn für den Mitarbeiter, der den Anruf erhält, mag das Signal eine informative Funktion haben, weshalb er sich vermutlich nicht gestört fühlen wird. Andersherum werden die in der Nähe sitzenden Kollegen das Läuten des Telefonats bzw. die Gespräche vermutlich als störend empfinden.

[522] Für eine Differenzierung hinsichtlich der unterschiedlichen Facetten von Lärm, etwa des Lärmpegels, der Frequenz oder der Tonalität, sei auf die Übersicht bei Sailer und Hassenzahl (2000, S. 1923) verwiesen. Auf eine Erörterung der einzelnen Facetten soll hier verzichtet werden, da lediglich eine gewisse Sensibilität für die Thematik, nicht aber eine arbeitswissenschaftlich-sozialpsychologische Diskussion im Fokus steht.

[523] Vgl. Campbell (1983), der für Geräusche bzw. Lärm den Begriff des „ambient stressor" prägte, sowie für eine Übersicht Sundstrom et al. (1994), S. 195ff. Neben dem Wohlbefinden wirkt sich ein erhöhter Lärmpegel auch negativ auf die Arbeitsleistung sowie allgemein die Arbeitszufriedenheit aus (vgl. auch Bronzaft/ McCarthy 1975, S. 525f.). Wie bereits angedeutet, unterscheiden Sundstrom und Kollegen im vorliegenden Fall nicht zwischen emotionalitätsbasierten und kognitiven Komponenten. Daher scheint ein Rückgriff auf die vorliegenden Untersuchungsergebnisse plausibel.

[524] Vgl. Banbury/ Berry (2005), S. 36, Goodrich (1979), S. 5. Boyce (1974) untersuchte rund 200 Mitarbeiter in einem Großraumbüro. Rund zwei Drittel der Probanden (67 %) gaben an, dass sie am meisten durch das Läuten des Telefons bzw. Telefongespräche gestört würden. Rund die Hälfte der Befragten wurden, durch Gespräche von Kollegen beeinträchtigt (50 %).

[525] Vgl. auch Glass/ Singer (1972), S. 159, Mathews/ Canon (1975), S. 575, Page (1977), S. 332. Als Grund für diese Beobachtungen führen die jeweiligen Autoren meist die Beeinträchtigung der Wahrnehmung auf. So neigten die Probanden dazu, sich stark zu konzentrieren, um so von dem Lärm abgelenkt zu werden. Allerdings existieren auch gegenläufige Befunde (exemplarisch: Yinon/ Bizman 1980).

[526] Vgl. Evans/ Johnson (2000) sowie Heerwagen et al. (2004), S. 525. Lärm ist u.a. wegen der andauernden Beeinträchtigung der Leistungsfähigkeit aus betriebswirtschaftlicher Sicht problematisch (Wineman

Lärm reduzierende Vorrichtungen zu installieren, wie zum Beispiel Raumteiler.[527] Allerdings kann hier keine pauschale Empfehlung abgegeben werden, da diverse Wechselwirkungen zwischen den sozialen und arbeitsumweltbezogenen Rahmenfaktoren anzunehmen sind. Zwar liegen dem Verfasser der Arbeit bis dato keine Studien vor, die sich explizit mit den Auswirkungen dieser Rahmenfaktoren auf emotionalitätsbasierte Zustände befassen, doch scheinen diesbezügliche Überlegungen durchaus plausibel und zielführend zu sein. So dürfte die Installation von Raumteilern vermutlich Auswirkungen auf die Lichtverhältnisse am Arbeitsplatz haben, wodurch wiederum auch die Emotionalität der Mitarbeiter beeinflusst werden kann.[528] Daneben können Raumteiler auch soziale Austauschsituationen behindern. Indizien hierfür liefern die Ergebnisse von Block und Stokes, die grundsätzlich positive Effekte von Großraumbüros ohne solche Trennelemente nachweisen konnten.[529]

(3)   Arbeitsumweltbezogene Rahmenfaktoren

Arbeitsumweltbezogene Rahmenfaktoren stellen im Zusammenhang mit dem Thema Emotionalität ganz grundsätzlich einen vernachlässigten Forschungsgegenstand dar.[530] Dennoch lassen sich insbesondere die Lichtverhältnisse (a), die Temperaturen (b), der Zustand der Gebäude (c), die Innenraumgestaltung (d) sowie olfaktorische Faktoren (e) als potenzielle Determinanten benennen.

(a) Die *Lichtverhältnisse* können ebenfalls zum SWB beitragen. Sie sind vornehmlich durch künstliche Beleuchtung sowie natürliches Tageslicht determiniert. Bei Umfragen, in denen beide Alternativen, künstliches versus natürliches Licht, direkt miteinander verglichen wurden, deuten die Ergebnisse eindeutig auf eine Präferenz der Mitarbeiter für natürliches

---

1982, S. 280f.). Zudem deuten die Beobachtungen von Melamed et alii darauf hin, dass permanente Lärmbelästigung langfristig auch zu physiologischen Schäden führen kann (Melamed et al. 2001). Fried et alii (2002, S. 139f.) konnten zudem die betriebswirtschaftliche Relevanz nachweisen, indem sie zeigten, dass erhöhte Lärmpegel zu Absentismus führen.

[527]   Vgl. Banbury et al. (2001), S. 24ff.

[528]   Vgl. die nachfolgende Diskussion hinsichtlich der Lichtverhältnisse. In diesem Zusammenhang ist darauf hinzuweisen, dass eine eindeutige Trennung sozialer, psychischer und physischer Faktoren nicht möglich ist (vgl. analog hier und im Folgenden Sutton/ Rafaeli 1987, S. 262f.). Gründe hierfür sind die unterschiedliche Interpretation der Sachverhalte bzw. die verschieden gelagerten Erkenntnisziele. Dies verdeutlicht die Diskussion um soziale Dichte und Lärm in Verbindung mit Großraumbüros ("open-plan offices"). Untersuchungen aus dem Bereich der Sozialpsychologie weisen hier in der Regel auf die positiven Wirkeffekte des interpersonellen Austauschs hin. Demgegenüber konzentrieren sich umweltpsychologisch orientierte Ansätze primär auf die negativen Wirkeffekte (exemplarisch: Zalesny/ Farace 1987).

[529]   Vgl. Block/ Stokes (1989). Allerdings bezogen sich die hier genannten Untersuchungen lediglich auf einfache Verrichtungen, wodurch die Generalisierbarkeit der Beobachtung zumindest partiell eingeschränkt ist.

Licht hin.[531] Zudem konnte nachgewiesen werden, dass Sonnenschein zu mehr Hilfsbereit-schaft[532] bzw. Freigiebigkeit[533] führen kann. Anknüpfend an die Erkenntnisse zur sozialen Dichte scheint ein ähnlicher Einfluss der Beleuchtung denkbar, da die Betroffenen dunklen Räumen offenbar eine höhere soziale Dichte zuschreiben und dementsprechend negativ rea-gieren.[534] Ergänzend ist zu konstatieren, dass auch die Gestaltung der Raumwände die Licht-verhältnisse beeinflussen kann. Barnaby konnte zum Beispiel nachweisen, dass Mitarbeiter hell angestrichene Wände präferieren, was sich nicht nur in einem erhöhten SWB, sondern gleichsam in erhöhter Leistung widerspiegelte.[535]

Zudem scheinen *Fenster* an sich von Bedeutung zu sein. Untersuchungen von Finnegan und Solomon zufolge wiesen Mitarbeiter mit Fenstern in ihren Büroräumen wesentlich positi-vere Einstellungen zu ihrer Arbeit auf als Mitarbeiter in fensterlosen Räumen.[536] Erstere wa-ren dabei nicht nur grundsätzlich zufriedener, sondern zeigten zugleich mehr Interesse an ih-rer Arbeit.[537] Relativierend ist jedoch anzumerken, dass stets der jeweilige Kontext zu beach-ten ist, wie Biner und Kollegen aufzeigen konnten. In ihren Untersuchungen verglichen sie u.a. die Einstellung von Studierenden und Sekretärinnen hinsichtlich ihrer Arbeitsplätze. Ein interessantes Ergebnis war diesbezüglich die Neigung der Sekretärinnen, Räume mit konven-tionellen Wänden zu bevorzugen, wohingegen Studierende Wände aus Glas präferierten. Er-klärt wird dies damit, dass sich die Sekretärinnen eher beobachtet fühlten und sich eine durch Wände bevorzugte Privatsphäre wünschten.[538] Studierende sahen demgegenüber die Glas-

---

[530] Vgl. Donald (2001), S. 281f.

[531] Vgl. Wells (1965), S. 65f.

[532] Vgl. Cunningham (1979), dessen Untersuchung sich allerdings nicht auf Arbeitsplatzsituationen bezieht, sondern auf die Bereitschaft von Passanten, Interviews zu führen. Allerdings erscheint eine Übertragung auf den Kontext Arbeitsplatz vertretbar.

[533] Vgl. Cunningham (1979). Die Freigiebigkeit untersuchte Cunningham anhand von Restaurantbesuchern, die bei Sonnenschein eher dazu neigten, höhere Trinkgelder zu geben.

[534] Vgl. Schiffenbauer et al. (1977). Einschränkend ist jedoch zu konstatieren, dass hier kein Pauschalurteil gefällt werden soll. Letztlich bleibt das subjektive Empfinden kontextabhängig, wie z.B. die gegenläufig gerichteten Ergebnisse der Hawthorne-Studien zeigen konnten (vgl. Sutton/ Rafaeli 1987, S. 261). So be-legen auch die Ergebnisse von Butler und Biner (1989), dass Studenten Computerpools bevorzugen, die über kein oder nur kleine Fenster verfügen.

[535] Vgl. Barnaby (1980), S. 26f.

[536] Vgl. Finnegan/ Solomon (1981).

[537] Vgl. Markus (1967). In diesem Zusammenhang sind die Ausführungen von Markus nennenswert, der u.a. die Distanz der Arbeitsplätze zum Fenster untersuchte. Seine Befunde belegen eindeutig, dass das SWB der Probanden zunahm, je näher die Arbeitplätze der Mitarbeiter am Fenster lagen. Auch scheinen Mitar-beiter breite Fenster gegenüber hohen Fenstern zu bevorzugen; vgl. Keighley (1973).

[538] Vgl. Biner et al. (1991) sowie auch die Ausführungen von Sundstrom et alii (1980, S. 102), die diesbe-züglich von psychologischer und architektonischer Privatsphäre sprechen. Erstere betrifft das Streben nach einem optimalen Ausgleich zwischen der Möglichkeit, Informationen zu erhalten und zu kontrollie-

wände als vorteilhaft an, da so die Möglichkeit gegeben war, andere Personen eher kennen zu lernen.

(b) Auch unterschiedliche *Temperaturen* scheinen einen Einfluss auf die Emotionalität der Mitarbeiter zu haben. Dies lässt sich mit physiologischen Auswirkungen begründen. Je nach Temperatur kann das resultierende physiologische Aktivierungsniveau jeweils als eher angenehm oder unangenehm empfunden werden, und damit Leistung und Kooperationsbereitschaft beeinflussen. Die meisten Untersuchungen befassen sich dabei mit den negativen Wirkeffekten von *Hitze*. In ihrer Übersicht halten Bell et alii hierzu grundsätzlich Folgendes fest:

> „In general, temperatures above 90°F (32°C) will impair mental performance after two hours of exposure for unacclimatized individuals. Above this same temperature, moderate physical work will suffer after one hour of exposure" (Bell et al. 2001, S. 182).

Negative Konsequenzen scheinen darüber hinaus das interpersonelle Verhalten zu betreffen.[539] Denn Untersuchungsergebnissen zufolge neigen Menschen bei erhöhten Temperaturen vermehrt zu Aggressionen[540], geringerer Hilfsbereitschaft[541] sowie unsozialem Verhalten[542].

Abschließend ist anzumerken, dass sich weitaus weniger wissenschaftliche Publikationen mit *Kälte* auseinandersetzen, die Auswirkungen jedoch teilweise in die gleiche Richtung zu gehen scheinen.[543] Folglich können niedrige Temperaturen vermutlich ebenso wie Hitze zu aggressivem oder asozialem Verhalten führen.[544] Allerdings sind die Befunde in diesem Kontext weitaus heterogener. So stammt ein diesbezüglich interessantes Ergebnis von Calvert-Boyanowsky und Kollegen, die hinsichtlich kälterer Temperaturen zu gänzlich anders gelagerten Ergebnissen gelangen und die Annahme steigender Aggressivität bei sinkenden Temperaturen in Frage stellen:

---

ren. Dazu führen die Autoren u.a. an, dass Mitarbeiter nach einer individuellen Balance zwischen Privatsphäre und Integration in eine Gruppe streben. Liegt lediglich ein Aspekt im Überfluss vor bzw. existiert ein ungewolltes Gleichgewicht, so entsteht ein Gefühl des Unwohlseins. Letztere, die architektonische Privatssphäre, bezieht sich demgegenüber auf die Fähigkeit, sich akustisch bzw. optisch abzuschotten. Die optische Abschottung entspräche dem Untersuchungsdesign bei Biner und Kollegen; vgl. Biner et al. (1991).

[539]   Einschränkend gilt auch hier, dass die Effekte keineswegs eindeutig sind. Denn es existieren auch Untersuchungen, die keine definierten Wirkeffekte identifizieren konnten (exemplarisch: Schneider et al. 1980).

[540]   Vgl. Anderson et al. (1995).

[541]   Vgl. Cunningham (1979).

[542]   Vgl. Bell (1981).

[543]   Vgl. Pilcher et al. (2002), S. 695f. Unter Kälte sollen im Folgenden grundsätzlich Temperaturen unter 20°C verstanden werden (Bell et al. 2001, S. 189).

[544]   Vgl. Bell/ Baron (1977) sowie Cunningham (1979).

„residents of cold climates as relatively dispassionate and those who inhabit warm climates as susceptible to passionate bursts of emotion" (Calvert-Boyanowsky et al. 1976, S.
96).

(c) Daneben kann der allgemeine *Zustand der Gebäude* aus physiologischer Perspektive ebenfalls wichtig für das SWB der Mitarbeiter sein. Neben potenziellen körperlichen Beschwerden
kann ein als negativ empfundener Gebäudezustand auch Stresssymptome induzieren.[545] Zu
diesem Ergebnis kamen unterschiedliche Forschungsarbeiten, die sich mit dem so genanten
„Sick Building Syndrome" (der „gebäudebezogenen Krankheit") auseinandersetzten.[546] Neben negativen Konsequenzen für die Gesundheit der Mitarbeiter kann diesem Rahmenfaktor
auch eine nicht zu unterschätzende Bedeutung aus betriebswirtschaftlicher Sicht attestiert
werden.[547] Exemplarisch sind hier die Studien von Fisk und Rosenfeld zu nennen.[548] Die Autoren kommen zu dem Ergebnis, dass durch dieses Syndrom in den USA jährlich krankheits-
bedingte Produktivitätseinbußen i.H.v. bis zu $ 10-20 Mrd. entstehen. Zwar lässt sich die ex-
akte Quantifizierbarkeit solcher Beträge durchaus kritisch hinterfragen. Dennoch kann hier im
Kern festgehalten werden, dass offenbar ein plausibler Beleg für die ökonomische Relevanz
dieses Phänomens existiert.

(d) Einen weiteren potenziellen Einflussfaktor stellt die *Innenraumgestaltung* dar.[549] Hierzu gehören sämtliche Gegenstände, die in den Büroräumen platziert sind, mithin vor allem das
Mobiliar.[550] Daneben könnte die Innenraumgestaltung auch unter haptischen Gesichtspunkten
bedeutsam sein, wobei an die Beschaffenheit von Bezugsstoffen bzw. der Oberfläche des gesamten Büromobiliars zu denken wäre.[551] Entsprechend ist anzunehmen, dass besonders ge-

---

[545] Vgl. Bauer et al. (1992).

[546] Vgl. hier und im Folgenden Burge et al. (1987) sowie speziell im Hinblick auf die Luftqualität den Überblick bei Wolkoff et al. (2006). Dieser Begriff zielt auf eine bestimmte Kombination körperlicher und
psychischer Beeinträchtigungen ab, die durch baulich-konstruktive Faktoren entstehen können. Typische
Symptome stellen in dieser Verbindung Allergien, Infektionen sowie asthmatische Beschwerden dar. Ursache sind vor allem in zentrale Klimaanlagen in großen Bürogebäuden und die Verwendung gesund-
heitsschädigender Baumaterialien wie Asbest.

[547] Vgl. Heerwagen (2000), S. 363f.

[548] Vgl. hier und im Folgenden Fisk/ Rosenfeld (1997).

[549] Vgl. Donald (2001), S. 291ff., Kannheiser (1992), S. 111f., sowie exemplarisch für die Ausgestaltung der
Mitarbeiter-Kunden-Interaktion Wakefield/ Blodgett (1996), S. 47, die sich u.a. auf den Beitrag von Bitner (1992) beziehen.

[550] Vgl. Donald (1994) sowie die Ausführungen in III.2.1. Diesbezüglich scheinen vor allem ästhetische
Aspekte relevant zu sein. Strati berichtet in diesem Zusammenhang anschaulich von den Wirkeffekten
des Büros eines Vorstandsvorsitzenden: „Great care had been taken with his work place – it was both
pleasurable and significant [...] the general feeling was homogenous and consistent" (Strati 1992, S. 571).

[551] Vgl. Desmet (2003), Sonneveld (2004).

schmeidige Stoffqualitäten bzw. generell hautverträgliche Oberflächen das SWB bei der Arbeit erhöhen können.

Eine bestimmte Anordnung der Möbelstücke könnte vermutlich ebenfalls positive emotionalitätsbasierte Zustände auslösen. Interessante Einblicke liefern diesbezüglich Sommer und Ross anhand von Untersuchungen in einem Krankenhaus.[552] Die Autoren beobachteten zunächst, dass Patienten im Anschluss an Renovierungsarbeiten weitaus verhaltener miteinander umgingen, das Sozialverhalten hatte sich deutlich verschlechtert. Wie sich ergab, lag dies lediglich an der Anordnung der Sitzgelegenheiten, die zunächst in weit auseinander liegenden Reihen angeordnet waren. Nachdem die Sitzgelegenheiten in kleinere, kreisförmige Sitzgruppeneinheiten umgewandelt wurden, verdoppelte sich die Interaktionsfrequenz der Patienten und das SWB erhöhte sich deutlich.[553]

(e) Die Wirkung von *Gerüchen* auf emotionalitätsbasierte Zustände ist bekanntlich nicht nur Gegenstand psychologischer, sondern auch diverser Studien aus dem Bereich des Marketings.[554] Olfaktorische Faktoren sind vor allem interessant im Vergleich zu den anderen vier Sinnen, da der Geruchssinn vermutlich mit am stärksten mit Emotionalität in Verbindung gebracht werden kann.[555] Daneben ist der Geruch auch in Bezug auf interpersonelle Austauschsituationen von Belang. So scheinen angenehme Geruchsempfindungen u.a. eine erhöhte Hilfsbereitschaft zu bewirken:[556]

> „Environments scented with congruent odors may be viewed as being more pleasant than those scented with incongruent [...] odors. Since pleasant environments are thought to induce more approach behavior, [...] such behavior should be greater in a setting scented with a congruent pleasant odor" (Knasko 1995, S. 480).

Vor allem können durch Düfte auch lang zurückliegende Ereignisse bzw. Episoden in Erinnerung gerufen werden.[557] In diesem Zusammenhang ist interessant, dass Gerüche auch mit be-

---

[552] Vgl. Sommer/ Ross (1958).

[553] Vgl. ähnlich Mehrabian/ Diamond (1971) sowie Patterson et al. (1979).

[554] Vgl. exemplarisch für Ausführungen aus originär psychologischer Perspektive von Vroon et alii (1996, S. 133) sowie Schubert und Hehn (2004, S. 1246) für eine Betrachtung aus Warte des Marketings. Für die Marketingforschung ist vornehmlich die signifikante Erhöhung der wahrgenommenen Produktqualität bzw. Erhöhung der Wahrscheinlichkeit, dass ein Produkt oder eine Dienstleistung erworben wird, entscheidend; vgl. u.a. Spangenberg et al. (1996), S. 75.

[555] Vgl. Herz (1996), Wilkie (1995).

[556] Vgl. Baron (1997), S. 501f. Zu ähnlichen Schlussfolgerungen gelangt auch Cain, der wie Baron Kaffeegeruch positive Wirkeffekte zuschreibt (Cain 1984, S. 19f.).

[557] Vgl. Cann/ Ross (1989), S. 98f., Herz et al. (2004), S. 376f., Herz/ Schooler (2002), S. 21, Kirk-Smith/ Booth (1987), S. 159, Morrin/ Ratneshwar (2003), S. 21ff. Dieser Aspekt ist vor allem aus Sicht des Marketings relevant. Ein gängiger Anwendungskontext ist dabei die emotionalitätsbasierte Verankerung von

stimmten Tätigkeiten (z.B. der „Arbeit in der Parfumabteilung") oder Objekten (etwa im Falle von Duftkerzen in Büroräumen) verbunden sein können.[558] Ursächlich dafür ist vermutlich, dass Menschen auch bei der Arbeit dazu neigen, sich angenehmen Düften auszusetzen bzw. unangenehme Gerüche zu meiden.[559] Folglich implizieren Gerüche einen handlungswirksamen Charakter, der letztlich das Verhalten und die Entscheidungen von Mitarbeitern beeinflussen kann.[560]

(4)   Intraorganisationale Determinanten

Schließlich ist noch auf bestimmte *intraorganisationale Determinanten* zu verweisen, wie etwa Normen und Regeln der fokalen Organisation, die je nach Unternehmenskultur sehr unterschiedlich ausfallen können.[561] Ein diesbezüglich gängiges Beispiel liefert Hochschild im Hinblick auf die Emotionsregeln und -normen in der Luftverkehrsbranche.[562] Allerdings sind die betreffenden Normen und Regeln keineswegs organisationseinheitlich, sondern variieren naturgemäß zwischen Teileinheiten bzw. Gruppen. So ist naheliegend, dass Kundenkontaktmitarbeiter an Board des Flugzeugs anderen Normen und Regeln unterliegen als Mitarbeiter, die mit der Instandhaltung der Maschinen beschäftigt sind.[563] Von einer weiterführenden Be-

---

Produkten durch Düfte seitens der Kunden; vgl. Knoblich et al. (2003), S. 65ff., sowie die Diskussion in I.2.2.

[558] Vgl. Herz et al. (2004), S. 376f., Knasko (1995), S. 483f.

[559] Vgl. analog Engen (1982), S. 130ff., Knasko (1995), S. 484f.

[560] Vgl. Knasko et al. (1990), Pöppel (1995), S. 9. Einzelne Studien haben sich sogar den Wirkeffekten spezifischer Gerüche bzw. Duftstoffe gewidmet. Ein anschauliches Beispiel hierzu liefert die Arbeit von Alaoui-Ismail et alii, die die Effekte von Vanille und Lavendel zum Gegenstand hat. Vgl. Alaoui-Ismaili et al. (1997). Daneben stellt Zitronenduft einen weiteren, häufig analysierten Duftstoff dar, bei dem ebenfalls positive Wirkeffekte nachgewiesen wurden (exemplarisch: Knasko 1992). Die Forscher kommen zu dem Ergebnis, dass beide Duftstoffe tendenziell beruhigende Wirkeffekte hervorrufen können. Zu ähnlichen Ergebnissen gelangen auch Field und ihre Kollegen; vgl. Field et al. (2005) sowie den Beitrag von Cupchik (2005), der zu analogen Ergebnissen bei Aufgaben zur Lesekompetenz gelangt. In ihren Untersuchungen setzten sie Probanden Lavendelgerüchen aus und ließen sie gleichzeitig Mathematikaufgaben lösen. Dabei ergab sich, dass die Teilnehmer unter dem Einfluss von Lavendel grundsätzlich besser gestimmt und gleichzeitig entspannter waren. Entsprechend den Erwartungen der Autoren lösten diese Probanden die Mathematikaufgaben im Vergleich zur Kontrollgruppe schneller und akkurater. Abschließend ist darauf hinzuweisen, dass die skizzierten Erkenntnisse stets nur unter bestimmten Voraussetzungen zutreffen und keinesfalls pauschalisiert werden können. So dürften die Geruchsintensität (vgl. Köster/ Degel 2001, S. 10f.) und Wechselwirkungen mit anderen Rahmenfaktoren, wie etwa der Musik, die Wirkung auf die emotionale Sphäre prägen (vgl. Fiore et al. 1999, Mattila/ Wirtz 2001, S. 286).

[561] Vgl. hierzu die ausführliche Diskussion der Unternehmenskultur in III.2.1. Kelly und Barsade (2001) bezeichnen diesen Sachverhalt als „affektiven Kontext" innerhalb von Gruppen. Eine Übertragung der vorgetragenen Argumentation auf die gesamte Organisation scheint an dieser Stelle gangbar.

[562] Vgl. Hochschild (1983b).

[563] Vgl. Kelly/ Barsade (2001), S. 115f. Ein besonders anschauliches Beispiel bietet in diesem Zusammenhang der Kontext Krankenhaus. Denn dort herrschen äußerst unterschiedliche Gruppennormen und -

trachtung wird an dieser Stelle indes abgesehen, da eine detaillierte Auseinandersetzung mit der Unternehmenskultur und der Sozialisation positiver Emotionalität in III.2 erfolgt.

II.2.2   Umweltbezogene Rahmenfaktoren

Die umweltbezogenen Rahmenfaktoren sind dem Einfluss des HRM im Regelfall entzogen.[564] Da sie die positive Emotionalität jedoch potenziell beeinflussen können, sollen sie an dieser Stelle zumindest knapp erörtert werden, wobei eine Unterteilung nach *Privatsphäre* der HR (1) sowie *sozio-kulturellen* (2) und *geophysikalischen Gegebenheiten* (3) erfolgt.

(1)   Privatsphäre der Humanressourcen

Im Hinblick auf die *Privatsphäre* sind allgemein sämtliche körperlichen und geistigen Aktivitäten der HR von Belang. Zentral für die positive Emotionalität am Arbeitsplatz dürfte insbesondere das *Privatleben* im engeren Sinne sein, in der wissenschaftlichen Literatur auch mit dem Begriff „Work-Life-Balance" umschrieben. Bereits zu Beginn der 1930er Jahre wurde dieser Sachverhalt von Hersey untersucht.[565] Ein bedeutsamer Befund war dabei die Beobachtung, dass Eheprobleme Auswirkungen auf das Berufsleben haben und damit zu negativer Emotionalität führen können.[566] Ähnliche Vermutungen stellten auch Wharton und Erickson an.[567] Nach Auswertung der einschlägigen Literatur bezüglich des Emotionsmanagements von Mitarbeitern im Privatleben und bei der Arbeit sahen sie einen deutlichen Zusammenhang zwischen beiden Sphären. So können hohe Ansprüche an das Management von Emotionalität im Privatbereich zu einer Rollenüberforderung führen, womit die Annahme bezüglich der zuvor unterstellten Wechselwirkungen gestützt würde.[568] Allerdings dürften diese Wechselwirkungen nicht ausschließlich negative Konsequenzen für den Mitarbeiter nach sich ziehen:[569]

---

[564]   regeln zwischen den einzelnen Berufsgruppen, etwa Mitarbeitern der Pädiatrie und Onkologie; vgl. auch Amason/ Sapienza (1997), Dworkin/ Goldstein (2004) sowie Smith III/ Kleinman (1989).

Vgl. die ähnlich gelagerte Konzeption von Ringlstetter/ Kniehl (1995), auf die nachfolgenden Ausführungen basieren.

[565]   Vgl. Hersey (1932).

[566]   Vgl. Boyar et al. (2005), S. 923f., sowie Frese (1982), S. 214f.

[567]   Vgl. Wharton/ Erickson (1993), S. 473ff.

[568]   Vgl. Grandey et al. (2005b), S. 316ff.

[569]   Vgl. Rothbard (2001), S. 676f.

„It need not be so! Balancing work, family, and oneself in a dynamic process may in fact lead to healthy, happy, and productive results" (Quick/ Quick 2004, S. 334).

Mittlerweile existiert eine Reihe von Studien, die durch das Forschungsinteresse der positiven Psychologie sowie des Positive Organizational Scholarship inspiriert wurden[570] und positive Wechselwirkungen zwischen Privat- und Arbeitssphäre zum Untersuchungsgegenstand haben.[571] Ähnlich wie im Broaden-and-Built-Modell von Fredrickson ist die Grundidee, dass das Erleben positiver Emotionalität in einem der beiden sozialen Felder gleichgerichtete Wirkeffekte im anderen hervorruft.[572] Die Auswirkungen beschränken sich dabei jedoch erneut nicht nur auf die Emotionalität, sondern u.a. auch auf kognitive Fähigkeiten und prosoziales Verhalten.[573] Für die möglichen positiven Auswirkungen privater Ereignisse auf das Berufsleben liefert das Autorenkollektiv um Ruderman Hinweise. Ausgangspunkt der Autoren ist die Vermutung, dass die Ausübung mehrerer Rollen günstige Konsequenzen für das Individuum impliziert. In ihrer Studie kommt u.a. eine weibliche Führungskraft zu Wort, die die Kernaussage der Autoren treffend bestätigt: „being a mother and having patience [...] has made me a better manager" (Ruderman et al. 2002, S. 373). Umgekehrt sind jedoch auch positive Auswirkungen auf das Privatleben durch das Erleben positiver emotionalitätsbasierter Zustände am Arbeitsplatz anzunehmen. Ein möglicher Wirkeffekt könnte zum Beispiel eine von daher bewirkte größere Sensibilität gegenüber familiären Anliegen sein.[574]

Körperliche und geistige Aktivitäten lassen sich ebenfalls als potenzielle Determinanten positiver Emotionalität auffassen.[575] So deuten diverse Arbeiten darauf hin, dass arbeitsum-

---

[570] Vgl. Cameron et al. (2003), Kaiser/ Müller-Seitz (2004) sowie Ringlstetter et al. (2006b).

[571] Gängige Schlagworte sind in diesem Zusammenhang „enrichment" (exemplarisch: Rothbard 2001), „positive spillover" (exemplarisch: Edwards/ Rothbard 2000, Grzywacz et al. 2002, Grzywacz/ Marks 2000), „work-to-family facilitation" (exemplarisch: Grzywacz/ Butler 2005), „enhancement" (exemplarisch: Ruderman et al. 2002) oder „facilitation" (exemplarisch: Wayne et al. 2004); vgl. auch Greenhaus/ Powell (2006) für eine Übersicht. Einschränkend ist in diesem Zusammenhang zu konstatieren, dass bereits vor der Jahrtausendwende erste Ansätze existierten, die sich gegen eine ausschließlich negativ konnotierte Betrachtung der Wechselwirkungen zwischen Arbeit und Privatleben wendeten (exemplarisch: Kirchmeyer 1992).

[572] Vgl. Greenhaus/ Powell (2006), S. 82.

[573] Vgl. Edwards/ Rothbard (2000, S. 185), die davon ausgehen, dass positive Stimmungslagen u.a. positive Auswirkungen auf geistige Verarbeitungskapazität, soziales Verhalten sowie berufliche Leistung haben können; vgl. hierzu auch die Diskussion zum Engagement bei Kahn (1990, S. 694), dessen Konzept wiederum der emotionalen Bindung der Q12-Umfragen des Meinungsforschungsinstituts Gallup zugrunde liegt; vgl. auch 1.1.3 und Creusen (2004).

[574] Vgl. Rothbard (2001), S. 677f. Die Autorin relativiert ihre Aussagen dabei jedoch insofern, als sie von unterschiedlichen Konsequenzen für Männer und Frauen ausgeht. Der hier betrachtete Effekt bezieht sich vornehmlich auf männliche Arbeitnehmer.

[575] Vgl. Hassmen et al. (2000) und Harrison/ Liska (1994, S. 47), die auf die Bedeutung der gesundheitlichen Verfassung von Mitarbeitern und die damit verbundenen Kosten bzw. Einsparungen verweisen; ähnlich:

weltbezogene Aktivitäten nicht nur die Leistungsfähigkeit am Arbeitsplatz,[576] sondern auch die Emotionalität beeinflussen können.[577] Eng mit diesem Sachverhalt verbunden sind auch Untersuchungen zum Thema Erholung. Erwartungsgemäß scheinen Erholungsphasen während der Arbeit nicht nur die Leistung, sondern auch die Emotionalität positiv zu beeinflussen.[578] Ähnlich sind die Erkenntnisse von Sonnentag aufzufassen, dass Erholung „accounts for feelings of work engagement and actions of initiative" (Sonnentag 2003, S. 525).[579] Umgekehrt dürfte die emotionale Bindung an den Arbeitsplatz gleichsam positiv auf das Aktivitätsniveau einwirken, wozu u.a. die Studie von Demerouti et alii Indizien liefert.[580] Falkenberg fasst die Untersuchungsergebnisse zu dieser Thematik zusammen und konstatiert, dass körperliche Betätigung sowohl kurzfristige als auch langfristige Auswirkungen besitzt:

> „Long-term participation has been found to change personality traits, while short-term participation affects mood states" (Falkenberg 1987, S. 513).

Auch die Ausübung geistiger Aktivitäten in der Freizeit scheint positive Folgen für das Individuum zu haben. Ein interessantes Beispiel hierfür stellt die Beobachtung dar, dass eigeninitiative geistige Aktivitäten bei Jugendlichen zu verstärkten Glücksempfindungen führen können.[581] Weitere Anhaltspunkte für diesbezüglich günstige Wirkeffekte liefern insbesondere die Arbeiten zum Thema Flow.[582] So deuten die Forschungsergebnisse von Csikszentmihalyi darauf hin, dass Menschen Flow-Erlebnisse auch in ihrer Freizeit erleben können.[583] Allerdings ist zu konstatieren, dass Flow-Zustände hier wahrscheinlich seltener bei der Arbeit er-

---

[576] Kaleta/ Jegier (2005), S. 351f., sowie McGillivray (2005, S. 327f.), der diesen Sachverhalt grundsätzlich kritisch betrachtet und darin eine subversive Form der Mitarbeiterausbeutung sieht.

[577] Vgl. exemplarisch Folkins/ Sime (1981).

[578] Vgl. Lichtman/ Poser (1983).

Vgl. Meijman/ Mulder (1998) für diesbezügliche Ausführungen im Hinblick auf die Steigerung von positiver Stimmung.

[579] Vgl. ähnlich Parkes (2006) und Weingarten (1973) im Hinblick auf die Vermutung, dass körperliche Aktivität auch negative Zustände wie Stress mindern kann.

[580] Vgl. Demerouti et al. (2001).

[581] Vgl. Csikszentmihalyi/ Hunter (2003), S. 196f. Die Autoren befragten junge US-Amerikaner nach ihren grundlegenden Verhaltensweisen bzw. Aktivitäten. Dabei scheint es grundsätzlich erstrebenswert zu sein, soziale Aktivitäten in der Freizeit auszuüben, da dies das subjektive Glücksempfinden nachhaltig steigern kann.

[582] Vgl. Csikszentmihalyi (1975), Csikszentmihalyi (2004) sowie die Ausführungen in I.2.2.

[583] Vgl. Csikszentmihalyi (1997), Csikszentmihalyi/ Rathunde (1993). Als Flow-Erlebnisse sind nachstehend vor allem jene Momente zu verstehen, in denen Menschen im Tun Aufgehen und der Faktor Zeit ausgeblendet wird. Hiermit sind somit in erster Linie „macroflows" oder „deep flows" angesprochen. Allerdings sind auch „microflows" denkbar (Csikszentmihalyi 1975, S. 141), d.h. Flow-Erlebnisse im Zuge trivialer, häufig automatisch auftretender Prozesse, die jedoch ebenfalls intrinsisch motivierend wirken und Freude erzeugen. Beispiele für letztgenannten Flow-Typus sind kreative Sprachschöpfungen der Mit-

lebt werden.[584] Ursächlich hierfür ist, dass die Aktivitäten von Mitarbeitern in der Freizeit nur selten den Voraussetzungen für das Erleben von Flow entsprechen.[585] Dennoch ist zu vermuten, dass diese Zustände für das SWB der Mitarbeiter grundsätzlich förderlich sind. Wie eingangs im Hinblick auf die Diskussion zum Thema Work-Life-Balance und den potenziellen Wechselwirkungen zwischen beiden Sphären angedeutet, könnten somit wünschenswerte Auswirkungen von privaten Flow-Erlebnissen auf das Berufsleben durchaus realistisch sein.

(2)   Sozio-kulturelle Gegebenheiten

Sozio-kulturelle Gegebenheiten umfassen Rahmenfaktoren, die vornehmlich auf die Landeskultur zurückzuführen sind, wobei der Begriff Landeskultur im Folgenden relativ weit gefasst ist.[586] Theoretisch kann die betreffende Landeskultur nämlich im Hinblick auf eine nahezu unbegrenzte Anzahl an Elementen untersucht werden. Insofern stellt die nachstehende Diskussion naturgemäß nur einen subjektiven Ausschnitt möglicher Teilelemente dar. Als Auswahlkriterium dienen im Folgenden in erster Linie thematische Schwerpunkte von Beiträgen aus unterschiedlichen Disziplinen, wie etwa der Soziologie[587], Psychologie[588] oder Ethnologie[589]. Basierend auf einer näheren Analyse dieser Beiträge bietet sich eine Differenzierung hinsichtlich originär landeskultureller (a) sowie struktureller (b) Rahmenfaktoren an.

(a) Die *Landeskultur* hat vermutlich einen sehr nachhaltigen Einfluss auf das Wesen und mithin auch die Emotionalität ihrer Mitglieder.[590] Zwar deuten Untersuchungsergebnisse aus evolutionsbiologischer Perspektive[591] auf die Existenz auch universeller Emotionen hin,[592]

---

[584]   arbeiter, wie etwa Reime oder Reformulierungen bekannter Texte, bzw. auch die Einblendung kurzer Kaffee- oder Raucherpausen.

[585]   Vgl. Csikszentmihalyi/ LeFevre (1989).

[586]   Vgl. Moneta/ Csikszentmihalyi (1996), die die Bedeutung der Balance zwischen Herausforderungen und Fähigkeitsspektrum auf höchstem Niveau im Zuge des Ausübens von Aktivitäten unterstreichen.

[587]   Vgl. hierzu auch Ringlstetter/ Gauger (1999), S. 144ff., bzw. Sattelberger/ Boehm-Tettelbach (1996), S. 317ff., sowie die Diskussion der *Unternehmens*kultur in III.2.1.

[588]   Vgl. exemplarisch Gerhards (1988a), der sich u.a. auch dem Einfluss der Kultur auf Emotionen im Rahmen seiner „Soziologie der Emotionen" widmet; vgl. Gerhards (1988b).

[589]   Vgl. generell Baerveldt/ Voestermans (2005), Ratner (1999) sowie Kitayama et al. (2000), die speziell den Vergleich der Einflüsse der US-amerikanischen sowie japanischen Landeskultur untersuchten.

[590]   Vgl. exemplarisch Röttger-Rössler (2004), die in ihrer Studie Wechselwirkungen zwischen Emotion und Kultur anhand des indonesischen Kulturkreises untersucht.

[591]   Vgl. Renjun/ Zigang (2005), die den Einfluss der Landeskultur auf Gruppenemotionen anhand der chinesischen Landeskultur analysierten. Der Begriff Landeskultur wird an dieser Stelle verwandt, da er in den aufgeführten Disziplinen den am häufigsten untersuchten Betrachtungsgegenstand darstellt; weitaus seltener sind etwa Beiträge zu den Einflüssen des „westlichen" oder „orientalischen" Kulturkreises.

[592]   Vgl. die Aufsätze von Izard (1994) sowie Tomkins (1981) für Vertreter der evolutionären Perspektive aus psychologischer Warte. Die Autoren sind weitgehend dem Gedankengut von Darwin verhaftet, der als ei-

doch ist dieser Standpunkt keinesfalls unumstritten, da sich die Universalität, vor allem im Hinblick auf Gestik und Mimik, in der Regel nur an Säuglingen beobachten zu lassen scheint.[593] Denn bei Erwachsenen ist der Gesichtsausdruck weitaus differenzierter ausgeprägt als bei Säuglingen, die lediglich über ein äußerst begrenztes Emotionsrepertoire verfügen.[594] Insofern scheint es plausibel, den Einfluss weiterer Determinanten, wie eben den der Landeskultur, für das spätere Leben und somit auch den Berufsalltag in Betracht zu ziehen, um so mögliche Ursachen für die erhöhte Ausdifferenzierung zu identifizieren.[595]

Aus sozialkonstruktivistischer Perspektive[596] lassen sich emotionalitätsbasierte Zustände auch als Resultat einer kulturellen Prägung begreifen. Die jeweiligen Kulturstandards kodieren, welche Form von Emotionalität akzeptabel bzw. wünschenswert ist und formatieren damit zugleich die entsprechenden Emotionsregeln und -normen.[597] Dabei formt Kultur schlechthin das gesamte Wesen von Emotionen. Nach Denzin prägt Kultur grundsätzlich die persönlichen Erfahrungen, was in so genannten „emotionalen Praktiken" („emotional practices") seinen Ausdruck findet.[598] Daneben dürfte auch die Sprache, zumindest partiell, kulturell kodiert sein, was bei verschiedenen Autoren mit dem Terminus „Gefühlsvokabular" um-

---

[592] ner der ersten Wissenschaftler Überlegungen über mögliche Wirkeffekte der Kultur auf Emotionen reflektierte (Darwin 1872).

Vgl. Ekman (1992), der als führender Emotionswissenschaftler im Hinblick auf die Untersuchung universeller Emotionsausdrücke gelten kann. Das Forscherteam um Ekman konnte anhand der Analyse des Gesichtsausdrucks sieben „universelle" Emotionen identifizieren (Ekman/ Friesen 1986; Ekman/ Oster 1979). Von diesen sind interessanter Weise fünf negativ einzustufen (Verachtung, Traurigkeit, Furcht, Ekel und Wut) sowie lediglich jeweils eine neutral (Überraschung) bzw. positiv (Fröhlichkeit), was erneut als Indiz für die Vernachlässigung positiver Emotionalität zu werten ist. Ergänzend ist anzumerken, dass sich der Anspruch auf Universalität auf die sieben Emotionen bezieht, nicht aber auf deren Gesichtsausdrücke.

[593] Vgl. exemplarisch Camras (1992). Bereits Schulkinder weisen demgegenüber Unterschiede im Hinblick auf das Kommunizieren, Zeigen und Wahrnehmen von Emotionen auf; vgl. Cole et al. (2002) sowie Ulich et al. (1999).

[594] Vgl. Trommsdorff/ Friedlmeier (1999).

[595] Vgl. Biswas-Diener et al. (2005), Duncan/ Grazzani-Gavazzi (2004), Russell (1991). Ein anschauliches und gleichsam drastisches Beispiel hierfür liefert Irvine (1990, S. 196), der den kulturellen Einfluss auf Emotionen bei der Wolof-Gesellschaft, einer ethnischen Gruppierung im Senegal, untersucht hat. Ihren Untersuchungen zufolge existieren bei dieser Gruppierung zwei große Kasten, die der Adligen sowie die der Griots. Während die Adligen ihre Emotionen unterdrücken, zeichnen sich Mitglieder der Griot-Kaste durch impulsiv-extrovertiertes Verhalten aus. Irvine berichtet in diesem Zusammenhang von einem Selbstmordversuch einer Frau, die sich vor den Augen von weiblichen Mitgliedern beider Kasten in einen Brunnen stürzte. Alle Frauen waren daraufhin schockiert. Allerdings drückten sie ihre Emotionen völlig unterschiedlich aus. Gemäß den kulturell bedingten Manifestationsregeln schwiegen die Adligen vor Entsetzen, während die Griotinnen aufgeregt vor Entsetzen schrien.

[596] Vgl. Berger/ Luckmann (2004) und die Ausführungen in II.1.1.

[597] Vgl. Fiehler (1990), S. 77ff., Hochschild (1979) sowie die Erörterung in III.2. Hochschild diskutiert Emotionsregeln zwar vor mikrosoziologischem Hintergrund, doch scheinen ihre Überlegungen auf den makrosoziologischen Kontext übertragbar.

[598] Vgl. Denzin (1990), S. 89.

schrieben wird.[599] Zusammenfassend ist somit zu konstatieren, dass die jeweilige Kultur kollektiv wirksame Auswirkungen auf die positive Emotionalität haben kann. Damit liegt infolgedessen ein separater Einfluss vor, der sich im Unterschied zu interaktionsbezogenen, mikrosoziologischen Ansätzen, in dieser Arbeit als interpersonell bezeichnet, gesondert festhalten lässt.

In engem Zusammenhang mit den kulturellen Elementen stehen auch die potenziellen Wirkeffekte von *geschichtlichen Einflussfaktoren*. Historisch bedingte Rivalitäten bilden ein anschauliches Indiz für einen solchen Einfluss auf das Erleben bzw. Hervorrufen von Emotionalität.[600] Vor allem Politiker scheinen oftmals geschichtliche Ereignisse zu emotionalitätsbasierter Mobilisierung ihrer Anhängerschaft zu nutzen:

> „Identifying enemies and mobilizing emotions against those enemies is the way by which political leaders get citizens to do what these political leaders want them to do – whether that means participating in a protest, voting for their party, or supporting a certain policy in an opinion poll" (Ost 2004, S. 241).

Berezin spricht in diesem Zusammenhang von der politisch motivierten Zielsetzung, imaginäre Gemeinschaften auf Basis von Emotionen zu kreieren.[601] Insofern scheint es plausibel, potenzielle, historisch bedingte Auslöser von Emotionalität zu berücksichtigen. Zu ähnlich gelagerten Schlussfolgerungen gelangen auch Styhre und Kollegen in ihrer Untersuchung zweier schwedischer Automobilhersteller, die Ende der 1990er Jahre von einem US-amerikanischen bzw. britischen Konkurrenten übernommen wurden.[602] In den Äußerungen der Mitarbeiter kommen dabei wiederholt Ängste zur Sprache, die auf historisch bedingte sowie zugleich auch kulturell geprägte Unterschiede zurückzuführen sind.

(b) Als weitere Determinante lassen sich *strukturelle Faktoren* identifizieren, wobei im vorliegenden Zusammenhang in erster Linie auf den Einfluss von Macht und Status innerhalb

---

[599]   Vgl. Kobayashi et al. (2003), Thoits (1989), S. 322f.

[600]   Vgl. Scheff (1994), der diesen Sachverhalt anschaulich an Beispielen wie dem Beginn des Ersten Weltkrieges bzw. den daraus resultierenden, sich zum damaligen Zeitpunkt zunehmend verschärfenden Konflikten zwischen Nationen illustriert; vgl. auch Scheff (2003) für eine dezidierte Reflexion über das wechselseitige Schicksal des Deutschen Reichs im Zusammenhang mit Adolf Hitler im Hinblick auf negative emotionalitätsbasierte Zustände, wie das Empfinden von Scham.

[601]   Vgl. Berezin (2001) sowie Hughes (1983) bzw. Young (2001). Auch sei auf die anderen Beiträge in dem Sammelband von Goodwin und Kollegen für weitere Facetten des Zusammenspiels von Politik und Emotionen verwiesen (Goodwin et al. 2001). Ein Beispiel für negative Emotionalität liefert zudem de Rivera anhand der chilenischen Gesellschaft, in der ein Klima der Angst ausmachte, welches auf Verfolgungen unter dem jüngst verstorbenen Diktator Pinochet zurückzuführen war (de Rivera 1992).

[602]   Vgl. Styhre et al. (2006).

der jeweiligen Gesellschaften abgestellt wird.[603] Hierbei steht die theoretische Perspektive Kempers im Mittelpunkt, der Emotionen als Ergebnis sozialer Beziehungen auffasst, die sich durch Macht und Status definieren lassen.[604] Aufbauend auf Max Weber begreift er Macht als die Fähigkeit einer Person, einem anderen Menschen seinen eigenen Willen aufzuzwingen.[605] Eine Einflussnahme durch den jeweiligen Status kommt dabei ebenfalls in Betracht.[606] Setzt sich eine Person gegenüber einer anderen qua Status durch, so liegt jedoch ein entscheidender Unterschied vor. Denn im Vergleich zur Beeinflussung mittels Macht, basiert der Einfluss von Status auf Akzeptanz der Statusunterschiede, mithin weitgehender Freiwilligkeit. Dass Landeskultur und strukturelle Faktoren in enger Verbindung stehen können, wiesen u.a. Mondillon et alii nach.[607] In ihren Studien konnten sie nationale Unterschiede im Hinblick auf das Verständnis von Macht offenlegen, die wiederum Einfluss auf das Erleben von Emotionen zur Folge hatten. Ein interessantes Ergebnis betrifft vor allem das Hervorrufen positiver Emotionen:

> „Results further revealed that individuals in the United States believed that powerful individuals elicit positive emotions in others to a greater extent than individuals in Japan, Germany, and France" (Mondillon et al. 2005, S. 1120).

Abschließend sei in diesem Zusammenhang noch erwähnt, dass dieser Aspekt naturgemäß nicht nur die Wahrnehmung, sondern auch das Ausdrücken von Emotionen betrifft.[608] Denn die Art und Weise, wie Emotionen gezeigt werden, ist häufig besonders durch die betreffende Kultur geprägt, was vor allem auch vor dem Hintergrund von Status und Macht relevant erscheint, etwa im Umgang mit Vorgesetzten.

---

[603] Damit wird erneut auf das Gedankengut Kempers (1991) zurückgegriffen; vgl. auch Lawler/ Thye (1999), S. 225f., für einen neueren Ansatz, der auf Kemper rekurriert.

[604] Vgl. Kemper (1981), S. 337.

[605] Vgl. Weber (1985).

[606] Vgl. hierzu auch die Erörterung bei Grandey et al. (2005c), die den eng verwandten Aspekt der wahrgenommenen Kontrolle anhand französischer und US-amerikanischer Mitarbeiter untersuchten und ebenfalls kulturelle Unterschiede im Hinblick auf das Erleben emotionalitätsbasierter Zustände nachweisen konnten.

[607] Vgl. Mondillon et al. (2005), S. 1120. Die Probanden stammten aus Japan, Frankreich, Deutschland und den Vereinigten Staaten.

[608] Vgl. exemplarisch Matsumoto (1990).

(3)   **Geophysikalische Gegebenheiten**

Mittlerweile existiert eine Reihe von Studien, die Hinweise dafür liefern, dass auch *geophysi-kalische Gegebenheiten* einen Einfluss auf emotionalitätsbasierte Zustände haben können.[609] Hierzu zählen vor allem Wettereinflüsse sowie das lokale Klima. Interessant ist für den vor-liegenden Kontext in erster Linie die Erkenntnis, dass die *Wetterlage* die Stimmung von Men-schen beeinflussen kann. Sonnenschein zum Beispiel scheint grundsätzlich einen positiven Einfluss auf die Stimmungslage von Menschen zu haben.[610] Zwar ist diese Aussage umstrit-ten,[611] doch scheinen vor allem die Befunde im Hinblick auf den Arbeitskontext in die gleiche Richtung zu gehen und zwar im Sinne einer positiven Korrelation zwischen Sonnenschein und Stimmung.[612] Umgekehrt wird von einer Zunahme von Depressionen[613] bzw. sogar Sui-zidraten[614] durch schlechte Wetterlagen berichtet. Ähnliche Effekte konnte auch Saunders im Falle der New York Stock Exchange beobachten.[615] Demnach stieg der Aktienindex der New Yorker Börse tendenziell bei gutem bzw. fiel bei schlechtem Wetter.

Außerdem hat vermutlich auch die *Luftfeuchtigkeit* einen Einfluss auf die Stimmungslage der Menschen. Sanders und Brizzolara identifizierten hier einen negativen Zusammenhang zwischen Stimmungslage und Luftfeuchtigkeit.[616] Daneben scheint ein leicht erhöter *Luft-druck* wiederum für eine verbesserte Stimmung zu sorgen.[617]

Eine weitere Determinante, die zu den örtlichen Gegebenheiten zählt, ist das *Klima*.[618] Als angenehm werden dabei, je nach Hemisphäre, Temperaturen zwischen ca. 15 - 30 Grad Celsi-us empfunden.[619]

---

[609] Vgl. Keller et al. (2005), S. 730. Allerdings sind auch in diesem Zusammenhang die Untersuchungser-gebnisse teilweise umstritten, was vor allem auf die unterschiedlichen Untersuchungsdesigns zurückzu-führen ist. Denn es existieren ebenfalls empirische Befunde, die das Gegenteil belegen; vgl. exempla-risch: Clark/ Watson (1988), S. 303.

[610] Vgl. die detaillierte Diskussion bei Cunningham (1979), Jorgenson (1981), Parrott/ Sabini (1990) und Schwarz/ Clore (1983).

[611] Vgl. Bell et al. (2001), S. 202f.

[612] Vgl. Leather et al. (1998), die sich in ihrer Untersuchung explizit mit dem subjektiven Wohlbefinden der Mitarbeiter befassen.

[613] Vgl. exemplarisch Eagles (1994).

[614] Vgl. exemplarisch Tietjen/ Kripke (1994).

[615] Vgl. ähnlich Saunders (1993) und Hirshleifer/ Shumway (2003).

[616] Vgl. Sanders/ Brizzolara (1982), S. 156.

[617] Vgl. Goldstein (1972), dessen Untersuchungen sich auf gemäßigte Wetterlagen beziehen. Dass diese Aussagen keine allgemeine Gültigkeit besitzen, unterstreichen die Ergebnisse von Bardwell et alii (2005). Die Autoren belegen anhand militärischer Übungen bei Höhenluft in den Bergen den negativen Einfluss hohen Luftdrucks auf die Stimmung der Soldaten.

[618] Vgl. Bell et al. (2001) für eine Übersicht.

[619] Vgl. Helgerman McKinnon/ Utley (2005), Steward (2005).

Allerdings ist der *Einfluss dieser Rahmenfaktoren* insofern zu *relativieren*, als die Aussagen immer nur vor dem Hintergrund weiterer Variablen aussagekräftig sind. So dürften etwa auch saisonale Effekte einen Einfluss auf die Stimmung haben.[620] Diese Tendenzen lassen sich mit dem allmählichen Temperaturanstieg im Frühling begründen, bei dem die Menschen tendenziell in bessere Stimmung versetzt werden. Als weitere diesbezüglich relevante Determinanten kämen etwa die Tageszeit[621] oder der individuelle Biorhythmus[622] in Betracht.

In engem Zusammenhang mit der Rolle der zuvor genannten *Fenster* im Sinne potenzieller organisationaler Rahmenfaktoren ist das Areal, das den betreffenden Betrieb umgibt, zu sehen. Die Beobachtungen von Markus deuten anschaulich darauf hin, dass von den Mitarbeitern z.b. ein Blick in die freie Natur gegenüber einer Sicht auf Bürogebäude deutlich präferiert wird.[623] Er befragte 400 Büroangestellte eines britischen Unternehmens, deren Arbeitsplätze über verschiedene Stockwerke verteilt waren. Der überwiegende Teil der Angestellten (88 %) bevorzugte den Ausblick in die umliegende Landschaft, während lediglich acht Prozent das Ambiente nahe gelegener Gebäude bzw. vier Prozent den Anblick des Himmels vorzogen. Zu ähnlichen Erkenntnissen gelangt auch Ulrich.[624] Er begründet seine konzeptionellen Ausführungen mit Verweisen auf psychoevolutionäre Ursachen.[625] Dass Mitarbeiter natürlichen Umgebungen den Vorzug geben, führt er auf die Stress mindernde Wirkung von Landschaften zurück.[626]

---

[620]　Denn je nach Jahreszeit kann ein und dieselbe Temperatur unterschiedlich wirksam werden und infolgedessen auch die Stimmung der Menschen unterschiedlich beeinflussen; vgl. Keller et al. (2005), S. 730. Grund hierfür ist die Annahme, dass die Menschen sich im Frühling dem oftmals als unangenehm empfundenen Wetter im Winter entziehen wollen.

[621]　Vgl. Sundstrom (1986).

[622]　Vgl. Scholz (2000), S. 679ff.

[623]　Vgl. Markus (1967).

[624]　Vgl. hier und im Folgenden Ulrich (1983), S. 93.

[625]　Als psychoevolutionäre Ursachen fasst Ulrich (1983) die im Laufe der menschlichen Entwicklungsgeschichte herausgebildete Neigung auf, sich in der Natur zu erholen. Folgt man seinen Ausführungen, so hat dies nicht nur eine ästhetische Dimension. Denn die Natur wird bzw. wurde vor allem in früheren Zeiten auch instinktiv aufgrund der höheren Wahrscheinlichkeit, Nahrung vorzufinden, bevorzugt.

[626]　Vgl. Ulrich et al. (1991), S. 226. Ulrich und seine Kollegen überprüften daraufhin diese Vermutungen. Insgesamt stützen die Untersuchungsergebnisse die Aussagen von Markus. So erholten sich die Probanden wesentlich schneller vom Arbeitsstress und fühlten sich insgesamt weitaus wohler, wenn sie Arbeitsplätze in ländlicher Umgebung hatten.

II.3 Zwischenbilanz: Positive Emotionalität als realtypisch-komplexes Phänomen

Zielsetzung dieses Teils war es, die eng gefasste Begriffsauslegung positiver Emotionen in ein möglichst realitätsnahes Begriffsverständnis unter dem Schlagwort positive Emotionalität zu überführen. Hierfür wurde zunächst ein konzeptioneller Bezugsrahmen entworfen. Im Mittelpunkt stand dabei die Erweiterung auf eine Mehrebenenbetrachtung sowie die Erörterung der Dynamik positiver emotionalitätsbasierter Zustände (vgl. Abb. II-7). Ergänzend wurden organisationale und umweltbezogene Rahmenfaktoren diskutiert.

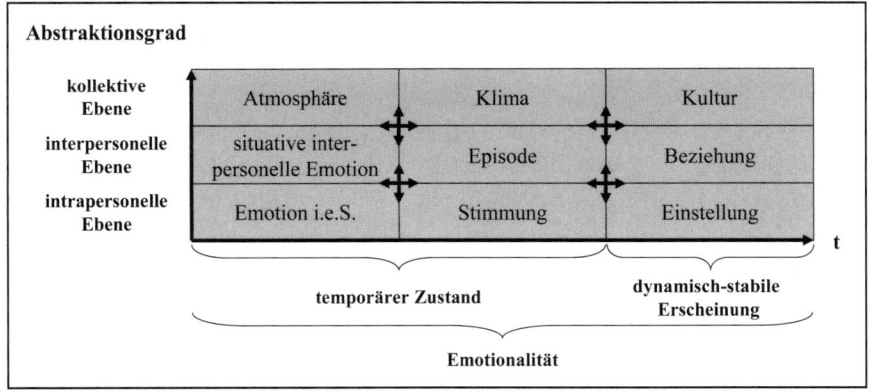

Abb. II-7: *Erweiterung des tradierten Betrachtungsspektrums von positiven Emotionen hin zu positiver Emotionalität*

Ein solches Vorgehen erschien sinnvoll und notwendig, um die Komplexität des Phänomens positive Emotionalität zu verdeutlichen.[627] Es zeigte sich, dass es sich dabei um ein realtypisch facettenreiches Phänomen handelt, wobei positive Emotionalität stets durch eine Vielzahl einzelner Ursachen hervorgerufen wird und – wie aus Abbildung II-7 ersichtlich – zudem Wechselwirkungen zwischen einzelnen Elementen bestehen können. In diesem Zusammenhang gelang der Nachweis, dass positive Emotionalität langfristig durch wiederholt gleichgerichtete Erlebnisse aufgebaut werden kann. So bildet sich beispielsweise erst im Zeitablauf ein

---

[627] Vgl. hierzu auch die Ausführungen von Averill, der ähnlich für Emotionen formuliert: „An emotion is a transitory social role (a socially constituted syndrome) that includes an individual's appraisal of the situation and that is interpreted as a passion rather than as an action. This definition does not cover all of the phenomena that in ordinary language are sometimes labelled "emotional". But no definition can be stretched to cover all borderline phenomena and still retain any precision" (Averill 1980, S. 312).

„Tugendkreislauf" heraus, durch den eine interpersonelle, auf positiver Emotionalität basierende Beziehung gefestigt wird.

Teil III: Auf dem Weg zu einer Kultivierung positiver Emotionalität

Das im vorangegangenen Teil dieser Arbeit zu Grunde gelegte Begriffsverständnis positiver Emotionalität erweiterte die konventionell eng gefassten Konzeptionen positiver Emotionen und orientierte sich an realtypischen Phänomenen aus Sicht der Humanressourcen. Darauf aufbauend erfolgt nunmehr ein Perspektivenwechsel. Das Erkenntnisinteresse richtet sich auf die Betrachtung positiver Emotionalität aus Sicht des HRM.[628] Dementsprechend ist es die *Zielsetzung dieses Teils*, das HRM für potenzielle Handlungsoptionen hinsichtlich der unterschiedlichen Ebenen positiver Emotionalität zu sensibilisieren.[629] Es geht dabei nicht um eine rein präskriptiv gehaltene Auseinandersetzung,[630] sondern um die Identifikation hier in Betracht kommender Ansatzpunkte hinsichtlich der zuvor erläuterten unterschiedlichen Dimensionen. Insofern kann den Ausführungen Ortmanns gefolgt werden:[631]

> „[Emotionen] verhalten sich eben deshalb sperrig gegenüber Versuchen ihrer Planung, Steuerung und ihres Managements [da es] entweder eine paradoxale Aufforderung oder das Ansinnen, sie vorzutäuschen [impliziert]. *Can't buy me love*" (Ortmann 2001, S. 305; Anmerkungen G.M.-S.; Hervorhebungen im Original).

Insgesamt erscheint es daher durchaus plausibel, positive Emotionalität indirekt beeinflussen zu können, indem entsprechende Voraussetzungen zum Hervorrufen positiver Emotionalität getroffen werden.[632] Eine solche *Kultivierung positiver Emotionalität* lehnt sich an den Pop-

---

[628] Wie bereits wiederholt angedeutet, wird der Begriff des HRM in dieser Arbeit breit ausgelegt. Daher kommen sowohl operative als auch strategische Aspekte in Betracht, die nicht exakt dem von Ringlstetter/ Kniehl (1995) entworfenen Bezugsrahmen entsprechen. Hintergrund ist das Anliegen, sich realtypischen Phänomenen gegenüber zu öffnen.

[629] Ausgangspunkt für derartige Überlegungen ist die Prämisse, dass es sich bei dieser Thematik tendenziell um einen „blinden Fleck" handelt; vgl. Bögel (1988), Brief/ Weiss (2002), S. 299, Ringlstetter/ Müller-Seitz (2006a), S. 133, Ringlstetter/ Müller-Seitz (2006b) sowie Wegge (2001). Diesbezüglich lässt sich die Auseinandersetzung vor dem Hintergrund der aufgezeigten Allgegenwärtigkeit und Bedeutsamkeit positiver emotionalitätsbasierter Zustände als konsequent und zweckvoll rechtfertigen. Ergänzend ist hinzuzufügen, dass sich die Maßnahmen hinsichtlich der Ebenen überschneiden, die Trennungen mithin primär analytischer Natur sind und zur Vermeidung von Redundanzen vorgenommen wurden.

[630] Ein derartiger Determinismus wäre vermutlich zum Scheitern verurteilt, was bereits seit den 1980er Jahren im Zuge der Diskussion der Unternehmenskultur deutlich wurde; vgl. exemplarisch Ebers (1985), Ebers (1991) sowie Smircich (1983).

[631] Vgl. auch Neuberger (2003a), Ortmann (2003) sowie Ortmann (2004). Zwar bezieht sich Ortmann explizit auf Emotionen, doch scheint eine Übertragung auf den vorliegenden Kontext gangbar. Zu einer ähnlichen Schlussfolgerung gelangen auch Kaiser und Ringlstetter, indem sie konstatieren, dass „eine mechanistische Schaffung glücklicher Mitarbeiter auf Basis standardisierter Managementkonzepte an Grenzen stößt" (Kaiser/ Ringlstetter 2006b, S. 158); vgl. auch Sieben (2007).

[632] Hierbei wird erneut auf den Gedankengang eines gemäßigten Voluntarismus zurückgegriffen; vgl. Driver (2003), S. 536, bzw. Kirsch (1997a), S. 34. Ortmann betrachtet diesen Sachverhalt ähnlich, wenn er in Bezug auf Flow-Erlebnisse konstatiert, dass „Emotionen nicht (direkt) intendierbar sind. Flow-Erlebnisse lassen sich nicht anordnen, aber indirekt ermöglichen" (Ortmann 2001, S. 306).

per'schen Begriff des „Social Engineering"[633] an, so dass hier auch von einer „Engineering Emotionality" gesprochen werden kann.[634] Damit wird eine kritisch-realistische Sicht auf die Intervention in soziale Strukturen und Systeme eröffnet.[635]

Aus der Grundannahme, positive Emotionalität sei zumindest indirekt steuerbar, folgt der Leitgedanke einer „positiven emotionalitätsbasierten Kongruenz".[636] Dabei wird unterstellt, dass es nur möglich zu sein scheint, „gleichgerichtete" positive Emotionalität bei den Mitarbeitern zu fördern bzw. zu erzeugen. Denn für die Existenz positiver emotionalitätsbasierter Kongruenz sind identische positive Emotionen nicht zwingend notwendig, wie etwa im Fall der emotionalen Ansteckung.[637] So ist es denkbar, dass ein Vorgesetzter, der Stolz empfindet, als Folge hiervon seinen Mitarbeiter lobt, der daraufhin neben Stolz eventuell auch Freude empfindet.[638] Das Erreichen einer solchen Kongruenz wird somit als realistisch eingestuft.[639]

In Anlehnung an Kirsch und Maaßen bietet sich für das *weitere Vorgehen* die Erörterung anhand zwei generischer Handlungsebenen an, der operativen sowie der strategischen Managementsystemebene.[640] Die Ebene des *operativen Managementsystems* beinhaltet einerseits die auf *intra*personelle positive Emotionalität abzielenden Aktionsparameter entsprechend der Diskussion in Teil II. Sie lassen sich problemlos unter die von Ringlstetter und Kniehl konzipierten HRM-Aufgabenfelder subsumieren (III.1.1).[641] Andererseits ist aber auch die *inter*per-

---

[633]   Vgl. Popper (1992).

[634]   Vgl. Ringlstetter/ Müller-Seitz (2006a), S. 142. Eine Kultivierung positiver Emotionalität ist in diesem Kontext als Pendant zu einer Domestizierung negativer Emotionalität zu begreifen. Ferner ist auf die ähnlich konzipierten Ausführungen bei Diener et al. (2006), S. 306ff., und Fineman et al. (2005), S. 220, zu verweisen.

[635]   Vgl. Ringlstetter/ Müller-Seitz (2006a), die sich auf Kirsch (1997a), S. 116f. beziehen. Ferner sei an dieser Stelle bereits auf die relativierenden Anmerkungen im Schlussteil verwiesen, um im Hinblick auf potenzielle Steuerungsoptionen dem Verdacht einer unkritischen und unreflektierten Auseinandersetzung vorzubeugen.

[636]   Vgl. Creusen et al. (2007a) bzw. Creusen et al. (2007b). Diesbezügliche Überlegungen gehen primär auf Reflexionen des Autors hinsichtlich in praxi vorzufindender Phänomene zurück; vgl. auch Güttel, fernmündlich am 05.12.2006 sowie analog die Ausführungen zur Übereinstimmung von Oberflächen- und Tiefenstrukturen in Unternehmen bei Gomez und Müller-Stewens, die in diesem Zusammenhang von „Konvergenz" sprechen (Gomez/ Müller-Stewens 1994, S. 156); vgl. auch Brockner/ Higgins (2001), Kutschker (1996), S. 13, Rüegg-Stürm (2003), S. 2, sowie Schuster (2005), S. 44ff.

[637]   Vgl. Hatfield et al. (1994).

[638]   Vgl. von von Rosenstiel (2003b), S. 270. Umgekehrt wäre auch ein negativer Kreislauf denkbar. Aufgrund der gewählten thematischen Orientierung an positiven Phänomenen werden diese Aspekte hier nicht weiter vertieft.

[639]   Vgl. u.a. für die Thematik Unternehmenskultur Smircich (1983) sowie Ebers (1985).

[640]   Vgl. Kirsch/ Maaßen (1988) sowie Ringlstetter/ Müller-Seitz (2006a) und Ringlstetter/ Müller-Seitz (2006b).

[641]   Vgl. Ringlstetter/ Kniehl (1995).

sonelle Dimension von Belang, womit unmittelbar Fragen der *Mitarbeiterführung* angesprochen sind (III.1.2).

Auf der Ebene des *strategischen Managementsystems* sind demgegenüber eher global orientierte Ansatzpunkte angesiedelt. Damit rückt *kollektive* positive Emotionalität als Untersuchungsobjekt in den Mittelpunkt. Inhaltlich kommt dabei vor allem die Unternehmenskultur als statischer Ansatzpunkt in Betracht (III.2.1).[642] Unter prozessualen bzw. dynamischen Gesichtspunkten lässt sich dagegen die Kodierung emotionalitätsbasierter Zustände durch sozialisatorische Einflüsse heranziehen (III.2.2). An dieser Stelle ist darauf hinzuweisen, dass die Auseinandersetzung mit den letztgenannten Ebenen zwar analytisch getrennt erfolgt, beide jedoch in praxi eng miteinander verbunden sein dürften.[643]

III.1 Darstellung potenzieller Gestaltungsparameter eines Humanressourcen-Managements auf intra- und interpersoneller Ebene

Die folgende Diskussion konzentriert sich auf mögliche Ansatzpunkte auf der intra- und interpersonellen Ebene. In beiden Fällen handelt es sich somit um Vorschläge, die sich konkret auf einzelne Personen bzw. Austauschsituationen beziehen, wie sie in II.1.1 neben der kollektiven positiven Emotionalität skizziert wurden.

Intrapersonelle Gestaltungsparameter (III.1.1) betreffen das Individuum bzw. dessen Umgang mit positiver Emotionalität. Die Diskussion orientiert sich dabei an den vergleichsweise gängigen operativen Maßnahmebündeln. Diesbezüglich erscheinen die im Bezugsrahmen eines HRM von Ringlstetter und Kniehl entworfenen Aufgabenfelder ebenso wie ergonomische Maßnahmen als Teil des Placements besonders interessant.

Demgegenüber stellen *interpersonelle Ansatzpunkte* auf Austauschsituationen zwischen Führungskraft und einem bzw. mehreren Mitarbeitern ab (III.1.2). Da im Rahmen dieser Arbeit die Perspektive des HRM gewählt wurde, stehen hier naturgemäß vor allem Führungssi-

---

[642] Die Einteilung in eine statische (Unternehmenskultur) sowie dynamische (Sozialisation) Komponente erfolgte auf Basis einer Reflexion hinsichtlich der geführten Interviews, der Analyse der entsprechenden Literatur und den Anregungen von Güttel, fernmündlich am 05.12.2006.

[643] Dies lässt sich u.a. mit Domagalskis Reflexion zum Stand der Forschung hinsichtlich des Themas Emotionen in Organisationen belegen, wenn sie konstatiert „Hence, members learn by way of organizational socialization practices, from the rituals and symbols that are used to instill the organization's culture, and, at times, from overstepping the emotional boundaries, which emotions may be expressed, what should be felt in given social contexts, and to whom it is acceptable to express particular emotions" (Domagalski 1999, S. 841).

tuationen im Mittelpunkt. In diesem Zusammenhang sind indes nicht nur kurzfristige Wirkeffekte von Interesse, sondern auch mittelfristig resultierende Führungsphänomene. Die Ausweitung des Zeithorizonts auf mittelfristige Aspekte, die auf dem hier entworfenen Verständnis von Emotionalität basieren, leitet sodann über auf mögliche Ansätze zur Kultivierung auf kollektiver Ebene mit tendenziell eher langfristigem Zeithorizont (III.2).

III.1.1 Individuumsbezogene Maßnahmenbündel im Hinblick auf die intrapersonelle Dimension

Die hier vorzustellenden potenziellen Aktionsparameter zielen auf operative Ansätze ab, mit denen positive Emotionalität gezielt bei *einzelnen Mitarbeitern* ermöglicht werden soll.[644] Die Diskussion orientiert sich dabei an den von Ringlstetter und Kniehl vorgestellten *HRM-Aufgabenfeldern Allokation, Akquisition, Placement, Entwicklung, Motivation und Dispensation*.[645] Flankierend wäre auch an eine entsprechende Gestaltung der Arbeitsplätze unter ergonomisch-arbeitspsychologischen Gesichtspunkten zu denken.[646] Da diesbezügliche Fragestellungen zumindest partiell in Zusammenhang mit dem Placement von Humanressourcen stehen, sollen sie dort angesiedelt werden.[647]

Im Hinblick auf die *Allokation*, verstanden als informatorische Grundlage für sämtliche HRM-Aufgabenfelder,[648] lässt sich im vorliegenden Kontext die Aufbereitung von Persön-

---

[644] Vgl. Kaiser/ Ringlstetter (2006b), S. 158ff., für ähnlich gelagerte Ausführungen. Der Verfasser dieser Arbeit ist sich bewusst, dass die vorzustellenden Maßnahmen vor allem Überschneidungen zur anschließenden Auseinandersetzung mit interpersonellen Maßnahmenbündeln der Personalführung aufweisen. Um diese möglichst gering zu halten, erfolgt an den entsprechenden Stellen ein Verweis und die Erörterung fällt dementsprechend knapp aus.

[645] Vgl. Ringlstetter/ Kniehl (1995). Zwar beziehen die Autoren die Aufgabenfelder des HRM in erster Linie auf Aggregationen von Humanressourcen im Sinne des Resource-based View (vgl. auch Kaiser 2001, S. 19ff.), doch soll das HRM, wie eingangs angedeutet, hier sehr breit ausgelegt werden, mithin operative Fragestellungen inkludieren.

[646] Vgl. exemplarisch Sundstrom/ Sundstrom (1989), S. 84ff.

[647] Die Einordnung ergonomisch-arbeitspsychologischer Erkenntnisse in den Bereich des HR-Placements erscheint plausibel, da hier die wohl engste Verbindung bestehen dürfte. Es ist jedoch festzuhalten, dass dies nicht exakt der Vorstellung des Placements bei Fargel (2006) bzw. Ringlstetter/ Kniehl (1995) entspricht, mithin eine Angleichung des Kontexts im Sinne einer „Nachdichtung" (Kirsch 1997a, S. 210) notwendig erscheint. So lassen sich die Anpassung der Akustik oder die Einrichtung einer möglichst optimalen Raumbeleuchtung nach Absprache mit dem betreffenden Mitarbeiter als Maßnahme zur Erzielung eines Fits zwischen Person und Aufgabe bzw. Stelle begreifen; vgl. exemplarisch: Banbury/ Berry (2005) bzw. Wells (1965).

[648] Vgl. Ringlstetter/ Kniehl (1995), S. 152, sowie speziell vor dem Hintergrund eines internationalen HRM Ringlstetter (1994), S. 240. Ringlstetter und Kniehl zufolge sind Aspekte der Allokation „bei allen anderen Aufgaben in gewisser Weise mit [zu reflektieren]" (Ringlstetter/ Kniehl 1995, S. 152; Ergänzungen

lichkeitsfaktoren anführen.[649] Zwar ist dies keine unmittelbare Maßnahme zum Hervorrufen von positiver Emotionalität bei den fokalen HR, doch scheint eine knappe Erörterung aufgrund der Relevanz dieses Aufgabenfeldes von Wert. So kann die Analyse der umweltbezogenen Rahmenfaktoren[650] im Hinblick auf den HR-Markt dazu dienen, die Leistungsfähigkeit der aktuellen wie auch der potenziellen HR zu analysieren, und dann über mögliche Veränderungen der HR-Verfügungsmasse entscheiden zu können.[651] So könnte frühzeitig ein Bedarf an HR transparent werden, um qualitativ-quantitativen Engpässen bei der Besetzung vakanter Stellen vorbeugen zu können.

In engem Zusammenhang mit der Allokation steht das HRM-Aufgabenfeld *Akquisition*, das sich mit der Beschaffung von Humanressourcen auseinandersetzt.[652] Für die vorliegende Problematik stehen dabei in erster Linie Auswahlverfahren im Mittelpunkt, die auf die Identifikation persönlicher Eigenschaften hinsichtlich des Erlebens positiver Emotionalität abzielen.[653] Zu denken wäre dabei etwa an die Fokussierung auf Mitarbeiter mit autotelischer Persönlichkeit, die hinsichtlich der betreffenden Tätigkeiten bzw. Stellen dazu neigen könnten, Flow zu erleben.[654] Einen weiteren gängigen Anwendungskontext stellen Arbeitsplätze dar, in denen der betreffende Mitarbeiter unmittelbar mit Kunden interagiert.[655] Gängige Auswahl-

---

G.M.-S.). Die zentrale Fragestellung der Allokation lässt sich gedanklich in die Analyse des vorhandenen Leistungsfähigkeitsniveaus der HR („Allokation-Ist") sowie in das gewünschte Leistungsfähigkeitsniveau entsprechend den Organisationsanforderungen („Allokation-Soll") unterteilen. Zielsetzung der Allokation ist es dabei, einen gegenwärtigen bzw. zukünftigen Fit zwischen Allokations-Ist und -Soll herzustellen bzw. im Falle eines Misfits den Handlungsbedarf für das HRM bzw. die einzelnen Aufgabenfelder zu identifizieren.

[649] Vgl. stellvertretend Schuler/ Funke (1995), S. 235ff., für allgemeine Ausführungen zu dieser Thematik sowie die nachstehende Erörterung bezüglich der HR-Akquisition. Außerdem seien Avia (1997), George (1990), Larsen/ Ketelaar (1989), Larsen/ Ketelaar (1991) bzw. Staw et al. (1986) für die Empfänglichkeit von positiver Emotionalität aufgrund persönlicher Prädispositionen genannt.

[650] Vgl. auch Ringlstetter/ Kniehl (1995), S. 153.

[651] Vgl. ähnlich Höllmüller (2002), S. 65ff.

[652] Vgl. Höllmüller (2002) für eine dezidierte Erörterung sowie Illustration dieses Sachverhalts anhand einer empirischen Studie mit Fokus auf hochqualifizierte Nachwuchskräfte im Einklang mit der von Ringlstetter/ Kniehl (1995) vorgelegten Konzeption eines HRM.

[653] Vgl. Scholz (2000), S. 309ff. Ein geeignetes Instrument aus der Unternehmenspraxis stellt in diesem Zusammenhang der so genannte Strength Finder von Gallup dar (Buckingham/ Clifton 2002 sowie Creusen, persönlich-mündlich am 13.03.2006, ferner Wood, fernmündlich am 13.07.2006). Mittels dieses Instruments lassen sich intraindividuelle „Stärken" ermitteln, die persönliche Prädispositionen widerspiegeln.

[654] Vgl. Emerson (1998), S. 42, Csikszentmihalyi (1975), S. 21f., sowie die Erörterung in I.2.2. Zwar bilden persönliche Eigenschaften nicht das zentrale Erkenntnisinteresse dieser Arbeit, da sie nicht zum hier definierten Verständnis von Emotionalität zählen, doch scheint eine knappe Erörterung an dieser Stelle zweckvoll.

[655] Vgl. Ashkanasy/ Daus (2002), S. 82, Nerdinger (2001), S. 309ff.

verfahren sind hier persönliche Auswahlgespräche oder Assessment Center.[656] Dabei kommt es meist darauf an, dass die betreffende Person über die entsprechenden Persönlichkeitsmerkmale bzw. Wesenszüge verfügt, also z.B. sehr kontaktfreudig ist. Dieser Sachverhalt wird insbesondere im Hinblick auf kundenorientierte Arbeitsplätze relevant. Ein anschauliches Beispiel für eine solche Orientierung ist der plakative Slogan von Nordstrom, deren Maxime bei der Akquisition wie folgt lautet: „Hire the smile, train the skill" (Spector/ McCarthy 2005, S. 89).[657]

Das *Placement* bildet ein weiteres HRM-Aufgabenfeld. Zielsetzung im vorliegenden Kontext wäre es, einen Fit zwischen der jeweiligen Humanressource und der potenziell vakanten Stelle in der fokalen Organisation zu erreichen.[658] Denn eine mögliche Folge bestünde in dem bereits erörterten Erleben von Flow bei Arbeitstätigkeiten, bei denen ein Fit zwischen den Arbeitsanforderungen und den diesbezüglichen Fähigkeiten des betreffenden Mitarbeiters entsteht.[659] Daneben dürfte es sinnvoll sein, die Bewegung der Humanressourcen zu begleiten bzw. bestmöglich zu konzipieren.[660]

Ferner lässt sich das Forschungsgebiet *Ergonomie* als bedeutsam für die Beeinflussung der intraindividuellen positiven Emotionalität einstufen.[661] Zwar dominieren auch in diesem Fall Bürokonzeptionen, die dem Tayloristischen Ideal verhaftet sind,[662] doch lassen sich durch den Human Relations-Ansatz inspirierte Konzepte identifizieren, die auch Aspekte der Emotiona-

---

[656] Vgl. exemplarisch Arvey/ Campion (1982) bzw. Sarges (1996). Den Ausführungen der Autoren folgend ist anzumerken, dass es bei diesen Verfahren darauf ankommt, bei den Kandidaten von vornherein realistische Erwartungshaltungen zu erzeugen. Denn so kann negativer Emotionalität, etwa in Form späterer Frustration oder Wut, vorgebeugt werden.

[657] Vgl. auch Collins/ Porras (2000), S. 117.

[658] Vgl. ausführlich Fargel (2006), S. 29ff. Die Autorin führt unter Rekurs auf Wolfrum (1993, S. 58ff.) ebenfalls die Metapher von „Schlüssel und Schloss" an, die grundsätzlich auf die Stimmigkeit beider Aspekte abzielen soll; vgl. Ringlstetter et al. (2006c, S. 329f.) für den verwandten Begriff des „Matchings" am Beispiel von Professional Service Firms.

[659] Vgl. Kaiser/ Ringlstetter (2006b), S. 159ff., bzw. Creusen, persönlich-mündlich am 13.03.2006, im Hinblick auf die verwandte Diskussion zum stärkenorientierten Konzept mittels des Strength-Finder-Konzepts von Gallup; vgl. auch Buckingham/ Clifton (2002). Ringlstetter (1991b, S. 346) berichtet diesbezüglich anschaulich von Niederlassungsmanagern, die sich mehr Freiräume für ihre eigentlichen Aufgaben wünschten.

[660] Vgl. Fargel (2006), S. 83ff., sowie Kaiser (2001), S. 147ff., die diesbezüglich unter Rekurs auf die einschlägige Literatur von einem Humanressourcen-Flow sprechen.

[661] Wie angedeutet, sind diesbezügliche Fragestellungen nicht originär beim HRM im von Ringlstetter und Kniehl (1995) angedachten Bezugsrahmen anzusiedeln, lassen sich jedoch aus Plausibilitätsgründen noch am ehesten dem vorliegenden Aufgabenfeld zuordnen; vgl. zusammenfassend Egger (2001), Fürstenberg (2001) sowie Genaidy et al. (1999).

[662] Vgl. Taylor (1911) und die thematisch ähnlich ausgestaltete Psychotechnik von Münsterberg (1912). Ferner vgl. für Ausführungen zur Rationalitätsdominanz Donald (2001), S. 282.

lität in Betracht ziehen.[663] Als potenzieller Ansatzpunkt kommt hier die Reduzierung des aus sozialer Dichte resultierenden Lärms in Betracht, etwa durch den Einbau von Trennwänden in Büros.[664] Außerdem kann die Regulation des Mikroklimas in Arbeitsräumen bedeutsam sein, was zum Beispiel durch die Installation von Klimaanlagen erfolgen könnte.[665] Schließlich ist noch auf eine optimale Arbeitsraum- und Arbeitsplatzbeleuchtung hinzuweisen, deren Bedeutung für das subjektive Wohlbefinden heute unstrittig ist.[666]

Zentrales Erkenntnisinteresse des mit dem Placement eng verbundenen HRM-Aufgabenfelds *Entwicklung* stellt im vorliegenden Zusammenhang „das Angebot permanenter Lernherausforderungen" (Kaiser 2001, S. 175) dar.[667] Infolgedessen steht diesbezüglich die Definition möglichst komplexer Aufgaben im Mittelpunkt[668] und damit zugleich die Ermöglichung von Flow-Erlebnissen.[669] Außerdem kann vermutlich auch die Erweiterung von Handlungsspielräumen („Empowerment") positive Emotionalität fördern.[670] Ähnliche Wirkeffekte sind durch klassische Maßnahmen wie Job-Enrichment oder Job-Rotation anzunehmen.[671] Daneben könnten Trainingsmaßnahmen dazu dienen, positive Emotionalität beim Mitarbeiter zu fördern sowie gleichsam negative Emotionalität zu vermeiden.[672] Als anschauliches Bei-

---

[663]   Vgl. u.a. Stauss (1999b) und Strati (1992) im Hinblick auf den Einfluss der Ausgestaltung von Büroräumen sowie Duffy (1979), S. 54, für den zeitgleich zur Human Relations-Bewegung entwickelten Ansatz der „Bürolandschaft". Eine weitere Maßnahme skizziert Scholz (2000, S. 681f.), der u.a. auf die an Feng Shui orientierte Innenraumgestaltung eingeht.

[664]   Vgl. Banbury/ Berry (2005), S. 35f., bzw. die Diskussion in II.2.1.

[665]   Vgl. Bell et al. (2001), S. 184ff., sowie die detaillierte Erörterung in II.2.1.

[666]   Vgl. Sundstrom/ Sundstrom (1989), S. 84ff., Veitch (2000) sowie speziell für Call Center Baumgartner/ Udris (2004) bzw. Richenhagen (1997) und Ducki (2002, S. 429f.) bzw. Thom (2000) für Telearbeitsplätze. Einen generellen Überblick bietet Scholz (2000), S. 641ff.

[667]   Vgl. Csikszentmihalyi (2004), Dal Zotto (2000), Kaiser/ Ringlstetter (2006b), S. 159ff., sowie erneut Csikszentmihalyi (1975), S. 141, der nicht nur Macro-Flows in Betracht zieht, sondern auch auf Micro-Flows abstellt. Es erscheint in diesem Kontext zweckvoll, die Steigerung der persönlichen Fähigkeiten an den Stärken des Mitarbeiters auszurichten (vgl. Wood, fernmündlich am 13.07.2006 sowie Kaiser/ Ringlstetter 2006b, S. 160f.). Ferner sei erneut darauf verwiesen, dass an dieser Stelle das Individuum im Mittelpunkt steht und dem kollektiven Lernen verwandte Themen im Zuge der Sozialisation erörtert werden (III.2.2).

[668]   Vgl. Kaiser/ Ringlstetter (2006b), S. 160.

[669]   Vgl. generell Csikszentmihalyi (2004) sowie Jett/ George (2003), S. 494.

[670]   Vgl. Berry (1995), S. 208, Haller (2001), S. 241ff., Tsahuridu (2006) sowie generell Bowen/ Lawler (1992), Feldman/ Khademian (2003) und Lincoln et al. (2002). So ließe sich letztlich auch das im Jobdemands/control-Modell (Karasek 1979, Karasek/ Theorell 1990 und Spector 1997) formulierte Kontrollpostulat erfüllen, Arbeitsstress ex ante zu vermeiden bzw. zu reduzieren; vgl. auch Cooper/ Cartwright (1994), Cooper/ Cartwright (2001), Ganster (1989), Ganster/ Schaubroek (1991) sowie Greenberger/ Strasser (1986).

[671]   Vgl. Scholz (2000), S. 505ff., für eine Übersicht.

[672]   Vgl. hierzu die Diskussion bei Ashkanasy/ Daus (2002), Ashkanasy (2004),Coenen (2005), Evison (2001), Nikolaou/ Tsaousis (2002), Sawaf et al. (2001), Wegge (2001). Ein positiver Nebeneffekt solcher Trainings ist auch die Erhöhung der Flexibilität der Mitarbeiter bzw. der Humanressourcenausstattung

spiel lassen sich erneut Kundenkontaktsituationen anführen, bei denen der Mitarbeiter Emotionsarbeit zu leisten hat.[673] Dabei muss Emotionsarbeit nicht zwangsläufig, wie in den meisten
Beiträgen breit diskutiert, negativ konnotiert sein und ein Verhaltenstraining mithin nicht nur
auf die Vermeidung negativer Emotionalität abzielen.[674] Denn es ist ebenfalls durchaus vorstellbar, dass ein Mitarbeiter Emotionsarbeit gerne erbringt und sie dabei sogar als angenehm
oder belohnend empfindet.[675]

Das Aufgabenfeld *Motivation* weist hinsichtlich der Betrachtung positiver Emotionalität
diverse Überschneidungen mit der HR-Entwicklung auf.[676] Denn durch die zuvor dargelegten
Gestaltungsoptionen bezüglich der Arbeitsaufgaben sind auch motivationale Aspekte angesprochen.[677] So wäre es denkbar, dass das Bereitstellen bestimmter Vorrichtungen oder Institutionen positive Emotionen bzw. motivationale Effekte bei den Mitarbeitern hervorrufen
kann.[678] Als Vorrichtung käme z.B. die Bereitstellung von Tischfußballgeräten („Kickerti-
schen") zur Nutzung in den Arbeitspausen in Betracht. Damit könnte die positive psychologische Wirkung von Pausen verstärkt und als „Schlussantrieb" ein bestimmter temporärer Mo-
tivationseffekt jeweils vor den Pausen erreicht werden.[679]

---

insgesamt. Durch eine derartige Erhöhung der so genannten internen Employability kann letztlich der
Dispensation der betreffenden Humanressourcen vorgebeugt werden (Drumm 2005, S. 399, Fuchs 2006,
S. 180ff., Kaiser/ Roßbach 2003, Sattelberger 2006, S. 77ff., sowie die ähnlichen Ausführungen bei Ebert
2006, S. 71ff. und S. 95ff., Kaiser/ Fassbender 2006 und Kaiser et al. 2005).

[673]   Vgl. Ashforth/ Humphrey (1993), Nerdinger (2001), S. 515f., sowie Zerbe et al. (2002).

[674]   Vgl. exemplarisch Brotheridge/ Grandey (2002), Montgomery et al. (2006) und Nerdinger/ Röper (1999).

[675]   Vgl. Chu (2002), S. 24ff., Kruml/ Geddes (2000), Sharpe (2005) sowie Shuler/ Sypher (2000), S. 66ff.

[676]   An dieser Stelle ist erneut darauf zu verweisen, dass hier nicht sämtliche Handlungsoptionen dieses Aufgabenfeldes in toto erörtert werden können. Es werden daher lediglich jene Maßnahmen skizziert, die
vergleichsweise deutliche Wirkeffekte hervorrufen. Insofern bleiben ex ante diverse interessante Ansätze
außerhalb des Betrachtungsspektrums. So z.B. der kaum untersuchte Zusammenhang zwischen der Entlohnung von Humanressourcen und den daraus resultierenden Effekten bezüglich der Emotionalität (vgl.
Brief/ Weiss 2002, S. 291) sowie die auf Emotionalität bezogenen Auswirkungen von Arbeits-
platz(un)sicherheit; vgl. Strazdins et al. (2004), S. 303, sowie die Diskussion in II.2.1.

[677]   Vgl. Salanova et al. (2006).

[678]   Vgl. analog die Ausführungen von Zapf et al. (1996), die auf negative emotionalitätsbasierte Zustände
rekurrieren, deren Gedankengänge jedoch übertragbar sein dürften; vgl. auch Rose (1990) aus kritischer
Perspektive.

[679]   Zu vergleichbaren Wirkeffekten können auch andere, ganz einfache operative Maßnahmen führen, wie
etwa das Bereitstellen von Kaffee. Denn dies kann ebenfalls positive emotionalitätsbasierte Zustände im
Sinne von Micro-Flows (Csikszentmihalyi 1975, S. 141) auslösen und die Konzentration der Mitarbeiter
steigern (Smith et al. 1997, S. 31f.). In diesem Zusammenhang sind auch die ähnlich gelagerten Ausführungen von Kniehl (1998), S. 66f., interessant. Der Autor greift ebenfalls auf Untersuchungen zu Flow-
Erlebnissen zurück; vgl. auch Csikszentmihalyi (1997), Csikszentmihalyi/ LeFevre (1989) sowie die Diskussion in I.2.2.

Institutionelle Vorkehrungen würden demgegenüber primär auf die Schnittstelle zwischen Arbeit und Privatsphäre abzielen.[680] So könnte die Einrichtung eines Betriebskindergartens oder von Betriebssportanlagen Mitarbeiter motivieren bzw. affektiv an das Unternehmen binden. Daneben kann eine an den Bedürfnissen der Mitarbeiter ausgerichtete Gestaltung der täglich-wöchentlichen Jahres- und Lebensarbeitszeitsysteme vermutlich ebenfalls positive Emotionalität hervorrufen.[681]

Für den vorliegenden Zusammenhang liegt die primäre Zielsetzung des HRM-Aufgabenfelds *Dispensation* vor allem darin,[682] bei Entlassungen von Mitarbeitern negative Emotionalität zu vermeiden bzw. idealiter sogar positive Emotionalität gegenüber dem ehemaligen Arbeitgeber zu induzieren. Damit könnte einer Reihe von negativen Konsequenzen vorgebeugt werden, etwa dem Bruch des „psychologischen Vertrags" mit dem Unternehmen,[683] dem Verlust sozialer Bindungen[684] bzw. unterschiedlichsten Formen von Stress.[685] Auf den ersten Blick mag es befremdlich klingen, positive emotionalitätsbasierte Zustände bei Entlassungen wecken zu wollen. Dennoch ist es nicht unrealistisch, dass durch eine als fair wahrgenommene Dispensationskultur,[686] erreichbar z.B. durch Outplacement-Angebote, großzügige Abfindungsangebote, die Zusicherung positiver Referenzen etc.,[687] überwiegend versöhnlich-positive emotionalitätsbasierte Zustände bei den Betroffenen zurückbleiben können.[688] Eine weitere Ausprägung einer adäquaten Dispensationskultur könnte in einer mitarbeiterorientierten Ausgestaltung der Kommunikationskultur gesehen werden.[689] Denn auch durch die gezielte Steuerung der internen Kommunikation ist eine Beeinflussung der Emotio-

---

[680]   Vgl. hier und im Folgenden Danna/ Griffin (1999), S. 374f., Polach (2003) sowie die Ausführungen in II.2.1. Ein mögliches Beispiel wäre das gemeinsame Fußballspielen im Kollegenkreis, welches durchaus zu einer emotionalitätsbasierten Bindung an das Arbeitskollektiv führen kann; vgl. auch Kellmann et al. (2001) bzw. Weingarten (1973).

[681]   Vgl. Thom (2000), S. 185ff., sowie für einen Überblick Scholz (2000), S. 666ff.

[682]   Detaillierte Ausführungen zu diesem Aufgabenfeld finden sich bei Ebert (2006).

[683]   Vgl. Berner (1999), Rousseau (1989) und Rousseau (1995).

[684]   Vgl. Leana/ Feldman (1992), S. 5ff.

[685]   Vgl. stellvertretend von von Eckardstein et al. (1995) und Hamilton et al. (1990).

[686]   Vgl. Ebert (2006), S. 187ff. Der Autor berichtet aus der Unternehmenspraxis unter Rekurs auf Tödtmann (2003, S. k04) von negativen Wirkeffekten anonymer Kündigungen per SMS bzw. Anrufbeantworter. Ein solches Vorgehen zeugt von einer Geringschätzung der Arbeitnehmer, weshalb es plausibel erscheint, im Umkehrschluss zu unterstellen, dass eine Wertschätzung auch im Falle von Entlassungen zweckvoll sein dürfte. Zwar deutet der Begriff Dispensationskultur bereits auf die noch später in III.2.1 zu erörternde kollektive Ebene hin, dennoch lassen sich – wie auch aus diesem Beispiel ersichtlich – Aspekte identifizieren, die sich primär auf intraindividueller Ebene einordnen lassen.

[687]   Vor allem unter dem Stichwort Outplacement lassen sich diverse Ansatzpunkte für ein zielführendes Vorgehen ausmachen; vgl. Lingenfelder/ Walz (1988) und Mayrhofer (1987), S. 154ff.

[688]   Vgl. Scholz (2000), S. 547ff.

nalität sehr wohl vorstellbar. Zu denken wäre dabei z.B. an eine sehr wahrscheinlich auch emotional positiv wirkende Ansprache der betroffenen Mitarbeiter über betriebsinterne Medien, um sie zu einem konstruktiven Dialog mit dem HRM bzw. der Unternehmensführung zu motivieren.[690] Als mögliche Folge könnten sich die betreffenden Mitarbeiter ernst genommen fühlen bzw. ihre emotionalitätsbasierten positiven Einstellungen und ihr Vertrauen gegenüber der fokalen Organisation könnten erhalten bleiben.

III.1.2 Mitarbeiterführung als Verhaltenssteuerung im interpersonellen Kontext

Eine Erörterung führungsbezogener Aspekte ist im gegebenen Kontext von Interesse, da der Austausch zwischen Führungskraft und Geführtem als sozialer Prozess aufzufassen ist, der auf beiden Seiten Emotionalität hervorzurufen vermag.[691] Insofern kann hier an die Ausführungen zur interpersonellen positiven Emotionalität angeknüpft werden.[692] Dies betonen Bruch und Kollegen, die „Emotionen auf allen Ebenen als Kernbereiche von Leadership" (Bruch et al. 2006, S. 303) ausgemacht und zugleich als Praxistrend bezeichnet haben. Zudem deuten unterschiedliche Studien darauf hin, dass positive Emotionalität in Führungssituationen grundsätzlich auch deshalb relevant ist, weil negative Emotionalität bei gleicher Frequenz und Intensität erkennbar stärkere Auswirkungen bei den Beteiligten hervorrufen und auch längerfristig wirken kann.[693] Ähnlich formulieren Dasborough und Ashkanasy:

> „leadership is intrinsically an emotional process, where leaders display emotion and attempt to evoke emotion in their members" (Dasborough/ Ashkanasy 2002, S. 615).

Ein möglicher Wirkeffekt von Mitarbeiterführung[694] besteht infolgedessen in dem Hervorrufen einer positiven emotionalitätsbasierten Einstellung der Geführten gegenüber der Organisation bzw. dem Kollegenkreis.

---

[689]   Vgl. Ebert (2006), S. 193ff.

[690]   Vgl. hierzu auch Klein et al. (2001), S. 166.

[691]   Wie bereits in den einführenden Bemerkungen dieser Arbeit konstatiert, existiert mittlerweile eine Reihe von Studien, die auf die funktionalen Folgen positiver Emotionalität verweist. Basierend auf diesen Ergebnissen konzentriert sich die Argumentation im Folgenden auf die besonderen positiv-funktionalen Auswirkungen (vgl. I.3) positiver Emotionalität in Führungssituationen.

[692]   Vgl. Berger/ Luckmann (2004), S. 31, sowie die Ausführungen in II.1.1 bzw. II.1.2.

[693]   Vgl. exemplarisch Baumeister et al. (2001) sowie Bono/ Ilies (2006).

[694]   Im Folgenden werden die Begriffe Personalführung und Mitarbeiterführung synonym verwandt und als zentrale Aufgabe von Führungskräften betrachtet.

Unbeschadet dieser Beobachtung ist zu konstatieren, dass sich in angelsächsischen Publikationen gegenwärtig zwar ein Trend zur Auseinandersetzung mit Emotionalität abzuzeichnen scheint.[695] Allerdings trifft dies nicht in gleichem Umfang für das deutschsprachige wissenschaftliche Spektrum zu, wo diesbezügliche Beiträge eher selten zu finden sind.[696] Scholz merkt hierzu kritisch an:[697]

> „In den meisten Führungsbüchern spielt „Emotion" überhaupt keine Rolle: Dies gilt für die führenden amerikanischen Lehrbücher [...] ebenso wie für die deutsche Führungslehre" (Scholz 2000, S. 904f.).

Da der Führungsbegriff ebenso wie diverse andere Termini keineswegs einheitlich festgelegt ist, soll hier zunächst eine für den vorliegenden Zusammenhang brauchbare Begriffsbestimmung erarbeitet werden (1). Darauf aufbauend erfolgt eine Erörterung potenzieller Anknüpfungspunkte, durch die eine Beeinflussung positiver Emotionalität ermöglicht werden kann (2). Die Betrachtung schließt mit einigen relativierenden Anmerkungen zu den aufgezeigten Anknüpfungspunkten (3).

(1) Die folgenden Ausführungen konzentrieren sich auf Führungssituationen, in denen *ein Vorgesetzter einen oder mehrere Mitarbeiter unmittelbar führt*.[698] Das Wort unmittelbar ist dabei in zweierlei Hinsicht bewusst gewählt. Einerseits soll es andeuten, dass Führungssituationen im Mittelpunkt stehen, die sich auf den Vorgesetzten und seine ihm *direkt unterstellten* Mitarbeiter beziehen. Ähnlich gelagerte Führungssituationen, wie etwa jene zwischen Mitarbeitern und ihren „nächsthöheren Vorgesetzten"[699] werden somit ebenso wenig in die Analyse miteinbezogen wie der Kontakt zwischen einer Führungskraft und Mitarbeitern, die einer anderen Führungskraft unmittelbar unterstellt sind.[700] Andererseits ist eine Führungssituation traditionell durch das *regelmäßige, zeitlich und örtlich unmittelbare Aufeinandertreffen* der Akteure gekennzeichnet.[701] Dies hat zur Folge, dass häufig Führungssituationen außer Acht gelassen werden, in denen Führender und Geführte permanent örtlich getrennt sind und nur

---

[695] Vgl. Ashforth/ Humphrey (1995), S. 110ff., Bierhoff/ Müller (2005), Harter (2000), S. 218f., Keyes et al. (2000), Küpers/ Weibler (2006), Palmer et al. (2001) und Wolff et al. (2002).

[696] Vgl. Küpers/ Weibler (2005), S. 22ff., sowie Küpers, fernmündlich am 27.06.2006.

[697] Interessant ist diesbezüglich, dass Scholz (2000) selbst dem Thema „Emotion" in seinem umfassenden Lehrbuch „Personalmanagement" lediglich wenige Seiten widmet.

[698] Vgl. Nerdinger (2003), S. 35ff., sowie von Rosenstiel (2003c), S. 9.

[699] Vgl. Weibler (1994).

[700] Vgl. Yukl (1998), S. 18.

[701] Vgl. Berger/ Luckmann (2004), S. 25, sowie die grundlegenden Ausführungen zur interpersonellen Emotionalität in II.1.1.

fernmündlich oder über IT-vermittelte Kommunikationskanäle, wie etwa Videokonferenzen, miteinander in Kontakt treten.[702]

Darüber hinaus sind grundsätzlich zwei Konstellationen von Führungssituationen in Erwägung zu ziehen, bei denen eine wechselseitige sowie zumindest temporär asymmetrische Beziehung vorliegt.[703] Eine Möglichkeit stellen die so genannten *dyadischen Führungssituationen* dar, in denen lediglich ein Führender eine einzelne Person führt.[704] Außerdem kommt das *Führen von mehreren Personen*, also einer formellen Gruppe, in Betracht.[705]

Daneben besteht für die Führungskraft die Möglichkeit, *kurzfristige sowie mittel- bis langfristige Maßnahmen* zur Steuerung des Mitarbeiterverhaltens zu ergreifen. Als kurzfristig sollen dabei Situationen zu verstehen sein, in denen die Führungskraft mit den Mitarbeitern unmittelbar interagiert, wie etwa in einem persönlichen Gespräch. Dagegen sind mittel- bis langfristige Maßnahmen der Führungskraft durch wiederholte Austauschsituationen bzw. eher symbolische Handlungen gekennzeichnet.

Zusammenfassend lässt sich konstatieren, dass die nachstehende Diskussion also *lediglich* auf einen konkreten *Ausschnitt* denkbarer Führungssituationen bzw. -konstellationen abzielt bzw. abzielen kann.[706] Dies hat auch zur Konsequenz, dass die Analyse an der Führungskraft

---

[702] Ausgangspunkt für diese Überlegung ist die Tatsache, dass sich Untersuchungen zu IT-vermittelten Führungsbeziehungen kaum auffinden lassen. Zwar erstreckt sich die Diskussion hinsichtlich kollektiver Emotionalität nicht ausschließlich auf unmittelbar interpersonelle Austauschsituationen (vgl. II.1.1), jedoch ist zu vermuten, dass „typische" Führungssituationen grundsätzlich durch das unmittelbare Aufeinandertreffen von zwei oder mehreren Personen gekennzeichnet sind. Lediglich die generelle Betrachtung von Emotionen am Arbeitsplatz in Verbindung mit der Nutzung von Personalcomputern ist neuerdings in Ansätzen zu beobachten (exemplarisch: Avolio et al. 2001, Reichwald/ Möslein 2003). Allerdings lassen sich zu diesem Zeitpunkt noch keine allgemeingültigen Schlussfolgerungen hinsichtlich positiver Emotionalität ziehen.

[703] Bereits Hegel betrachtete diese wechselseitige Einflussbeziehung zwischen Herr und Knecht (Holz 1968, S. 25). Denn ohne die Akzeptanz des Knechts („Mitarbeiters"), sich von dem Herrn („der Führungskraft") führen zu lassen, käme keine Führungssituation bzw. -beziehung zustande. Eine Führungsbeziehung ist somit stets sowohl reaktiv als auch antizipativ; vgl. auch Smith/ Crandell (1984), S. 813.

[704] Vgl. Dansereau (1995) für Ausführungen zu dyadischen Führungssituationen.

[705] Als (formale) Gruppe lassen sich organisatorische Gebilde definieren, bei denen mehrere Personen in einer hierarchischen Beziehung einer weiteren Person (Vorgesetzten/Führungskraft) zur Erfüllung einer Aufgabe untergeordnet sind. Den Ausführungen einiger Autoren (z.B. Bea/ Göbel 1999, S. 245) folgend, werden die Begriffe Team und Gruppe im Folgenden synonym verwandt. Zwar stellen Teams bei näherer Betrachtung eine besondere Form von Gruppen dar (vgl. Bisani 1995, S. 715, Robbins 2005 sowie Staehle 1999, S. 267ff., unter Rekurs auf Forster 1978), doch es scheint plausibel, weitestgehend identische Effekte im Hinblick auf die Diskussion positiver Emotionalität zu unterstellen; vgl. Allen (1996), S. 373, Antoni (2004), Sp. 380f., Creusen, persönlich-mündlich 13.03.2006, Härtel, persönlich-mündlich 07.05.2005, sowie Kelly/ Barsade (2001), S. 100f.

[706] Vgl. Neuberger (1992), der in diesem Zusammenhang davon ausgeht, dass eine Analyse stets nur einen „Aus-Schnitt aus einem viel umfassenderen Beziehungsnetz" (Neuberger 1992, Sp. 2289) darstellt. Eine solche Abgrenzung erfolgt vor dem Hintergrund, einem Ausufern der Argumentationsskizze vorzubeugen

ausgerichtet ist, mithin Fragestellungen wie die Führung von unten (Emmerich 2001) oder das Verhalten der Mitarbeiter außer acht gelassen werden müssen. Insofern handelt es sich hier um ausschließlich vorgesetztenorientierte Theorien.[707]

(2) Führungskräfte können naturgemäß *nachhaltig auf die positive Emotionalität* von Individuen und Gruppen einwirken. Im Folgenden steht daher die Betrachtung der Austauschbeziehungen zwischen Führungskraft und Gruppe im Vordergrund. Zugrunde liegt dabei die Annahme, dass Effekte, die sich zwischen einer Führungskraft und der zugehörigen Gruppe beobachten lassen, meist auch auf dyadische Führungssituationen übertragbar sind.[708] Demzufolge wären letztgenannte Situationen vermutlich weniger komplex, da lediglich zwei Personen miteinander interagieren. Sofern zwischen den beiden Führungssituationen nennenswerte Unterschiede bestehen, wird gesondert darauf hingewiesen.

Hinsichtlich des *Zeithorizonts* kann die Führungskraft kurz- (a) und mittel- bis langfristige (b) Maßnahmen ergreifen (vgl. Abb. III-1). Langfristige Handlungsoptionen werden hier vorerst nicht betrachtet, da sie in Verbindung mit dem Thema Unternehmenskultur zu diskutieren sein werden.

---

und gleichsam Redundanzen hinsichtlich der zuvor skizzierten operativen Maßnahmenbündel (vgl. III.1.1) zu vermeiden.

[707] Vgl. von Rosenstiel/ Einsiedler (1987), Sp. 983f., Weibler (2004), Sp. 300.

[708] So liegt etwa die Vermutung nahe, dass eine Führungskraft, die in der Lage ist, das eigene Team zu emotionalisieren, dies auch gegenüber dem einzelnen Mitarbeiter vermag (Hatfield et al. 1994) sowie Creusen, persönlich-mündlich 13.03.2006.

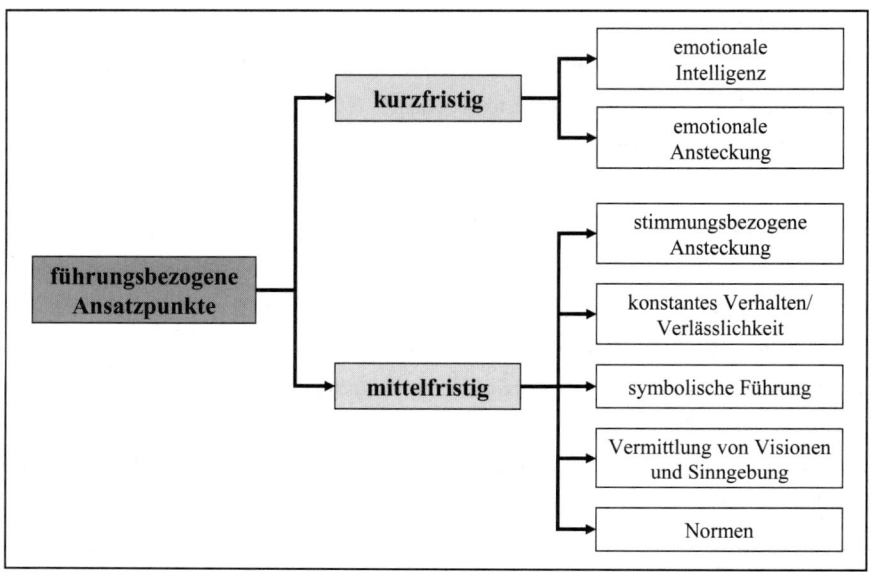

Abb. III-1:   Darstellung des potenziellen Einflusses von Führungskräften vor dem Hintergrund des Zeithorizonts

(a) Unter *kurzfristigen Handlungsoptionen* sollen Verhaltensweisen der Führungskraft im Rahmen konkreter Austauschsituationen verstanden werden.[709] In diesem Zusammenhang scheinen vor allem *zwei Bereiche* zur Beeinflussung positiver Emotionen relevant zu sein, die *emotionale Intelligenz* der Führungskraft sowie deren Fähigkeit zu *emotionaler „Ansteckung"*.

Folgt man den Äußerungen einer Vielzahl von Wissenschaftlern, so scheint eine Auseinandersetzung mit dem Themenkreis *„emotionale Intelligenz"* nahezu unausweichlich, stellt er doch den wohl am häufigsten rezipierten und gleichsam am kontroversesten diskutierten Kontext im Hinblick auf Emotionen dar.[710] Ursächlich dafür dürfte die Vermutung sein, dass eine hohe emotionale Intelligenz der Führungskraft zu einer erhöhten Leistung der Mitarbeiter

---

[709] Vgl. Vogel (2006) sowie Ringlstetter et alii (2006c), die eine ähnliche Konzeption für Austauschsituationen zwischen Mitarbeiter und Kunde zugrunde legen.

[710] Vgl. Ashkanasy/ Daus (2002), S. 77, Ashkanasy/ Daus (2005), Dulewicz et al. (2005), S. 71f., Feyerherm/ Rice (2002), S. 344. Für eine kritische Auseinandersetzung: Cote/ Miners (2006), Krell/ Weiskopf (2006) sowie Sieben (2001).

führt.[711] Dieses ursprünglich von Mayer und Salovey eingeführte Konzept ist durch diverse frühere Ansätze vorgeprägt.[712] Die Autoren definieren emotionale Intelligenz als

> „the ability to perceive emotions, to access and generate emotions so as to assist thought, to understand emotions and emotional knowledge, and to reflectively regulate emotions so as to promote emotional and intellectual growth" (Mayer/ Salovey 1997, S. 5).[713]

Im vorliegenden Kontext lässt sich daraus ableiten, dass emotionale Intelligenz im vorliegenden Kontext auch für Führungskräfte bedeutsam sein wird. Die Autoren unterteilen das Konzept in die folgenden *vier Bereiche*:[714]

- *Wahrnehmung, Beurteilung und Ausdrucksvermögen* bilden dabei die erste Komponente, die sich sowohl auf die Emotionen der Führungskraft selbst als auch auf diejenigen der Mitarbeiter bezieht. Dieses Spektrum ist entscheidend für die emotionale Intelligenz der Führungskraft, da sie grundsätzlich in der Lage sein muss, Emotionen bei sich und den Mitarbeitern überhaupt wahrnehmen zu können.[715] Darauf aufbauend ist deren adäquate Beurteilung von Belang, anhand derer Emotionen in Führungssituationen erst richtig interpretiert werden können.[716] Schließlich ist es für die Führungskraft essentiell, Emotionen gegenüber den Mitarbeitern in angemessener Form zum Ausdruck zu bringen, wodurch eine Optimierung des interpersonellen Austauschs auch aus betriebswirtschaftlicher Perspektive erreichbar scheint.[717]

---

[711] Vgl. Carmeli/ Josman (2006), Dulewicz et al. (2005) sowie Sy/ Cote (2004).

[712] Vgl. Salovey/ Mayer (1990), die sich in ihren Ausführungen vor allem auf Thorndikes (1920) Ideen zur sozialen Intelligenz beziehen. Thorndike zufolge unterteilt sich Intelligenz in drei Facetten, die Fähigkeit zur Abstraktion, mechanische Intelligenz und eben soziale Intelligenz, die es Personen ermöglicht, das Verhalten und die Motive von Personen zu entschlüsseln und für sich zu nutzen (vgl. Kang et al. 2006 für eine dezidierte Auseinandersetzung mit den beiden Konstrukten). Die starke Verbreitung des Konzepts der emotionalen Intelligenz lässt sich im Wesentlichen auf die gleichnamige Publikation von Goleman (1997) zurückführen.

[713] Vgl. auch George (2000b), S. 1033. Dabei ist anzumerken, dass der Begriff „emotional" in der o.g. Verwendung sowohl Emotionen als auch Stimmungen umfasst. Hier konzentriert sich die Argumentation gezielt auf jene Aspekte, die auf Emotionen entsprechend des vorgelegten Begriffsverständnisses von Emotionalität abzielen (vgl. I.2.2), mithin auf kurzfristige Führungssituationen. Die Handhabung von Stimmungen (b) steht als mittelfristig zu betrachtender Aspekt zur Disposition.

[714] Im Folgenden werden die unterschiedlichen Überlegungen direkt auf Führungssituationen übertragen. Für Zusammenfassungen bzw. detaillierte Diskussionen sei auf die diversen Beiträge um das Autorenkollektiv von Mayer und Salovey verwiesen: Mayer et al. (1990), Mayer et al. (1999), Mayer/ Salovey (1993), Mayer/ Salovey (1995), Mayer/ Salovey (1997), Salovey/ Mayer (1994), Salovey et al. (1993), Salovey et al. (1995), Salovey et al. (2000).

[715] Vgl. grundlegend Dulewicz et al. (2005) sowie George (2000b). Diese Annahme entspricht auch dem in I.2.2 dargelegten, sozialkonstruktivistisch bzw. kognitivistisch konzipierten Verständnis.

[716] Vgl. Rosete/ Ciarrochi (2005).

[717] Vgl. Wolff et al. (2002).

Eng verbunden mit dem vorgestellten Komplex ist die *Empathie*,[718] verstanden als Bereitschaft und Fähigkeit, sich in andere Personen hineinzufühlen.[719] Verfügen Führungskräfte über ein hohes Maß an Empathie, dürften sie demnach eher in der Lage sein, die emotionalen Anliegen der Mitarbeiter zu verstehen woraus dann wiederum positive Einflüsse auf das Arbeitsklima resultieren könnten.[720]

- Der zweite Teilaspekt erschließt sich aus dem erstgenannten und betrifft die bewusste Nutzung von Emotionen zur Optimierung von *Denk- und Entscheidungsfindungsprozessen.*[721] Ein solcher Effekt von Emotionen besteht zunächst darin, die Aufmerksamkeit der Führungskraft auf emotional relevante, essentielle Sachverhalte zu lenken,[722] wodurch im Falle von anstehenden Entscheidungen Prioritäten erkennbarer werden.[723] Daneben fördern positive Emotionen Denkprozesse an sich, was wiederum für Interaktionsprozesse mit den Mitarbeitern relevant sein kann. Diverse Studien konnten diesbezüglich u.a. Steigerungen der Kreativität,[724] der Offenheit gegenüber neuen Informationen[725] sowie der Effizienz der Informationsverarbeitung[726] belegen.

- *Kenntnis über das Wesen von Emotionen* bezieht sich auf das Verständnis ihrer Ursachen und Konsequenzen.[727] Führungskräfte mit einer entsprechenden Sensibilität sind somit potenziell eher in der Lage, die unterschiedlichen Verläufe bzw. die Ambivalenz von Emotionen zu begreifen.[728] Eine Führungskraft wäre sich gegebenenfalls z.B. der Tatsache bewusst, dass enthusiastisches Verhalten gegenüber den Mitabeitern einerseits anspornend und inspirierend wirken, möglicherweise aber auch, je nach Kontext Abneigung oder gar Angst hervorrufen kann, und damit das genaue Gegenteil.

---

[718] Vgl. Kellett et al. (2002), S. 535f., und die Ausführungen zu Empathie und Sympathie in II.1.1.

[719] Vgl. Mehrabian/ Epstein (1972), Steins/ Wicklund (1993), S. 234, Wispe (1986), S. 318.

[720] Vgl. Ashkanasy/ Daus (2002), S. 81f.

[721] Vgl. detailliert Isen/ Means (1983) und Isen (2000a). Ortmann hebt diesen Sachverhalt ebenfalls hervor, indem er konstatiert: „Ohne Emotionen hätten wir keinen Grund und kein Motiv, rational – oder überhaupt – zu entscheiden." (Ortmann 2001, S. 280).

[722] Vgl. Frijda (1988), S. 351ff., George (2000b), S. 1043.

[723] Vgl. de Sousa (1987), S. 195. So werden letztlich durch Emotionen Situationen mit Optionen zur Entscheidung überhaupt erst möglich. Luhmann führt hierzu aus, dass „Unentscheidbarkeiten [...] zugleich die Voraussetzung für die Möglichkeit des Entscheidens" (Luhmann 2000, S. 111) sind; vgl. auch die Ausführungen Ortmanns (2004), der die Rationalitätsfiktionen in Organisationen kritisiert.

[724] Vgl. Fong (2006) sowie Isen et al. (1987).

[725] Vgl. Carnevale/ Isen (1986), S. 11.

[726] Vgl. Isen et al. (1978), S. 7ff., wobei die Autoren explizit von Affekt und nicht von Emotion sprechen. Da der Beobachtungszeitraum jedoch sehr begrenzt war, erscheint eine Übertragung plausibel.

[727] Vgl. Mayer/ Salovey (1997).

■ Schließlich umfasst emotionale Intelligenz auch die *Handhabung von Emotionen*, wobei die drei zuvor genannten Bereiche naturgemäß förderlich sein dürften. Betroffen kann sowohl der Umgang mit den eigenen Emotionen, als auch der Umgang mit den Emotionen der Mitarbeiter sein.[729] Dieser Aspekt stellt indes insgesamt höhere Anforderungen an das Individuum als das zuvor erörterte bloße Wissen um Emotionen. Denn dieser Bereich beinhaltet nicht nur eine reflexive Komponente, sondern ist gleichsam (pro)aktiv aufzufassen.[730] Somit wäre eine Führungskraft prinzipiell in der Lage, emotionalitätsbasierte Zustände wie Stolz bei den Mitarbeitern zu konservieren bzw. wiederholt in ihnen zu wecken.

Eng verbunden mit dem letztgenannten Teilbereich emotionaler Intelligenz ist die Befähigung der Führungskraft, Mitarbeiter *emotional anzustecken*.[731] Emotionale Ansteckung kann dabei sowohl unbewusst als auch bewusst erfolgen, wobei für die weitere Argumentationslinie davon auszugehen ist, dass

> „only the influencer need to be conscious of the affective induction; the recipient of the affect may be either aware or unaware of the affective influence attempt [...] In fact, leaders may frequently use emotions to influence others' affective states" (Kelly/ Barsade 2001, S. 110f.).

Diverse weitere empirische Befunde stützen diese Vermutung.[732] Naturgemäß ist die Wahrscheinlichkeit einer erfolgreichen „Ansteckung" von einer Vielzahl von Faktoren abhängig, doch scheinen seitens der Führungskraft vor allem *Ausdruckskraft und Extraversion* entscheidend zu sein.[733] Im hier verwandten Sinne bezieht sich Ausdruckskraft auf die Fähigkeit, die eigenen Emotionen und Stimmungen wirksam zu zeigen.[734] Interessant ist dabei die Beobachtung, dass Frauen eher in der Lage zu sein scheinen, ihren Emotionen Ausdruck zu verleihen,

---

[728] Vgl. die Ausführungen zur Janusköpfigkeit positiver Emotionalität in I.2.1 und I.2.2.

[729] Vgl. George (2000b), S. 1038.

[730] Vgl. Rosenberg (1990) für eine Diskussion zum Thema Reflexivität und Emotionen sowie die Überlegungen in den einführenden Bemerkungen zu dieser Arbeit.

[731] Vgl. Kelly/ Barsade (2001), Lewis (2000b) sowie die grundlegenden Ausführungen zur emotionalen Ansteckung in II.1.1.

[732] Vgl. Dasborough (2006), S. 174f., Glasø/ Einarsen (2006), S. 68. Neben den hier genannten Aspekten der emotionalen Ansteckung eignet sich die gezeigte bzw. wahrgenommene Emotionalität der Führungskraft auch als „Stimmungsbarometer" für die Mitarbeiter. Newcombe und Ashakansy (2002) berichten hierzu, dass Emotionen eine bedeutsame Rolle bei der Wahrnehmung der Führungskraft spielen. In ihren Untersuchungen konnten sie festhalten, dass Mitarbeiter die ausgedrückten Emotionen der Führungskraft deutlich höher werten als den Inhalt ihrer Aussagen.

[733] Vgl. Friedman et al. (1980), S. 333, Hatfield et al. (1994), S. 132ff., Howell/ Frost (1989), S. 260ff., Morris/ Feldman (1996), S. 1006.

als Männer.[735] Extroversion oder Aufgeschlossenheit bezieht sich demgegenüber auf persönliche Eigenschaften wie Geselligkeit, Enthusiasmus, Gesprächigkeit und Energiegeladenheit und kann ebenfalls als günstige Voraussetzung für emotionale Ansteckungsprozesse gelten.[736]

Für die Austauschsituation zwischen Führungskräften und Mitarbeitern ist die emotionale Ansteckung vor allem auch deshalb von Bedeutung, weil „Emotions are more likely than moods to change beliefs" (Kelly/ Barsade 2001, S. 103). Insofern kann man ihnen das Potenzial zusprechen, insbesondere im Rahmen von *Change Management Prozessen* zu greifen, da hier die Mitarbeiter für neue Ziele *emotional besonders mobilisierbar* zu sein scheinen.[737] Als mögliche Erklärung können die motivationalen Wirkeffekte positiver Emotionen in Betracht kommen, die offenbar bestimmte Ressourcen auf Seiten der Mitarbeiter zu mobilisieren vermögen.[738] Dieser Sachverhalt lässt sich plakativ anhand verschiedener Ansprachen von Steven Jobs illustrieren. Der Gründer des PC-Herstellers Apple mobilisiert seine Mitarbeiter regelmäßig mit enthusiastischen Reden, mit denen er Conger zufolge bewusst Emotionen auf Mitarbeiterseite hervorrufen will:

> „The listener, at some level, cues into emotional associations – feelings of positive regard for Apple [...] The word "freedom," it is assumed, invokes historical associations with the American revolution and the nation's fight against British domination [...] Jobs is able to build within his audience a set of favorable emotions toward Apple and negative associations with IBM" (Conger 1991, S. 41).

Ferner konnte den Führungskräften ein besonderes Einflusspotenzial aufgrund ihrer Statusposition nachgewiesen werden. So ergab eine von Lewis durchgeführte Untersuchung, dass die *Empfänglichkeit für emotionale Ansteckung* u.a. *hierarchieabhängig* sein kann.[739] Die Untersuchungen zeigen, dass Mitarbeiter gegenüber den Emotionen von Führungskräften im Vergleich zu anderen Menschen weitaus aufgeschlossener sind. Die Befunde von Anderson et alii weisen in die gleiche Richtung, wobei allerdings nicht die Empfänglichkeit, sondern die tat-

---

[734] Vgl. Rubin et al. (2005), S. 854. Wirksam ist die Ausdruckskraft dann, wenn die von der Führungskraft bewusst gezeigten Emotionen und Stimmungen von den Mitarbeitern korrekt entschlüsselt werden.

[735] Vgl. Hatfield und Kollegen, die konstatieren, dass „Women are generally more open and expressive than are men" (Hatfield et al. 1994, S. 143).

[736] Vgl. Costa Jr./ McCrae (1980) und Goldberg (1992) für eine ausführliche Diskussion der so genannten Big Five Dimensionen. Extraversion ist vor allem deshalb bedeutsam, weil „Individuals high on Extraversion tend to experience positive emotions" (De Raad/ Kokkonen 2000, S. 478).

[737] Vgl. Deeken (1997), S. 174. Ferner sind die detaillierten Betrachtungen von Kiefer (2002a/ 2002b) zu nennen sowie die folgenden Ausführungen zur symbolischen Führung.

[738] Vgl. Bruch/ Böhm (2006), S. 171, Bruch et al. (2005), S. 105, Bruch/ Ghoshal (2004), S. 11f., Matthews et al. (1990), S. 164ff., sowie für einen Überblick Erez/ Isen (2002).

[739] Vgl. Lewis (2000b) sowie die Ausführungen von Hatfield et al. (1994), S. 177, und in II.1.1.

sächliche Übernahme von Emotionen im Mittelpunkt steht.[740] Ansonsten sind die Ergebnisse weitgehend identisch. Ein weiteres Indiz liefern Anderson und Thompson im Hinblick auf Verhandlungssituationen:[741]

> „In the context of power imbalanced-negotiations, this suggests that negotiators with less power will be highly responsive to their counterpart's positive affect. As we have argued above, positive emotions signal one's trustworthiness and cooperativeness to others; when people exhibit positive emotion, they are in effect saying to others "you can trust me."" (Anderson/ Thompson 2004, S. 127).

In Zusammenhang mit der Hierarchieabhängigkeit ist ein weiteres Phänomen zu beobachten, das sich in Anlehnung an Fineman und Sturdy als „Emotionen der Kontrolle" umschreiben lässt.[742] Für den vorliegenden Sachverhalt konzentriert sich diese Beobachtung naturgemäß auf die verhaltenswirksame Kontrolle durch positive Emotionen.[743] Unter Verweis auf die Literatur zur transformationalen Führung ist anzunehmen, dass „leaders in particular appear to use emotion to motivate their subordinates" (McColl-Kennedy/ Anderson 2002, S. 548). Wie zuvor angedeutet, kann vermutlich insbesondere enthusiastisches Verhalten der Führungskraft Mitarbeiter motivieren.[744] Vor dem Hintergrund einer funktionalen Betrachtung positiver Emotionalität ist hinsichtlich der „Emotionen der Kontrolle" zu ergänzen, dass negative Emo-

---

[740] Vgl. Anderson et al. (2003). Einschränkend ist zu konstatieren, dass es sich bei diesen Studien nicht um den Berufskontext, sondern um private Situationen handelt.

[741] Vgl. auch Kopelman et al. (2006) sowie van Kleef et al. (2006), S. 577f.

[742] Vgl. Fineman/ Sturdy (1999), S. 642. Die beiden Autoren wollen sich mit dieser Formulierung bewusst von jenen Beiträgen abheben, die sich mit der Kontrolle von Emotionen, also der intraindividuellen Steuerung, auseinandersetzen. Zwar beziehen sich die Autoren auf negative Emotionen und nicht auf Führungssituationen, doch erscheint eine Übertragung möglich. Daneben ist anzumerken, dass eine ausführliche Diskussion der eng mit dem vorliegenden Kontext verbundenen emotionalen Sozialisation in III.2.2 erfolgt.

[743] Für eine kritische Betrachtung dieses – auf den ersten Blick vermeintlich wünschenswert erscheinenden – Aspekts ist auf die Diskussion im Schlussteil zu verweisen.

[744] Vgl. Lewis (2000b), S. 223. Transformationale Führungskonzepte stehen der hier vorgetragenen Argumentationslinie insgesamt am nächsten. Im Gegensatz zum bis Ende der 70er Jahre hinein weit verbreiteten transaktionalen Führungsstil, deren Leitgedanke eine zweckrationale Austauschbeziehung zwischen Führungskraft und Mitarbeiter war, zielt die transformationale Führung auf die Änderung der Mitarbeiterpräferenzen und -einstellungen. Zentrale Aspekte transformationaler Führung sind das Charisma der Führungskraft (vgl. Conger/ Kanungo 1998, Ringlstetter 1997, S. 154, Wasielewski 1985), ein inspirierender bzw. intellektuell stimulierender sowie motivierender Führungsstil (Collins/ Porras 1994) und die Berücksichtigung individueller Bedürfnisse und Interessen; vgl. Bass (1985), Bass (1990), Bass/ Avolio (1990) für grundlegende Ausführungen zu dieser Thematik. Die transformationale Führung ist den diversen Autoren zufolge vor allem in Change Management-Prozessen bedeutsam. An dieser Stelle ist jedoch darauf zu verweisen, dass auch die Einflussnahme durch eine solche „emotionsorientierte Führung" nicht unumstritten ist (Krell 1994, S. 38ff.). Folgt man Krell, so ist dies eine subversive Maßnahme zur Ausnutzung der menschlichen Arbeitskraft, womit der Führungskraft eine eher fragwürdige Rolle zugesprochen wird; s. auch Krell (1993), S. 46ff.

tionen hier in zweierlei Hinsicht zielführend wirken können.[745] Einerseits wird das Zeigen negativer Emotionen oftmals als authentischer und vertrauenswürdiger aufgefasst.[746] Andererseits sind diese Botschaften weitaus intensiver und mobilisieren die Zielgruppe möglicherweise in vergleichsweise sehr viel größerem Umfang.[747] Zu ähnlichen Ergebnissen gelangt auch Martin in seiner empirischen Erhebung, der konstatiert, „daß negative Emotionen nicht unbedingt schädlich sind" (Martin 1998, S. 148). Vielmehr sei es der „Gefühlsmix" (S. 200), verstanden als die Existenz sowohl positiver als auch negativer Emotionen, der für das Gruppenverhalten entscheidend ist.

(b) Unter *mittel- bis langfristigem* Aspekt spielen die stimmungsbezogene Ansteckung, konstante Verhaltensweisen, symbolische Führung sowie der Entwurf von Visionen und Normen eine Rolle. Naturgemäß existieren partielle Überschneidungen zwischen der kurz- und mittelfristigen Perspektive, doch soll hinsichtlich der Konzentration auf die stimmungsbezogenen Aspekte nach Möglichkeit zwischen beiden Zeithorizonten unterschieden werden.

Analog zur emotionalen Ansteckung lässt sich eine *stimmungsbezogene Ansteckung* der Mitarbeiter vermuten.[748] George beschreibt dies wie folgt:

> „A leader's positive mood may serve an energizing function via numerous mechanisms such as the leader's behavior, verbalizations, body language, and interpersonal style and interactions" (George 1995, S. 779).

Aus betriebswirtschaftlicher Sicht sind diese Beobachtungen relevant, weil sie wie im Falle positiver Emotionen zu einer Reihe günstiger Ergebnisse aus Sicht des HRM führen können. So ließen sich u.a. positive Effekte im Hinblick auf die Hilfsbereitschaft[749], Kreativität[750], Informationsverarbeitung, Entscheidungsprozessfindung[751] sowie die aufgabenbezogene Leis-

---

[745]   Vgl. Bucy (2000), S. 218, Vogel (2006), S. 173. Bucy bezieht sich auf politische Führungspersönlichkeiten und spricht in diesem Kontext von der Notwendigkeit bzw. Funktionalität emotionaler Angemessenheit. Hierunter fasst er die Fähigkeit, je nach Situation angemessene emotionale Reaktionen zu zeigen; vgl. die Diskussion zu emotionalen Regeln, insbesondere Korrespondenzregeln in III.2.2.

[746]   Vgl. Smith/ Hyde (1991), S. 462.

[747]   Vgl. Bono/ Ilies (2006), S. 320.

[748]   Vgl. Sy et al. (2005) sowie grundlegend Neumann/ Strack (2000).

[749]   Vgl. Bierhoff/ Müller (2005), S. 494.

[750]   Vgl. Baron (1987), S. 921, Bless et al. (1991), S. 12f., Muthig (1999), S. 274f. Ein Überblick findet sich bei Bless (1997), S. 13 sowie S. 102f.

[751]   Vgl. Bless et al. (1991), S. 13f., Schwarz (1987), S. 16ff. Einschränkend ist in diesem Zusammenhang zu konstatieren, dass diesbezügliche Befunde nicht eindeutig sind (Elsbach/ Barr 1999, S. 191ff., Fiedler 1985, S. 129ff.). Ferner ist davor zu warnen, Stimmungen zu viel Einfluss bei Entscheidungsfindungsprozessen bzw. der Verarbeitung von Informationen zuzusprechen (Goersch 2000, S. 42).

tung[752] ausmachen. Die Befunde von George und Sy et alii[753] deuten dabei jeweils in die gleiche Richtung, wie die Ergebnisse im Falle der emotionalen Ansteckung. Sie konnten diesbezüglich erneut hierarchieabhängige Effekte nachweisen, d.h. vor allem Führungskräfte scheinen vermutlich in der Lage zu sein, bei ihren Mitarbeitern gleichgerichtete Stimmungen hervorzurufen.[754] Allerdings können nach Sy et alii grundsätzlich auch die Mitarbeiter ihrerseits die Führungskraft stimmungsmäßig anstecken.[755]

Konstante Verhaltensweisen von Führungskräften bieten weitere Ansatzpunkte, um mittelfristig positive Emotionalität zu erzielen.[756] Dasborough und Ashkanasy formulieren hierzu treffend:

„The consistency, distinctiveness, and consensus of the leader's previous behavior will therefore influence members' attributions of intentionality" (Dasborough/ Ashkanasy 2002, S. 625).

Verhält sich eine Führungskraft also über einen gewissen Zeitraum hinweg stimmig, ist zu vermuten, dass ihr die Mitarbeiter Vertrauen entgegenbringen.[757] Zand spricht in diesem Zusammenhang von einem Vertrauenszyklus, bei dem der Führer den Mitarbeitern Vertrauen entgegenbringt, die dann im Gegenzug der Führungskraft Vertrauen entgegenbringen usw.[758] Insofern dürfte es also besonders vorteilhaft sein, wenn sich Führungskräfte vorbildlich verhalten.[759] Denn es ist anzunehmen, dass sich die Mitarbeiter am Verhalten des Vorgesetzten

---

[752] Vgl. Bierhoff/ Müller (2005), S. 494, George (1995), S. 790f., Totterdell et al. (2004, S. 857) gelangt zu ähnlichen Ergebnissen bei professionellen Kricketspielern. Einschränkend ist jedoch zu konstatieren, dass er lediglich die Wechselwirkungen zwischen Gruppen- und Individualstimmung betrachtete und nicht explizit die Führer-Geführten-Beziehung.

[753] Vgl. George (1995), Sy et al. (2005).

[754] Vgl. auch George/ Bettenhausen (1990).

[755] Vgl. Sy et al. (2005), S. 302.

[756] Vgl. Bierhoff et al. (2006), S. 45ff., Kouzes/ Posner (2004), Weiss (1977), S. 100ff. Cha und Edmondson unterstreichen diesen Sachverhalt ebenso wie die zuvor genannten Autoren (Cha/ Edmondson 2006, S. 74f.). Sie veranschaulichen dies anhand von Fällen, in denen die Führungskräfte durch inkonsistente Verhaltensweisen negative Wirkeffekte bei den Mitarbeitern hervorriefen.

[757] Vgl. Drepper (2006), S. 192ff., Druskat/ Kayes (1999), S. 226, Graen/ Uhl-Bien (1995), S. 230ff., sowie Schweer/ Thies (2003), S. 18f., für eine zusammenfassende Diskussion über die Entwicklung von Vertrauen. Diese Leitidee entspricht somit auch den in II.1.2 entwickelten Gedankengängen zur emotionalitätsbasierten Konvergenz bzw. dem vorgetragenen Verständnis einer emotionalen Kongruenz.

[758] Vgl. Zand (1997), S. 122ff. Ähnlich argumentieren auch Kaiser und Ringlstetter (Kaiser/ Ringlstetter (2006a) Kaiser/ Ringlstetter (2006a), S. 106ff.) für die Beziehung zwischen professionellen Dienstleistungsunternehmen und ihren Klienten, wobei sie die Genese von Interaktionsprozessen als zentrales Element betrachten.

[759] Vgl. Kouzes/ Posner (1990), S. 31. Allerdings muss nicht immer die Führungskraft als Vorbild dienen. Folgt man den Ausführungen von Pescosolido (2002, S. 595f.) ist es genauso denkbar, dass sich ungeplant eine Person als „emergent leader" der Emotionen und Stimmungen in der Gruppe hervortut (vgl. auch Csikszentmihalyi/ Rathunde 1993, S. 57).

orientieren und danach ihr eigenes Verhalten ausrichten. Summa summarum erscheint es daher betriebswirtschaftlich zweckvoll, Vertrauen bei den Mitarbeitern hervorzurufen.[760]

Eine der wesentlichen Formen konstanter Verhaltensweisen im Hinblick auf positive Emotionalität stellt das Aufbringen von *Aufmerksamkeit und Zuwendung* dar.[761] Diesbezügliche Maßnahmen brauchen keinesfalls aufwendig auszufallen. Kleine, aufrichtige Gesten – wie etwa eine „Politik der offenen Tür" oder das Signalisieren von Gesprächsbereitschaft bei dringenden Anliegen – dürften dabei vermutlich ausreichen.[762]

Symbolische Führung stellt ebenfalls eine Möglichkeit dar, positive Emotionalität bei Mitarbeitern hervorzurufen. Im Gegensatz zu den zuvor skizzierten Maßnahmen steht bei symbolischer Führung nicht der Inhalt der Handlung bzw. deren Ergebnis im Mittelpunkt,[763] sondern entscheidend ist vielmehr die Interpretation des Handelns. Insofern ist letztlich nicht mehr ausschlaggebend, „was im Führungsprozess geschieht, sondern [...], wer es wie tut" (von Rosenstiel 1999, S. 21). Den Nutzen symbolischer Führung unterstreicht auch Vogel, indem er konstatiert:

> „Führungskräfte können dies nutzen und durch symbolische Handlungen, z.B. Investitionen in Projekte oder gezieltes öffentliches Lob für bestimmte Aktivitäten, auch in Teams einsetzen und so starke Emotionen wecken" (Vogel 2006, S. 173).

Ein konkretes Beispiel für erfolgreiche symbolische Führung erörtern Bruch und Sattelberger.[764] Anhand der Lufthansa AG legen sie anschaulich dar, wie die Lufthansa School of Business zu einem unternehmensweiten Symbol für einen erfolgreichen und konstanten Wandel wurde.[765]

---

[760]   Vgl. Kouzes/ Posner (2005), S. 360f.

[761]   Vgl. Creusen, persönlich-mündlich 13.03.2006, Glasø/ Einarsen (2006), S. 67, sowie Gouthier (2006, S. 101), der diese Überlegungen anhand von Produzentenstolz erörtert.

[762]   Vgl. Druskat/ Wolff (2001), S. 84.

[763]   Die Ansätze zur symbolischen Führung gehen letztlich auf die (Unternehmens)Kulturforschung (exemplarisch: Hofstede 1980), den symbolischen Interaktionismus (exemplarisch: Blumer 1986) und den organisationalen Symbolismus (exemplarisch: Alvesson/ Berg 1992, Pondy et al. 1983) zurück. Für den deutschsprachigen Raum machte vor allem Neuberger auf das Konzept aufmerksam (Neuberger 1995, Neuberger 2002); vgl. auch die Übersicht bei Lasser (1987), Sp. 1932, Weibler (1995) bzw. die Einordnung bei Schreyögg (2004), Sp. 1082ff.

[764]   Vgl. Bruch/ Sattelberger (2001), S. 360. Zwar bezieht sich ihr Beitrag auf unternehmensweite Change Management-Prozesse, jedoch sind Rückschlüsse aus diesen Beobachtungen auf Austauschsituationen zwischen Führungskraft und Mitarbeiter plausibel.

[765]   Vgl. Gabriel (1993) für kritische Ausführungen zur ähnlich gelagerten Thematik der organisationalen Nostalgie. Der Autor macht in diesem Beitrag explizit auf die Gefahren von Nostalgie aufmerksam, was für den vorliegenden Kontext relevant erscheint. Denn ein Glorifizieren vergangener Ereignisse kann beispielsweise zu Demotivationstendenzen führen; vgl. Kniehl (1998), S. 79f., und den Überblick bei Wunderer/ Küpers (2003). Gabriel führt hier u.a. die Äußerungen von Mitarbeitern an, die sich weiterhin nach der „guten alten Zeit" sehnen, vor allem dem Kontakt mit einer Führungskraft, unter der das Arbeitsleben

Das Erzeugen von *Visionen* betrifft den positiv konnotierten sowie einzigartigen Entwurf zukünftiger Situationen oder Zustände, aus denen sich Handlungsziele ableiten lassen.[766] Vogel bringt Visionen im Hinblick auf Führungssituationen explizit in Zusammenhang mit positiver Emotionalität und konstatiert:

> „Um von einmaliger produktiver Anspannung zu nachhaltiger Leidenschaft und Stolz zu kommen, arbeiten Führungskräfte auch in Teams mit Visionen. Sie können mit dem Team das gemeinsame Fernziel bestimmen und damit eine anhaltende positive Sogwirkung erzeugen" (Vogel 2006, S. 175).

Eine solche Sogwirkung beschreibt auch Creusen als bedeutsam für die wirksame Vermittlung von Visionen.[767] Als typisches Beispiel führt er die Errichtung neuer Filialen von Media-Markt-Saturn an, in denen die Führungskräfte ihre Mitarbeiter immer wieder daran erinnern, wie stolz sie künftig auf „ihren Markt" sein können, den sie selbst errichtet haben.[768] Diesen Sachverhalt referiert auch Gilson im Hinblick auf die Entwicklung von Topleistungen bzw. das Mobilisieren von Leistungspotenzialen der Mitarbeiter im Zuge von Change Management-Prozessen. Er veranschaulicht dies anhand seiner Beobachtungen bei den Atlanta Braves, einem professionellen Baseball-Team, dass von dem General Manager John Schuerholz aus der Krise geführt wurde:

> „They couldn't look you square in the eye and feel good about themselves. We began talking continually about feeling good about ourselves, having the power of good thoughts and positive self-image, and making a commitment to doing the things that needed to be done [...] Remarkably, the people who were there proved to be capable professionals. Our goal was direct. We wanted to become the premier professional baseball organisation – world champions" (Gilson et al. 2001, S. 172).

Eng verbunden mit dieser Beobachtung ist auch die *Vermittlung von Sinn*.[769] Mitarbeiter, die durch die Führungskräfte den Sinn ihrer Aufgabe bzw. Rolle innerhalb der Organisation ver-

---

[766] aus Sicht der Mitarbeiter wesentlich angenehmer war (Gabriel 1993, S. 127f.); vgl. auch Ybema (2004) hinsichtlich des Pendants von Nostalgie, Postalgie.

Vgl. Collins/ Porras (1994), S. 1ff., sowie Conger (1990) für eine kritische Betrachtung visionärer Führungskräfte. Diesbezüglich ist auch Scholz (2000, S. 958) zu folgen, der Visionen von Charisma als zentrale Elemente der transformationalen Führung abgrenzt. Während Charisma eine konkrete sowie gegenwärtige Eigenschaft der betreffenden Führungskraft darstellt, bezieht sich eine Vision abstrakt auf die Zukunft; vgl. auch Ringlstetter (1997), S. 154.

[767] Vgl. Creusen, persönlich-mündlich 13.03.2006.

[768] Vgl. Kouzes/ Posner (1996), S. 17, die in ihrem Beitrag vergleichbare Grundgedanken äußern, indem sie Analogien im Hinblick auf Architekten und Ingenieure bilden.

[769] Vgl. Kaiser/ Ringlstetter (2006b), S. 157, Lewis (2000c), S. 145f., sowie Maitlis (2005). Zwischen der Vermittlung von Sinn und der symbolischen Führung besteht insofern ein enger Zusammenhang, als in beiden Fällen eine zentrale Dimension der symbolischen Führung existiert (Gioia 1986, S. 68). Für ein umfassendes, dezidiertes Begriffsverständnis im Hinblick auf die verwandten Konzepte Vision, Mission, Unternehmensphilosophie und Unternehmensstrategie ist der Beitrag von Levin (2000) aufschlussreich.

ständlich vermittelt bekommen, weisen offenbar eine höhere Bindung an ihren Arbeitsplatz auf.[770] Dabei muss es sich nicht zwingend um eine langfristig angelegte Absicht handeln, denn Sinnstiftung durch die Führungskraft kann vielmehr auch als „ongoing, day-by-day, constantly unfolding phenomenon" (Ryff/ Singer 1998, S. 8) gesehen werden. Diese Form von Sinn stellt zudem eine zentrale Komponente subjektiven Wohlbefindens dar.[771] Auch Frey et alii unterstreichen die Bedeutung von Sinn stiftenden Maßnahmen, die sie als zentrale Voraussetzung für die Ermöglichung von Flow-Erlebnissen einordnen.[772]

Schließlich ist noch auf *Normen* einzugehen. So haben Führungskräfte haben vermutlich auch einen großen Einfluss auf das Bilden bzw. den Erhalt von emotionalitätsbasierten Gruppennormen.[773] George formuliert diesbezüglich:

> „Norms and values must be infused with feelings and emotions that support them, and leaders can be instrumental in this process for their own motivation and sensemaking, for the motivation and sensemaking of their followers, and to build and maintain a meaningful collective identity for the organization" (George 2000b, S. 1046).

Normen haben somit anscheinend eine duale Orientierungsfunktion, sowohl für die Führungskraft als auch für die Mitarbeiter.[774] An dieser Stelle sollen weiterführende Überlegungen jedoch zunächst zurückgestellt werden, da mögliche Ausgestaltungsoptionen sowie der Prozess der Vermittlung von Normen in den späteren Ausführungen zur Unternehmenskultur bzw. Sozialisation positiver Emotionalität näher erörtert werden.[775]

(3) Die hier skizzierten Ansatzpunkte unterliegen naturgemäß einer Reihe von *Restriktionen* bzw. bedürfen bestimmter Voraussetzungen, um operativ wirksam zu sein. Zunächst ist festzuhalten, dass *situative Einflüsse sowie die Merkmale der Mitarbeiter* weitgehend außer acht gelassen wurden.[776] Denn intendiert war eine Verengung der Argumentationslinie auf die

---

[770]   Vgl. Pratt/ Ashforth (2003), Spreitzer et al. (2005), Wrzesniewski et al. (2003) sowie Wrzesniewski et al. (1997) für detaillierte Diskussionen hinsichtlich der diversen Facetten.

[771]   Vgl. Keyes et al. (2000), S. 146, Fineman et al. (2005), S. 214. Eine Übersicht zu dieser Thematik bieten Diener/ Lucas (2000) und Diener et al. (1999).

[772]   Vgl. Frey et al. (2006), S. 246.

[773]   Vgl. Druskat/ Wolff (2001), S. 85f., sowie die vorherige Argumentation hinsichtlich der Vorbildfunktion der Führungskraft.

[774]   Vgl. Vinton (1989), S. 162f.

[775]   Vgl. Trice/ Beyer (1991), die Verbindungen zwischen den Themenbereichen Führung und Unternehmenskultur in ihrem Beitrag aufzeigen.

[776]   Vgl. Bergknapp (2003), S. 67f., Dasborough/ Ashkanasy (2002), S. 623ff. Die Führungssituation ist zudem aller Wahrscheinlichkeit nach auch von vorangegangenen Interaktionen beeinflusst (Dasborough/ Ashkanasy 2002, S. 625).

Perspektive des HRM bzw. der betreffenden Führungskraft.[777] Dennoch sind vornehmlich zwei Aspekte erwähnenswert. Einerseits dürfte die jeweils vorherrschende Emotionalität bei den Mitarbeitern auch zum Ausgang der diesbezüglichen Interaktionsprozesse beitragen.[778] Andererseits hängt der Verlauf der Austauschsituationen vermutlich auch von der emotionalen Intelligenz der Mitarbeiter ab.[779] In diesem Zusammenhang ist außerdem auf den möglichen Einfluss der Mitarbeiter einzugehen, der in der Literatur oftmals unter dem Stichwort „Followership" diskutiert wird.[780] Obwohl sich Wisely und Fine explizit auf den Austausch mit Kunden beziehen, lässt sich deren Resümee auch pointiert für die Austauschbeziehung zwischen Führungskraft und Mitarbeiter heranziehen, wenn sie konstatieren, dass „Emotion work is not unidirectional" (Wisely/ Fine 1997, S. 183).

Daneben dürfte *Macht* ein weiterer zentraler Einflussfaktor sein, der u.U. zu Verzerrungen führen kann.[781] Diesen Aspekt betont Kemper im Zuge seiner sozialstrukturellen Theorie, wobei er Emotionen als Resultat von Sozialbeziehungen lokalisiert, die sich neben dem Status vor allem durch Macht charakterisieren lassen.[782] Angewandt auf die Austauschbeziehung zwischen Führungskraft und Mitarbeiter würde dies implizieren, dass ein allzu starkes hierarchisches Gefälle womöglich bei den Mitarbeitern zu Angst und Verunsicherung aufgrund empfundener Machtlosigkeit führen und mithin die Emotionalität beeinflussen könnte.[783]

---

[777] Mit diesem Verweis wird letztlich wieder der Gedankengang von Weibler (2004) hinsichtlich der führerzentrierten Ausrichtung der Diskussion aufgegriffen; vgl. auch Lord/ Maher (1991), S. 11.

[778] Vgl. Dasborough/ Ashkanasy (2002), S. 623f., Lewis (2000b), S. 231f.

[779] Vgl. Hsee et al. (1990), S. 335ff.

[780] Vgl. Hall/ Lord (1995), S. 276ff.

[781] Vgl. Kiefer (2002c), Poder (2004). Allerdings ist dieser Sachverhalt teilweise umstritten; s. exemplarisch Hsee et al. (1990), S. 336ff. für gegenteilige Befunde.

[782] Vgl. Kemper (1981), S. 337, sowie Kemper (1978a) und Kemper (1978b) für eine ausführliche Darlegung seiner sozialstrukturellen Theorie. Den Begriff der Macht verwendet Kemper in Anlehnung an Max Weber, der hierunter „jede Chance, innerhalb einer sozialen Beziehung den eigenen Willen auch gegen Widerstreben durchzusetzen, gleichviel worauf diese Chance beruht" versteht (Weber 1985, S. 28). Für die vorliegende Argumentation ist es allerdings nicht zwingend notwendig, dass die Macht in bestimmtem Ausmaß formal autorisiert ist. Vielmehr ist – dem sozialkonstruktivistischen Verständnis folgend – die subjektive Konstruktion der Mitarbeiter entscheidend.

[783] Vgl. hierzu auch die detaillierte Übersicht bei Kemper (1981), S. 353.

III.2   Skizzierung denkbarer Ansatzpunkte eines Humanressourcen-Managements auf kollektiver Ebene

In diesem Stadium der Untersuchung soll der Frage nachgegangen werden, *welche Determinanten* die kollektive positive Emotionalität prägen, was zunächst zur Beschäftigung mit dem Thema *Unternehmenskultur* führt (III.2.1).[784] Darauf aufbauend ist zu prüfen, *wie* es zur Prägung positiver kollektiver Emotionalität kommen kann.[785] Diese prozessuale Betrachtung orientiert sich am Konzept der *Sozialisation* (III.2.2). Anschließend erfolgt eine Diskussion weiterer Rahmenfaktoren, durch die sich die positive kollektive Emotionalität potenziell beeinflussen lässt (III.2.3).

III.2.1   Rückschlüsse aus der Unternehmenskulturforschung

Die folgende Diskussion beginnt mit einer knappen Skizzierung des Phänomens Unternehmenskultur (1). Anschließend erfolgt eine Auseinandersetzung mit möglichen Ansatzpunkten zur Beeinflussung kollektiver positiver Emotionalität durch die Unternehmenskultur, wobei vor allem auf das Ebenenmodell von Schein abgestellt wird (2).

(1)   Zum Konzept der Unternehmenskultur

Das aus dem Forschungsfeld Kulturanthropologie abgeleitete Forschungsfeld Unternehmenskultur zielt auf die gemeinsam geteilten Werte, Normen und Grundannahmen in Organisationen ab, die sich u.a. in Artefakten und Verhaltensweisen niederschlagen.[786] Durch eine Reihe von Veröffentlichungen zu Beginn der 1980er Jahre wurde das Thema für die betriebswirtschaftliche Forschung und Unternehmenspraxis erschlossen, wodurch zunehmend „weiche"

---

[784]   An dieser Stelle wird nicht der Versuch unternommen, Handlungsoptionen im Hinblick auf die Atmosphäre oder das Klima im Unternehmen aufzuzeigen. Dies geschieht aufgrund der Annahme, dass kurz- bzw. mittelfristige Maßnahmen schnell an Wirkung verlieren dürften und zudem primär durch die betreffende Führungskraft initiiert werden können. Schwierig genug ist es bereits, die Unternehmenskultur zu beeinflussen; vgl. Güttel, persönlich-mündlich am 05.12.2006.

[785]   Vgl. van Maanen/ Schein (1979), S. 215.

[786]   Vgl. Harris (1989), S. 20ff., Kutschker/ Schmid (2002), S. 658, Sproull (1981), S. 207f., Trebesch (1985), S. 51, sowie die eingangs angeführten Überlegungen zum Einfluss der Landeskultur (vgl. II.2.2). Die Kulturanthrophologie setzt sich ebenso wie das noch zu erörternde Modell von Schein u.a. mit Bräuchen und Riten sowie der Entwicklung von Kulturen im Zeitablauf auseinander. Im Mittelpunkt steht daher die Untersuchung kollektiven Handelns und Denkens einzelner Menschen bzw. von deren gemeinsam geteilten Erschaffungen; vgl. für eine Übersicht Sackmann (1991), S. 8ff.

Faktoren in den Mittelpunkt rückten.[787] Dominierten ehemals „harte" Faktoren, wie etwa Kennziffern aus dem Bereich des Controllings den Diskurs, so stellt die Unternehmenskultur eine Ergänzung des tradierten Betrachtungsspektrums potenzieller Instrumente der Unternehmensführung bzw. -steuerung dar.[788] Anknüpfend an das Konzept der geplanten Evolution wird auch für den Fall der Unternehmenskultur unterstellt, dass eine Steuerung, zumindest bedingt, möglich erscheint.[789]

Eine Beschäftigung mit dem Thema an sich bzw. der Auseinandersetzung mit potenziellen Steuerungsoptionen erscheint dabei unumgänglich, da eine „starke" Unternehmenskultur diverse *positive* Folgen haben kann.[790] Als positiv sind aus Sicht der Unternehmung der geringere Kontrollbedarf, eine verbesserte Integration neuer Mitarbeiter, erhöhte Loyalität und Identifikation mit dem Unternehmen sowie effizientere Kommunikationswege zu benennen.[791] Analog hat das Erlernen der Unternehmenskultur auch für den Mitarbeiter Vorteile, wie etwa eine Orientierungs- und Handlungsfunktion oder die Möglichkeit zur Identifikationsbildung.[792] Einschränkend ist allerdings zu konstatieren, dass eine starke Unternehmenskultur auch *negative* Konsequenzen haben kann, etwa in Form einer Tendenz zur Innenorien-

---

[787] Vgl. Ebers (1991), S. 49ff., Sackmann (1990), S. 117ff., Weber/ Mayrhofer (1988). Beinahe zeitgleich wurden vier zentrale Werke veröffentlicht, durch die das Thema Unternehmenskultur relativ schnell Eingang in betriebswirtschaftliche Untersuchungen fand. Dies sind die Veröffentlichungen von Deal/ Kennedy (1982), Ouchi/ Wilkins (1985), Pascale/ Athos (1981) sowie Peters/ Waterman (1993).

[788] Vgl. Kappler, fernmündlich am 14.11.2006. Ferner ist zu konstatieren, dass es im Folgenden vor allem darum geht, auf Unternehmenskultur als potenzielle Determinante von Emotionalität aufmerksam zu machen. Leitgedanke ist dabei erneut die „geplante Evolution". Insofern handelt es sich nunmehr eher um Ansatzpunkte für eine Kulturevolution, denn eine Kulturrevolution; vgl. Bleicher (1984), S. 497f., sowie Erdenberger (1996), S. 85.

[789] Vgl. die Diskussion in der Einführung. Dies lässt sich anschaulich anhand der Artefaktebene erörtern. Beispielsweise sind Änderungen von Uniformen oder Symbolen solche Maßnahme. Dass ein solches Vorgehen zu Wirkeffekten führen kann, wiesen Rafaeli und Kluger im Fall von Kleidung nach (Rafaeli/ Kluger 2000). Ebenso kann die Raumgestaltung als Auslöser für bestimmte Emotionen fungieren, was Gilboa und Rafaeli am Beispiel des Handels feststellen konnten; vgl. Gilboa/ Rafaeli (2003).

[790] Unter einer „starken" Unternehmenskultur versteht man gemeinhin eine vergleichsweise einheitliche Unternehmenskultur, der sich ein hoher Anteil der Mitarbeiter gegenüber verpflichtet fühlt. Zudem impliziert dies gleichsam, dass die Unternehmenskultur an den Zielen der Unternehmung ausgerichtet ist, ähnlich wie die Unterstellung der Funktionalität positiver emotionalitätsbasierter Zustände aus Sicht des HRM bzw. der Unternehmensführung. Ferner ist anzumerken, dass sich auch für den Bereich der Unternehmenskultur eine Dominanz kognitiv geprägter Ansätze konstatieren lässt (Beyer/ Niño 2001, S. 183).

[791] In gewisser Hinsicht wird so auch eine Art Systemvertrauen entwickelt werden (Bierhoff 2002, S. 138ff., Schweer 1997, Schweer/ Thies 2004). Hierunter versteht man analog zum personalen Vertrauen eine soziale Einstellung, welche sich allerdings auf eine Institution bezieht, mit der man nicht direkt interagieren kann, allenfalls kann man mit einzelnen Repräsentanten in Kontakt treten.

[792] Vgl. Bürger (2005), S. 122, Kirsch/ Ringlstetter (1995), S. 245, Schreyögg (1989). Holleis (1987, S. 177) führt hierzu aus, dass Organisationskulturen dazu dienen, gesellschaftlich induzierte emotionale Defizite auszugleichen. Sattelberger konzentriert sich demgegenüber auf die Auswirkungen starker Unternehmenskulturen, wie im Fall der MTU, aufgrund derer die Mitarbeiter „wieder stolz auf die MTU" (Sattel-

tierung, zu geringerer Flexibilität bzw. zu einer kollektiven Vermeidungshaltung gegenüber neuartigen Entwicklungen.[793]

(2)   Ansatzpunkte zur Beeinflussung positiver Emotionalität

Setzt man sich mit dem Thema Unternehmenskultur auseinander, so kann man den von *Schein* entworfenen Bezugsrahmen als eines der zentralen Referenzmodelle heranziehen.[794] Er thematisiert Unternehmenskultur anhand von *drei sich wechselseitig beeinflussenden Ebenen*, Artefakten (a), Normen bzw. Standards (b) sowie Basisannahmen (c), an denen sich die nachstehende Analyse hinsichtlich potenzieller Steuerungsansätze kollektiver positiver Emotionalität orientiert (vgl. Abb. III-2).[795] Die Auseinandersetzung schließt mit einer Betrachtung in praxi vorzufindender Restriktionen (d).

---

[793] berger 1991a, S. 248) sind. Ergänzend ist auf die kritisch-konstruktive Betrachtung der Unternehmenskultur bei Kieser (1991, S. 263ff.) und Schreyögg (1984, S. 176) zu verweisen.

[794] Vgl. Pratkanis/ Turner (1999), Schreyögg (1989). Diese Thematik erscheint aus Sicht eines HRM insofern zielführend, als eine derartige Betrachtung dysfunktionale Kulturelemente, vor allem auch im Rahmen von Veränderungsprozessen, zu berücksichtigen hat. Zum besseren Verständnis ist zudem eine *Abgrenzung* gegenüber den Termini Unternehmensstrategie und Organisationsklima zweckvoll. Im Gegensatz zum Begriff Strategie ist die Unternehmenskultur konzeptionell schwieriger zu greifen; vgl. hier und im Folgenden Mayrhofer/ Meyer (2004), Sp. 1026f. Außerdem orientiert sie sich nicht zwangsläufig an den Zielen der Unternehmung; vgl. Wiendieck (1990), S. 39. Gegenüber dem punktuell und zumeist quantitativ zu messenden Organisationsklima umfasst die Unternehmenskultur daneben noch weitere, tiefer liegende und langfristigere Phänomene, wie etwa Artefakte oder die Grundannahmen der Organisationsmitglieder, die sich solchen Erhebungsmethoden weitgehend verschließen; vgl. zum Begriff des Organisationsklimas bzw. zur Abgrenzung der Termini Organisationskultur und Organisationsklima die Diskussion bei Conrad/ Sydow (1984), S. 12ff., Conrad/ Sydow (1991), S. 97ff., Denison (1996), Fank (1997), S. 249f., und Schneider (1985), S. 595ff.

[794] Vgl. hier und im Folgenden Schein (2004). Die Ausführungen von Schein wurden in der Folgezeit vielfach kritisiert und so existiert mittlerweile eine Reihe von Weiterentwicklungen; vgl. exemplarisch: Barley (1983), Gagliardi (1986), Hatch (1993a), Martin (1992), Young (1989). Das Modell von Schein wird im Folgenden der Argumentationslinie vor allem deshalb zugrunde gelegt, da es beispielsweise im Gegensatz zum prozessualen Spiralenmodell von Gagliardi (1986) eine primär deskriptiv-statische Analyse ermöglicht. Diese Trennung ist zweckvoll, da eine prozessorientierte Betrachtung im Hinblick auf das Erlernen von positiven emotionalitätsbasierten Zuständen in Verbindung mit dem Thema Sozialisation diskutiert werden soll (vgl. III.2.2).

[795] Vgl. Scholz (1988) bzw. konkret mit Bezug zur positiven Emotionalität Müller-Seitz (2007). Ausgangspunkt für die nachstehende Diskussion ist die Beobachtung, dass die Unternehmenskulturforschung vorwiegend an kognitiven Aspekten orientiert ist (Sackmann 1992, S. 140). Allerdings wird unterstellt, dass sich Elemente der Unternehmenskultur – wie etwa Artefakte – einer Analyse im Hinblick auf positive Emotionalität unterziehen lassen. Weiter ist anzumerken, dass Schein zufolge die drei Ebenen der Unternehmenskultur insofern in einem Zusammenhang stehen, als sie direkten wechselseitigen Einflüssen zu unterliegen scheinen (Hofbauer 1991, S. 55f.).

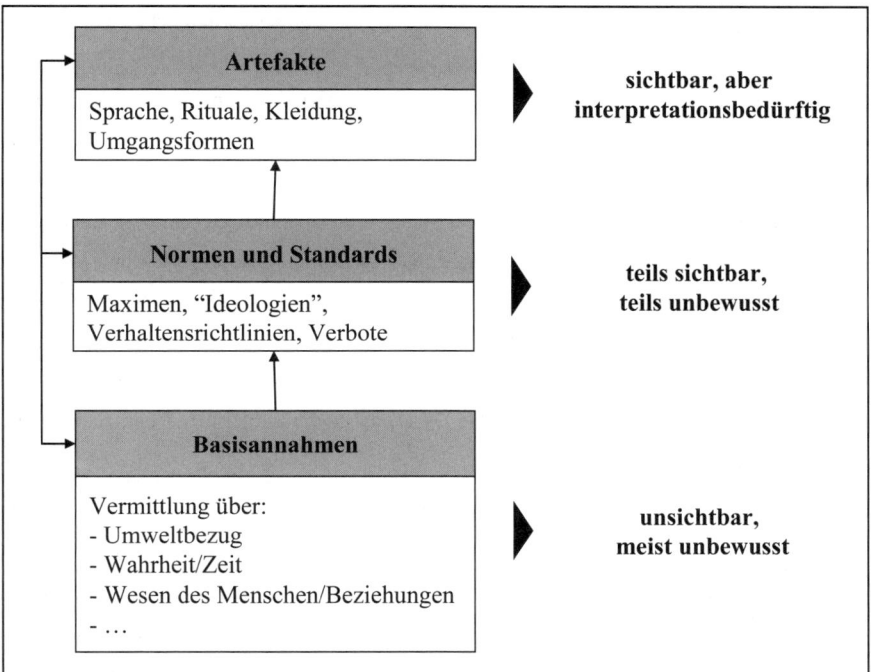

Abb. III-2:   Ebenen der Unternehmenskultur nach Schein
(Quelle: eigene Darstellung in Anlehnung an Schein 2004, S. 4)

(a) Die erste Ebene der *Artefakte* umfasst alle künstlich geschaffenen Objekte und Verhaltensweisen, welche in der Regel auch für Außenstehende sinnlich wahrnehmbar sind.[796] Einschränkend ist jedoch darauf hinzuweisen, dass die Wahrnehmung der jeweiligen Artefakte keinesfalls deren korrekte Entschlüsselung impliziert. Denn dafür wäre die Kenntnis der entsprechenden Normen bzw. Standards und Basisannahmen zwingend.[797] In Anlehnung an

---

[796] Zumeist betrifft dies sicht- oder hörbare Artefakte. Hierin besteht ein Unterschied zu den beiden anderen Ebenen, die sich organisationsexternen Beobachtern zumindest teilweise verschließen. Dennoch wird angenommen, dass man durch Beobachtungen auf der Ebene der Artefakte zu einem Verständnis der anderen beiden Ebenen gelangen kann (Dormayer/ Kettern 1997, S. 55). In Anlehnung an Osgood (1951) ist die Artefaktebene dabei der so genannten Percepta-Ebene bzw. Oberflächenstruktur zuzuordnen. Normen und Werte sowie geteilte Grundannahmen hingegen der Concepta-Ebene bzw. Tiefenstruktur. In der Literatur häufig vorzufindende Metaphern dieses Sachverhalts sind etwa Seerosen (Hawkins 1997) oder Eisberge (Kasper/ Mühlbacher 2002, S. 118). Obgleich vor allem die Concepta-Ebene konzeptionell schwierig zu erfassen ist, erscheint eine Auseinandersetzung mit dieser Thematik gangbar. Sie muss jedoch in praxi stets an den spezifischen Umständen des fokalen Unternehmens ausgerichtet sein; vgl. auch Güttel, fernmündlich am 05.12.2006.

[797] Vgl. Wahren (1987), S. 92. Dieser Sachverhalt wird im Folgenden als grundsätzlich möglich angesehen, da sonst eine Diskussion der einzelnen Elemente der Unternehmenskultur obsolet erscheinen würde. Da-

Neuberger und Kompa eignet sich eine Einteilung der Artefaktebene in objekt- (aa), kommunikations- (ab) und handlungsbezogene Elemente (ac).[798]

(aa) Als potenziell gestaltbare *Objekte* der Unternehmenskultur kommen vor allem die Architektur, Raumgestaltung, Bekleidung sowie die Firmenzeichen in Betracht.[799] Insbesondere die Architektur und die Raumgestaltung knüpfen dabei an die Diskussion der organisationalen Rahmenbedingungen an.[800] Will man der *Architektur* die Auslösung positiver Emotionalität zuschreiben, so bietet sich dies vor allem aufgrund ästhetischer Überlegungen an.[801] Wird ein Gebäude z.B. als „schön" oder „beeindruckend" wahrgenommen, können dadurch bestimmte positive Gefühle ausgelöst werden, etwa Bewunderung oder Stolz.[802] Ein gutes Beispiel dafür ist die Marriott-Hotelgruppe, die auf ihrer Internetseite wie folgt formuliert: „Take pride in their physical surroundings" (Marriott 2006).[803] Dabei ist die ästhetische Wahrnehmung von

---

her soll insbesondere der Argumentationslinie von Weiss/ Cropanzano (1996) sowie Rafaeli/ Vilnai-Yavetz (2004a und 2004b) gefolgt werden. Die letztgenannten Autorinnen halten diesbezüglich fest: „an encounter with an organizational event or artifact (e.g., seeing a green bus) can be argued to elicit emotional reactions, which can directly or indirectly inspire emotions toward the organization displaying the artifact" (Rafaeli/ Vilnai-Yavetz 2004a, S. 672). Insofern wird in Anlehnung an die Forschungsbemühungen zum Symbolismus in Organisationen unterstellt (exemplarisch: Gagliardi 1990, Morgan et al. 1983, Yanow 1998), dass Artefakte als Symbole fungieren, welche die Unternehmenskultur repräsentieren und dabei gleichsam Gefühle hervorrufen bzw. steuern (Dandridge 1983, S. 71).

[798] Vgl. Neuberger/ Kompa (1993). Die Autoren sind im Rahmen ihrer Analyse dem aus der Soziologie stammenden symbolischen Interaktionismus verhaftet. Vertreter dieser Denkrichtung messen Artefakten nicht nur physisch-funktionale Bedeutung zu, sondern betrachten diese auch als sinnstiftend; vgl. Czarniawska-Joerges (1997), Dandridge et al. (1980), Frost/ Morgan (1983).

[799] Vgl. Rafaeli/ Vilnai-Yavetz (2004a), S. 682f., sowie Rafaeli/ Vilnai-Yavetz (2004b), S. 107, die auf die Komplexität des Verhältnisses zwischen Artefakten und Emotionen verweisen. Zudem konstatieren die Autorinnen, dass Emotionalität auch durch anderweitige Artefakte, wie etwa Produkte oder physische Elemente im Prozess der Dienstleistungserstellung ausgelöst werden kann. So diskutieren Rafaeli und Vilnai-Yavetz (2004a/2004b) die Relevanz der Farbe von Bussen eines öffentlichen Transportunternehmens in Israel hinsichtlich des Hervorrufens emotionalitätsbasierter Zustände. Ferner lassen sich die hier angestellten Überlegungen vermutlich zumindest auch teilweise auf den Bereich des Internets übertragen. Vilnai-Yavetz und Rafaeli konnten z.B. ihre Befunde auch anhand eines internet-basierten Experiments replizieren; vgl. Vilnai-Yavetz/ Rafaeli (2006) sowie Browne et al. (2004), Hall/ Hanna (2004), Mummalaneni (2005), Norman (2004), S. 6f., Novak et al. (2000), Rafaeli/ Pratt (2005).

[800] Vgl. die Diskussion in II.2.1.

[801] Vgl. Lash (1992), Wadosch (1996), Strati (1992), S. 578f. Für einen diesbezüglichen Überblick sei auf Stratis Monographie verwiesen (Strati 1999). Allerdings haben die folgenden Ausführungen zur Architektur lediglich skizzenhaften Charakter. Brief und Weiss konstatieren diesbezüglich, dass „Very little is known about how physical settings [...] affect feelings in the workplace" (Brief/ Weiss 2002, S. 290).

[802] Vgl. Harris (1999), Lang (1988), Nasar (1994), Schein (2004), S. 81. An dieser Stelle ist auch die Auffassung von Wadosch (1996, S. 34f.) anzuführen, dass eine ästhetische Dimension vor allem in der Betriebswirtschaftslehre vielfach kaum thematisiert wird, jedoch nahezu unweigerlich zu beachten ist. Er schildert diesbezüglich die vermeintlich intersubjektiv nachvollziehbaren und dennoch unbrauchbaren „Fakten" der Venus von Milo, wie etwa Gewicht und Größe. Anschließend verweist er jedoch auf die Notwendigkeit einer Beschäftigung mit der Skulptur aus ästhetischer Warte, eine Argumentationslinie, die den vorliegenden Gedankengängen ebenfalls zugrunde liegt (ähnlich: Goodman 1995, S. 228f.).

[803] Vgl. Hallowell et al. (2002), die zu ähnlichen Rückschlüssen bei der Four Seasons Hotelgruppe in Paris kamen. Dort äußerte ein Designer „I would like guests rediscovering the hotel to think that I had not

Gebäuden durchaus nicht auf optische Faktoren begrenzt. Sie kann vielmehr auch verschiedene emotionalitätsbasierte Zustände von Kontextfaktoren, wie etwa der historisch gewachsenen Bedeutung eines Gebäudes hervorgerufen werden.[804]

Zu ähnlichen Schlussfolgerungen kommt man im Hinblick auf die *Raumgestaltung*.[805] Als ein treffendes Beispiel für diesen Sachverhalt lassen sich Filialen im Einzelhandel heranziehen.[806] So weisen diverse Studien auf die Bedeutung des arbeitsumweltbezogenen Umfeldes für das Hervorrufen von Emotionalität hin, vor allem beim Kunden, aber auch beim Mitarbeiter.[807] Potenzielle Ansatzpunkte stellen dabei olfaktorische und auditive Faktoren dar.[808] Insbesondere akustische Elemente haben in der Literatur zunehmend Beachtung gefunden. So könnte die Ausstattung der Büroräume mit Lärm absorbierenden Bodenbelegen[809] bzw. einer

---

[804] changed a thing—and, at the same time, to notice how much better they feel within its walls." (Hallowell et al. 2002, S. 12).

Vgl. Gabriel (1993, S. 126), der bei den Mitarbeitern eines Chemieunternehmens beobachtete, dass der ehemalige Hauptsitz „acted as a powerful source of nostalgic feeling for those staff" (vgl. auch: Brown/ Humphreys 2002). Gittus (2002) sowie Ledanff (2003) betrachten ähnliche Kontextfaktoren, etwa die Bedeutung des Reichstags oder anderer Berliner Gebäude, die oftmals emotionalitätsbasierte Zustände wie Nationalstolz hervorrufen; vgl. ähnlich Andreu et al. (2006).

[805] Vgl.   Morrow/ McElroy (1981) sowie die grundlegenden Überlegungen zu den diesbezüglichen organisatorischen Rahmenfaktoren in II.2.1. Hier lassen sich Merkmale aus dem Krankenhauswesen (May et al. 2005), aus Rechtsanwaltskanzleien (Stauss 1999b, S. 997), das Bürodesign von Vorstandsvorsitzenden (Strati 1992, S. 570ff.) oder die Innenraumausstattung von Restaurants oder Bars (Wasserman et al. 2000) anführen. Untersuchungen zu den auf Emotionalität basierenden Reaktionen von Mitarbeitern sind bei Leather et al. (1998), zu finden, die den Einfluss von Fenstern und Sonnenlicht untersuchten.

[806] Vgl. Gilboa/ Rafaeli (2003), S. 207f. Diesbezüglich ist darauf hinzuweisen, dass in der Literatur zum Dienstleistungsmanagement eine Unterteilung in Außen- und Innenraumgestaltung vorgenommen wird, wobei Letztere der hier diskutierten Raumgestaltung entspräche, Architektur entsprechend im Bereich der Außenraumgestaltung anzusiedeln wäre (Zeithaml/ Bitner 2003, S. 282).

[807] Vgl. Bitner (1992, S. 58), die hier explizit von „servicescapes" spricht (für eine Weiterentwicklung: Baker et al. 2002, Lin 2004); ähnlich Dawson et al. (1990), Kaltcheva/ Weitz (2006), Mano (1999), Mehrabian/ Russell (1974), Russell/ Pratt (1980), S. 313, Russell/ Snodgras (1987), Turley/ Miliman (2000), Wohlwill (1976), Zeithaml/ Bitner (2003), S. 282. Gilboa/ Rafaeli (2003), S. 207, plädieren dafür, die Inneneinrichtung von Einzelhandelsfilialen einfach auszugestalten: „feelings of unpleasentness [...] may be due to the complexity of the settings". In die gleiche Richtung deuten auch Untersuchungen, die sich mit Erlebnis- und Konsumwelten aus Warte des Tourismusmanagements beschäftigen (exemplarisch: Pechlaner 2004, Steinecke 2000, Vester 2004, Wöhler 2004).

[808] Vgl. Gagliardi (1996), S. 574, Strati (1992), S. 577, für die Betrachtung von auditiven Elementen in Organisationen vor dem Hintergrund ästhetischer Überlegungen sowie den Überblick bei Baron (1990, S. 370f.). Ferner ist auf Hirsch (1995) für die Diskussion des Einflusses von Gerüchen im Falle von Bäckereifilialen hinzuweisen, bei denen olfaktorische Faktoren sehr hohe Umsatzzuwächse nach sich zogen. Hinsichtlich auditiver Elemente, wie etwa der Hintergrundmusik in Einzelhandelsgeschäften, siehe exemplarisch die Studie von North et alii (1999), die einen kundenseitigen Einfluss beim Weinkauf konstatierten. Für Überlegungen zu Emotionalität und Musik generell sei auf die umfassende Diskussion bei Gabrielsson/ Juslin (1996) verwiesen; vgl. auch Scherer (2004).

[809] Vgl. Kryter (1970) für eine Übersicht.

entsprechenden Deckenkonstruktion[810] mögliche Ansatzpunkte zur Erhöhung des SWB bieten.

Ähnlich wie die Raumausstattung kann auch der Effekt von Namensschildern oder Visitenkarten gesehen werden. So ist es denkbar, dass mit formellen Hinweisen versehene Türschilder – z.b. mit dem Zusatz eines akademischen Grades oder der unternehmenshierarchischen Zuordnung – u.U. Stolz verursachen können.[811]

Auch die *Bekleidung* kann positive Emotionalität auslösen.[812] Diesen Gedankengang bekräftigen Rafaeli und Pratt, die hierzu Folgendes festhalten:

> „Specific dress attributes may be selected by organizations in order to associate the messages that they convey with the organization. To illustrate, the playful, vivid, and colourful costumes in Disneyland are considered part of the "magic" and the "fun" that the Disney Corporation sells" (Rafaeli/ Pratt 1993, S. 47).

Zudem kann die Kleidung aktiv zum SWB, also auch zu kurzfristiger positiver Emotionalität, beitragen. So wiesen Rafaeli und ihre Kollegen nach, dass weibliche Angestellte an Universitäten sich unter bestimmten Umständen durch eine „angemessene" Kleidung sehr viel wohler fühlen.[813] Interessanterweise trifft dies sogar dann zu, wenn die Kleidungsstücke als vergleichsweise unbequem empfunden werden, da sie zur Reduktion von Rollenkonflikten,[814] der Identifikation mit dem fokalen Unternehmen[815] sowie einer Erleichterung bzw. Beschleunigung der Interaktion mit den Kunden beizutragen scheinen.[816]

---

[810]   Vgl. Konar et al. (1982), S. 562ff., die vor allem den Eingangsbereich, die Größe von Büros, die Bestuhlung und das Layout von Büros sowie die Möglichkeit, dort persönliche Gegenstände zu platzieren, als gängige Statusmarker identifizierten; vgl. ähnlich Brandenberg (2001), S. 66, Sundstrom et al. (1994), S. 217, sowie Wotton (1976), S. 35.

[811]   Vgl. Wineman (1982), S. 285f.

[812]   Vgl. Czepiel et al. (1985), Humphreys/ Brown (2002), Lurie (1981), Pratt/ Rafaeli (1997), Ribeiro (1986), Rafaeli (1989a), Rafaeli/ Kluger (2000), S. 153f., sowie Rafaeli/ Pratt (1993, S. 34), die zu der Schlussfolgerung gelangen, dass „clothing communicates strong and powerful messages". Rafaeli et alii konstatieren entsprechend: „we see individuals as using dress to feel and display the emotions appropriate for particular situations" (Rafaeli et al. 1997, S. 37f.).

[813]   Vgl. Rafaeli et al. (1997), S. 36.

[814]   Vgl. Rafaeli (1989b), Rafaeli et al. (1997), S. 35f.

[815]   Hinsichtlich der Identifikation mit dem Unternehmen ist vor allem auf Pratt/ Rafaeli (1997) sowie die aktuellen Ausführungen zur Sinnstiftung von Bartunek et al. (2006) sowie Weick (1993) zu verweisen. Dass Kleidung sowie die damit einhergehende Identifikation zu vergleichsweise drastischen Folgen führen können, wies Zimbardo in seinem Stanford-Prison-Experiment nach (Haney et al. 1973, Zimbardo et al. 1999), welches diverse Parallelen zu den jüngeren Ereignissen im Gefangenenlager von Abu Ghraib aufweist (für eine tiefer gehende Diskussion: Hooks/ Mosher 2005, Reicher/ Haslam 2006). Im Falle des o.g. Experiments nahmen zufällig ausgewählte Probanden die Rolle von Wachmännern und Gefangenen. Dabei spielten die Uniformen der Wachmänner insofern eine Rolle, als sie zur Veränderung der Verhaltensweisen der Probanden führten, die sich u.a. durch die Kleidung wie „richtige" Wachmänner fühlten.

[816]   Vgl. Czepiel et al. (1985), die den Begriff des Service Encounters für all jene Austauschsituationen prägten, in denen Mitarbeiter und Kunde aufeinander treffen; vgl. auch die weitestgehend synonym verwende-

Als *Firmenzeichen bzw. -symbole* kommen all jene visuellen Elemente in Betracht, die das Gesamtunternehmen einheitlich repräsentieren.[817] Meist erfolgt dies in Form von Schriftzügen (z.B. „DaimlerChrysler"), Akronymen (z.B. „BMW") oder Firmenlogos (z.B. der „Swoosh" von Nike). Auch können dem Firmenzeichen entlehnte Symbole positive Emotionalität auslösen bzw. verstärken, etwa in Form von Stolz.[818] Für den Bereich des Sports ließe sich dies einprägsam anhand der drei Sterne auf den Trikots der Deutschen Fußballnationalmannschaft veranschaulichen, nehmen diese Symbole doch zwei Funktionen gleichzeitig wahr: Einerseits repräsentieren sie durch ihre Farbgebung die Nationalflagge, andererseits deuten sie aber auch auf die errungenen drei Weltmeisterschaftstitel hin.[819]

(ab) *Kommunikationsbezogene Elemente* der Artefaktebene betreffen die verbale Kommunikation unter den Organisationsmitgliedern. Hierunter lassen sich vor allem sprachliche, aber auch narrative Elemente[820] subsumieren.[821]

Die Wirkung der *Sprache* kann von bestimmten Ausdrücken abgeleitet werden, die sich mit positiven Ereignissen oder Bedeutungen verbinden. So können unternehmenskulturell geprägte Bezeichnungen, wie „Kearneys" oder „Simensianer" ohne Zweifel zur Identifikation

---

te Metapher „moment of truth" bei Albrecht (1988) sowie für eine Diskussion im internationalen Kontext Stauss/ Mang (1999). Hier kann Kleidung eine Orientierungsfunktion besitzen und gleichsam Rollenstress vorbeugen. Zu einer solchen Schlussfolgerung kommt auch Lavender (1987). Bei seinen Untersuchungen in Krankenhäusern konnte er nachweisen, dass die Abschaffung einer einheitlichen Kleiderordnung zu chaotischen Zuständen im Krankenhausalltag bezüglich der Interaktion mit den Patienten führt.

[817]   Der Begriff Firmenzeichen wurde zur Abgrenzung von den verwandten Konzepten Branding (Markenauftritt) und Corporate Design (Unternehmensoptik) gewählt, die weitaus mehr Elemente umfassen, etwa auch die Gestaltung von Produktverpackungen; vgl. exemplarisch: Hinterhuber/ Winter (1991), Sassoon (1990). Zwar kann man diesen Aspekten u.U. auch einen Einfluss auf die positive Emotionalität zugestehen, was indes im Folgenden indes nicht näher erörtert werden kann.

[818]   Vgl. Ashforth/ Mael (1989), S. 28, Fox/ Amichai-Hamburger (2001), S. 87ff., Mael/ Ashforth (2001), Rafaeli/ Vilnai-Yavetz (2004b), S. 103, sowie die vergleichbar ausgerichtete Argumentationslinie von Oelert (2003), S. 51f., für den Bereich der internen Kommunikation. Über eine ausgefallene Verwendung des Firmenzeichens berichten Rindova et al. (2006, S. 62) im Fall von Yahoo. So konnten die beiden Unternehmensgründer Dave Filo und Jerry Yang ihre Mitarbeiter dazu bewegen, das Firmenzeichen an ihren privaten Kraftfahrzeugen anzubringen. Dies stellt vermutlich nicht nur eine geschickte Werbekampagne dar, sondern auch eine psychotaktische emotionalitätsbasierte Einbindung der Mitarbeiter.

[819]   Vgl. van Maanen/ Kunda (1989), S. 46, für eine vergleichbare Argumentationsskizze.

[820]   Vgl. Gagliardi (1996), S. 566, Küpers (2002), S. 31f. Der Begriff narrative Elemente soll im Folgenden als Sammelbegriff dem englischen Terminus „narrative" entsprechend verwendet werden, mithin Geschichten, Legenden, Mythen etc. umfassen.

[821]   Im Folgenden werden lediglich verbale Kommunikationselemente erörtert. Ergänzend ist darauf zu verweisen, dass auch nonverbale Elemente wie Gesten kulturabhängig sind und Emotionalität hervorrufen können. Dieser Sachverhalt lässt sich gut anhand von George Bushs teilweise als Gruß an Satan missverstandene Geste veranschaulichen. Der US-Präsident hatte ein Football-Team mit einer Geste begrüßt, die vor allem in Norwegen als Satansgruß aufgefasst wird und zu Protesten führte (The White House 2005). Für eine Diskussion nonverbaler Kommunikation sei auch auf Archers Aufsatz verwiesen, in dem sie plakativ auf die unterschiedliche Interpretation von Gesten hinweist. Eines ihrer Beispiele betrifft eine Geste,

mit dem betreffenden Unternehmen beitragen.[822] Auf einer Art Metaebene ließe sich zudem das Erörtern der Sprache bzw. von Sprachregelungen selbst noch als weitere Facette auffassen.[823] So schlussfolgern Harkness und Kollegen:

> „Employers need to be conscious of their organizational culture, specifically in terms of the discourses used, or messages being conveyed to employees about how negative emotions or distressing experiences at work are to be addressed (i.e. how 'stress' is to be managed)" (Harkness et al. 2005, S. 135).

Diesen Sachverhalt stützen auch diverse Untersuchungen bezüglich unangenehmer Tätigkeiten.[824] So sollen z.B. jungen Medizinstudenten durch entsprechende Sprachregelungen Empfindungen wie Angst oder Ekel bei pathologischen Tätigkeiten genommen werden.[825] Ähnlich berichten Ashforth und Kreiner von Situationen, in denen negative emotionalitätsbasierte Zustände systematisch reformuliert werden, etwa im Fall von Mitarbeitern in Bestattungsinstituten.[826]

Narrative Elemente der Artefaktebene, wie Gesänge oder Geschichten, dienen ebenfalls der Manifestation angemessener Verhaltensweisen im Hinblick auf die Emotionalität.[827] So konnten Nissley et alii (2002) die Bedeutung von Gesängen im Zusammenhang mit der Unternehmenskultur nachweisen.[828] Ein Sachverhalt, der sich anschaulich anhand des indoktrinatorisch wirkenden „Wal-Mart Cheer" illustrieren lässt, der auf der Unternehmenswebsite als Teil der Wal-Mart-Unternehmenskultur vorgestellt wird.[829] Mit Beifallschören dieser Art sollen die Mitarbeiter Sam Walton, dem Gründer von Wal-Mart, huldigen und zugleich ihren Stolz auf das Unternehmen zum Ausdruck bringen.

---

[822] die sich in den Vereinigten Staaten als „Glück auf" interpretieren lässt, wohingegen diese Geste im Iran „Scher dich zum Teufel" bedeutet (Archer 1997, S. 81).

Vgl. Berger/ Luckmann (2004), S. 149, Boudens (2005), S. 1286, Collins/ Porras (1994), S. 121ff., Czarniawska-Joerges/ Joerges (1990), S. 346f., Pfeffer (1981), S. 24, sowie analog van Maanen/ Kunda (1989), S. 63, die Anstrengungen beobachten konnten, bestimmte Formulierungen der Mitarbeiter zu ändern. So soll etwa der Ausdruck „customer" bei den Disney Themenparks durch „guest" ersetzt werden (vgl. Bryman 1999, S. 41). Ähnlich schlussfolgert Sackmann, dass Metaphern emotionalitätsbasierte Zustände auslösen können (Sackmann 1989, S. 481f.). Für eine differenzierte Auseinandersetzung hinsichtlich Emotionalität und Sprache ist der Aufsatz von Mees (1985) zu nennen.

[823] Vgl. Boje (1991), Foucault (1978).

[824] Vgl. für eine Übersicht Trice/ Beyer (1993).

[825] Vgl. Smith III/ Kleinman (1989) sowie ähnlich Cahill (1999).

[826] Vgl. Ashforth/ Kreiner (1999), S. 427.

[827] Vgl. exemplarisch Pogrebin/ Poole (1991) sowie die nachstehenden Ausführungen zur Sozialisation emotionalitätsbasierter Zustände.

[828] Vgl. Nissley et al. (2002). Die Autoren schätzen die Nutzung von organisationalen Gesängen kritisch ein, da sie darin eine subtile Form der Vereinnahmung von Mitarbeitern und Kunden sehen. Ergänzend ist in Anlehnung an Nissley (2002) darauf aufmerksam zu machen, dass diese Gesänge von berufsbezogenem Singen abzugrenzen sind, das ebenfalls im Unternehmensalltag vorzufinden ist.

Auch *Geschichten*,[830] definiert als schriftlich oder mündlich überlieferte Ereignisse organi-sationaler Vorkommnisse, können bestimmte Werte oder Grundannahmen repräsentieren.[831] Exemplarisch ist in dieser Verbindung auf die Untersuchungen von Gabriel hinzuweisen, der Bürogeschichten von Angestellten in englischen Unternehmen untersuchte.[832] Seine Analyse ergab, dass die meisten der ausgewählten Geschichten von Emotionalität dominiert wurden, aber lediglich zehn Prozent davon durch positive Ausprägungen von Emotionalität, wie etwa Dankbarkeit, Hochschätzung, Freude oder Liebe.[833] Diese Bürogeschichten sind insofern wichtiger Bestandteil der Unternehmenskultur, als sie u.a. dem Zweck dienen, Unzufrieden-heit mit der gegenwärtigen Situation zu kaschieren bzw. negative emotionalitätsbasierte Zu-stände besser beherrschen zu können. Entsprechend häufig finden sich daher Geschichten, in denen von Opfern, Racheengeln oder siegreichen Helden die Rede ist.[834] Beispielsweise ap-pelliert Steven Jobs, Gründer von Apple, oftmals eindringlich an seine Mitarbeiter, den „Goli-ath" bzw. „Big Brother" IBM zu bekämpfen. Conger führt hierzu aus:

> „Stories or metaphors are most potent when they invoke meanings or symbols that have deep cultural roots, and as a result, elicit stronger emotions [...] Jobs calls upon several important cultural myths and symbols [...] The "big brother" references to George Orwell [...] enjoyed widespread popular appeal among Job's generation also triggers the audi-ence associations with menacing giant (IBM) who is seeking omnipresent control" (Con-ger 1991, S. 41).

Allerdings stellen auch Affären und Schwärmereien sowie sarkastische bzw. überzogen-kritische Ausführungen zu Vorgesetzten häufig thematisierte Situationen dar, die positive Emotionalität vermitteln können. Letztlich dienen solche Bürogeschichten u.a. auch dem Ver-trieb von Langeweile, der Sinnstiftung bzw. der Gruppenkohäsion.[835] Ein weiterer Beleg hier-

---

[829]   Vgl. Hansen/ Kahnweiler (1993), Wal-Mart (2006).

[830]   Vgl. Alvesson/ Berg (1992), S. 81f., Clark (1972), Mills et al. (2001), S. 118ff., Ott (1989), S. 112, Ven-delo (1998). Der Begriff Geschichten ist für den vorliegenden Fall weit auszulegen. Er umfasst etwa ver-wandte Termini wie Kriegsgeschichten, Sagen, Legenden, Mythen oder Heldensagen.

[831]   Vgl. van Buskirk/ McGrath (1992). Bojes (1995, S. 1000f.). Deren Besprechung der Thematik umfasst zudem den Hinweis, dass manche Geschichten lediglich durch kurze Andeutungen (z.B. „du kennst ihn ja") oder Gesten (z.B. ein zustimmendes Nicken) kommuniziert werden. Ein solch weit gefasstes Beg-riffsverständnis soll auch dieser Diskussion zugrunde liegen.

[832]   Vgl. Gabriel (1995), S. 489f.

[833]   Vgl. auch die Ausführungen von Boyce (1995), S. 128, die sich mit der Rolle von Geschichten am Bei-spiel einer non-profit Organisation beschäftigt.

[834]   Vgl. Dandridge et al. (1980), S. 79, Hillon et al. (2005), S. 24f. Derartige Heldengeschichten und Mythen stellen erneut eine Form symbolischer Handlungen dar, durch die eine Sinnvermittlung erfolgt (Pondy 1983, S. 164f.).

[835]   Vgl. Barbalet (1998), S. 181, Boje (1991), S. 115ff., Fineman (1983), S. 153f.

für sind die Beobachtungen Martins hinsichtlich einer Polizeistation, in der durch das Erzählen von „Kriegsgeschichten" positive Emotionalität gefördert wurde:

> „This is conveyed largely through instructors' war stories that emphasize the importance of solidarity, teamwork, toughness, and stoicism in the face of pain" (Martin 1999, S. 121).

(ac) Als dritter Aspekt auf Artefaktebene sind *handlungsbezogene Elemente* zu nennen.[836] Diese betreffen allgemein sämtliche *Rituale*, die in Verbindung mit der Organisation stehen.[837] Hierzu zählen Weihnachts- und Geburtstagsfeiern, gemeinsame Exkursionen, oft die Verleihung von Auszeichnungen usw.[838] Ziel solcher meist feierlichen Handlungen ist dabei die Erzielung einer auf positiver Emotionalität basierenden Einstellung gegenüber der Organisation, was van Maanen und Kunda wie folgt beschreiben:

> „rituals [...] can provide an emotional charge [...] More pointedly, [...] there can be no group worthy of the name not needing at regular intervals the reaffirmation of collective sentiments and ideals. Ritual, of all sorts, can provide a sense of unity and perceived character" (van Maanen/ Kunda 1989, S. 49).

Zu ähnlichen Erkenntnissen gelangen auch Trice und Beyer.[839] Folgt man ihren Ausführungen, so stellen Rituale, wie gemeinsame Weichnachtsfeiern oder Picknicks, oftmals den Versuch dar, in betont informeller Atmosphäre die gemeinsamen Werte zu betonen und ein Gemeinschaftsgefühl aufkommen zu lassen.[840] Bei solchen Anlässen wird häufig auch bewusst Alkohol angeboten, um so eine „aufgelockerte" Atmosphäre zu ermöglichen.[841] Denn so können sich Mitarbeiter und Vorgesetzte näher kommen, hierarchische Differenzen sind vorübergehend aufgehoben. Referierte emotionalitätsbasierte Zustände, die dadurch aufgebaut werden können sind z.B.

> „back-slapping, hugging, kissing, and other gestures of affection and approval rarely used in regular work settings" (Trice/ Beyer 1984, S. 663).

(b) Die zweite Ebene der Unternehmenskultur umfasst Schein zufolge kollektiv geteilte *Normen und Werte*.[842] Sie wird den Organisationsmitgliedern im Gegensatz zur Artefaktebene nur

---

[836] Vgl. hierzu erneut die Ausführungen von Berger/ Luckmann (2004), S. 115 bzw. S. 150.
[837] Vgl. Neuberger/ Kompa (1993).
[838] Vgl. Beyer/ Trice (1987), S. 15.
[839] Vgl. Trice/ Beyer (1984), S. 663, sowie die ähnlich gelagerte Diskussion bei Mayrhofer/ Iellatchitch (2005).
[840] Vgl. auch Berezin (2001), S. 92f., sowie van Maanen/ Kunda (1989), S. 63.
[841] Vgl. Sackmann (2002), die hierzu ausführt, dass derartige Feiern als „emotionales Ventil in Organisationen" (Sackmann 2002, S. 32) dienen.
[842] Vgl. im Folgenden Neubauer (2003), S. 22, Schein (2004), S. 28ff., Scholz (2000), S. 790.

gelegentlich im Rahmen von Reflexionsprozessen zugänglich.[843] Im vorliegenden Kontext stehen ausschließlich Normen im Mittelpunkt, da Werte eine gewisse „inhaltliche Nähe" zu den noch zu erörternden Grundannahmen aufweisen. Im Vergleich zu Normen, verstanden als gemeinsam akzeptierte, zeitlich stabile Verhaltenserwartungen der Organisation gegenüber ihren Mitgliedern,[844] sind Werte naturgemäß weitaus diffuser. Sie sind nur latent vorhanden und beziehen sich im Vergleich zu Normen eher auf das, was in einer Organisation allgemein als „wünschenswert" erachtet wird.[845] Eine Einhaltung der Normen lässt sich überwiegend nur interpersonell erreichen, d.h. das unternehmensspezifisch „angemessene" Mitarbeiterverhalten wird im Regelfall durch andere Mitarbeiter „kontrolliert". Werte werden hingegen durch eine primär intrapersonelle Kontrolle wirksam.[846] Hinsichtlich der Relevanz unternehmenskultureller Normen bezüglich Emotionalität formuliert Schreyögg in Anlehnung an Trice und Beyer[847]:

> „Kulturen normieren, was gehasst und was geliebt wird, was angenehm und was unangenehm ist" (Schreyögg 2003, S. 451).

Die Inhalte manifestieren sich dabei häufig in offiziellen und formalisierten Bekenntnissen der Unternehmensführung,[848] die in Form von Unternehmensgrundsätzen, -missionen, -visionen, oder -zielen auftreten können. Zur Illustration eignet sich in diesem Zusammenhang der vom US-Sportartikelhersteller Nike formulierte Unternehmensgrundsatz „to experience the emotion of competition; winning; and crushing competitors".[849] Dieser Grundsatz ist jedoch nicht nur auf die Kunden ausgerichtet, sondern fungiert auch für die Belegschaft des Unternehmens im Sinne eines normativen Appells.[850] Die Erzeugung positiver Emotionalität

---

[843]   Vgl. Hofstede (1980), S. 29, Gabele et al. (1977), S. 2, Kluckhohn/ Strodtbeck (1961), S. 10.
[844]   Vgl. Heise/ Calhan (1995), Hochschild (1983b), Luhmann (1984), S. 436ff., sowie Sutton (1991), S. 245f.
[845]   Vgl. Hofstede (1980), S. 29, Gabele et al. (1977), S. 2, Kluckhohn/ Strodtbeck (1961), S. 10, Spieß (2000), S. 187.
[846]   Vgl. Kmieciak (1976), S. 156ff., Reichardt (1979), S. 25.
[847]   Vgl. Trice/ Beyer (1993), S. 6. Ähnlich argumentieren auch Bleicher (1984, S. 495) und George (2000b, S. 1045f.), die beide die Unternehmenskultur bzw. die darin verankerten Normen als prägend für emotionalitätsbasierte Zustände betrachten.
[848]   Vgl. Schein (2004), S. 28f.
[849]   Vgl. Collins/ Porras (1996), S. 69, sowie ähnlich Pizer/ Härtel (2005), S. 341f.
[850]   Vgl. Collins/ Porras (1991), S. 44f. Die Autoren beschreiben die Identifikation eines gemeinsamen Feindes – erst Adidas und dann Reebok – als essentiell für das Gemeinschaftsgefühl der Nike-Mitarbeiter untereinander. Weitere Beispiele bilden Pepsi's Mission „Beat Coke!" (Collins/ Porras 1991, S. 44), Apple als David bzw. „last force of freedom" im Kampf gegen IBM als Goliath (Conger 1991, S. 37f.) sowie Hondas Ausmaße eines Schlachtrufs annehmende Mission „We will crush, squash, slaughter Yamaha!" (Collins/ Porras 1991, S. 44). Eine ähnlich gelagerte Betrachtung der Thematik aus postmoderner Perspektive bieten Dugal et al. (2003, S. 36f.).

bei den Nike-Mitarbeitern erfolgt dabei dual. Einerseits soll die Identifikation eines gemeinsamen „Feindbildes" und dessen Zerstörung („crushing competitors") anspornend wirken und
„Kampfgeist" hervorrufen. Andererseits sollen aber auch Vorfreude und Enthusiasmus durch
den gemeinsam angestrebten Erfolg geweckt werden („winning").

Die Einhaltung der Normen erfolgt in praxi durch die Vermittlung entsprechender *Regeln*,
weshalb hier von einer *Kodierung von Normen* gesprochen werden kann (1).[851] Die Übernahme der Regeln mündet dabei in so genannte emotionalitätsbasierte Schemata positiver Emotionalität, die auch das Verhalten der Mitarbeiter determinieren (2).

(1) In Anlehnung an Fiehler können *drei Regelarten* unterschieden werden, Emotions-,
Manifestations- sowie Korrespondenzregeln.[852] Als *Emotionsregeln* sind Erwartungen aufzufassen, die vor allem das gefühlsmäßige Erleben emotionalitätsbasierter Zustände implizieren,
wie z.B. aufrichtige Trauer im Falle des Todes eines Kollegen. *Manifestationsregeln* normie-
ren demgegenüber die expressiv-behaviorale Komponente.[853] So erwartet man von Kundenkontaktmitarbeitern im Regelfall kundenorientierte Verhaltensweisen,[854] die eine Demonstration bestimmter positiver emotionalitätsbasierter Zustände inkludieren:

> „Service workers may […] be trained to […] smile, make eye contact, thank customers,
> and close transaction with 'Have a nice day'" (Steinberg/ Figart 1999, S. 11).

Im Fall von Unternehmensführern erwartet man ebenfalls bestimmte Fähigkeiten, die Emotionalität zu beherrschen, wie etwa das Vermitteln von Begeisterung oder Neutralität bzw. die
Kontrolle der eigenen Emotionalität.[855] Das Ausbrechen in Tränen oder Wut, z.B. bei der
Verkündung von schlechten Geschäftszahlen oder Massenentlassungen, wäre insofern eine
gleichsam unangemessene Reaktion.

Schließlich zielen *Korrespondenzregeln* auf emotional kongruentes Verhalten gegenüber
Interaktionspartnern ab, wobei diese Variante Emotions- und Manifestationsregeln miteinan-

---

[851]   Vgl. Kmieciak (1976), S. 156ff., Reichardt (1979), S. 25. Hierbei ist zu betonen, dass die Übernahme der
          Normen zwischen Mitarbeitern keineswegs identisch ist, vielmehr dürfte jede Person Normen individuell
          interpretieren bzw. übernehmen (Gordon 1990, S. 164). Entscheidend ist wiederum die grundsätzliche
          Stimmigkeit (vgl. III.2.2). Relevant sind in Verbindung auch die Ausführungen zu den Phasen der
          Sozialisation positiver Emotionalität in III.2.2 sowie die Ausführungen von Radley (1988), der hier von
          der sozialen Form des Fühlens spricht.

[852]   Vgl. Fiehler (1990), S. 77ff. sowie Ringlstetter/ Müller-Seitz (2006b).

[853]   Vgl. Kramer/ Hess (2002), Zembylas (2002) sowie Hochschild (1983b), die zwischen „feeling rules" und
          „display rules" differenziert, was im vorliegenden Fall den Emotions- und Manifestationsregeln entsprä-
          che; vgl. für eine aktuelle Auseinandersetzung Barger/ Grandey (2006).

[854]   Vgl. Diefendorff et al. (2006), deren Beobachtungen zufolge Mitarbeiter zufriedener sind, wenn Sie der-
          artige Regeln als Intra- und nicht als Extra-Rollenverhalten interpretieren.

[855]   Vgl. exemplarisch Piccardo et al. (1990), S. 269.

der verbindet. So wird z.B. bei abteilungsbezogenen Erfolgen von den Mitarbeitern erfahrungsgemäß erwartet, sich mit den betreffenden Kollegen gemeinsam zu freuen, d.h. möglichst authentische Freude zu empfinden (Emotionsregel) und diese Freude auch sichtbar zum Ausdruck zu bringen (Manifestationsregel).[856]

(2) Die Übernahme der unterschiedlichen Regelarten führt letztlich zur Bildung *kollektiver emotionalitätsbasierter Schemata*. In der Literatur werden Schemata grundsätzlich als komplexe, relativ dauerhafte kognitive Rahmenkonzepte mit ordnender Funktion beschrieben.[857] Auf Basis existierenden Wissens lassen sich so Gegenstände und Ereignisse interpretieren bzw. sinnhaft machen. Dabei kommt es zur Bildung von so genannten „Prototypen"[858], d.h. es existieren bereits ex ante bestimmte Vorstellungen über das typische Erscheinungsbild eines Gegenstandes oder Ereignisses.[859] Obwohl Schemata zunächst als relativ konstant zu begreifen sind, können sie sich im Zeitablauf durchaus verändern.[860] So konnten Bartunek und Kollegen in Untersuchungen belegen, dass Führungspersonen durchaus in der Lage sind, Schemata von Organisationsmitgliedern nachhaltig zu verändern.[861]

---

[856] Vgl. Krell (1993). Wie eingangs diskutiert, kann eine derart „verordnete Dauer-Begeisterung" (Krell/ Weiskopf 2001, S. 32) aber auch dysfunktionale Wirkeffekte hervorrufen. Interessant sind diesbezüglich auch die Ausführungen von Pogrebin und Poole (1991), die beobachteten, dass Polizisten häufig bewusst mit Humor ihre Angst zu bewältigen suchen; vgl. ähnlich Boland/ Hoffman (1983), S. 197, Coser (1959), Francis (1994), S. 160f., Greer (2002), S. 133. Eine weitere, Variante, emotionalitätsbasierte Zustände zu sozialisieren, könnte das Unternehmenstheater darstellen (Schreyögg 2001, S. 273). Indem die Mitarbeiter spielerisch Situationen nachstellen bzw. simulieren, kann eine wechselseitige emotionalitätsbasierte Sozialisation erfolgen.

[857] Vgl. hier und im Folgenden Bartlett (1932), Mandl et al. (1988), Neisser (1979), Piaget (1983). Speziell für den Bereich des HRM bzw. die Entwicklung von Humanressourcen sei auf Kaiser (2001), S. 64ff. verwiesen sowie für die Verbindung der Themen Unternehmenskultur und Schemata auf Schuh (1989), S. 166ff.

[858] Vgl. Gioia/ Poole (1984), S. 449, die sich in ihren Ausführungen mit Skripten befassen. Da Skripten jedoch unter Schemata zu subsumieren sind, erscheint im Folgenden eine analoge Übertragung des Prototypenbegriffs vertretbar.

[859] Vgl. Mandl et al. (1988), S. 124f. Schemata dienen somit vornehmlich der Entlastung des Gedächtnisses sowie der korrekten Entschlüsselung der Bedeutung von Sachverhalten.

[860] Vgl. Mandl et al. (1988), Nystrom/ Starbuck (1984), Reger/ Palmer (1996). Eine Änderung erfolgt dabei häufig durch das Füllen so genannter „Leerstellen" innerhalb der Schemata. Zur Erläuterung des Leerstellenbegriffs beziehen sich Mandl et alii (1988), S. 125, exemplarisch auf das Schema „Auto", welches eine Vielzahl von Merkmalen aufweist, die wiederum mit bestimmten Informationen unterlegt sein können. Ein Merkmal wäre etwa die „Ausstattung", die wiederum unterschiedliche Elemente wie „Klimaanlage" oder „Radio" enthält. Sofern das Individuum keine genaueren Informationen über eines dieser Elemente besitzt, werden diese Leerstellen wahrscheinlich mit einem Standardwert aus dem eigenen Erfahrungsbereich besetzt. Piaget (1983) gelangt zu ähnlichen Erkenntnissen, verwendet jedoch die Begriffe Assimilation, verstanden als das Einpassen neuer Informationen in vorhandene Schemata, und Akkomodation, worunter er die Veränderung der Schemata selbst durch den Erhalt neuer Informationen versteht.

[861] Vgl. Bartunek (1984), Bartunek et al. (1992). Dass dies nicht immer erfolgreich verlaufen muss, sondern auch negative emotionalitätsbasierte Zustände, wie etwa Angst hervorrufen kann, betont Schein; vgl. Schein (1986), S. 33 sowie die Erörterungen in III.1.2.

Vor dem Hintergrund der Auseinandersetzung mit Normen als Teil der Unternehmenskultur sind diese Gedankengänge nunmehr auf kollektive Emotionalität zu übertragen.[862] Daraus resultiert die Notwendigkeit, gängige Schemata-Ansätze *in zweierlei Hinsicht* zu erweitern. Einerseits ist eine Ausweitung hinsichtlich kollektiver Schemata erforderlich, andererseits sind gängige Konzeptionen um Emotionalität zu ergänzen. Obwohl individuumszentrierte Ansätze die wissenschaftliche Debatte dominieren, ist die Betrachtung *kollektiver Schemata* grundsätzlich möglich. Reger identifiziert in ähnlichem Zusammenhang ein „kollektives Gewissen", welches auch auf einer gemeinsam geteilten Wahrnehmung basiert und insofern mit einem kollektiven Schema vergleichbar ist.[863] Labianca und Kollegen resümieren diesbezüglich:

> „Although schema theory was originally oriented toward the individual, more recently researchers have argued that schemas can be shared among organization members through a process of social influence and negotiation [...] As with an individual's schemas, organizational schemas guide and give meaning to the everyday activities of organization members. They are of particular importance because they provide a common orientation toward information and events" (Labianca et al. 2000, S. 237).

Eine Erweiterung gängiger Konzeptionen hin zu einem Schema-Verständnis, welches Raum für *Emotionalität*[864] lässt, scheint mithin vertretbar.[865] Analog zu kognitiven wäre auch bei emotionalitätsbasierten Schemata zu vermuten, dass ihnen als Rahmenkonzept eine ordnende Funktion zukommt. Unbestritten ist jedes neue Erlebnis auf seine Art einzigartig, allerdings dürften sich die „Erlebnismerkmale" verschiedener Situationen stark ähneln.[866] Dazu folgendes Beispiel: Ein Mitarbeiter empfindet Freude, wenn er einem Kollegen bei Problemen mit einem Computerprogramm helfen kann, da er selbst ein Fachmann auf diesem Gebiet ist. Geschieht dies häufiger und hilft der Mitarbeiter auch anderen Kollegen, kann dies zu einem emotionalitätsbasierten Schema führen. Folglich könnte das Schema den Ablauf „wenn ich

---

[862]   Vgl. Averill (1986), der eine solche Übertragung für möglich bzw. nötig hält, wenn er konstatiert, dass „a constructivist view assumes that emotional schemas are the internal representation of social norms and rules" (Averill 1986, S. 100).

[863]   Vgl. Reger (2004), S. 219f. Regers Untersuchungen beziehen sich auf eine feministische Organisation, bei der gemeinsam geteilte Normen zur Aktivierung eines kollektiven Gewissens beitrugen.

[864]   Obwohl die nachfolgend aufgeführten Autoren explizit von emotionalen Schemata sprechen, erscheint eine Übertragung auf die hier zu konzipierenden emotionalitätsbasierten Schemata vertretbar.

[865]   Vgl. Sackmann die hierzu Folgendes konstatiert: „Die Rolle von Emotionen [...] wird zwar vorwiegend implizit angesprochen, doch erst in neuerer Zeit explizit untersucht und bedarf weiterer Forschung" (Sackmann 2004, Sp. 593).

[866]   Vgl. hierzu auch Fehr/ Russell (1984), S. 483ff., die ebenfalls von Prototypen hinsichtlich einzelner Emotionen ausgehen. Ähnliche Argumente finden sich auch bei Schanz (1998, S. 233f.), der von somatischen Markern spricht sowie Snow et alii (1986, S. 476f.), die vergleichbare Zusammenhänge als „frame alignment" umschreiben.

einem Kollegen erfolgreich Hilfe bei seinen Computerproblemen leisten konnte, bin ich später freudig gestimmt" aufweisen.[867] Man kann also zusammenfassend festhalten, dass sich emotionalitätsbasierte Schemata auf Basis wiederholter, sich ähnelnder bzw. generalisierbarer Erlebnisse bilden.[868]

Ein weiteres Argument für die Existenz emotionalitätsbasierter Schemata betrifft den Einfluss von Emotionalität auf die Informationsverarbeitung.[869] Denn vermutlich erfolgt die Wahl eines passenden Schemas nicht auf Basis einer rein rationalen Beurteilung der Situation, sondern unterliegt ebenfalls intuitiven oder ästhetischen Kriterien, die häufig auf Normen basieren.[870]

Zusätzlich ist zu beachten, dass Normen vermutlich nicht nur über die Intensität emotionalitätsbasierter Zustände entscheiden, sondern auch darüber, ob überhaupt Emotionalität hervorgerufen werden kann.[871] Zur Illustration lässt die sich Studie von Martin et alii bei der Einzelhandelskette The Body Shop heranziehen, wo positive Emotionalität nicht nur grundsätzlich toleriert, sondern vielmehr auch explizit gewünscht war.[872] Zu den diesbezüglichen Normen zählte u.a. „appearing laid back, being cheerful, and smiling" (Martin et al. 1998, S. 458). Zusammenfassend soll hier der Definition von Malatesta und Haviland gefolgt werden:

> „Emotional schemata [...] act as selective devices [...] in directing attention to the perceptual field, in elaborating a trace of a current situation, and in amplifying or strengthening inputs to give them a place in focal awareness" (Malatesta/ Haviland 1985, S. 112).

Allerdings ist die Wahl des jeweiligen Schemas nicht nur durch Emotionalität beeinflusst. Denn es ist umgekehrt ebenfalls plausibel, von einem Wirkeffekt des jeweiligen Schemas auf Emotionalität auszugehen.[873] Prototypische Kontexte – wie etwa ein „typisches" Gespräch mit

---

[867] Vgl. Shaver et alii (1987, S. 1078) für eine ähnlich gelagerte Argumentationslinie bezüglich des Erlebens von Freude.

[868] Vgl. Bartunek (1984), S. 365ff., Malatesta/ Izard (1984), S. 190, Turnbull (2002), S. 34ff.

[869] Vgl. Baron (1987), S. 921, Bless et al. (1991), S. 12f., Bless et al. (1996), S. 675, Bodenhausen (1993), S. 25ff., Bodenhausen et al. (1994), S. 629f., Pham (2004).

[870] Vgl. Blondel (1948), S. 149, Gerhards (1986), S. 765, Heise/ Calhan (1995), S. 234ff., Ringlstetter (1999), S. 13 und S. 25, Taylor/ Crocker (1981), S. 127, Weick et al. (2005), S. 418f. Zur Illustration scheinen die Analysen von der St. Aubin (1996) und Wolkomir (2001) geeignet. Die Autoren weisen auch darauf hin, dass die Voraussetzungen für den Aufbau spezifischer Normen, etwa die Entstehung einer humanistischen Orientierung bei De St. Aubin oder der Zusammenhalt einer Gruppe homosexueller Christen bei Wolkomir, maßgeblich auf emotionalitätsbasierten Zuständen basieren.

[871] Vgl. Hochschild (1979), S. 566, Parkinson et al. (2005), S. 224, Ulich/ Kapfhammer (2002), S. 555.

[872] Vgl. Martin et al. (1998), S. 458.

[873] Vgl. Gerrig (1988) sowie die Ausführungen von Gergen (1994, S. 222) und Weber (2000, S. 144ff.), demzufolge soziale Prozesse emotionalitätsbasierte Zustände hervorrufen. Ähnlich resümieren auch Dandridge (1989, S. 257f.) und Fine (1989, S. 126f.), dass die Änderung grundlegender Einstellungen bzw. Sichtweisen, positive emotionalitätsbasierte Zustände auslösen können. In beiden Fällen berichten

dem Kunden einer Privatbank – können daher wiederum ein bestimmtes emotionales Schema beim Kundenkontaktmitarbeiter hervorrufen. Beispielsweise könnten vergangene, als angenehm empfundene Interaktionen bereits im Voraus Empfindungen von Freude beim Mitarbeiter bewirken.[874]

Relativierend sind an dieser Stelle indes *zwei Einschränkungen* zu nennen. Einerseits entsprechen die durch Normen bzw. Schemata hervorgerufenen emotionalitätsbasierten Zustände selten exakt der vorgegebenen Kodierung,[875] sondern dürften sich eher entlang eines „kodierten Korridors" bewegen, innerhalb dessen eine gewisse Toleranz hinsichtlich des Auslebens der vorgestellten Regelarten existiert.[876] Andererseits sind Kodierungen stets *kontextgebunden*.[877] Denn die unterschiedlichen Regelarten sind keineswegs universell, sondern eher kontextspezifisch zu begreifen.[878] Beispielsweise könnten die Manifestations- und Korrespondenzregeln Kundenkontaktmitarbeitern vorschreiben, im Berufsalltag schlechthin und nicht nur gegenüber den Kunden, stets freundlich, aber dennoch distanziert aufzutreten.[879] Im Falle einer Betriebsfeier hingegen könnte von denselben Mitarbeitern erwartet werden, dass sie ausgelassen feiern, um somit die Manifestations- und Korrespondenzregeln erneut dem Kontext anzupassen.

---

874   sie von der Erkenntnis, dass Arbeit auch in gewissem Ausmaß Spaß machen kann bzw. als Spiel aufzufassen ist.

Vgl. Russell (1991), S. 442. Solche fest verankerten Verhaltensweisen in entsprechenden Ereignissequenzen werden auch als Skripten bezeichnet, die eine Untergruppe von Schemata darstellen, vgl. Abelson (1976), S. 33, Gioia/ Poole (1984), S. 449f., Lord/ Kernan (1987), S. 266f., Schank (1982), S. 23, Schank/ Abelson (1977), S. 41ff., Wilkins (1983), S. 84. Insbesondere in der Literatur zum Dienstleistungsmanagement wurden Skripten umfassend rezipiert, meist im Lichte rollentheoretischer Überlegungen (exemplarisch: Pranter/ Martin 1991, Shamir 1980, Solomon et al. 1985; für eine Abgrenzung der verwandten Konzepte Rolle und Skript: Gioia/ Poole 1984, S. 457). Häufig untersucht sind diesbezüglich u.a. Arzt-Patienten-Interaktionen sowie Restaurant- und Hotelbesuche von Kunden. Einschränkend ist darauf zu verweisen, dass Skripten stets unterschiedlich stark vorgegeben sind (Gioia/ Poole 1984, S. 449). So dürfte emotionalitätsbasierten Zuständen im Fall von Initiationsriten (s.o.) meist wenig Spielraum überlassen sein. Demgegenüber wäre bei Hotelangestellten, die durch ein flexibles Empowerment (vgl. exemplarisch Stauss/ Seidel 2002, S. 481ff., sowie die dort angegebene Literatur) über vergleichsweise mehr Handlungsspielraum verfügen, in Kundenkontaktsituationen eine größere Bandbreite an positiven emotionalitätsbasierten Zuständen zu vermuten.

875   Vgl. Vester (1991), S. 96, der dies als unauflösliche Inkommensurabilität bezeichnet.

876   Diese Überlegung knüpft erneut an den Leitgedanken positiver emotionalitätsbasierter Kongruenz an.

877   Vgl. Ashforth/ Humphrey (1995), S. 104, Gordon (1990), S. 166ff. Für eine ausführliche Erörterung der Grenzen kollektiver Schemata sei auf Labianca et alii (2000, S. 237) hingewiesen. Doherty et alii (1995, S. 357) erörtern in diesem Zusammenhang die unterschiedlichen Kontexte, denen Mediziner und Marinesoldaten ausgesetzt sind, was jeweils auch divergierende Kodierungen zur Folge hat.

878   Die Determinanten von Normen sind äußerst heterogen, so etwa historisch bedingte (vgl. Elias 1969, Stearns 1997) oder geschlechtsspezifische Einflüsse (vgl. Callahan et al. 2005), die die Emotionalität letztlich unterschiedlich prägen; ähnlich Fiehler (1990), S. 80.

879   Vgl. Mills/ Moshavi (1999), S. 53f., für Ausführungen zur professionellen Distanz.

(c) Die Ebene der *Basisannahmen* betrifft die unternehmensindividuell für weithin selbst-verständlich gehaltenen, unsichtbaren und vorbewussten Gedanken, Wahrnehmungen, Werte-systeme, Anschauungen und Gefühle der Organisationsmitglieder.[880] Wie bereits angedeutet, ist diese Ebene nur sehr begrenzt und vermutlich auch nur langfristig zu steuern. Gleichwohl sollen unter dem Aspekt ihrer potenziellen Einflussnahme auf die kollektive positive Emotio-nalität einige relevante *Dimensionen* diskutiert werden, in concreto: der Einfluss des Unter-nehmensgründers, das Menschenbild sowie die dominierenden Auffassungen zum Verhältnis gegenüber internen und externen Personen.[881]

Der Einfluss des *Unternehmensgründers*[882] ist für die jeweiligen Grundannahmen vermut-lich entscheidend, da Unternehmen, vor allem in der Gründungsphase, maßgeblich durch den „Pioniergeist" beeinflusst werden.[883] So prägte Herbert Kelleher die Unternehmenskultur der US-Fluggesellschaft Southwest Airlines nachhaltig, indem er von seinen Mitarbeitern stets positive Emotionalität in Form eines „Sinns für Humor" verlangte.[884] In der Gründungsphase übt der Entrepreneur zudem im Allgemeinen Funktionen aus, die kaum delegierbar zu sein scheinen. Beispielsweise hat er Schein zufolge u.a. eine die Mitarbeiter entlastende Funktion, indem er ihnen ihre Ängste nimmt und ihnen Zuversicht vermittelt:

> „Because they are positionally more secure and personally more confident, owners more
> than managers absorb and contain the anxieties and risks that are inherent in creating, de-

---

[880] Vgl. Schein (2004), S. 30ff., dessen Überlegungen sich auf die Arbeiten von Kluckhohn/ Strodtbeck (1961) stützen; s. Stein (2000) für eine differenzierte Auseinandersetzung bzw. Fortentwicklung der ein-zelnen Dimensionen der Grundannahmen.

[881] Vgl. Huy (1999), S. 336, Scholz (2000), S. 790, sowie analog Ringlstetter (1991b), S. 357. Eine Diskus-sion aller Dimensionen erscheint obsolet, da bereits die hier vorgestellten Dimensionen nur äußerst schwierig steuerbar sein dürften und die Ansatzpunkte zur Steuerung lediglich skizzenhaften Charakter besitzen. Dennoch erscheint die Auseinandersetzung interessant, da die Grundannahmen den vermeintlich größten Einfluss der drei Ebenen der Unternehmenskultur auf kollektiv geteilte emotionalitätsbasierte Zu-stände ausüben dürften. Vgl. dazu auch die Diskussion bei Deeken (1997, S. 174ff.), der in diesem Zu-sammenhang auf die Bedeutung einer Bewusstseinsmobilisierung eingeht und von „affektivem Mobilisie-rungspotential" spricht (vgl. auch Ringlstetter 1991a, S. 27). Huy stützt diese Beobachtung und führt aus, dass Mitarbeiter „have "emotionally invested" in these nonnegotiable assumptions" (Huy 1999, S. 332). Daher werden nur jene Dimensionen herausgegriffen, die zumindest teilweise beeinflussbar zu sein scheinen.

[882] Vgl. Raspa (1990), S. 279, Schein (1983), S. 14; sowie die ähnlich gelagerte Diskussion bei Krell (1993, S. 46ff.), die jedoch explizit auf Unternehmensführer abstellt. Nachstehend ist stets die Rede von einer Person. Allerdings erscheint die Argumentationslinie analog auch auf mehrere Unternehmensgründer an-wendbar, beispielsweise Bill Gates und Paul Allen im Fall von Microsoft. Ergänzend ist hinzuzufügen, dass – abgesehen von den Unternehmensgründern – naturgemäß Unternehmensführer vermutlich generell einen großen Einfluss auf das Geschehen in Organisationen haben (Hambrick/ Mason 1984).

[883] Vgl. Schein (1983), S. 14, Stern (1989), S. 291f. Zwar dürfte der Einfluss des HRM hierbei gering sein, doch sollte dieser Aspekt zumindest beachtet werden bzw. ggf. der Versuch unternommen werden, ihn zu nutzen, etwa durch Kriegsgeschichten etc.

[884] Vgl. Quick (1992), S. 51, der Kelleher wie folgt zitiert: „We were always very colorful and somewhat promotive of a sense of humor"; vgl. Wilson (1979).

veloping, and enlarging an organization. Thus in times of stress, owners play a special role in reassuring the organization that it will survive" (Schein 1983, S. 25).

Darüber hinaus konzipieren und prägen Unternehmensgründer häufig die zu verfolgende Unternehmensphilosophie, die im Falle kollektiver Erfolgserlebnisse in gemeinsam geteilte Grundannahmen münden kann.[885] Die Unternehmensphilosophie definiert u.a. grundlegende Maßstäbe für das Verhältnis der Mitarbeiter untereinander, etwa die Art und Weise, in der positive Emotionalität, wie z.b. Liebe, Freundschaft oder Intimität, ausgelebt werden kann.[886]

Unter *Menschenbild* soll hier ein „subjekt-abhängiges Abbild vom Menschen in der betrieblichen Praxis" (Hesch 1997, S. 34) verstanden werden, das auf grundlegenden Annahmen über das Wesen des Menschen in Organisationen basiert.[887] Menschenbilder können dabei auf das Verhalten von Managern gegenüber Mitarbeitern, Kollegen und Vorgesetzten einwirken, etwa in Form praktizierter Führungsstile, dem Setzen von Zielen, der Art der Machtausübung oder der Interpretation emotionalitätsbasierter Zustände der Mitarbeiter.[888] Schein hat diesbezüglich eine Klassifikation von Menschenbildern entworfen, die im Wesentlichen vier Grundtypen umfasst, ein rational-ökonomisches, ein soziales, ein sich-selbst-verwirklichendes sowie ein komplexes Menschenbild.[889] Jede Variante hat dabei aufgrund unterschiedlicher Grundannahmen andersartige Verhaltensweisen der Manager zur Folge. Neuere Konzeptionen tendieren dazu, Emotionalität zunehmend zu tolerieren, wenn nicht sogar einen „homo emoti-

---

[885]   Vgl. hier und im Folgenden Collins/ Porras (1991), S. 34, Kieser (1990a), S. 162, Schein (1983), S. 15. Ferner sei auf Gagliardi (1986, S. 121f.) verwiesen, der ähnliche Überlegungen anstellt und kollektive Erfolgserfahrungen sowie den Prozess der Idealisierung als Ausgangspunkt für seinen Virtuositätszyklus sieht. Diesen Sachverhalt bestätigen ebenfalls Trice und Beyer, die im Hinblick auf die Unternehmensphilosophie festhalten, dass „One way to compete is to make work fun" (Trice/ Beyer 1993, S. 3).

[886]   Ein plausibles Beispiel bieten dabei erneut die strikten Regelungen von Wal-Mart. Das US-Unternehmen hatte seinen Mitarbeitern im Frühjahr 2005 weltweite Leitlinien auferlegt, u.a. mit dem Hinweis, dass man als Mitarbeiter „nicht mit jemandem ausgehen oder in eine Liebesbeziehung treten [darf], wenn Sie die Arbeitsbedingungen dieser Person beeinflussen können oder der Mitarbeiter Ihre Arbeitsbedingungen beeinflussen kann" (Siedenbiedel 2006; Anmerkung G.M.-S.).

[887]   Vgl. Schein (1980) hinsichtlich der Bedeutung des Menschenbildes für die Unternehmenskultur. Exemplarisch sei hier auf die „Guideposts to management" der Marriott-Hotelgruppe verwiesen, bei denen von einem grundsätzlich positiven Menschenbild ausgegangen wird, heißt es dort doch „See the good in people and try to develop those qualities" (Marriott 2006).

[888]   Vgl. Hatch (1993a), S. 662, Hatch (1993b), Weinert/ Langer (1995), S. 76.

[889]   Vgl. Schein (1980), S. 52ff., sowie die dort angegebene Literatur. Für einen Überblick s. Ulich (1998), S. 5ff. Die Grundtypen Scheins spiegeln partiell die historischen Entwicklungsstufen betriebswirtschaftlicher Ansätze zum Menschenbild. Dominierte unter Frederick Winslow Taylor (1911) noch ein rational-ökonomisches Menschenbild im Sinne des homo oeconomicus, so stellt der durch die Human-Relations-Bewegung inspirierte soziale Mensch eine Gegenposition dar (Roethlisberger/ Dickson 1939). Infolge der Humanisierung der Arbeitswelt, entstand durch McGregors normativ formulierte „Theorie Y" ein Bild vom sich-selbst-verwirklichenden Menschen (McGregor 1960). Schein schlussfolgert, dass letztlich ein situationsspezifisches Menschenbild aufgrund erhöhter Komplexität zu entwerfen ist; vgl. Schein (1980), S. 93f.

onalis" zu unterstellen.[890] Martin et alii liefern Belege für diese Auffassung mit einem Beispiel der Einzelhandelskette The Body Shop.[891] In dem Unternehmen arbeiten überwiegend junge Frauen, das vorherrschende Menschenbild impliziert dabei grundsätzlich die Existenz bzw. das Ausleben von Emotionalität. Dies hat zur Folge, dass das Management den Mitarbeiterinnen gegenüber einen Ansatz verfolgt, der sich im Sinne einer gleichsam „begrenzten Emotionalität" umschreiben lässt.[892] Das Erleben bzw. Zeigen positiver Emotionalität im Arbeitsalltag – insbesondere gegenüber der Kunden – ist definitiv gewollt, was letztlich zu einer Steigerung des Gemeinschaftsgefühls bzw. des Wohlbefindens der Mitarbeiterinnen beitragen soll.[893] Hesch argumentiert ähnlich hinsichtlich des Managements und sieht „Emotionsfähigkeit" als Teil eines neuen Menschenbilds von Managern:

> „Voraussetzung dafür ist, daß der Mensch seine eigene Emotionalität wahrnimmt, damit umgehen kann und erkennt, daß Gefühle wesentliche Bausteine zwischenmenschlicher Beziehungen sind" (Hesch 1997, S. 136).

Die *Auffassungen zum Verhältnis gegenüber internen und externen Personen* stellen das dritte potenziell beeinflussbare Element der Grundannahmen dar.[894] Mit „internen Personen" sind dabei die Mitarbeiter des Unternehmens gemeint.

Während das Menschenbild das Verständnis vom Wesen des Mitarbeiters definiert, stellt die Betrachtung des Verhältnisses gegenüber den Mitarbeitern auf die aktive Ausgestaltung des Kollegialzusammenhangs ab.[895] Die Unternehmensgruppe ALDI Süd beispielsweise legt insbesondere auf ein faires und auf Vertrauen basierendes Miteinander wert.[896] Dementspre-

---

[890] Vgl. Hesch (1997), S. 150.

[891] Dazu hier und im Folgenden Martin et al. (1998), die auf Basis feministischer Grundideen argumentieren (exemplarisch: Mumby/ Putnam 1992, Putnam/ Mumby 1993).

[892] An dieser Stelle ist einschränkend anzumerken, dass der Begriff „bounded emotionality" irreführend wirken kann. Zwar stellt die Anspielung auf das Konzept der „bounded rationality" mehr als ein bloßes Wortspiel dar, doch könnte man irrtümlich dazu verleitet werden, Emotionalität in diesem Zusammenhang als dominant anzusehen. Denn in einem solchen Falle würde der Ausdruck „bounded emotionality" vor dem Hintergrund des ursprünglichen Terminus „bounded rationality" gerechtfertigt erscheinen (vgl. Gallenmüller-Roschmann, persönlich-mündlich am 05.12.2006).

[893] Vgl. Haugh/ McKee (2003) sowie Fargel (2006), S. 51, die auf die Bedeutung des „Wir-Gefühls" in Organisationen generell (Bezug nehmend auf Rehn (1990), S. 257) bzw. spezifisch für die Branche der Professional Service Firms (rekurrierend auf Ringlstetter et al. 2004, S. 22) verweisen. Ferner sei erneut auf das Vorzeigen positiver Emotionalität als Norm hingewiesen; vgl. Rafaeli/ Sutton (1987).

[894] Vgl. Schein (2004), S. 30ff.

[895] Vgl. hierzu auch Krell (1991), S. 155ff., bzw. Krell (1993), S. 41ff., die solche Tendenzen der „Vergemeinschaftung" kritisch beurteilt und Unternehmenskultur skeptisch als das „letzte Glied in der Kette der Konzepte vergemeinschaftender Personalpolitik" (Krell 1993, S. 43) bezeichnet.

[896] Vgl. hierzu auch Ambrose/ Cropanzano (2003), 272f.

chend zielen die Unternehmensgrundsätze auch auf einen konstruktiven Umgang mit Konflikten ab, um so eine offene und kooperative Unternehmenskultur verwirklichen zu können:

> „Lob und Anerkennung für gute Leistungen sind bei uns selbstverständlich [...] Wir behandeln die anderen Menschen so, wie wir selbst behandelt werden möchten [...] Sollten Sie sich dennoch einmal nicht richtig oder ungerecht behandelt fühlen, sehen unsere Führungs- und Organisationsgrundsätze das jederzeitige Recht auf Beschwerde vor. Mit Ihrer Beschwere können Sie sich allein oder zusammen mit Kolleginnen oder Kollegen an die geeignete Stelle wenden. Ihre Beschwerde wird von uns ernst genommen" (ALDI SÜD o.J.).

Das Verhältnis gegenüber *externen Personen* betrifft vornehmlich Kunden und Lieferanten, aber auch andere indirekt beteiligte Personengruppen, wie etwa die Einwohner des Standorts eines Unternehmens usw.[897] Begreift sich ein Unternehmen dabei als Teil der Gesellschaft, könnte positive Emotionalität z.B. durch so genannte Pro-Bono-Projekte hervorgerufen werden, womit die in Unternehmensberatungen gängige Praxis gemeint ist, Mitarbeiter für gemeinnützige Tätigkeiten freizustellen. Als möglicher Wirkeffekt wird eine Steigerung des Selbstwertgefühls bzw. eine gewisse Sinnstiftung beim Mitarbeiter erwartet.[898] Es ist anzunehmen, dass daneben auch eine am Kunden orientierte Unternehmenskultur positive emotionalitätsbasierte Zustände auf Seiten der Mitarbeiterschaft hervorrufen kann.[899]

> „In contexts in which the primary task is the serving of customer needs, customeroriented employees fit the service setting better than employees who have lower CO [customer orientation] because they are predisposed to enjoy the work of serving customers" (Donovan et al. 2004, S. 130; Anmerkung G.M.-S.).

Auch grundlegende Annahmen über die Beziehungen zu Wettbewerbern scheinen potenziell relevant für positive Emotionalität zu sein. So zeigen Beobachtungen aus dem Gaststättenge-

---

[897] Vgl. Rafaeli/ Worline (2001) spekulieren in diesem Zusammenhang: „Management in the future may also imply recognizing employees', customers', shareholders', and suppliers' emotions, and attending to them in designing cultures, routines, structures, and patterns of leadership in organizations" (Rafaeli/ Worline 2001, S. 115).

[898] Vgl. Schwartz et al. (1998), S. 244. Habisch (2006, S. 229ff.) führt in diesem Zusammenhang auch Secondment-Programme an. Diese dienen letztlich dem gleichen Ziel, sind jedoch längerfristig angelegt und beinhalten das wochenlange kostenlose Ausleihen von Mitarbeitern an gemeinnützige Einrichtungen.

[899] Vgl. Peccei/ Rosenthal (2000), S. 580f. Kundenorientierung soll hier die Ausrichtung der Unternehmensaktivitäten am Kunden implizieren (Jaworski/ Kohli 1993; Kohli/ Jaworski 1990); vgl. auch Narver/ Slater (1990), die Kundenorientierung neben der Orientierung an Wettbewerb und interfunktionaler Koordination als drei Komponenten der Marktorientierung betrachten. Einschränkend ist jedoch darauf hinzuweisen, dass Untersuchungen zur Kunden- bzw. Marktorientierung meist auf den Verkaufserfolg abstellen. Studien zur Akzeptanz bzw. dem emotionalitätsbasierten Empfinden auf Seiten der Mitarbeiter lassen sich demgegenüber kaum heranziehen; anders: Boyt et al. (1997), Kohli/ Jaworski (1990), Provitera et al. (2002). Zudem orientiert sich die Diskussion meist an der umgekehrten Wirkrichtung, d.h. es wird in der Regel der Einfluss von unterschiedlichen emotionalitätsbasierten Zuständen auf die Kundenorientierung untersucht; vgl. exemplarisch Brown et al. (2002), Strong/ Harris (2004) bzw. Homburg/ Pflesser (2000) für die Betrachtung einer marktorientierten Unternehmenskultur.

werbe, dass z.b. Freundschaften zwischen im Wettbewerb stehenden Managern in gewissem Umfang durchaus nicht unüblich sind.[900]

(d) Einschränkend ist darauf hinzuweisen, dass eine Unternehmenskultur *keineswegs universellen Charakter* besitzt. Vielmehr koexistieren innerhalb eines Unternehmens diverse, von der übergreifenden Unternehmenskultur jeweils partiell abweichende Subkulturen.[901] Diese Subkulturen können dabei völlig unterschiedliche Hintergründe haben und etwa auf funktionsspezifischen (z.b. Marketing- versus Controlling-Kultur), hierarchiebezogenen (z.b. Angestellten- versus Arbeiterkultur) oder geographisch bedingten Ursachen basieren (z.b. nord- versus süddeutschen Kulturstandards).[902] Für das HRM ist in diesem Zusammenhang allerdings vor allem relevant, dass diese Subkulturen der Unternehmenskultur nicht destruktiv zuwider laufen und damit potenziell zu so genannten „Countercultures" mutieren.[903] So ist keineswegs sicher, dass sämtliche Organisationsmitglieder z.b. einer Geschichte die gleiche Bedeutung beimessen bzw. zu einer identischen Interpretation kommen.[904] Sehr viel wahrscheinlicher ist, dass eine Geschichte unterschiedliche Interpretationen und damit auch verschiedene emotionalitätsbasierte Zustände hervorrufen wird. Entscheidend ist dabei erneut die

---

[900] Vgl. Ingram/ Roberts (2000), S. 418, die hierzu festhalten, dass es ein Fehler wäre, „to deny that these relationships implied positive affect"; für weitere Erläuterungen zum Thema Freundschaft und Vertrauen s. auch Burt (1992), Granovetter (1995) bzw. Ringlstetter (1997), S. 159.

[901] Vgl. Fank (1997), S. 246, Fine (2006), Kieser (1990b), Sp. 1576, Scholz (2000), S. 806, Sackmann (1992), S. 156, Sparrow/ Hiltrop (1994), S. 222f., sowie Fine (1979), der hierfür den verwandten Begriff „idioculture" benutzt; ähnlich Styhre et al. (2006).

[902] Vgl. Schein (1996). Ergänzend ist hinzuzufügen, dass die Mitarbeiter meist Mitglied mehrerer Subkulturen sind, d.h. sich beispielsweise sowohl dem Management, als auch der Forschung und Entwicklung bzw. dem gesamten Unternehmen zugehörig *fühlen* können, mithin zwischen verschiedenen Kulturen wechseln; vgl. hierzu auch die Diskussion hinsichtlich der diversen Einflüsse bezüglich der Sozialisation emotionalitätsbasierter Zustände in III.2.2. Vervollständigend ist zu erwähnen, dass neben diesen häufig in der Literatur diskutierten Kriterien auch anderweitige Faktoren – wie etwa Geschlecht, Ethnie, Staatsangehörigkeit oder soziodemographische Kriterien – eine Subkultur prägen können.

[903] Vgl. Hofstede (1998), S. 11, Lok/ Crawford (1999), S. 371. Ergänzend ist festzuhalten, dass Subkulturen auch unbeschadet ihrer Andersartigkeit produktive bzw. funktionale Effekte hervorrufen können. Beispielsweise ist es vorstellbar, dass so der Wettbewerb zwischen Abteilungen verschärft wird. Dies wäre aus Sicht des Humanressourcenmanagements im Sinne einer Mobilisierung durchaus vorteilhaft; vgl. die Ausführungen bei Backmann (2001), S. 37, Deeken (1997), S. 26ff., Etzioni (1975), S. 406, Huy (1999), S. 329, Ringlstetter (1997), S. 40f.

[904] Vgl. Boje (1995), S. 1000f., Thachankary (1992), S. 231, die diesbezüglich den Begriff „plurivocity" verwenden. Bojes Analyse setzt sich dabei mit den Geschichten im Disney-Konzern bzw. von - Themenparks auseinander. Daneben weisen Martin et alii (1983) darauf hin, dass Geschichten oftmals als Unikate wahrgenommen werden, obgleich diese Sichtweise einen Trugschluss darstellt.

„Richtung" der Interpretation, was der wiederholt vorgetragenen funktionalen Argumentationslinie entspräche.[905]

In diesem Zusammenhang sind auch die Ausführungen von Kirsch zu so genannten *Kontextgemeinschaften* interessant, definiert als Mitglieder, die eine spezifische Lebens- und Sprachform miteinander teilen. Der gemeinsam konstituierte Kontext bestimmt dabei, wie die „Menschen fühlen, denken, sprechen [...] Werte und Interessen artikulieren usw." (Kirsch 1997b, S. 537).

Um Inkommensurabilitätsprobleme zu überwinden, scheint die Identifikation von Personen zweckvoll, die zwischen den unterschiedlichen Kontextgemeinschaften bzw. Subkulturen eine Vermittlerrolle einnehmen können.[906] Abschließend bleibt jedoch festzuhalten, dass das Modell einer gemeinsam geteilten Unternehmenskultur, wenn auch mit Einschränkungen, aufrechterhalten werden kann.[907]

III.2.2 Kollektiv-orientierte Bewusstseins- und Verhaltensprägung durch die Sozialisation positiver Emotionalität

Während die Auseinandersetzung mit dem Themenkreis Unternehmenskultur statischer Natur war, soll nun eine dynamische Perspektive erschlossen werden. Hierzu bietet es sich an, das Konzept der Sozialisation heranzuziehen und mit positiver Emotionalität in Verbindung zu bringen. So unterliegen Mitarbeiter zwar einer ganzen Reihe von Sozialisationseinflüssen, doch scheint eine Sozialisation emotionalitätsbasierter Zustände auch durch die betreffende Organisation möglich und wahrscheinlich. Zwar erfolgt eine solche organisatorische Sozialisation vorwiegend durch einzelne Personen, so genannte Sozialisationsagenten. Impliziert sind indes stets auch Aspekte kollektiver Natur.[908]

---

[905] Vgl. Schreyögg (1991), S. 211f. Diese Annahme spiegelt erneut den Leitgedanken dieses Teils wider, eine Kongruenz zwischen der positiven Emotionalität aus Sicht der Mitarbeiterschaft bzw. des HRM anzustreben.

[906] Vgl. Thorne (2000), die in diesem Zusammenhang plakativ von „Chamäleons" spricht. Basierend auf ihren Untersuchungsergebnissen im Krankenhausbereich stellt sie dabei auf Klinikdirektoren ab, die in der Lage waren, zwischen den medizinischen und management-orientierten Kulturen wie Chamäleons hin- und herzuwechseln; vgl. auch Bolton (2001).

[907] Vgl. Heinen (1987), S. 122, Schuh (1989), S. 224.

[908] Vgl. Ringlstetter (1997), S. 133f. Der Autor bezieht sich zwar in erster Linie auf Indoktrinationsprozesse, bringt beide Begriffe jedoch miteinander in Verbindung.

Hierfür ist zunächst eine Annäherung an den Begriff organisationale Sozialisation[909] notwendig und zweckmäßig (1). Darauf aufbauend erfolgt die Erörterung potenzieller Ansatzpunkte, durch die eine Sozialisation positiver Emotionalität im organisationalen Kontext grundsätzlich[910] erzielt werden könnte (2).

(1)   **Zum Begriff der organisationalen Sozialisation**

Zentrales Erkenntnisinteresse der Sozialisationsforschung ist der lebenslange Prozess des Hineinwachsens von Individuen in ihre kontextspezifische Umwelt sowie die damit verbundene Übernahme der entsprechenden Verhaltensweisen.[911] Aus dieser Beschreibung wird deutlich, dass Sozialisation in engem Zusammenhang zum Begriff des Erlernens stehen muss.[912] Die Auseinandersetzung mit dieser Thematik ist dabei keineswegs auf betriebswirtschaftlich geprägte Ansätze beschränkt, sondern erstreckt sich vielmehr auf sehr unterschiedliche Disziplinen, wie die Anthropologie[913], die Erziehungswissenschaft[914], die Psychologie[915] und die Soziologie[916].

---

[909] Der Begriff organisationale Sozialisation wird an dieser Stelle bewusst verwandt, um so eine Abgrenzung zu verwandten Begriffen, wie der beruflichen Sozialisation (exemplarisch: Heinz 1991, van Maanen 1975, Windolf 1981) zu erreichen.

[910] Im Folgenden werden die Begriffe organisatorische bzw. organisationale Sozialisation synonym verwendet.

[911] Vgl. Berger/ Luckmann (1966). Die Autoren unterscheiden zwischen einer primären und einer sekundären Sozialisation. Die primäre Sozialisation bezieht sich vor allem auf die Entwicklung im Kindesalter, also den Erwerb der Sprachkompetenz, einer eigenen Identität sowie der emotionalen Bindung an die Eltern bzw. an weitere unmittelbare Bezugspersonen; vgl. Erikson (1982) und Pratt et al. (2006), S. 237. Die sekundäre Sozialisation schließt sich an die primäre Sozialisation an und betrifft das Hineinwachsen in das gesellschaftliche Umfeld. Hierzu gehören zunächst die Schule und später auch das Berufsleben.

[912] Vgl. Fisher (1986), Tillmann (2004). Hinsichtlich personal- und organisationswissenschaftlicher Überlegungen ist festzuhalten, dass Ansätze zur so genannten „lernenden Organisation" zunehmend als Alternative bzw. Fortentwicklung betrachtet werden (exemplarisch: Argyris/ Schön 1978, S. 18, Kaiser 2001, S. 72ff., Reio/ Callahan 2004, Schreyögg 2003, S. 558). Daneben ist das Thema Sozialisation eng mit dem Thema Unternehmenskultur verbunden (Louis 1990, S. 90). Dieser Sachverhalt ist vor allem auch im Hinblick auf das Wahrnehmen und Vorleben von kundenorientierten Dienstleistungskulturen relevant; vgl. Coenen (2005), S. 273ff., Hartline et al. (2000), S. 45, Kelley (1992), S. 32, Schneider (1990), S. 395.

[913] Vgl. die Übersicht bei Lutz/ White (1986). Die Anthropologie beschäftigt sich mit dem Wesen des Menschen und seiner Prägung im Zuge der Sozialisation durch kulturelle, historische, sprachliche sowie soziale Einflüsse.

[914] Vgl. stellvertretend Erikson (1982). Zielsetzung der erziehungswissenschaftlich geprägten Forschung ist die Entwicklung sozial handlungsfähiger Persönlichkeiten, wobei die Herausbildung pädagogischer Gestaltungsparameter wesentlich ist.

[915] Vgl. exemplarisch Malatesta/ Haviland (1985). Im Mittelpunkt diesbezüglicher Arbeiten steht das Individuum im Austausch mit seiner Umwelt sowie den resultierenden (wechselseitigen) Folgen.

[916] Vgl. Averill (1980), S. 315, Shott (1979), S. 1320. Zentrales Erkenntnisinteresse dieser Forscher ist die Reproduktion sozialer Strukturen der Gesellschaft.

Insofern verwundert es nicht, dass Forschungsansätze zur Sozialisation im organisationalen Kontext interdisziplinär inspiriert sind. Grundlage sind dabei primär Beiträge arbeitspsychologischer und soziologischer Provenienz.[917] Der diesbezügliche Diskurs fand vornehmlich in den 80er und 90er Jahren des letzten Jahrhunderts statt und lässt sich bis dato als überwiegend heterogenes Forschungsfeld charakterisieren.[918] Dennoch lassen sich einige Gemeinsamkeiten zwischen den unterschiedlichen Beiträgen herausarbeiten. So kann unter dem Begriff der organisatorischen Sozialisation grundsätzlich sowohl der formelle als auch der informelle Erwerb von Wissen, Fähigkeiten, Fertigkeiten sowie Orientierungs- und Deutungsmustern der fokalen Organisation verstanden werden, die für die spezifische Rollen- und Aufgabenbewältigung notwendig sind.[919] Außerdem stehen in der Regel – implizit oder explizit – vor allem kognitive Facetten der organisationalen Sozialisation zur Debatte.[920]

Eine Beschäftigung mit dieser Thematik erscheint von Belang, da die Sozialisation in Organisationen als *ökonomisch bedeutsam* gelten kann und einen Beitrag zur emotionalen Bindung an das fokale Unternehmen zu leisten in der Lage ist.[921] Ausgangspunkt dieser Überlegungen ist die Unzulänglichkeit der Arbeitsverträge zwischen Organisation und Mitarbeitern, da solche formalisierten Vereinbarungen naturgemäß nie das gesamte Verhaltensspektrum definieren bzw. beeinflussen können.[922] Unterstellt wird hier, dass diese Defizite, zumindest partiell, durch eine organisatorische Sozialisation behoben werden können. Daraus lassen sich potenziell weitere, positiv zu beurteilende Folgeeffekte ableiten, u.a. eine erhöhte Arbeitszufriedenheit[923], ein erhöhtes Commitment[924], geringere Fluktuationsraten[925] sowie eine Verbesserung der aufgabenbezogenen Fähigkeiten und Fertigkeiten[926].

---

[917] Vgl. exemplarisch Berger/ Luckmann (1966), Blumer (1986), Mead (2005), Parsons (1976), van Maanen/ Schein (1979) für den Bereich der Soziologie sowie Skinner (1973) und Pawlow (1927) für den Bereich der Psychologie. Für einen Überblick hinsichtlich der genannten soziologischen Ansätze sei auf Walter-Busch (1996) verwiesen.

[918] Vgl. Schirmer (1992), S. 196.

[919] Vgl. Gebert/ von Rosenstiel (2002), S. 98, Reio (2002) und Schein (1988). Ähnlich beurteilt van Maanen (1976, S. 67) die Situation, indem er festhält, dass Sozialisation in Organisationen ein „process by which a person learns the values, norms, and required behaviors which permit him or her to participate as a member of the organization" ist.

[920] Vgl. van Maanen/ Schein (1979).

[921] Vgl. Ashforth/ Humphrey (1995) sowie zur emotionalen Bindung generell: Harter et al. (2003), Wood/ Nink (2005), Wood, fernmündlich, 13.07.2006 sowie II.1.1.

[922] Vgl. Mintzberg (1979), S. 159ff., Paul et al. (2000), Raja et al. (2004), Rousseau (1995) sowie Woolthuis et al. (2005). Als Mitarbeiter kommen grundsätzlich auch höhere Angestellte („Manager") in Betracht, obgleich dazu empirische Befunde bzw. theoretische Erörterungen weitaus seltener greifbar sind, was bereits Berlew und Hall (1966) sowie Gabarro (1979) konstatieren.

[923] Vgl. Morrison (1993).

[924] Vgl. Allen/ Meyer (1990), Ashforth/ Saks (1996), Buchanan (1974).

Entscheidendes *Interesse des Mitarbeiters* ist es dabei, Unsicherheit zu reduzieren, indem er Kenntnis von den formellen und informellen Verhaltensweisen und Kodizes zu erlangen versucht.[927] Für die betreffende *Organisation* wiederum ist der Sozialisationsprozess erfolgreich, wenn die Mitarbeiter bzw. zumindest wesentliche Teile der Belegschaft, die vorherrschenden und gleichsam aus Sicht der Organisation erwünschten Normen, Werte, Grundannahmen etc. verinnerlichen.[928] Insofern scheinen die relativ allgemein gehaltenen Aussagen zu einer „erfolgreichen Sozialisation" von Berger und Luckmann für den Bereich des HRM durchaus nachvollziehbar:

> „Als >>erfolgreiche Sozialisation<< sehen wir ein hohes Maß an Symmetrie von objektiver und subjektiver Wirklichkeit (und natürlich Identität) an. Umgekehrt muss demnach >>erfolglose Sozialisation<< als Asymmetrie zwischen objektiver und subjektiver Wirklichkeit verstanden werden" (Berger/ Luckmann 2004, S. 175).

In diesem Zusammenhang ist auf eine *Ambivalenz* hinzuweisen, die sich direkt aus dem o.g. Zitat ableiten lässt. Die von den Autoren als wünschenswert postulierte Symmetrie impliziert eine Art von Konformität, die allerdings keineswegs als unabdingbare Maxime aufzufassen ist.[929] Dass eine solche Konstellation jedenfalls nicht immer erstrebenswert sein dürfte, lässt sich anschaulich am Beispiel professioneller Dienstleistungsunternehmungen belegen.[930] So setzen Unternehmensberatungen wie The Boston Consulting Group (BCG) gerade bewusst auf eine heterogene Zusammensetzung der Belegschaft, um so innovativer und damit zugleich wettbewerbsfähiger agieren zu können.[931] Zwar erfolgt auch in solchen Unternehmen generell eine Sozialisation emotionalitätsbasierter Zustände, allerdings erwächst daraus kein derartiger Anpassungsdruck zu einer Symmetrie, wie von Berger und Luckmann behauptet.

---

[925] Vgl. Morrison (1993).

[926] Vgl. Chao et al. (1994).

[927] Vgl. Allen/ Meyer (1990), Chatman (1991), Fargel (2006), S. 136f., Hsiung/ Hsieh (2003) sowie Miller/ Jablin (1991).

[928] Vgl. Coenen (2005), S. 274, für ein anschauliches Beispiel gelebte Prosozialität in der Luftverkehrsbranche siehe die Diskussion in III.2.1.

[929] Vgl. Allen/ Meyer (1990), Ashforth/ Saks (1996), Jones (1986) sowie analog die Ausführungen zur Janusköpfigkeit in I.2.2; s. auch Westwood (2004). Im Folgenden wird unterstellt, dass eine „erfolgreiche Sozialisation" sowohl aus Sicht des betreffenden Unternehmens als auch der Mitarbeiter zielführend ist. Insofern besteht auch eine Analogie zur Zielsetzung der Kultivierung positiv-kongruenter Emotionalität.

[930] Vgl. Kaiser (2004), S. 181.

[931] Vgl. The Boston Consulting Group (2006a) sowie Chatman (1991), S. 478f. Fargel spricht im Rahmen der Auseinandersetzung mit dem Aufgabenfeld Placement von einem dosierten Missfit (Fargel 2006, S. 32ff.), der sowohl fachlicher als auch sozio-kultureller Natur sein kann (vgl. auch Ringlstetter/ Gauger 1999, S. 144ff.). Solche Missfits erscheinen vor allem „in jenen Situationen [zweckvoll], in denen „innovatives Potenzial" von Bedeutung ist" (Fargel 2006, S. 38; Ergänzung durch G.M.-S.); s. hierzu auch die

(2)   Organisationale Sozialisation positiver Emotionalität

Wie bereits angedeutet, ist die Erörterung der Thematik *weitestgehend an kognitiv geprägten Erklärungsmodellen orientiert.*[932] Finden emotionalitätsbasierte Zustände Eingang in die Diskussion, handelt es sich dabei meist um Fragestellungen der primären Sozialisation, etwa der Mutter-Kind-Beziehung oder um Aspekte der geschlechtsspezifischen Sozialisation.[933] Scott und Myers halten daher für den Bereich der Sozialisation emotionalitätsbasierter Zustände in Organisationen zutreffend fest:

> „[there is a] scarcity of empirical work on the socialization of emotion [that] is not limited to research on human service occupations" (Scott/ Myers 2005, S. 68; Ergänzung durch G.M.-S.).

Nach dieser Diagnostik bietet es sich an, auch die *Bedingungen* für das Zustandekommen einer erfolgreichen *Sozialisation positiver Emotionalität* zu untersuchen.[934] Für den hiesigen Kontext sind dabei grundsätzlich drei verschiedene Bezugspunkte relevant, die Sozialisationsagenten (a), der Prozessverlauf (b) sowie die Kodierung durch Regeln (c).[935] Den Abschluss bilden einige relativierende Anmerkungen hinsichtlich des Einflusses der Organisation auf die Sozialisation positiver Emotionalität (d).

(a) *Sozialisationsagenten* sind in diesem Zusammenhang naturgemäß vor allem die Führungskräfte.[936] Allerdings ist die Führungskraft dabei keineswegs der einzig relevante Sozialisationsagent. Vielmehr sind sämtliche Kontaktpersonen im jeweiligen Arbeitszusammenhang von Interesse, vermutlich jedoch in unterschiedlichem Ausmaß (vgl. Abb. III-3).[937] So können

---

[932]   ähnlich gelagerte Diskussion zum Thema Managing Diversity u.a. bei Barsade et al. (2000), Krell (2001), Krell et al. (2006), Richard et al. (2004), Wagner (2003), Wagner/ Sepeheri (2002).

[933]   Vgl. exemplarisch McKnight et al. (1998), Ostroff/ Kozlowski (1992) sowie die Ausführungen von Schipper (2006).

   Vgl. DeOliveira et al. (2004), Dion (1985), S. 123, Eisenberg et al. (1998), Fredrickson/ Harrison (2005), S. 81, Lutz (1983), Magai (1999), McDowell/ Parke (2000), Pollak/ Thoits (1989), Roberts (1999). Als Indiz für diese Beobachtung lässt sich auch die Monographie von Ulich/ Mayring (2003) anführen. Die Autoren widmen der „Sozialisation und Entwicklung von Emotionen" zwar insgesamt 27 Seiten. Allerdings erörtern sie die Sozialisation von Emotionen bei Kindern ausschließlich auf knapp 26 Seiten. Auch in der Soziologie finden sich diesbezüglich selten Ansätze; für eine Ausnahme ist auf Shott (1979, S. 1320) zu verweisen.

[934]   Vgl. Dorr (1985), S. 56, Müller-Seitz (2006), Neuberger (1994), S. 70ff., Schmidt-Denter (1988), Ulich (1994).

[935]   Vgl. stellvertretend Diefendorff et al. (2006), Hochschild (1979), Kramer/ Hess (2002), Vester (1991) sowie Zaalberg et al. (2004).

[936]   Vgl. Fargel (2006), S. 137ff. Um Redundanzen bei der Argumentation zu vermeiden, ist für vertiefende Erörterungen zum Einfluss der Führungskraft auf die positive Emotionalität bei Mitarbeitern auf III.1.2 zu verweisen; vgl. für den Bereich professioneller Dienstleistungsunternehmen auch Kaiser (2004), S. 181, und Ringlstetter/ Bürger (2003), S. 123.

[937]   Vgl. Gordon (1990), S. 162.

prinzipiell auch weitere organisationsinterne oder externe Sozialisationsagenten zur Sozialisation emotionalitätsbasierter Zustände beitragen.[938]

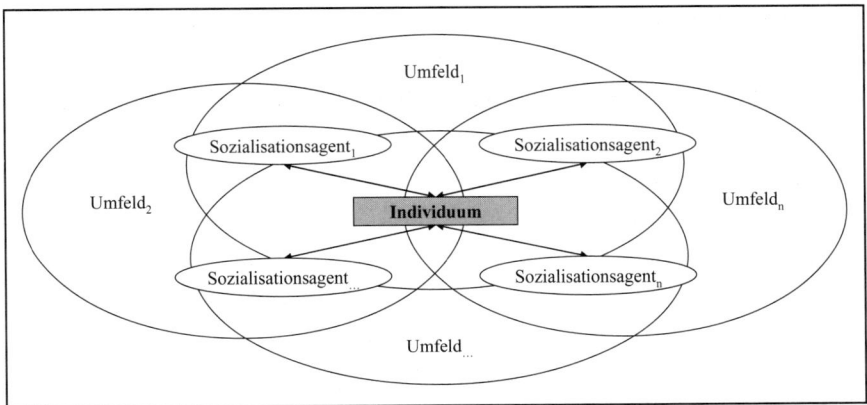

Abb. III-3:   Darstellung potenzieller Sozialisationsagenten

Die *organisationsinternen Sozialisationsagenten* können unter hierarchischen Gesichtspunkten in drei Gruppen differenziert werden, nämlich hierarchisch gleichgestellte, übergeordnete sowie untergeordnete Personen.[939]

- *Hierarchisch gleichgestellte* Personen wären vor allem die unmittelbaren Kollegen, jedoch u.U. auch Mitarbeiter anderer Unternehmensbereiche.[940] Ein verbreitetes Konzept in der Praxis stellt in diesem Zusammenhang die so genannte Patenschaft dar.[941] Dabei begleitet ein hierarchisch gleichgestellter Mitarbeiter die Einarbeitungsphase seines Kollegen und steht bei fachlichen wie auch persönlichen Problemen beratend zur Seite,

---

[938]   Vgl. Fisher (1986), S. 139f., Geiger/ Turley (2005) sowie die Diskussion zur Entwicklung von positiver Emotionalität im Zeitablauf in Kapitel II.1.2.

[939]   Die folgenden Ausführungen gelten zwar teilweise auch für Austauschsituationen zwischen lediglich zwei Personen. Dennoch scheint eine Diskussion dieser Thematik an dieser Stelle relevant, obwohl naturgemäß Überschneidungen zur Individualführung (vgl. III.1.2) existieren. Das Konzept der Supervision wird an dieser Stelle außer acht gelassen, da es eher durch freiberufliche oder ehrenamtliche Mitglieder verfolgt wird, mithin nicht unmittelbar intraorganisational verankert ist. Dennoch sei es hier erwähnt, da es ebenfalls zur Auseinandersetzung mit Emotionalität dient (Schreyögg 2003, S. 62ff.).

[940]   Vgl. hierzu Fargel (2006), S. 140f., unter Bezug auf Jablin (1987). Ferner führt Fargel als Induktionsagenten im Rahmen des Placements noch den bisherigen Stelleninhaber auf. Dieser ist im Hinblick auf die vorliegende Argumentation hierarchisch gleichgestellten Personen zuzuordnen.

[941]   Vgl. exemplarisch Brettschneider (1979), S. 324ff., Kolb/ Wiedmann (1997), S. 205, sowie Rohleder (2000), S. 68.

wodurch der betreffende Mitarbeiter zugleich in Bezug auf emotionalitätsbasierte Zustände angemessen sozialisiert werden könnte.[942]

- Die Sozialisation ist aber auch durch *hierarchisch übergeordnete* Personen, etwa einen Coach oder Mentor möglich.[943] Zielsetzung in beiden Fällen ist dabei die fachliche, aber vor allem auch die sozio-emotionale Entwicklung der Mitarbeiter.[944] Der Unterschied zwischen beiden Konzepten liegt vornehmlich in der strategisch-langfristigeren Ausrichtung des Mentorings.[945] Im Vergleich zum Patenkonzept erhalten die Mitarbeiter aufgrund der hierarchischen Stellung von Coach oder Mentor tendenziell eine nachhaltigere Unterstützung in mikropolitischer Hinsicht.[946] Dies ist bedeutsam, da der Mitarbeiter somit bereits frühzeitig nützliche Einblicke in die unternehmensindividuellen Geschäftspraktiken bzw. Verhaltensweisen erhält und auf diesem Wege eine Sozialisation positiver Emotionalität stattfinden kann und.

- Die Mitarbeiter eines Vorgesetzten wären zweifellos als *hierarchisch untergeordnet* einzuordnen. In Anlehnung an einschlägige pädagogische Studien ließe sich dabei von einer retroaktiven Sozialisation positiver emotionalitätsbasierter Zustände sprechen.[947] Man könnte derartige Effekte bei Mitarbeitern unterstellen, die aufgrund ihres Enthusiasmus und der Fähigkeit zu emotionaler „Ansteckung" in der Lage wären, die neue

---

[942] Vgl. Rafaeli (1989b), S. 251f. Wie bei den noch zu erörternden Mentoren, sieht Sattelberger die Funktion von Paten darin, den neuen Mitarbeitern „das Verständnis für [...] Sozialisationsprozesse und Funktionsweisen des Unternehmens" (Sattelberger 1999, S. 272) zu vermitteln.

[943] Vgl. Sattelberger (1991b), S. 163ff., sowie Berthel (2000), 197ff., für eine Übersicht. Meist stellen diese Konzepte individuelle Führungsinstrumente dar. Allerdings ist auch eine Ausweitung auf Mitarbeitergruppen denkbar; Scholz (2000), S. 962ff.

[944] Vgl. Kienbaum/ Jochmann (1994), S. 25, Rückle (1992), S. 30ff., Schreyögg (2003), S. 69f. Vor dem Hintergrund karrierebezogener Gesichtspunkte diskutiert Stetter (1999, S. 228f.) die Bedeutung der Vermittlung von Emotionen als Element der Unterstützungsleistung sozialer Netzwerke. Folgt man seinen Ausführungen, so schlägt sich diese Unterstützungsleistung in Form eines Gefühls von Geborgenheit und motivationaler Unterstützung nieder.

[945] MacLennan (1995, S. 4-6) formuliert hierzu prägnant, dass Coaching ein Lernen *mit* dem Coach impliziert, wohingegen Mentoring auf das Lernen *von* dem Mentor abzielt.

[946] Vgl. Bone-Winkel (1997), Kieser/ Nagel (1986), S. 961, Wollsching-Strobel (1999), S. 50, sowie MacLennan (1995) und Neuberger (2003b) für eine Übersicht.

[947] Vgl. auch Hagestad/ Uhlenberg (2005), S. 358, Klewes (1983), Pautzke (1989), S. 156ff., Sattelberger (1996c), S. 97, sowie Pettigrew (1998). Der Begriff bezieht sich in diesen Studien meist auf den Einfluss von Kindern auf ihre Eltern im Hinblick auf die Nutzung von Informationstechnologien (exemplarisch: Grossbart et al. 2002). In der betriebswirtschaftlichen Diskussion kommt dieser Aspekt selten zur Sprache und klingt nur am Rande bei Ausführungen zum proaktiven Verhalten von Mitarbeitern an; vgl. exemplarisch: Morrison (2002), Nelson/ Quick (1991), Reichers (1987), Wunderer (1992), S. 298, und insbesondere auch Höllmüller (2002), S. 38ff.

Führungskraft für bestimmte Aufgaben oder Projekte zu begeistern.[948] Einschränkend ist jedoch festzuhalten, dass Führungskräfte vermutlich eher in nur geringem Umfang durch ihre Mitarbeiter sozialisiert werden dürften. Für diese Annahme spricht vor allem, dass Führungskräfte aufgrund ihrer hierarchischen Position voraussichtlich nur selten ehrliche bzw. direkte Rückmeldungen erhalten werden und daher auch weniger durch die eigenen Mitarbeiter sozialisiert werden können.[949]

Als *organisationsexterne Sozialisationsagenten* sind vor allem Kunden oder Lieferanten zu verstehen.[950] Dass Kunden auf die emotionale Sozialisation von Mitarbeitern einen Einfluss haben, wurde anhand diverser Studien belegt.[951] Sehr anschaulich konnte dies bei Untersuchungen der Interaktionen zwischen Arzt und Patient nachgewiesen werden.[952] Zwar beziehen sich diese Erkenntnisse meist auf negative emotionalitätsbasierte Zustände bzw. die Fähigkeit, sich im Rahmen der Emotionsarbeit „neutral" zu verhalten, dennoch scheint eine Sozialisation positiver Emotionalität durch Patienten grundsätzlich denkbar.[953] Ein nahe liegendes Beispiel wären etwa Patienten, die nach Erhalt eines für sie positiven medizinischen Befundes überschwänglich reagieren und den behandelnden Arzt daraufhin emotional anstecken.[954] Finden solche Prozesse wiederholt statt, dürfte eine Sozialisation emotionalitätsbasierter Zustände zumindest in Ansätzen plausibel sein. Analoge Zusammenhänge sind z.B. auch im Hinblick auf Lieferanten anzunehmen, die bei der Akquirierung eines neuen Auftrags im Kontext der Kommunikation mit dem Abnehmer ähnlich emotional ansteckend wirken können.[955]

(b) Die Sozialisation positiver Emotionalität lässt sich auch als *prozessuales Phänomen* konzeptionalisieren. In Anlehnung an das Gros der wissenschaftlichen Publikationen lassen sich diesbezüglich *drei Phasen* charakterisieren, die Voreintritts-, die Eintritts- sowie die Me-

---

[948] Vgl. Blickle (1996), Emmerich (2001), S. 176f., Yukl/ Falbe (1990) sowie die Ausführungen zur emotionalen Ansteckung in II.1.1.

[949] Vgl. Dworkin/ Goldstein (2004), S. 18f., sowie Creusen, persönlich-mündlich am 13.03.2006.

[950] Vgl. exemplarisch Snyder/ Ammons (1993). Aufgrund der Ausrichtung der Argumentationslinie auf die organisationale Sozialisation werden weitere Sozialisationsagenten, wie etwa die Familie oder der Bekanntenkreis außer acht gelassen, obgleich diese sicherlich auch einen Einfluss ausüben.

[951] Vgl. exemplarisch Tan et al. (2004), S. 292f., Verbeke/ Bagozzi (2000), S. 95ff., Verbeke/ Bagozzi (2003), S. 253ff.

[952] Vgl. Daniels (1960), Pitkala/ Mantyranta (2003), Shuval (1975).

[953] Vgl. Ashforth/ Kreiner (1999). Beispielhaft für die Überwindung eigener negativer emotionalitätsbasierter Zustände wie z.B. von Schuldgefühlen steht der Zahnarztberuf. Denn junge Zahnärzte „must become comfortable with routinely inflicting pain and discomfort on others" (Ashforth/ Kreiner 1999, S. 426).

[954] Vgl. zu ähnlichen Überlegungen Fine (1984b) sowie Haas/ Shaffir (1982).

[955] Hier kann wie in den vorherigen Fällen auf die allgemein gehaltene Aussage von Luhmann verwiesen werden, dass Sozialisation grundsätzlich bei jedem Kontakt stattfindet (Luhmann 1987, S. 177).

tamorphosephase (vgl. Abb. III-4).[956] Ergebnis solcher Sozialisationsphasen ist stets die For-
mung positiver Emotionalität. Durch die Sozialisation wird somit letztlich festgelegt, wann
bzw. wie stark positive Emotionalität jeweils erlebt wird.

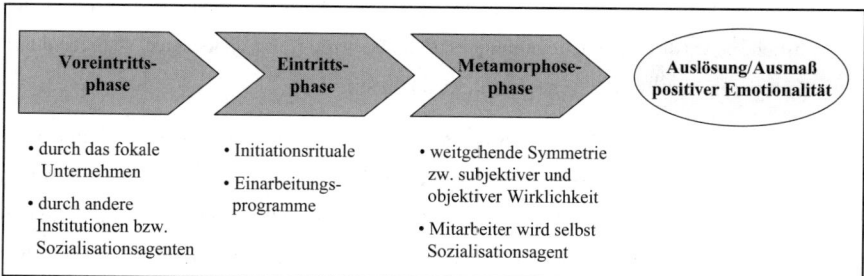

Abb. III-4:   *Phasencharakteristika der Sozialisation positiver Emotionalität*

         (Quelle: eigene Überlegungen in Anlehnung an Creusen et al. 2006)

Die *Voreintrittsphase* zielt auf die potenziellen Mitarbeiter ab.[957] Die Sozialisation positiver
Emotionalität kann dabei sowohl durch das fokale Unternehmen, als auch durch andere Institutionen bzw. Personen stattfinden.[958]

■   Erfolgt die *Sozialisation durch das Unternehmen*, so scheinen vor allem die externe
     Kommunikation und die Ausgestaltung des Auswahlverfahrens relevant. Bereits im
     Rahmen der *externen Kommunikation* können Maßnahmen zur Ansprache der poten-
     ziellen Mitarbeiter darauf abgestellt sein, bestimmte emotionalitätsbasierte Zustände
     hervorzurufen.[959] Exemplarisch sei hier erneut auf BCG verwiesen, die im Rahmen der

---

[956]   Vgl. Buchanan (1974), Neuberger (1994), S. 70ff., Schein (1978). Obwohl Sozialisation, wie angedeutet
     einen lebenslangen Prozess darstellt und somit den gesamten Humanressourcen-Lebenszyklus umfasst,
     soll im Folgenden der Fokus auf die Einarbeitung in eine neue Stelle bzw. Position betrachtet werden, die
     naturgemäß mit erheblichen Veränderungen einhergeht. Dies ist insofern vertretbar, als im Rahmen des
     Karrierepfads einer Humanressource wahrscheinlich vor allem drastische Aufgabenwechsel zu Prozessen
     emotionaler Sozialisation führen werden (Blankenship 1977). Der allmähliche Aufstieg innerhalb eines
     Unternehmens dürfte demgegenüber vermutlich nur mit vergleichsweise geringen Veränderungen einher-
     gehen. Diese generell auf die Sozialisation bezogene Vermutung lässt sich anhand diverser Studien be-
     kräftigen, die diesen Sachverhalt für Medizinstudenten belegen (Conrad 1988, Fox 1957, Shuval 1975,
     Weinholz 1991).
[957]   Vgl. Auster (1996), Bosetzky/ Heinrich (1980), S. 18ff.
[958]   Das korrespondierende Aufgabenfeld des HRM im Falle der Sozialisation durch das betreffende Unter-
     nehmen wäre hier vornehmlich die Akquisition; vgl. Höllmüller (2002), S. 38ff., der die Akquisition von
     hoch qualifizierten Nachwuchskräften empirisch untersucht hat.
[959]   Vgl. ähnlich Höllmüller (2002), S. 95ff.

Personalwerbung mit Slogans, wie „Trauen Sie sich mehr zu. Wir tun es auch", wirbt.[960] Eine solche Botschaft könnte ex ante zur Sozialisation positiver Emotionalität beitragen, wenn sie Selbstwertgefühl und Zutrauen in die eigene Person zu stärken und den Habitus vorab zu formen vermag.[961]

■ Auch bei der *Personalauswahl* können bestimmte Wirkeffekte induziert werden. Belegen lässt sich dies erneut mit der gängigen Praxis von Unternehmensberatungen. Dort werden Bewerber im Assessment Center simulierten Arbeitssituationen unterzogen, womit vermutlich auch der Habitus im Hinblick auf die emotionalitätsbasierten Zustände beeinflusst werden kann.[962] So sind beispielsweise die unternehmensspezifischen Dress Codes oder ein modernes und elegantes Innenraumdesign potenziell geeignet, positive Emotionalität hervorzurufen. Denn es ist anzunehmen, dass die Bewerber schon in diesem frühen Stadium bewusst oder unbewusst internalisieren, wie es sich „anfühlt", Unternehmensberater zu sein und bereits durch die dabei vorherrschende Atmosphäre beeindruckt sind.[963] Insofern kann man hier eine Sozialisation positiver Emotionalität bereits vor Eintritt in das Unternehmen für wahrscheinlich halten.[964]

■ Denkbar wäre auch, von einer *Sozialisation durch andere Institutionen bzw. Sozialisationsagenten* auszugehen. Beispielsweise sind im Falle medizinischer Fakultäten bzw. der

[960] Vgl. The Boston Consulting Group (2006b). Zwar bezieht sich die Werbekampagne explizit auf Praktikanten, doch scheint eine analoge Anwendung für den Bereich der Akquisition von Professionals plausibel.

[961] Vgl. Berger/ Luckmann (2004), S. 173, sowie die Diskussion in II.1.2. Zu ähnlichen Schlussfolgerungen gelangen auch Hong/ Duff (1977) in ihrer Untersuchung von Taxi-Tänzerinnen, denen vorab die Arbeit als „spaßig" und „unterhaltsam" vermittelt wurde.

[962] Vgl. Armbrüster (2004) für eine ähnlich gelagerte Diskussion dieser Thematik.

[963] Im Zuge dieser ersten Kontakte zwischen potenziellem Mitarbeiter und Unternehmen kann es zu so genannten Erwartungsemotionen kommen, wie z.B. Vorfreude (Pekrun 1988, S. 144ff.).

[964] Vgl. Heinz (1995), S. 41f., sowie Doherty et al. (1995), S. 357, die im Zusammenhang mit der emotionalen Ansteckung grundsätzlich konstatieren, dass Menschen „generally tend to choose occupations that suit their temperaments and personalities". Ergänzend ist hinzuzufügen, dass vermutlich auch die Sozialisationsagenten, im vorliegenden Fall vor allem die Vorgesetzten, danach streben werden, Mitarbeiter zu rekrutieren, die ähnliche Verhaltensmuster und Eigenschaften wie sie selbst aufweisen. De Cieri et alii (2005, S. 93) sprechen diesbezüglich von „homo-sociability". Somit scheint eine analoge Übertragung dieses Begriffs auf eine „homo-emotionality" vor dem Hintergrund der Sozialisation positiver Emotionalität plausibel. Etzioni (1961, S. 158) identifiziert in Verbindung mit der organisationalen Sozialisation auch Selbstselektionsprozesse. Dabei ist gemeint, dass sich Bewerber häufig nur bei Unternehmen bewerben, die ihrer eigenen Persönlichkeit entgegenkommen. Ein solcher Selbstselektionsprozess hätte grundsätzlich sowohl für den Mitarbeiter als auch das Unternehmen positive Effekte (Kieser 2003, S. 187). Rekurrierend auf das o.g. Beispiel würden wahrscheinlich nur jene Bewerber ihre Bewerbung aufrecht erhalten, die von der Atmosphäre des Bewerbungsgesprächs angetan waren, mithin positive Emotionalität empfunden haben; vgl. ähnlich Betz/ Judkins (1975), Chatman (1991), 461f., Höllmüller (2002), S. 98f., Schanz (1993), S. 106, Tom (1971).

entsprechenden Curricula Szenarien vorgesehen, die eine Sozialisation emotionalitäts-basierter Zustände bewirken sollen.[965] Aber auch Eltern könnten als Sozialisationsagenten fungieren, indem sie ihren Kindern bereits im Rahmen der Erziehung bestimmte emotionale Schemata vermitteln.[966]

Der Terminus *Eintrittsphase* betrifft den Zeitraum, innerhalb dessen sich ein neuer Mitarbeiter in seine zukünftigen Aufgabenbereiche einarbeitet.[967] Aus Warte des HRM ist dabei in erster Linie das Aufgabenfeld Placement angesprochen.[968] Die diesbezüglich vorherrschende Zielsetzung besteht insbesondere darin, potenzielle Dissonanzen im Hinblick auf emotionalitätsbasierte Zustände des Mitarbeiters frühzeitig abzubauen,[969] was etwa durch Einbindung in bestimmte standardisierte Abläufe oder formelle Arbeitsgruppen erfolgen kann. Standardisierte Abläufe sind diesbezüglich Initiationsrituale und Einarbeitungsprogramme, die speziell für neue Mitarbeiter angelegt sind.

- Als *Initiationsrituale* bezeichnet man festgelegte Abläufe bzw. Zeremonien, mit denen neue Mitarbeiter „offiziell" in das neue Unternehmen aufgenommen werden.[970] Häufig wirken dabei Uniformen, Logos, Aufführungen, Gesänge oder feierliche Ansprachen unterstützend.[971] Dazu beschreibt Rohlen das Procedere einer japanischen Bank bei der Aufnahme neuer Mitarbeiter. Interessant ist dabei vor allem die Rolle des Vorstands-

---

[965] Vgl. Cribb/ Bignold (1999), Gates (2000), Lempp (2005), Martin/ Koda (1989), Pitkala/ Mantyranta (2003), Rubinstein (2001), S. 281. Heinz (1995, S. 42f.) argumentiert ähnlich, wobei der Autor jedoch nicht das hier skizzierte Drei-Phasen-Modell zugrunde legt, sondern von einer Sozialisation für den Beruf spricht.

[966] Vgl. Malatesta/ Haviland (1985), S. 112, sowie weiterführend Gerhards (1988a), S. 200, und Harkness/ Super (1985), S. 35; vgl. auch die Ausführungen zu emotionalen Schemata in III.2.1.

[967] Vgl. Kieser et al. (1985).

[968] Vgl. Fargel (2006), S. 130ff.

[969] Die folgenden Überlegungen sind aus der Theorie der kognitiven Dissonanz von Festinger (1957) abgeleitet, definiert als konflikthafter Zustand, der aus einer Konfrontation mit Gegebenheiten oder Informationen resultiert, die den eigenen Meinungen oder Werten widersprechen. Festinger unterstellt, dass dies das Individuum veranlasst, nach Möglichkeiten zur Dissonanzreduktion zu suchen. In Anlehnung an diese Theorie kann man unter emotionaler Dissonanz all jene Situationen subsumieren, bei denen die erwartete Emotion oder der erwartete Gefühlsausdruck nicht mit dem inneren Empfinden übereinstimmen; vgl. exemplarisch Büssing/ Glaser (1999), Heuven/ Bakker (2003), Lashley (2002), Mann (1999), Mann (2004), Morris/ Feldman (1996), Morris/ Feldman (1997), Nerdinger/ Röper (1999), Zapf et al. (2001). Analog wird deshalb im Folgenden für den hiesigen Kontext von einer Dissonanz emotionalitätsbasierter Zustände gesprochen.

[970] Vgl. Beyer/ Trice (1987), S. 6ff.

[971] Vgl. hierzu erneut die sozialkonstruktivistisch orientierten Ausführungen von Berger/ Luckmann (2004), S. 150.

vorsitzenden bzw. seine feierliche Einführungsrede, mit der die neuen Mitarbeiter offiziell in das Unternehmen (die „Familie"), aufgenommen werden.[972]

- *Einarbeitungsprogramme* können vielfältige Formen annehmen. Geläufige Varianten umfassen beispielsweise Einstiegs-, Exoten-, Trainee-, Mentoren- oder Patenprogramme.[973] All diese Formen der Einarbeitung sollen primär entlastend wirken, d.h. sie sollen sowohl für den neuen Mitarbeiter im Sinne einer psychischen Entspannung, als auch für das fokale Unternehmen im Sinne der Sozialisation wirksam werden. Die Einarbeitung erfolgt zwar formalisiert, da diese Programme bereits explizit als solche gekennzeichnet sind, die Sozialisation emotionalitätsbasierter Zustände aber greift doch eher subtil.[974] Beim Einstiegsprogramm von BCG findet man daher auch nur gelegentlich Hinweise, die auf eine Vermittlung positiver Emotionalität ausgerichtet sind. So sollen die neuen Mitarbeiter „Business-Basics", „BCG-Basics" und „People-Basics" vermittelt bekommen.[975] Für die Sozialisation positiver Emotionalität ist dabei vor allem die Vermittlung der People-Basics interessant. Sie zielt explizit darauf ab, Netzwerke zu bilden und damit zugleich „einen ersten Vorgeschmack auf die zukünftige Projektarbeit" zu geben, um später auch „Spaß" bei der Arbeit zu haben.[976] Dass die Sozialisation durch ein „Einarbeitungsprogramm" allerdings auch drastischer ausfallen kann – vor allem auch im Falle der Ausblendung von Emotionalität – verdeutlicht Katz mit einer Untersuchung aus dem US-Militärkomplex:

> „In Drill Sergeant School at Fort Michael, emotional expressions were synonymous with problems, arguments, weaknesses, bad attitudes, and poor motivation. A drill sergeant explained, "You're not allowed to have feelings and emotions. You're not supposed to show any weaknesses. Emotions are weaknesses. You can't justify them""" (Katz 1990, S. 470).

Die *Metamorphosephase* schließt den Sozialisationsprozess ab. Charakteristisch dafür ist das Erreichen einer Symmetrie zwischen der durch die Organisation gewünschten und der durch

---

[972]   Vgl. Rohlen (1974). Diese so genannte „organisationale Eintrittszeremonie" (nyushashiki) ist in Japan verbreitet und stellt einen der Höhepunkte im Berufsleben japanischer Arbeitnehmer dar; vgl. hierzu kritisch Casey (1999), S. 175.

[973]   Vgl. Scholz (2000), S. 962ff. sowie die vorherigen Ausführungen zu Sozialisationsagenten.

[974]   Dies wird von Autorinnen wie Bolton (2000), Hochschild (1989) oder Krell (1993) als eine Ausbeutung der Mitarbeiter diskreditiert. Insofern erhalten Aspekte des Emotionsmanagements eine negative Konnotation, da sie letztlich „fall under the sway of large organizations, social engineering and the profit motive" (Hochschild 1983b, S. 19).

[975]   Die folgenden Anregungen sind der Internetseite von The Boston Consulting Group (2006c) entnommen.

[976]   Vgl. Boyt et al. (2001), S. 329f., für eine ähnliche Argumentationslinie. Die Autoren konstatieren, dass sich Teamgeist durch die Vermittlung von Professionalität fördern lässt.

den Mitarbeiter erlebten Emotionalität.[977] Naturgemäß fällt dabei selbst eine erfolgreiche Sozialisation positiver Emotionalität intrapersonell letztlich völlig unterschiedlich aus. Ulich und Kapfhammer halten dazu fest:

> „Komplementär zum angleichenden, vereinheitlichenden Sozialisationsprozeß geschieht die persönlichkeitsspezifische Differenzierung und Integration von Erfahrungen und Erlebnissen zu spezifischen emotionalen Schemata, Einstellungen usw." (Ulich/ Kapfhammer 2002, S. 554).

Unbeschadet dessen ist zu vermuten, dass die vorherrschenden Inhalte realiter weitgehend ähnlich vermittelt werden,[978] womit erneut auf das propagierte Verständnis einer Kongruenz positiver Emotionalität abgestellt wird.

Ist die Sozialisation erfolgreich verlaufen und die Metamorphosephase abgeschlossen, wird der betreffende Mitarbeiter schließlich selbst zum Sozialisationsagenten, der durch sein eigenes Auftreten die emotionalitätsbasierten Zustände durch entsprechende Regeln an seine neuen Mitarbeiter weitervermittelt.

(c) Derartige *Regeln* bilden einen weiteren Ansatzpunkt zur Kodierung positiver emotionalitätsbasierter Zustände.[979] Eine solche Kodierung könnte prinzipiell sowohl verbal (etwa durch die obligatorische Nutzung des Ausdrucks „Patient" im Krankenhauswesen), als auch und vor allem behavioral-expressiv (z.B. durch die indoktrinatorisch auferlegte Servilität von Hotelangestellten) stattfinden.[980]

Das *Vermittlungsformat* kann dabei entweder formell oder informell konzipiert sein.[981] *Formell* könnte eine Kodierung von Normen durch Trainingsmaßnahmen erfolgen. Diese wären dann auf der operativen Managementsystemebene zu konkretisieren, z.B. in Form von Lehrgängen zum kompetenten Umgang mit der eigenen Emotionalität im Kundenkontakt.[982]

Informell ließe sich demgegenüber eine an positiver Emotionalität orientierte Sozialisation durch die Organisationskultur erzielen. Mitarbeiter würden so in die entsprechende Organisationskultur „hineinwachsen", die entsprechenden Regeln implizit vermittelt bekommen und

---

[977]   Vgl. Berger/ Luckmann (2004, S. 175) im Hinblick auf die Diskussion der Symmetrie. Abschließend sei darauf verwiesen, dass eine erfolglose Sozialisation, oftmals bezeichnet als adverse Sozialisation, ebenso plausibel erscheint (Krell/ Spich 1996, S. 58), hier jedoch nicht näher erörtert wird.

[978]   Vgl. Hallier/ James (1999).

[979]   Vgl. Hochschild (1979), S. 564, sowie die Ausführungen zur Unternehmenskultur in III.2.1.

[980]   Vgl. Barney/ Wright (1998) sowie kritisch Willmott (1993).

[981]   Letztgenannter Aspekt wurde bereits im Zuge der Unternehmenskultur erörtert (vgl. III.2.1).

[982]   Vgl. exemplarisch Nikolaou/ Tsaousis (2002), Sawaf et al. (2001), Wegge (2001) sowie die Diskussion in III.1.2.

sich auf diesem Wege gleichsam aneignen.[983] In diesem Zusammenhang ist jedoch zu berücksichtigen, dass die Sozialisation emotionalitätsbasierter Zustände häufig ein lebenslanger Prozess sein wird, der zwangsläufig weitere Sozialisationsinstanzen bzw. -bedingungen erfordert. So dürfte die organisationale Sozialisation positiver Emotionalität etwa durch geschlechtsspezifische Sozialisationsprozesse ergänzt bzw. überlagert werden. Diese Annahme lässt sich u.a. mit den Beobachtungen von Rafaeli am Beispiel des Einzelhandels stützen.[984] Ihren Untersuchungen zufolge zeigen weibliche Angestellte eher positive emotionalitätsbasierte Zustände gegenüber Kunden als ihre männlichen Kollegen. Erstaunlicherweise zeigten allerdings die Kunden wiederum männlichen Angestellten gegenüber weitaus häufiger positive Emotionalität, was Rafaeli darauf zurückführt, dass Männer offenbar einen gesellschaftlich höheren Status genießen.

(d) Abschließend muss allerdings *relativierend* darauf hingewiesen werden, dass die sekundäre Sozialisation positiver Emotionalität durch das fokale Unternehmen und die Mitarbeiterschaft nur eine Sozialisationsinstanz unter vielen darstellt. Zwar dürften die davon ausgehenden Effekte verhältnismäßig nachhaltig ausfallen, sollten aber keinesfalls überschätzt werden.[985] Denn vermutlich werden emotionalitätsbasierte Zustände wesentlich grundlegender in der primären Sozialisationsphase geformt, etwa durch die Bindung an unmittelbare Bezugspersonen wie Eltern oder Geschwister.[986]

Eine weitere Einschränkung besteht darin, dass die sekundäre Sozialisation wahrscheinlich nicht nur durch das Unternehmen als solches erfolgt, sondern noch diverse *andere Sozialisationsräume*[987] unterstellt werden können.[988] Damit ist angedeutet, dass die emotionalitätsbasierten Zustände der Mitarbeiter durch verschiedene Sozialisationsinstanzen und -agenten geprägt werden, also durch die „Räume", in denen sich der Mitarbeiter gleichsam „bewegt". In Betracht käme hier vor allem die *tätigkeitsbezogene* Sozialisation positiver Emotionalität,

---

[983] Vgl. Ebers (1987), Sp. 1624, und Ausführungen zur Unternehmenskultur in III.2.1.

[984] Vgl. Rafaeli (1989a), S. 391.

[985] Vgl. hier und im Folgenden Berger/ Luckmann (2004), S. 150ff.

[986] Vgl. Barrett/ Campos (1987), S. 568, Harkness/ Super (1985), S. 22.

[987] Vgl. Bourdieu (1985), S. 17f. Der Begriff Sozialisationsräume wird hier in Anlehnung an das Konzept „sozialer Räume" von Bourdieu verwandt. Bourdieu versteht darunter historisch konstituierte Spielräume mit jeweils feldspezifischen Institutionen und Funktionsgesetzen, die den entsprechenden sozialen Raum reproduzieren sowie den Habitus der Individuen prägen. Derartige Beziehungsgeflechte von Menschen bzw. deren gegenseitige Abhängigkeit untereinander thematisiert auch Elias, der diesen Sachverhalt als Figuration interdependenter Individuen deutet (1986, S. 90) bzw. programmatisch von einer Theorie sozialer Prozesse spricht (Elias 1977).

[988] Vgl. Kaiser (2001), S. 104, für ähnliche Ausführungen vor dem Hintergrund der Entwicklung von Humanressourcen.

die innerhalb eines Unternehmens durchaus uneinheitlich ausfallen kann. So dürften etwa Verhaltensunterschiede zwischen dem Empfangspersonal und den Privatkundenbetreuern einer Bank die Regel sein.[989]

Als weitere Instanz kommt die jeweilige *Abteilungsebene* in Betracht, was sich im Zusammenhang mit der Diskussion von Subkulturen bzw. Kontextgemeinschaften begründen ließe.[990] *Berufsbezogene* Sozialisationsprozesse, die neben der Unternehmenskultur stattfinden, wären dabei ebenso vorstellbar, wie private Kontakte, etwa durch das familiäre Umfeld oder den Bekanntenkreis.[991] Letztgenannte Determinanten gehen über den organisationalen Kontext indes weit hinaus und werden hier nicht näher erörtert.[992]

Insgesamt ist festzuhalten, dass Sozialisationsagenten, Sozialisationsprozesse und die Kodierung durch Regeln unbeschadet einiger Einschränkungen als kollektive Einflussfaktoren auf die positive Emotionalität gelten können.

---

[989] Vgl. Kohn (1981) sowie Scott/ Myers (2005), S. 68.

[990] Vgl. Heinz (1991), S. 403f., Ulrich/ Fluri (1978), S. 23, sowie auch die Diskussion in II.1.2.

[991] Vgl. Lui et al. (2003), S. 1200ff., Lüscher (1968), S. 71ff. In diesem Zusammenhang sind erneut die Gedankengänge hinsichtlich der Sozialisation von Mitarbeitern in Unternehmensberatungen relevant (vgl. auch III.2.1). Für eine detaillierte Auseinandersetzung am Beispiel von Wirtschaftsprüfern s. Anderson-Gough et al. (2002).

[992] Vgl. Geulen/ Hurrelmann (1980), S. 65, sowie die umfassenden Beiträge von Aldous (1978), Mortimer et al. (1986) und Olson/ McCubbin (1983).

SCHLUSSBETRACHTUNG

In den einführenden Bemerkungen dieser Arbeit wurden positive Emotionen als omnipräsentes und insbesondere betriebswirtschaftlich bedeutsames Phänomen skizziert. Insofern erscheint es bemerkenswert, dass diesbezüglich ein Rezeptionsdefizit aus dem Blickwinkel des HRM greifbar wurde, mithin zu diesem Themenkomplex bis dato kaum eigenständige Ansätze existieren. Daneben war auch ein Unterstützungsdefizit festzustellen, da für die Unternehmenspraxis in Betracht kommende HRM-Konzepte über fragmentarische Ansätze nicht hinausgehen.

Vor diesem Hintergrund ließen sich bestimmte Forschungsschwerpunkte definieren: Aufbauend auf der Identifikation möglicher Ursachen für die bisher geringe Auseinandersetzung wurden erstens ein Überblick über existierende Ansätze und eine Arbeitsdefinition positiver Emotionen vorgelegt. Zweitens stand die Ausweitung des Begriffsverständnisses hin zu positiver Emotionalität im Vordergrund, um so eine Öffnung gegenüber realtypischen Phänomenen des Unternehmensalltags zu erreichen. Drittens sollten potenzielle HRM-Gestaltungsparameter zur Kultivierung positiver Emotionalität entworfen werden.

Nachstehend folgt eine kurze Rekapitulation der zentralen Erkenntnisse, die sich an den mit den Forschungsleitfragen korrespondierenden Teilen dieser Schrift orientiert (1). Anschließend wird die Arbeit einer kritischen Reflexion unterzogen, indem relativierende Anmerkungen zu Methodik und Inhalt erfolgen (2). Hieraus resultieren sodann Anregungen für weitere Forschungsbemühungen (3).

(1) Rekapitulation der zentralen Erkenntnisse

Der *erste Teil* dieser Arbeit war geprägt von einer systematischen Annäherung an das facettenreiche Phänomen positiver Emotionen. Hierzu wurden in einem ersten Schritt Ursachen für die tendenzielle Vernachlässigung positiver Emotionen eruiert und im Anschluss zentrale interdisziplinäre Ansätze vorgestellt. Es zeigte sich, dass diesbezüglich Konstrukte aus dem Bereich der Psychologie dominieren, die infolgedessen auch das differenzierteste Sprachspiel aufweisen. Dies wurde anschließend eingebracht, um Emotionen gegenüber verwandten Konzeptionen abgrenzen zu können, wobei vor allem deren kurzfristiger Charakter ein wesentliches Differenzierungskriterium darstellte. Ferner galt es, die Besonderheiten von positiven gegenüber negativen Emotionen zu präzisieren. Demnach weisen positive Emotionen einen vergleichsweise höheren Verschmelzungsgrad auf, sind schwieriger zu beobachten, verfügen über keine eindeutigen Handlungstendenzen, erweitern das momentane kognitive Fähigkeitsspektrum und fördern den mittel- bis langfristigen Aufbau psychischer und physischer Ressourcen.

Davon ausgehend wurden bisherige Schwerpunkte der Forschung zu Emotionen in Organisationen vorgestellt, wobei Fragestellungen zu negativen Emotionen erkennbar dominierten. Schließlich wurden positive Emotionen sowohl aus intraindividueller als auch HRM-Sicht definiert. Das zentrale Ergebnis bildete eine Unterscheidung zwischen positiven, an hedonistischen Motiven orientierten Auslegungen aus Mitarbeitersicht und der funktionalen Perspektive des HRM.

Im *zweiten Teil* wurde das traditionelle intrapersonelle Betrachtungsspektrum positiver Emotionen erweitert. Um Entstehungsgründe und Wesen realtypischer Phänomene besser berücksichtigen zu können, erfolgte zunächst der Aufbau eines konzeptionellen Bezugsrahmens. Dieser inkludierte neben einer intrapersonellen, interpersonellen sowie kollektiven Dimension auch organisationale und umweltbezogene Rahmenfaktoren. Von vorrangiger Bedeutung war anschließend die Ausweitung auf eine Mehrebenenbetrachtung sowie die Diskussion dieser Ebenen aus dynamischer Perspektive:

- Hinsichtlich der *Mehrebenenbetrachtung* erfolgte in einem ersten Schritt die Erweiterung intraindividueller positiver Emotionalität hin zu einer interpersonellen Ebene. Dies erschien unumgänglich, um so auch Phänomene, wie z.B. die emotionale Ansteckung zwischen Mitarbeitern, berücksichtigen zu können. Unter Rekurs auf Studien soziologischer bzw. politologischer Provenienz wurde das Begriffsverständnis in einem zweiten Schritt um die Ebene kollektiver positiver Emotionalität erweitert.

- Die Überlegungen in Bezug auf eine *Dynamisierung* positiver Emotionalität knüpften unmittelbar an die Ausführungen zur Mehrebenenbetrachtung an. Dabei konnte gezeigt werden, dass sich auf den herausgearbeiteten drei Ebenen eine dreistufige Entwicklung nachweisen lässt. Hinsichtlich der Verlaufsform positiver intrapersoneller Emotionalität wurde auf die Entwicklung von Emotionen zu Stimmungen sowie im Anschluss auf emotionalitätsbasierte Einstellungen abgestellt. Interpersonelle positive Emotionalität konnte demgegenüber durch die Verbindung von interpersonell hervorgerufenen Emotionen zu Episoden und Beziehungen charakterisiert werden. Kollektiv geteilte positive

Emotionalität wurde chronologisch anhand der Reihenfolge Atmosphäre, Klima und Kultur präzisiert.

Abschließend fanden die zuvor eingeführten Rahmenfaktoren Eingang in die Untersuchung. Bei der Auseinandersetzung mit den organisationalen Rahmenfaktoren ließen sich vorwiegend arbeitspsychologisch bzw. ergonomisch bedeutsame Aspekte ins Feld führen, die zumindest teilweise durch das HRM steuerbar sein dürften. Dagegen wurde der Einfluss des HRM auf umweltbezogene Rahmenfaktoren, wie etwa die klimatischen Gegebenheiten, plausibilitätsgestützt als weitaus geringfügiger eingestuft.

Im *dritten Teil* stand die Ableitung potenzieller Handlungsoptionen zur Kultivierung positiver Emotionalität zur Disposition. Grundlegende Annahme war hier zunächst die Vermutung, dass eine unmittelbare Steuerung einzelner Ausprägungen positiver Emotionalität, wie etwa ein isoliertes Hervorrufen von Freude, weder zweckvoll noch möglich sein würde. Schließlich kam es zur Identifikation von zentralen Gestaltungsparametern auf den drei zuvor erörterten Ebenen:

- So konnte gezeigt werden, dass in jedem der HRM-Aufgabenfelder Optionen existieren, positive intraindividuelle Emotionalität zu generieren. Neben diesen klassischen Feldern wurden ergonomische Maßnahmen als weiteres, tendenziell beim Placement einzuordnendes, thematisches Areal herausgearbeitet.

- Bei der interindividuellen Dimension richtete sich das Hauptaugenmerk auf Fragestellungen der Führungsforschung. Hier ließen sich Wirkeffekte in dyadischen sowie gruppenbezogenen Führungssituationen nachweisen.

- Als noch wenig erschlossener und gleichsam innovativer Forschungsgegenstand stand abschließend die Kultivierung kollektiver positiver Emotionalität im Mittelpunkt. Am Unternehmenskulturmodell von Schein orientiert, konnten dabei aus statischer Perspektive unterschiedliche Ansatzpunkte diagnostiziert werden. Aus dynamischer Perspektive bildete daneben die Sozialisation positiver Emotionalität einen weiteren Schwerpunkt. Neben der Beleuchtung der Sozialisationsphasen konnten hier insbesondere durch die Berücksichtigung gleichsam unüblicher Sozialisationsagenten, wie etwa der Kunden, fruchtbare Anregungen gewonnen werden.

(2)   Relativierende Anmerkungen

Wie bereits im Hinblick auf den Aspekt Reflexivität in den einführenden Bemerkungen zu
Beginn der Arbeit angedeutet, unterlagen die vorliegenden Ausführungen einer Reihe von
Prämissen. Sofern diese speziell an einzelne Fragestellungen geknüpft waren, kam es an den
betreffenden Stellen bereits zu einer kritischen Reflexion. Allerdings kann sowohl methodisch
als auch inhaltlich Kritik hinsichtlich des gewählten Vorgehens insgesamt nicht ausgeschlos-
sen werden. Im Hinblick auf die *Methodik* stellt die primär theoretisch-konzeptionelle Ausrichtung eine zentrale Restriktion dar. Obwohl die Interviews mit Vertretern aus der Unternehmenspraxis und auch die angeführten empirischen Studien diesen Kritikpunkt zumindest
partiell relativieren, bleibt dieser Aspekt grundsätzlich angreifbar.

Naturgemäß können zudem die vorgetragenen *Inhalte* je nach wissenschaftstheoretischer
Festsetzung[993] auch anders gesehen werden. Nach Ansicht des Verfassers lassen sich diesbezüglich vier zentrale Gesichtspunkte festhalten:

■   Aus betriebswirtschaftlicher Perspektive erscheint es unumgänglich, die *temporale
     Wirksamwerdung* der potenziellen Handlungsoptionen zu bedenken. Hier dürfte es
     sinnvoll sein, zwischen einer kurz- und einer langfristigen Beeinflussung positiver Emo-
     tionalität zu differenzieren. Kurzfristig lässt sich positive Emotionalität vermutlich
     leichter hervorrufen, etwa auf intraindividueller Ebene durch ein Lob oder in einer
     Gruppe durch eine gemeinsame Betriebsfeier. Dagegen dürfte das Hervorrufen langfris-
     tiger positiver Emotionalität, zum Beispiel durch den Aufbau einer emotionalitätsbasier-
     ten positiven Einstellung gegenüber dem Arbeitgeber oder eine Änderung der Unter-
     nehmenskultur, vermutlich weitaus schwieriger und zeitaufwendiger sein.

■   In enger Verbindung zu der temporalen Wirksamwerdung steht die Analyse der *Kosten
     und Nutzen*. Denn die zu investierenden Ressourcen zur Steigerung positiver Emotiona-
     lität sollten auch zu einer im Vergleich zu alternativen Einsatzmöglichkeiten spürbaren
     Steigerung der Mitarbeiterproduktivität oder ähnlichen positiven Wirkeffekten füh-
     ren.[994]

■   Der wohl strittigste Aspekt indes betrifft das dem HRM zugrunde liegende ressourcen-
     orientierte Verständnis. Denn unbeschadet der frühen Festlegung auf eine positiv-

---

[993]   Vgl. Israel (1972).

funktionale Perspektive ist diese Prämisse vor allem aus *ethischer bzw. kritischer Managementperspektive* eher zweifelhaft.[995] Dies lässt sich treffend anhand des Dienstleistungssektors veranschaulichen, da die dort üblichen Aufforderungen, den Kunden freundlich zu bedienen, oftmals indoktrinierend wirken dürften. Allerdings sind auch weitaus subtilere Sachverhalte, wie etwa die jeweils praktizierte Wortwahl, mit Vorbehalt zu sehen.[996]

■ Abschließend ist noch auf das Risiko einer *Überforderung der Relevanz* positiver Emotionalität hinzuweisen. So erscheint u.a. eine Dichotomisierung im Sinne eines Konflikts zwischen homo oeconomicus versus homo emotionalis oder „bounded rationality" versus „bounded emotionality" wenig zielführend.[997] Denn bei aller Bedeutung der Thematik, insbesondere in Anbetracht ihrer bisherigen Vernachlässigung, muss zugleich auch dem umgekehrten Extrem einer Übergewichtung von Emotionalität entgegengetreten werden.[998]

(3)   Anregungen für weitere Forschungsbemühungen

Aus den relativierenden Anmerkungen ergeben sich lohnenswert erscheinende Fragestellungen für weitere Forschungsbemühungen. Diese lassen sich erneut in die gleichsam „klassischen" Kategorien Methodik und Inhalt einordnen.

---

[994] Vgl. hierzu Kaiser/ Ringlstetter (2006b), S. 158, sowie Ringlstetter/ Müller-Seitz (2006a), S. 146, bzw. die Überlegungen bei Diener et al. (2006).

[995] Vgl. stellvertretend Bogner/ Wouters (1990), Bryman (2004), S. 104f., Fineman (2006), Hancock (2002), S. 101, Höpfl (2002), Höpfl/ Linstead (1993), Kinnie et al. (2000), Krell (1994), S. 38ff., Krell/ Weiskopf (2001), Lesch (2001), Mestrovic (1997), Poder (2004), Putnam/ Mumby (1993), S. 37, sowie die grundlegenden Ausführungen in den Monographien von Krell/ Weiskopf (2006) bzw. Sieben (2007).

[996] Vgl. Anand et al. (2005), S. 17, Harding (2002), S. 74, sowie Krell/ Weiskopf (2006), S. 146ff., die subtile Manipulationen mittels der Wortwahl mit Orwells „Neusprech" in „1984" in Verbindung bringen; vgl. Orwell (1976). Einschränkend ist jedoch zu berücksichtigen, dass die häufig angeprangerte Emotionsarbeit durchaus auch positive Wirkeffekte hervorrufen kann; vgl. exemplarisch Fineman (1993), S. 19.

[997] Vgl. Argyris (1971), Gallenmüller-Roschmann, persönlich-mündlich am 05.12.2006, Hanoch (2002), Homburg et al. (2006), Kirsch (1997a), S. 148ff., Robinson (2004), S. 283, unter Rekurs auf Spinner (1994) sowie Gabriel (1993), der hierzu wie folgt formuliert: „While the neglect of emotional life in organizations has been rightly criticized [...] it is easy to make the opposite error and exaggerate the freedom and strength of emotions in organizations" (Gabriel 1993, S. 133).

[998] Vgl. Ringlstetter/ Müller-Seitz (2006b) sowie ähnlich Archer (2000). Im Rahmen der HR-Akquisition beispielsweise wird voraussichtlich auch unverändert persönlichen Prädispositionen Bedeutung beigemessen werden; vgl. Avia (1997), Danna/ Griffin (1999), S. 368ff., Larsen/ Ketelaar (1991), S. 137ff., Staw et al. (1986). Außerdem wird ein Mitarbeiter nicht nur die auf positive Emotionalität ausgerichteten HRM-Maßnahmen, sondern auch andere Parameter, wie z.B. die Entlohnung ins Kalkül mit einbeziehen.

Im Hinblick auf die *Methodik* kann die grundsätzlich fehlende empirische Validierung beanstandet werden. So könnten quantitative Analysen hinsichtlich der Janusköpfigkeit reizvoll sein, um z.B. besser bestimmen zu können, in welchen Fällen Lob u.U. zu dysfunktionalen Konsequenzen führen kann. Auch qualitative Untersuchungsdesigns könnten aufschlussreiche Informationen liefern, beispielsweise zum besseren Verständnis des Einflusses diverser Aspekte der Artefaktebene auf die Unternehmenskultur.

Bezüglich des *Inhalts* bildete die konzeptionelle Erfassung und Ableitung von Handlungsoptionen in Teil III das zentrale Erkenntnisobjekt dieser Arbeit. Darauf aufbauend könnten folgende, in hohem Maße auch für die Unternehmenspraxis bedeutsame Forschungsfragen interessant sein:

- Am naheliegendsten erscheint es, sich dabei zunächst mit *branchen- oder berufsspezifischen Fragestellungen* näher zu befassen. Hier kommt in erster Linie der Dienstleistungssektor in Betracht, da positive Emotionalität bei Mitarbeitern mit Kundenkontakt sowohl intrapersonell als auch interpersonell unverzichtbar ist, wobei je nach Arbeitsplatzsituation unterschiedliche Aktionsparameter relevant sein dürften.

- Daneben wäre es aufschlussreich zu erfahren, inwiefern die aufgezeigten *Entwicklungsrichtungen positiver Emotionalität* überhaupt notwendig bzw. wünschenswert sind. So ist zu vermuten, dass z.B. eine allzu enge Mitarbeiter-Kunden-Beziehung nicht in jedem Fall erstrebenswert sein wird. Hinsichtlich dieser Vermutung sei exemplarisch auf Unternehmensberatungen verwiesen, in denen die Professionals stets dazu angehalten werden – entgegen allen Bemühungen um einen Beziehungsaufbau – zugleich eine professionelle Distanz gegenüber den Klienten zu wahren.[999]

- Vor dem Hintergrund sich rasant wandelnder Karrieremuster erscheint es zudem sehr wahrscheinlich, dass die *Generierung einer positiven emotionalitätsbasierten Einstellung* an Relevanz deutlich zunehmen wird. Denn durch die steigende Zahl atypischer Beschäftigungsverhältnisse mit einhergehender kurzer Verweildauer in den jeweiligen Unternehmen, dürften das Hervorrufen bzw. die Förderung positiver Emotionalität gegenüber dem temporären Arbeitgeber oder der betreffenden Aufgabenstellung – nicht

---

[999] Vgl. Ringlstetter et al. (2006c), S. 330, unter Rekurs auf Mills/ Moshavi (1999), S. 53f.

zuletzt aufgrund der potenziell positiven Wirkeffekte einer solchen Einstellung – noch erheblich bedeutsamer werden als bisher.[1000]

- Schließlich erscheint es, vor allem auch praxeologisch, zielführend und notwendig zugleich, die skizzierten Handlungsoptionen hinsichtlich der *HRM-Aufgabenfelder* zu koordinieren bzw. anzupassen. Dabei sollten insbesondere Redundanzen vermieden werden, etwa bezüglich der Konzeption von Anforderungsprofilen im Rahmen der Allokation, Akquisition und des Placements.

Die umfassende Zielsetzung der vorliegenden Ausführungen war es, sich dem Phänomen positiver Emotionalität im organisationalen Kontext aus der Perspektive des HRM anzunähern. Aufbauend auf dessen erweitertem Verständnis ließen sich diesbezüglich diverse Ansatzpunkte gewinnen. Die skizzierten Optionen sollten dabei sowohl als Anregung für weitere Forschungsbemühungen dienen, als auch Impulse für die Beeinflussung in der Unternehmenspraxis liefern.

[1000] Vgl. Millward/ Brewerton (1999), S. 266ff., und Süß (2006).

ANHANGSVERZEICHNIS

Anhang 1

Autor (Jahr)	Thematisierung von Emotionen in Organisationen		Umfang (Seitenanzahl)	Inhalte
	nein	ja		
Deutschsprachige Monografien				
Backes-Gellner et al. (2001)	x			
Becker (2005)	x			
Berthel (2000)	x			
Berthel/ Becker (2003)	x			
Bisani (1995)	x			lediglich äußerst entfernt im Zusammenhang mit Konflikten
Bühner (1994)		x	2	emotionale Komponenten der Kommunikation
Drumm (2005)	x			
Gmür/ Thommen (2006)		x	1	Emotionale Intelligenz
Hentze/ Graf (2005)	x			
Hentze et al. (2005)	x			
Hentze/ Kammel (2001)	x			
Hentze/ Metzner (2005)	x			
Hilb (2005)	x			
Hohlbaum (2006)	x			
Holtbrügge (2005)	x			
Jung (2006)	x			
Kasper/ Mayrhofer (2002)		x	1	Angst
Klimecki/ Gmür (2001)	x			
Liebel/ Oechsler (1994)	x			
Martin (1988)		x	3	Emotion als Komponente von Mitarbeiterzufriedenheit und Begriff "Emotivismus" im Zusammenhang mit Rationalität genannt
Neuberger (2002)		x	3	Emotionsarbeit
Oechsler (2006)	x			
Olfert (2006)	x			
Ridder (1999)	x			
Ridder et al. (2001)	x			
Scherm/ Süß (2003)	x			
Scholz (2000)		x	4	Allgemeiner Überblick über primär evolutionsbiologische und psychologische Ansätze; konstatiert "In den meisten Führungsbüchern spielt "Emotion" überhaupt keine Rolle: Dies gilt für die führenden amerikanischen Lehrbücher [...] wie für deutsche Führungslehre [...]." (S. 904f.).
Staehle (1999)		x	4	Rekurs auf psychologische Forschungsansätze; vornehmlich negative Emotionen wie Angst oder Wut bzw. verwandte Phänomene wie Stress
Englischsprachige Monografien				
Baron/ Kreps (1999)	x			
Baruch (2004)		x	2	Emotionale Intelligenz
Beardwell/ Holden (2001)	x			
Cherrington (1995)	x			
Gómez-Mejía et al. (1995)		x	1	Emotionale Stabilität
Greenberg (2005)		x	8	Emotionale Intelligenz, emotionale Dissonanz sowie emotionale Stabilität; oftmals jedoch Verwischung der Termini (z.B. mit Stimmungen).
Greer (2001)	x			
Leopold et al. (1999)	x			
Torrington et al. (2005)		x	5	Fokus auf negativen Emotionen sowie salutogenetische Aspekte
Werther/ Davis (1993)	x			

Anhang 1: *Überblick zentraler Veröffentlichungen zum Humanressourcen-Management im Hinblick auf die Auseinandersetzung mit Emotionen*

Anhang 2

Position Hochschild	Position des Verfassers
• *disziplinärer Hintergrund:* Soziologie • *Argumentationswarte:* Gender Studies bzw. feministische Ansätze und kritische/politisierende Forschung • *Kontext der Untersuchung:* Fokus auf Luftverkehrsbranche • *inhaltliche Ausrichtung:* Konzentration auf das Individuum • *Definition von Emotion:* Emotion als Synonym von Gefühl	• *disziplinärer Hintergrund:* Betriebswirtschaftslehre bzw. HRM • *Argumentationswarte:* angewandte Führungslehre • *Kontext der Untersuchung:* profitorientierte Organisationen generell • *inhaltliche Ausrichtung:* Warte des HRM • *Definition von Emotion:* Gefühl als Komponente von Emotion

Anhang 2:   Kontrastierende Darstellung der Positionen Hochschilds und des Verfassers (Quelle: eigene Überlegungen in Anlehnung an Hochschild 1983b)

Anhang 3

Interviewpartner	Position	Affiliation	Art/Ort	Datum
Prof. Dr. Utho Creusen	Mitglied der Geschäftsführung	Media-Saturn Holding	persönlich-mündlich, Ingolstadt	13.03.2006
Dr. Jutta Gallenmüller-Roschmann	Dozentin	Katholische Universtität Eichstätt-Ingolstadt	persönlich-mündlich, Ingolstadt	05.12.2006
Dr. Wolfgang Güttel	Habilitand	Wirtschaftsuniversität Wien	fernmündlich, Ingolstadt Wien	05.12.2006
Prof. Dr. Charmine E. J. Härtel	Lehrstuhlinhaber	Monash University	persönlich-mündlich, München	07.05.2005
Prof. Dr. Ekkehard Kappler	Lehrstuhlinhaber	Leopold-Franzens-Universität Innsbruck	fernmündlich, Ingolstadt Innsbruck	14.11.2006
Dr. Wendelin Küpers	Habilitand	FernUniversität Hagen	fernmündlich, Ingolstadt Hagen	27.06.2006
Karsten Sommer	Landesgeschäftsführer Media-Saturn Ungarn	Media-Saturn Ungarn	persönlich-mündlich, Ingolstadt	24.02.2006
Gerald Wood	Europa-Geschäftsführer	Gallup Deutschland GmbH	fernmündlich, Ingolstadt Potsdam	13.07.2006

Anhang 3: Übersicht über die geführten Experteninterviews

LITERATURVERZEICHNIS

Abele, A. (1996): Zum Einfluss positiver und negativer Stimmungen auf die kognitive Leistung, Weinheim 1996.

Abele, A. (1999): Motivationale Mediatoren von Emotionseinflüssen auf die Leistung: Ein vernachlässigtes Forschungsgebiet, in: Jerusalem, M./ Pekrun, R. (Hrsg. 1999): Emotion, Motivation und Leistung, Götting u.a. 1999, S. 31-49.

Abele, A./ Gendolla, G. H. E. (2000): Motivation und Emotion, in: Otto, J. H./ Euler, H. A./ Mandl, H. (Hrsg. 2000): Emotionspsychologie. Ein Handbuch, Weinheim u.a. 2000, S. 297-305.

Abelson, R. P. (1976): Script processing in attitude formation and decision making, in: Carrol, J. S./ Payne, J. W. (Hrsg. 1976): Cognitive and social behavior, Hillsdale/New York 1976, S. 33-45.

Agarwal, J./ Malhotra, N. K. (2005): An integrated model of attitude and affect: Theoretical foundation and an empirical investigation, in: Journal of Business Research 58, S. 483-493.

Ahlert, D./ Kenning, P. (2006): Neuroökonomik, in: Zeitschrift für Management 1 (1), S. 24-47.

Ahmed, S. (2004): Collective Feelings. Or, The Impressions Left by Others, in: Theory, Culture & Society 21 (2), S. 25-42.

Akhavan Farshchi, M./ Fisher, N. (2000): Emotion and the environment: the forgotten dimension, in: Clements-Croome, D. (Hrsg. 2000): Creating the Productive Workplace, London und New York 2000, S. 51-70.

Alaoui-Ismaili, O./ Robin, O./ Rada, H./ Dittmar, A./ Vernet-Maury, E. (1997): Basic emotions evoked by odorants: Comparison between autonomic responses and self-evaluation, in: Physiology and Behavior 62, S. 713-720.

Albrecht, K. (1988): At America's Service. How Corporations can Revolutionize the Way They Treat Their Customers, Homewood/Illinois 1988.

ALDI SÜD (o.J.): Führung und Organisation. Grundsätze, o.O. o.J.

Aldous, J. (1978): Family careers, New York 1978.

Alewell, D. (1996): Zum Verhältnis von Arbeitsökonomik und Verhaltenswissenschaften, in: Die Betriebswirtschaft 56 (5), S. 667-683.

Allen, N. J. (1996): Affective Reactions to the Group and the Organization, in: West, M. A. (Hrsg. 1996): Handbook of Work Group Psychology, Chichester 1996, S. 371-396.

Allen, N. J./ Meyer, J. P. (1990): Organizational Socialization Tactics: A Longitudinal Analysis of Links to Newcomers' Commitment and Role Orientation, in: Academy of Management Journal 33 (4), S. 847-858.

Alvesson, M./ Berg, P. O. (1992): Corporate Culture and Organizational Symbolism, Berlin und New York 1992.

Alvesson, M./ Deetz, S. (2000): Doing Critical Management Research, London 2000.

Alvesson, M./ Sköldberg, K. (2000): Reflexive methodology: New vistas for qualitative research towards a reflexive methodology, London 2000.

Amason, A. C./ Sapienza, H. J. (1997): The Effects of Top Management Team Size and Interaction Norms on Cognitive and Affective Conflict, in: Journal of Management 23 (4), S. 495-516.

Ambrose, M. L./ Cropanzano, R. (2003): A Longitudinal Analysis of Organizationan Fairness: An Examination of Reactions to Tenure and Promotion Decisions, in: Journal of Applied Psychology 88 (2), S. 266-275.

Aminzade, R./ McAdam, D. (2002): Emotions and Contentious Politics, in: Mobilization 7 (2), S. 107-109.

Anand, V./ Ashforth, B. E./ Joshi, M. (2005): Business as usual: The acceptance and perpetuation of corruption in organizations, in: Academy of Management Executive 19 (4), S. 9-23.

Andersen, N. A./ Born, A. W. (2006): Emotional Identity: Feelings as communicative artifacts in organizations, Emotions and Work: Ideas in Progress, London, 15.12.2006.

Anderson, B. (1991): Imagined Communities, 2. Aufl., London 1991.

Anderson, C. A./ Deuser, W. E./ DeNeve, K. M. (1995): Hot temperatures, hostile affect, hostile cognition, and arousal: Test of a general model of affective aggression, in: Personality and Social Psychology Bulletin 21, S. 434-448.

Anderson, C./ John, O. P./ Keltner, D./ Kring, A. M. (2001): Who attains social status? Effects of personality and physical attractiveness in social groups, in: Journal of Personality and Social Psychology 81, S. 116-132.

Anderson, C./ Keltner, D. (2004): The Emotional Convergence Hypothesis. Implications for Individuals, Relationships, and Cultures, in: Tiedens, L. Z./ Leach, C. W. (Hrsg. 2004): The Social Life of Emotions, Cambridge 2004, S. 144-163.

Anderson, C./ Keltner, D./ John, O. P. (2003): Emotional Convergence Between People Over Time, in: Journal of Personality and Social Psychology 84 (5), S. 1054-1068.

Anderson, C./ Thompson, L. L. (2004): Affect from the top down: How powerful individuals' positive affect shapes negotiations, in: Organizational Behavior and Human Decision Processes 95, S. 125-139.

Anderson-Gough, F./ Grey, C./ Robson, K. (2002): Accounting Professionals and the Accounting Profession: Linking Conduct and Context, in: Accounting and Business Research 32 (1), S. 41-56.

Andreu, L./ Bigne, E./ Chumpitaz, R./ Swaen, V. (2006): How does the perceived retail environment influence consumers' emotional experience? Evidence from two retail settings, in: International Review of Retail, Distribution and Consumer Research 16 (5), S. 559-578.

Antonacopoulou, E. P./ Gabriel, Y. (2001): Emotion, learning and organizational change. Towards an integration of psychoanalytic and other perspectives, in: Journal of Organizational Change Management 14 (5), S. 435-451.

Antoni, C. H. (2004): Gruppen und Gruppenarbeit, in: Schreyögg, G./ von Werder, A. (Hrsg. 2004): Handwörterbuch Unternehmensführung und Organisation (HWO), 4. Aufl., Stuttgart 2004, Sp. 380-388.

Archer, D. (1997): Unspoken Diversity: Cultural Differences in Gestures, in: Qualitative Sociology 20 (1), S. 79-105.

Archer, M. S. (2000): Homo oeconomicus, Homo sociologicus and Homo sentiens, in: Archer, M. S./ Tritter, J. Q. (Hrsg. 2000): Rational Choice: Resisting Colonialization, London u.a. 2000, S. 36-56.

Arendt, H. (1991): Elemente und Ursprünge totaler Herrschaft, 2. Aufl., München u.a. 1991.

Argyris, C. (1964): Integrating the Individual and the Organization, New York 1964.

Argyris, C. (1971): Management Information Systems: The Challenge to Rationality and Emotionality, in: Management Science 17 (6), S. 275-292.

Argyris, C./ Schön, D. A. (1978): Organizational Learning. A Theory of Action Perspective, Reading/Massachusetts 1978.

Armbrüster, T. (2004): Rationality and Its Symbols: Signalling Effects and Subjectification in Management Consulting, in: Journal of Management Studies 41 (8), S. 1247-1269.

Arnscheid, R. (1999): Zum Zusammenhang zwischen Gruppenkohäsion und Gruppenleistung, Münster u.a. 1999.

Aronson, E./ Wilson, T. D./ Akert, R. M. (2004): Sozialpsychologie, 4. Aufl., Upper Saddle River, NJ 2004.

Arvey, R. D./ Campion, J. E. (1982): The Employment Interview: A Summary and Review of Recent Research, in: Personnel Psychology 35, S. 281-322.

Ashby, F. G./ Valentin, V. V./ Turken, A. U. (2002): The effects of positive affect and arousal on working memory and executive attention, in: Moore, S./ Oaksford, M. (Hrsg. 2002): Emotional Cognition: From Brain to Behaviour, Amsterdam 2002, S. 245-287.

Ashforth, B. E./ Humphrey, R. H. (1993): Emotional Labor in Service Roles: The Influence of Identity, in: Academy of Management Review 18 (1), S. 88-115.

Ashforth, B. E./ Humphrey, R. H. (1995): Emotion in the Workplace: A Reappraisal, in: Human Relations 48 (2), S. 97-125.

Ashforth, B. E./ Kreiner, G. E. (1999): "How can you do it?": dirty work and the challenge of constructing a positive identity, in: Academy of Management Review 24 (2), S. 413-434.

Ashforth, B. E./ Mael, F. (1989): Social Identity Theory and the Organization, in: The Academy of Management Review 14 (1), S. 20-39.

Ashforth, B. E./ Saks, A. M. (1996): Socialization Tactics: Longitudinal Effects on Newcomer Adjustment, in: Academy of Management Journal 39 (1), S. 149-178.

Ashkanasy, N. (2004): Emotion and Performance, in: Human Performance 17 (2), S. 137-144.

Ashkanasy, N. M. (2003): Emotions in organizations: A multilevel-perspective, in: Dansereau, F./ Yammarino, F. J. (Hrsg. 2003): Research in multi-level issues. Volume

2. Multi-level issues in organizational behavior and strategy, Oxford 2003, S. 9-54.

Ashkanasy, N. M./ Daus, C. S. (2002): Emotion in the workplace: The new challenge for managers, in: Academy of Management Executive 16 (1), S. 76-86.

Ashkanasy, N. M./ Daus, C. S. (2005): Rumors of the Death of Emotional Intelligence Are Vastly Exaggerated, in: Journal of Organizational Behavior 26 (4), S. 441-452.

Astley, W. G./ Van de Ven, A. (1983): Central perspectives and debates in organization theory, in: Administrative Science Quarterly 28 (2), S. 245-273.

Atran, S. (2002): In gods we trust: The evolutionary landscape of religion, Oxford 2002.

Auster, C. L. (1996): The Sociology of Work: Concepts and Cases, Thousand Oaks 1996.

Averill, J. R. (1980): A Constructivist View of Emotion, in: Plutchik, R./ Kellerman, H. (Hrsg. 1980): Emotion: Theory, Research, and Experience, Volume 1: Theories of Emotions, New York 1980, S. 305-339.

Averill, J. R. (1986): The Acquisition of Emotions during Adulthood, in: Harre, R. (Hrsg. 1986): The Social Construction of Emotions, Oxford und New York 1986, S. 98-118.

Averill, J. R. (1992): The Structural Bases of Emotional Behavior, in: Personality and Social Psychology 13, S. 1-24.

Avia, M. D. (1997): Personality and positive emotions, in: European Journal of Personality 11 (1), S. 33-56.

Avolio, B. J./ Kahai, S./ Dodge, G. E. (2001): E-Leadership: Implications for Theory, Research, and Practice, in: Leadership Quarterly 11 (4), S. 615-668.

Backes-Gellner, U./ Lazear, E. P./ Wolff, B. (2001): Personalökonomik, Stuttgart 2001.

Backmann, C. (2001): Steuerung im Konzern. Muster, Instrumente und Prozesse für Mobilisierung und Synergiemanagement, Wiesbaden 2001.

Badovick, G. J./ Hadaway, F. J./ Kaminski, P. F. (1992): Attributions and Emotions: The Effects on Salesperson Motivation after Successful vs. Unsuccessful Quota Performance, in: Journal of Personal Selling & Sales Management 12 (3), S. 1-11.

Badura, B. (1990): Interaktionsstreß. Zum Problem der Gefühlsregulierung in der modernen Gesellschaft, in: Zeitschrift für Soziologie 19 (5), S. 317-328.

Baerveldt, C./ Voestermans, P. (2005): Culture, Emotion and the Normative Structure of Reality, in: Theory & Psychology 15 (4), S. 449-473.

Bagozzi, R. P./ Baumgartner, H./ Pieters, R. (1998): Goal-directed Emotions, in: Cognition and Emotion 12 (1), S. 1-26.

Bagozzi, R./ Gopinath, M./ Nyer, P. (1999): The role of emotions in marketing, in: Journal of the Academy of Marketing Science 27 (2), S. 184-206.

Baker, J./ Parasuraman, A./ Greval, D./ Voss, G. B. (2002): The Influence of Multiple Store Environment Cues on Perceived Merchandise Value and Patronage Intentions, in: Journal of Marketing 66, S. 120-141.

Banbury, S. P./ Berry, D. C. (2005): Office noise and employee concentration: Identifying causes of disruption and potential improvements, in: Ergonomics 48 (1), S. 25-37.

Banbury, S. P./ Macken, J. W./ Sebastien, T./ Jones, D. M. (2001): Auditory distraction and short-term memory: Phenomena and practical implications, in: Journal of the Human Factors and Ergonomics Society 43 (1), S. 12-29.

Barbalet, J. (2002): Introduction: why emotions are crucial, in: Barbalet, J. (Hrsg. 2002): Emotions and Sociology, Malden, MA u.a. 2002, S. 1-9.

Barbalet, J. M. (1996): Social Emotions: Confidence, Trust and Loyalty, in: The International Journal of Sociology and Social Policy 16 (9/10), S. 75-96.

Barbalet, J. M. (1998): Emotion, Social Theory, and Social Structure, Cambridge 1998.

Barbuto Jr., J. E./ Burchbach, M. E. (2006): The Emotional Intelligence of Transformational Leaders: A Field Study of Elected Officials, in: The Journal of Social Psychology 146 (1), S. 51-64.

Bardwell, W. A./ Ensign, W. Y./ Mills, P. J. (2005): Negative Mood Endures After Completion of High-Altitude Military Training, in: Annual Behavioral Medicine 29 (1), S. 64-69.

Barger, P. B./ Grandey, A. A. (2006): Service with a Smile and Encounter Satisfaction: Emotional Contagion and Appraisal Mechanisms, in: Academy of Management Journal 49 (6), S. 1229-1238.

Barley, S. R. (1983): Semiotics and the study of occupational and organizational cultures, in: Adminstrative Science Quarterly 28, S. 393-413.

Barnaby, J. F. (1980): Lighting for productivity gains, in: Lighting Design and Application 2, S. 20-28.

Barney, J. (1991): Firm Resources and Sustained Competitive Advantage, in: Journal of Management 17 (1), S. 99-120.

Barney, J. B./ Wright, P. M. (1998): On Becoming a Strategic Partner: The Role of Human Resources in Gaining Competitive Advantage, in: Human Resource Management 37 (1), S. 31-46.

Baron, J. N./ Kreps, D. M. (1999): Strategic Human Resources. Frameworks for General Managers, New York u.a. 1999.

Baron, R. A. (1987): Interviewer's Moods and Reactions to Job Applicants: The Influence of Affective States on Applied Social Judgments, in: Journal of Applied Social Psychology 17 (10), S. 911-926.

Baron, R. A. (1990): Environmentally Induced Positive Affect: Its Impact on Self-Efficacy, Task Performance, Negotiation, and Conflict, in: Journal of Applied Social Psychology 20 (5), S. 368-384.

Baron, R. A. (1997): The Sweet Smell of. Helping: Effects of Pleasant Ambient Fragrance on Prosocial Behavior in Shopping Malls, in: Personality and Social Psychology Bulletin 23 (5), S. 498-503.

Barrett, K. C./ Campos, J. J. (1987): Perspectives on emotional development II: A functionalist approach to emotions, in: Osofsky, J. D. (Hrsg. 1987): Handbook of infant development, New York 1987, S. 555-578.

Barsade, S. G. (2002): The Ripple Effect: Emotional Contagion and Its Influence on Group Behavior, in: Administrative Science Quarterly 47, S. 644-675.

Barsade, S. G./ Gibson, D. E. (1998): Group Emotion: A View From Top and Bottom, in: Neale, M. A./ Mannix, E. A./ Gruenfeld, D. H. (Hrsg. 1998): Research on Managing Groups and Teams, Stamford und London 1998, S. 81-102.

Barsade, S. G./ Gibson, D. E. (2007): Why Does Affect Matter in Organizations? in: Academy of Management Perspectives 21 (1), S. 36-59.

Barsade, S. G./ Ward, A. J./ Turner, J. D. F./ Sonnenfeld, J. A. (2000): To Your Heart's Content: A Model of Affective Diversity in Top Management Teams, in: Administrative Science Quarterly 45, S. 802-836.

Bartel, C. A./ Saavedra, R. (2000): The Collective Construction of Work Group Moods, in: Administrative Science Quarterly 45, S. 197-231.

Bartlett, F. C. (1932): Remembering, Cambridge 1932.

Bartunek, J. M. (1984): Changing interpretive schemes and organizational restructuring: The example of a religious order, in: Administrative Science Quarterly 29, S. 355-372.

Bartunek, J. M./ Lacey, C. A./ Wood, D. R. (1992): Social cognition in organizational change: An insider-outsider approach, in: Journal of Applied Behavioral Science 28, S. 204-223.

Bartunek, J. M./ Rousseau, D. M./ Rudolph, J. W./ DePalma, J. A. (2006): On the Receving End. Sensemaking, Emotion, and Assessments of an Organizational Change Initiated by Others, in: The Journal of Applied Behavioral Science 42 (2), S. 182-206.

Baruch, Y. (2004): Managing careers. Theory and practice, Harlow u.a. 2004.

Bass, B. M. (1985): Leadership and Performance beyond Expectations, New York 1985.

Bass, B. M. (1990): From transactional to transformational leadership: Learning to share the vision, in: Organizational Dynamics 18 (3), S. 19-31.

Bass, B. M./ Avolio, B. J. (1990): Transformational Leadership Development: Manual for the Multifactor Leadership Questionnaire, Palo Alto 1990.

Batson, C. D./ Shaw, L. L./ Oleson, K. C. (1992): Differentiating Affect, Mood, and Emotion. Toward Functionally Based Conceptual Distinctions, in: Clark, M. S. (Hrsg. 1992): Review of Personality and Social Psychology, 13. Aufl., Newbury Park u.a. 1992, S. 294-326.

Bauer, R. M./ Greve, K. W./ Besch, E. L./ Schamke, C. J./ Crouch, J./ Hicks, A./ Ware, M. R./ Lyles, W. B. (1992): The role of psychological factors in the report of building-related symptoms in Sick Building Syndrome, in: Journal of Consulting and Clinical Psychology 60, S. 213-219.

Baumeister, R. F./ Bratslavsky, E./ Finkenauer, C./ Vohs, K. D. (2001): Bad Is Stronger Than Good, in: Review of General Psychology 5 (4), S. 323-370.

Baumgartner, M./ Udris, I. (2004): Typologische Betrachtung zu Arbeitstätigkeit, Personalentwicklung und Befinden des Personals in Call Centers, in: Zeitschrift für Arbeitswissenschaft 58, S. 19-28.

Bea, F. X./ Göbel, E. (1999): Organisation, Stuttgart 1999.

Beardwell, I./ Holden, L. (2001): Human resource management. A contemporary approach, 3. Aufl., Harlow u.a. 2001.

Becker, M. (2005): Personalentwicklung. Bildung, Förderung und Organisationsentwicklung in Theorie und Praxis, 4. Aufl., Stuttgart 2005.

Becker, T. (2003): Is emotional intelligence a viable concept? in: Academy of Management Review 28, S. 192-195.

Bell, P. A. (1981): Physiological comfort, performance, and social effects of heat stress, in: Journal of Social Issues 37, S. 71-94.

Bell, P. A./ Baron, R. A. (1977): Aggression and ambient temperature: The facilitating and inhibiting effects of hot and cold environments, in: Bulleting of the Psychonomic Society 9, S. 443-445.

Bell, P. A./ Greene, T. C./ Fisher, J. D./ Baum, A. (2001): Environmental Psychology, 5. Aufl., Fort Worth u.a. 2001.

Berezin, M. (2001): Emotions and Political Identity: Mobilizing Affection for the Polity, in: Goodwin, J./ Jasper, J. M./ Polletta, F. (Hrsg. 2001): Passionate Politics. Emotions and Social Movements, Chicago 2001, S. 83-98.

Berezin, M. (2002): Secure states: towards a political sociology of emotion, in: Barbalet, J. (Hrsg. 2002): Emotions and Sociology, Malden, MA u.a. 2002, S. 33-52.

Berger, P. L./ Luckmann, T. (1966): The Social Construction of Reality: A Treatise in the Sociology of Knowledge, New York 1966.

Berger, P. L./ Luckmann, T. (2004): Die gesellschaftliche Konstruktion der Wirklichkeit, 20. Aufl., Frankfurt a.M. 2004.

Bergknapp, A. (2003): Ärger in Organisationen - eine strukturationstheoretische Perspektive, in: Gruppendynamik und Organisationsberatung 34 (1), S. 57-70.

Berkowitz, L./ Harmon-Jones, E. (2004): Toward an Understanding of the Determinants of Anger, in: Emotion 4 (2), S. 107-130.

Berlew, D. E./ Hall, D. T. (1966): The Socialization of Managers: Effects of Expectations on Performance, in: Administrative Science Quarterly 11 (2), S. 207-233.

Berner, S. (1999): Reaktionen der Verbleibenden auf einen Personalabbau, Bamberg 1999.

Berry, D. S./ Hansen, J. S. (1996): Positive Affect, Negative Affect, and Social Interaction, in: Journal of Personality and Social Psychology 71 (4), S. 796-809.

Berry, L. L. (1995): On Great Service, New York 1995.

Berthel, J. (2000): Personal-Management, 6. Aufl., Stuttgart 2000.

Berthel, J./ Becker, F. G. (2003): Personal-Management. Grundzüge für Konzeptionen betrieblicher Personalarbeit, 7. Aufl., Stuttgart 2003.

Bettencourt, L. A./ Brown, S. W. (1997): Contact Employees: Relationships Among Workplace Fairness, Job Satisfaction and Prosocial Service Behaviors, in: Journal of Retailing 73 (1), S. 39-61.

Betz, M./ Judkins, B. (1975): The impact of voluntary association characteristics on selective attratction and socialization, in: Sociological Quarterly 16, S. 228-240.

Beyer, J./ Niño, D. (2001): Culture as a Source, Expression and Reinforcer or Emotions in Organizations, in: Payne, R. L./ Cooper, C. L. (Hrsg. 2001): Emotions at Work: Theory, Research and Applications in Management, Chichester/England 2001, S. 173-197.

Beyer, J./ Trice, H. (1987): How an Organization's Rites Reveal Its Culture, in: Organizational Dynamics 15 (4), S. 5-24.

Bierhoff, H. - W. (1987): Vertrauen in Führungs- und Kooperationsbeziehungen, in: Kieser, A./ Reber, G./ Wunderer, R. (Hrsg. 1987): Handwörterbuch der Führung, Stuttgart 1987, Sp. 2028-2038.

Bierhoff, H. - W. (2002): Einführung in die Sozialpsychologie, Weinheim u.a. 2002.

Bierhoff, H. - W./ Müller, G. F. (2005): Leadership, mood, atmosphere, and cooperative support in project groups, in: Journal of Managerial Psychology 20 (6), S. 483-497.

Bierhoff, H. - W./ Rohmann, E./ Herner, M. J. (2006): Freiwilliges Arbeitsengagement, in: Ringlstetter, M./ Kaiser, S./ Müller-Seitz, G. (Hrsg. 2006): Positives Management. Zentrale Konzepte und Ideen des Positive Organizational Scholarship, Wiesbaden 2006, S. 35-52.

Bierhoff, H. W./ Müller, G. F. (1999): Positive feelings and cooperative support in project groups, in: Swiss Journal of Psychology 58 (3), S. 180-190.

Biner, P. M./ Butler, D. L./ Winsted, D. (1991): Inside windows: an alternative to conventional windows in office and other settings, in: Environmental Behavior 23, S. 359-382.

Bion, W. R. (1961): Experience in groups, New York 1961.

Bisani, F. (1995): Personalwesen und Personalführung: der state of the art der betrieblichen Personalarbeit, 4. Aufl., Wiesbaden 1995.

Biswas-Diener, R./ Vitterso, J./ Diener, E. (2005): Most people are pretty happy, but there is cultural variation: The Inughuit, the Amish, and the Maasai, in: Journal of Happiness Studies 6, S. 205-226.

Bitner, M. J. (1992): Servicescapes: The Impact of Physical Surroundings on Customers and Employees, in: Journal of Marketing 56, S. 57-71.

Bitran, G. R./ Hoech, J. (1992): The Humanization of Service: Respect at the Moment of Truth, in: Lovelock, C. H. (Hrsg. 1992): Managing services: marketing, operations, and human resources, 2. Aufl., Englewood Cliffs 1992, S. 355-364.

Bittman, B./ Bruhn, K. T./ Stevens, C./ Westengard, J./ Umbach, P. O. (2003): Recreational Music-Making: A Cost-Effective Group Interdisciplinary Strategy for Reducing Burnout and Improving Mood States in Long-Term Care Workers, in: Advances 19 (3/4), S. 4-15.

Blankenship, R. L. (1977): Organizational careers: An interactionist perspective, in: Blankenship, R. L. (Hrsg. 1977): Colleagues in Organization, New York 1977, S. 206-222.

Blasi, A. (1999): Emotions and Moral Motivation, in: Journal for the Theory of Social Behaviour 29 (1), S. 1-19.

Bleicher, K. (1984): Unternehmungspolitik und Unternehmungskultur: Auf dem Wege zu einer Kulturpolitik der Unternehmung, in: Zeitschrift Forschung und Organisation 53 (8), S. 494-500.

Bless, H. (1997): Stimmung und Denken. Ein Modell zum Einfluß von Stimmungen auf Denkprozesse, Bern u.a. 1997.

Bless, H./ Bohner, G./ Schwarz, N. (1991): Gut gelaunt und leicht beeinflußbar? Stimmungs-einflüsse auf die Verarbeitung persuasiver Kommunikation, in: Psychologische Rundschau 43, S. 1-17.

Bless, H./ Clore, G. L./ Schwarz, N./ Golisano, V./ Rabe, C./ Wölk, M. (1996): Mood and the Use of Scripts: Does a Happy Mood Really Lead to Mindlessness? in: Journal of Personality and Social Psychology 71 (4), S. 665-679.

Blickle, G. (1996): Einfluß von unten: zwischen Begründen und Manipulieren, in: Gruppen-dynamik 27 (2), S. 145-157.

Block, L. K./ Stokes, G. S. (1989): Performance and satisfaction in private versus nonprivate work settings, in: Environment and Behavior 21, S. 277-297.

Blondel, C. (1948): Kollektivpsychologie, Bern 1948.

Blumer, H. (1986): Symbolic Interactionism. Perspective and Method, Berkeley 1986.

Bodenhausen, G. V. (1993): Emotion, Arousal, and Stereotype-based Discrimination: A Heu-ristic Model of Affect and Stereotyping, in: Mackie, D. M./ Hamilton, D. L. (Hrsg. 1993): Affect, Cognition and Stereotyping: Interactive Processes in Group Perception, San Diego 1993, S. 13-35.

Bodenhausen, G. V./ Kramer, G. P./ Süsser, K. (1994): Happiness and Stereotypic Thinking in Social Judgment, in: Journal of Personality and Social Psychology 66 (4), S. 621-632.

Boerner, S./ von Streit, C. (2005): Transformational Leadership and Group Climate - Empiri-cal Results from Symphony Orchestras, in: Journal of Leadership and Organiza-tional Studies 12 (2), S. 31-41.

Bögel, R. (1988): Das Konzept des Betriebs- und Organisationsklimas und seine Anwendung in der betrieblichen Praxis, in: Zeitschrift für Personalforschung 2, S. 275-284.

Bogner, A./ Wouters, C. (1990): Kolonialisierung der Herzen? Zu Arlie Hochschilds Grund-legung der Emotionssoziologie, in: Leviathan 18, S. 255-279.

Böhme, H. (1997): Gefühl, in: Wulf, C. (Hrsg. 1997): Vom Menschen. Handbuch Historische Anthropologie, Weinheim und Basel 1997, S. 525-548.

Böhme, H./ Scherpe, K. R. (1996): Zur Einführung, in: Böhme, H./ Scherpe, K. R. (Hrsg. 1996): Literatur und Kulturwissenschaften. Positionen, Theorien, Modelle, Rein-bek 1996, S. 7-24.

Boje, D. M. (1991): The Storytelling Organization: A Study of Story Performance in an Of-fice-Supply Firm, in: Administrative Science Quarterly 36, S. 106-126.

Boje, D. M. (1995): Stories of the Storytelling Organization: A Postmodern Analysis of Dis-ney as "Tamara-Land", in: Academy of Management Journal 38 (4), S. 997-1035.

Boland, R. J./ Hoffman, R. (1983): Humor in a Machine Shop: An Interpretation of Symbolic Action, in: Pondy, L. R./ Frost, P. J./ Morgan, G./ Dandridge, T. C. (Hrsg. 1983): Organizational Symbolism, Greenwich/Connecticut und London 1983, S. 187-198.

Bolle, F. (2006): Gefühle in der ökonomischen Theorie, in: Schützeichel, R. (Hrsg. 2006): Emotionen und Sozialtheorie. Disziplinäre Ansätze, Frankfurt a.M. und New York 2006, S. 48-65.

Bolton, S. (2000): Emotions here, emotions there, emotional organisations everywhere, in: Critical Perspectives on Accounting 11, S. 155-171.

Bolton, S. C. (2001): Changing faces: nurses as emotional jugglers, in: Sociology of Health & Illness 23 (1), S. 85-100.

Bolton, S. C. (2005): Emotion management in the workplace, Houndmills u.a. 2005.

Bone-Winkel, M. (1997): Politische Prozesse in der Strategischen Unternehmensplanung, Wiesbaden 1997.

Bonnes, M./ Secchiaroli, G. (1995): Environmental Psychology. A Psycho-social Introduction, London u.a. 1995.

Bono, J. E./ Ilies, R. (2006): Charisma, positive emotions and mood contagion, in: The Leadership Quarterly 17 (4), S. 317-334.

Bosetzky, H./ Heinrich, P. (1980): Mensch und Organisation. Aspekte bürokratischer Sozialisation. Eine praxisorientierte Einführung in die Soziologie und die Sozialpsychologie der Verwaltung, Köln 1980.

Bosman, R./ van Winden, F. (2002): Emotional Hazard in a Power-to-take Experiment, in: The Economic Journal 112, S. 147-169.

Bottenberg, E. H./ Daßler, H. (2002): Einführung in die Emotionspsychologie, Regensburg 2002.

Boudens, C. J. (2005): The Story of Work: A Narrative Analysis of Workplace Emotion, in: Organization Studies 26 (9), S. 1285-1306.

Bourdieu, P. (1985): Sozialer Raum und 'Klassen', Frankfurt a.M. 1985.

Bowen, D. E./ Lawler, E. E. (1992): The Empowerment of Service Workers: What, Why, How, and When, in: Sloan Management Review 33 (3), S. 31-39.

Bower, G. H. (1995): Emotion and Social Judgement, Arbeitspapier, Stanford University, Stanford 1995.

Bower, G. H./ Monteiro, K. P./ Gilligan, S. G. (1978): Emotional Mood as a Context for Learning and Recall, in: Journal of Verbal Learning and Verbal Behavior 17, S. 573-585.

Boyar, S. L./ Maertz Jr., C. P./ Pearson, A. W. (2005): The effects of work-family conflict and family-work conflict on nonattendance behaviors, in: Journal of Business Research 58, S. 919-925.

Boyce, M. E. (1995): Collective Centring and Collective Sense-making in the Stories and Storytelling of One Organization, in: Organization Studies 16 (1), S. 107-137.

Boyce, P. R. (1974): Users's assessments of a landscaped office, in: Journal of Architectural Research 3, S. 44-62.

Boyt, T. E./ Lusch, R. F./ Naylor, G. (2001): The Role of Professionalism in Determining Job Satisfaction in Professional Services: A Study of marketing Researchers, in: Journal of Service Research 3 (4), S. 321-330.

Boyt, T. E./ Lusch, R. F./ Schuler, D. K. (1997): Fostering Esprit de Corps in Marketing, in: Marketing Management 6 (1), S. 20-27.

Brandenberg, A. (2001): Anreizsysteme zur Unternehmenssteuerung, Wiesbaden 2001.

Brehm, J. W. (1999): The Intensity of Emotion, in: Personality and Social Psychology Review 3 (1), S. 2-22.

Brettschneider, D. (1979): Patensystem als Führungsersatz? Kritische Anmerkungen zur Einführung eines Patensystems, in: Personal 31 (8), S. 324-328.

Brief, A. P./ Weiss, H. M. (2002): Organizational Behavior: Affect in the Workplace, in: Annual Review of Psychology 53, S. 279-307.

Briner, R. B. (1999): The Neglect and Importance of Emotion at Work, in: European Journal of Work and Organizational Psychology 8 (3), S. 323-346.

Brockner, J./ Higgins, E. T. (2001): Regulatory Focus Theory: Implications for the Study of Emotions at Work, in: Organizational Behavior and Human Decision Processes 86 (1), S. 35-66.

Bronzaft, A. L./ McCarthy, D. P. (1975): The Effect of Elevated Train Noise on Reading Ability, in: Environment and Behavior 7 (4), S. 517-528.

Brotheridge, C. M./ Grandey, A. A. (2002): Emotional Labor and Burnout: Comparing Two Perspectives of "People Work", in: Journal of Vocational Behavior 60, S. 17-39.

Brown, R. B./ Brooks, I. (2002): Emotion at work. Identifying the emotional climate of night nursing, in: Journal of Management in Medicine 16 (5), S. 327-344.

Brown, S. P./ Cron, W. L./ Slocum Jr., J. W. (1997): Effects of Goal-Directed Emotions on Salesperson Volitions, Behavior, and Performance: A Longitudinal Study, in: Journal of Marketing 61, S. 39-50.

Brown, T. J./ Mowen, J. C./ Donovan, D. T./ Licata, J. W. (2002): The Customer Orientation of Service Workers: Personality Trait Effects on Self- and Supervisor Performance Ratings, in: Journal of Marketing Research 29, S. 110-119.

Browne, G. J./ Durrett, J. R./ Wetherbe, J. C. (2004): Consumer reactions toward clicks and bricks: Investigating buying behaviour on-line and at stores, in: Behaviour & Information Technology 23 (4), S. 237-245.

Bruch, H./ Böhm, S. (2006): Organisationale Energie - wie Führungskräfte durch Perspektive und Stolz Potenziale freisetzen, in: Ringlstetter, M./ Kaiser, S./ Müller-Seitz, G. (Hrsg. 2006): Positives Management. Zentrale Konzepte und Ideen des Positive Organizational Scholarship, Wiesbaden 2006, S. 167-185.

Bruch, H./ Gerber, P./ Maier, V. (2005): Strategic Change Decisions: Doing the Right Change Right, in: Journal of Change Management 5 (1), S. 97-107.

Bruch, H./ Ghoshal, S. (2003): Unleashing Organizational Energy, in: Sloan Management Review 45, S. 45-51.

Bruch, H./ Ghoshal, S. (2004): Management is the Art of Doing and Getting Done, in: Business Strategy Review 15 (3), S. 4-13.

Bruch, H./ Sattelberger, T. (2001): The turnaround at Lufthansa: Learning from change process, in: Journal of Change Management 1 (4), S. 344-363.

Bruch, H./ Vogel, B./ Krummaker, S. (2006): Leadership - Trends in der Praxis und Forschung, in: Bruch, H./ Krummaker, S./ Vogel, B. (Hrsg. 2006): Leadership - Best Practices und Trends, Wiesbaden 2006, S. 301-308.

Bryman, A. (1999): The Disneyzation of society, in: The Sociological Review 47 (1), S. 25-47.

Bryman, A. (2004): The Disneyization of Society, Thousand Oaks u.a. 2004.

Buchanan, B. (1974): Building Organizational Commitment: The Socialization of Managers in Work Organizations, in: Administrative Science Quarterly 19, S. 533-546.

Buckingham, M./ Clifton, D. O. (2002): Entdecken Sie Ihre Stärken jetzt! 2. Aufl., Frankfurt a.M./New York 2002.

Buckingham, M./ Coffman, C. (2002): Erfolgreiche Führung gegen alle Regeln, 2. Aufl., Frankfurt a.M./New York 2002.

Bucy, E. P. (2000): Emotional and Evaluative Consequences of Inappropriate Leader Display, in: Communication Research 27 (2), S. 194-226.

Bühner, R. (1994): Personalmanagement, Landsberg/Lech 1994.

Burge, S./ Hedge, A./ Wilson, S./ Bass, J. H./ Robertson, A. (1987): Sick building syndrome: A study of 4,373 office workers, in: Annals of Occupational Hygiene 31, S. 493-504.

Bürger, B. (2005): Aspekte der Führung und der strategischen Entwicklung von Professional Service Firms. Der Leverage von Ressourcen als Ausgangspunkt einer differenzierten Betrachtung, Wiesbaden 2005.

Burkart, T. (2003): Strukturen des emotionalen Erlebens - eine introspektive Untersuchung, in: Kumbruck, C./ Dick, M./ Schulze, H. (Hrsg. 2003): Arbeit - Alltag - Psychologie, Heidelberg und Kröning 2003, S. 77-92.

Burke, P. (2005): Is There a Cultural History of the Emotions? in: Gouk, P./ Hills, H. (Hrsg. 2005): Representing Emotions: New Connections in the Histories of Art, Music and Medicine, Aldershot/Burlington 2005, S. 35-47.

Burke, R. J. (1998): Correlates of job insecurity among recent business school graduates, in: Employee Relations 20 (1), S. 92-99.

Burkitt, I. (2005): Powerful Emotions: Power, Government and Opposition in the 'War on Terror', in: Sociology 39 (4), S. 679-695.

Burr, V. (2003): Social Constructionism, 2. Aufl., London u.a. 2003.

Burrell, G./ Morgan, G. (1979): Sociological Paradigms and Organisational Analysis. Elements of the Sociology of Corporate Life, London 1979.

Burt, R. S. (1992): Structural Holes, Cambridge/Massachusetts 1992.

Büssing, A. (1992): Ausbrennen und Ausgebranntsein: Theoretische Konzepte und empirische Beispiele zum Phänomen "Burnout", in: Psychosozial 15 (4), S. 42-50.

Büssing, A./ Glaser, J. (1999): Interaktionsarbeit. Konzept und Methode der Erfassung im Krankenhaus, in: Zeitschrift für Arbeitswissenschaft 53, S. 164-173.

Butler, D. L./ Biner, P. M. (1989): Effects of setting on window preferences and factors associated with those preferences, in: Environmental Behavior 21, S. 17-31.

Byrne, D./ Griffitt, W. (1973): Interpersonal Attraction, in: Annual Review of Psychology 24, S. 317-336.

Byrne, D./ Griffitt, W./ Stefaniak, D. (1967): Attraction and Similarity of Personality Characteristic, in: Journal of Personality and Social Psychology 5 (1), S. 82-90.

Cacioppo, J. T./ Gardner, W. L./ Berntson, G. G. (1999): The Affect System Has Parallel and Integrative Processing Components: Form Follows Function, in: Journal of Personality and Social Psychology 76 (5), S. 839-855.

Cahill, S. E. (1999): Emotional Capital and Professional Socialization: The Case of Mortuary Science Students (and Me), in: Social Psychology Quarterly 62 (2), S. 101-116.

Cain, W. S. (1984): What we remember about odors, in: Perfumer and Flavorist 9, S. 17-21.

Callahan, J. L./ Hasler, M. G./ Tolson, H. (2005): Perceptions of emotion expressiveness: gender differences among senior executives, in: Leadership & Organization Development Journal 26 (7), S. 512-528.

Callahan, J. L./ McCollum, E. E. (2002): Conceptualizations of Emotion Research in Organizational Contexts, in: Advances in Developing Human Resources 4 (1), S. 4-21.

Calvert-Boyanowsky, J./ Boyanowski, E. O./ Atkinson, M./ Goduto, D./ Reeves, J. (1976): Patterns of passion: temperature and human emotion, in: Krebs, D. (Hrsg. 1976): Readings in Social Psychology: Contemporary Perspectives, New York 1976, S. 96-99.

Cameron, K. S./ Dutton, J. E./ Quinn, R. E. (2003): An Introduction of Positive Organizational Scholarship, in: Cameron, K. S./ Dutton, J. E./ Quinn, R. E. (Hrsg. 2003): Positive Organizational Scholarship. Foundations of a New Discipline, San Francisco 2003, S. 3-13.

Campbell Quick, J./ Mack, D./ Gavin, J. H./ Cooper, C. L./ Quick, J. D. (2004): Executives: Engines for Positive Stress, in: Perrewe, P. L./ Ganster, D. C. (Hrsg. 2004): Emotional and Physiological Processes and Positive Intervention Strategies, Amsterdam u.a. 2004, S. 359-405.

Campbell, J. M. (1983): Ambient Stressors, in: Environment and Behavior 15, S. 366-380.

Camras, L. A. (1992): Expressive development and basic emotions, in: Cognition and Emotion 6, S. 269-283.

Cann, A./ Ross, D. A. (1989): Olfactory stimuli as context cues in human memory, in: American Journal of Psychology 102 (1), S. 91-102.

Cannon, J. P./ Perreault, W. D. (1999): Buyer-Seller Relationships in Business Markets, in: Journal of Marketing Research 36 (4), S. 439-460.

Carlzon, J. (1989): Moment of Truth, New York 1989.

Carmeli, A./ Josman, Z. E. (2006): The Relationship Among Emotional Intelligence, Task Performance, and Organizational Citizenship Behaviors, in: Human Performance 19 (4), S. 403-419.

Carnevale, P. J. D./ Isen, A. M. (1986): The Influence of Positive Affect and Visual Access on the Discovery of Integrative Solutions in Bilateral Negotiations, in: Organizational Behavior and Human Decision Processes 37, S. 1-13.

Cartwright, S./ Cooper, C. L. (1993): The psychological impact of merger and acquisitions on the individual: A study of building society managers, in: Human Relations 46, S. 327-347.

Cascio, W. F. (1989): Gaining and Sustaining Competitive Advantage: Challenges for Human Resource Management, in: Rowland, K./ Ferris, G. (Hrsg. 1989): Human Resource Management, Supplement 1: International Human Resources Management, Greenwich 1989, S. 137-151.

Casey, C. (1999): "Come, Join Our Family": Discipline and Integration in Corporate Organizational Culture, in: Human Relations 52 (2), S. 155-178.

Cerulo, K. A. (1997): Identity Construction: New Issues, New Directions, in: Annual Review of Sociology 23, S. 385-409.

Cha, S. E./ Edmondson, A. C. (2006): When values backfire: Leadership, attribution, and disenchantment in a values-driven organization, in: The Leadership Quarterly 17, S. 57-78.

Chao, G. T./ O'Leary-Kelley, A. M./ Wolf, S./ Klein, H. J./ Gardner, P. D. (1994): Organizational Socialization: Its Content and Consequences, in: Journal of Applied Psychology 79, S. 730-743.

Chatman, J. A. (1991): Matching People and Organizations: Selection and Socialization in Public Accounting Firms, in: Administrative Science Quarterly 36, S. 459-484.

Cherrington, D. J. (1995): The Management of Human Resources, 4. Aufl., Englewood Cliffs/New Jersey 1995.

Chesney, M. A./ Darbes, L. A./ Hoerster, K./ Taylor, J. M./ Chambers, D. B./ Anderson, D. E. (2005): Positive Emotions: Exploring the Other Hemisphere in Behavioral Medicine, in: International Journal of Behavioral Medicine 12 (2), S. 50-58.

Chomsky, N. (1969): Aspekte der Syntax-Theorie, Frankfurt a.M. 1969.

Chorvat, T. R./ McCabe, K. (2005): Neuroeconomics and Rationality, in: Chicago Kent Law Review 80, S. 1235-1255.

Chow, I. H. - S. (2002): Organizational socialization and career succes of Asian managers, in: International Journal of Human Resource Management 13 (4), S. 720-737.

Chu, K. H. - L. (2002): The Effects of Emotional Labor on Employee Work Outcomes, Blacksburg/Virginia 2002.

Chung, B. G./ Schneider, B. (2002): Serving multiple masters: role conflict experienced by service employees, in: Journal of Services Marketing 16 (1), S. 70-87.

Churchill, G. A./ Surprenant, C. (1982): An Investigation Into the Determinants of Customer Satisfaction, in: Journal of Marketing Research 19, S. 491-504.

Ciarrochi, J./ Forgas, J. P. (2000): The pleasure of possessions: affective influences and personality in the evaluation of consumer items, in: European Journal of Social Psychology 30, S. 631-649.

Ciompi, L. (2004): Ein blinder Fleck bei Niklas Luhmann? Soziale Wirkungen von Emotionen aus Sicht der fraktalen Affektlogik, in: Soziale Systeme 10 (1), S. 21-49.

Clark, B. R. (1972): The Organizational Saga in Higher Education, in: Administrative Science Quarterly 17, S. 178-184.

Clark, C. (1989): Studying Sympathy: Methodological Confessions, in: Weigert, A./ Franks, D. D. (Hrsg. 1989): The Sociology of Emotions: Original Essays and Research Papers, Greenwich und London 1989, S. 137-152.

Clark, C. (1997): Misery and Company. Sympathy in Everyday Life, Chicago 1997.

Clark, L. A./ Watson, D. (1988): Mood and the Mundane: Relations Between Daily Life Events and Self-Reported Mood, in: Journal of Personality and Social Psychology 54 (2), S. 296-308.

Clark, M. S./ Isen, A. M. (1982): Towards Understanding the Relationship between Feeling and Social Behaviour, in: Hastorf, A. H./ Isen, A. M. (Hrsg. 1982): Cognitive Social Psychology, New York 1982, S. 73-108.

Clore, G. L./ Centerbar, D. B. (2004): Analyzing Anger: How to Make People Mad, in: Emotion 4 (2), S. 139-144.

Coenen, C. (2005): Prosoziales Dienstleisterverhalten im Kundenkontakt, Wiesbaden 2005.

Cohen, S./ Lezak, A. (1977): Noise and Inattentiveness to Social Cues, in: Environment and Behavior 9 (4), S. 559-572.

Cole, P. M./ Bruschi, C. J./ Tamang, B. L. (2002): Cultural Differences in Children's Emotional Reactions to Difficult Situations, in: Child Development 73 (3), S. 983-996.

Collins, G. (2005): The Gendered Nature of Mergers, in: Gender, Work and Organization 12 (3), S. 270-290.

Collins, J. C./ Porras, J. I. (1991): Organizational Vision and Visionary Organizations, in: California Management Review 34 (1), S. 30-52.

Collins, J. C./ Porras, J. I. (1996): Building Your Company's Vision, in: Harvard Business Review 74 (5), S. 65-77.

Collins, J./ Porras, J. (1994): Build To Last. Successful Habits of Visionary Companies, New York 1994.

Collins, J./ Porras, J. (2000): Built to Last: Successful Habits of Visionary Companies, London 2000.

Collins, R. (1990): Stratification, Emotional Energy and the Transient Emotions, in: Kemper, T. D. (Hrsg. 1990): Research Agendas in the Sociology of Emotions, Albany, NY 1990, S. 27-57.

Colvin, C. R./ Block, J./ Funder, D. C. (1995): Overly Positive Self-Evaluations and Personality: Negative Implications for Mental Health, in: Journal of Personality and Social Psychology 68 (6), S. 1152-1162.

Conger, J. A. (1990): The Dark Side of Leadership, in: Organizational Dynamics 19 (2), S. 44-55.

Conger, J. A. (1991): Inspiring others: the language of leadership, in: Academy of Management Executive 5 (1), S. 31-45.

Conger, J. A./ Kanungo, R. N. (1998): Charismatic Leadership in Organizations, Thousand Oaks u.a. 1998.

Conrad, P. (1988): Health and Fitness at work: A participants' perspective, in: Social Science Medicine 26, S. 545-550.

Conrad, P./ Sydow, J. (1984): Organisationsklima, Berlin und New York 1984.

Conrad, P./ Sydow, J. (1991): Organisationskultur, Organisationsklima und Involvement, in: Dülfer, E. (Hrsg. 1991): Organisationskultur: Phänomen - Philosophie - Technologie, 2. Aufl., Stuttgart 1991, S. 93-110.

Constanti, P./ Gibbs, P. (2005): Emotional Labour and Surplus Value: The Case of Holiday 'Reps', in: The Service Industries Journal 25 (1), S. 103-116.

Cooper, C. L./ Cartwright, S. (1994): Healthy mind: healthy organizations - a proactive approach to occupational stress, in: Human Relations 47, S. 455-471.

Cooper, C./ Cartwright, S. (2001): Organizational management of stress and destructive emotions at work, in: Payne, R. L./ Cooper, C. L. (Hrsg. 2001): Emotions at Work: Theory, Research and Applications in Management, Chichester/England 2001, S. 269-280.

Cooper-Thomas, H./ Anderson, N. (2002): Newcomer adjustment: The relationship between organizational socialization tactics, information acquisition and attitudes, in: Journal of Occupational and Organizational Psychology 75, S. 423-437.

Corsini, R. J. (1979): Introduction, in: Corsini, R. J. (Hrsg. 1979): Current Personality Theories, Itasca/Illinois 1979, S. 1-13.

Coser, R. L. (1959): Some Social Functions of Laughter. A Study of Humor in a Hospital Setting, in: Human Relations 12, S. 171-182.

Costa Jr., P. T./ McCrae, R. R. (1980): Influence of extraversion and neuroticism on subjective well-being: Happy and unhappy people, in: Journal of Personality and Social Psychology 38, S. 668-678.

Cote, S./ Miners, C. T. H. (2006): Emotional Intelligence, Cognitive Intelligence, and Job Performance, in: Administrative Science Quarterly 51, S. 1-28.

Cotte, J./ Ritchie, R. (2005): Advertisers' Theories of Consumers: Why Use Negative Emotions to Sell? in: Advances in Consumer Research 32, S. 24-31.

Cotton, P./ Hart, P. M. (2003): Occupational Wellbeing and Performance: A Review of Organisational Health Research, in: Australian Psychologist 38 (2), S. 118-127.

Creusen, U. (2004): Mit zwölf Fragen zum Erfolg, in: Personal 55 (2), S. 40-43.

Creusen, U./ Kaiser, S./ Müller-Seitz, G. (2006): The Socialization of Positive Emotions - Explorative Insights from the Field of Consulting, Emotions and Work: Ideas in Progress-Konferenz, London, 15.12.2006.

Creusen, U./ Müller-Seitz, G./ Ringlstetter, M. (2007a): Positive Emotional Congruence: A Framework for the Self-Energizing Effects of Positive Emotions in a Retail Setting, EURAM-Konferenz, Paris, 16.-19.05.2007.

Creusen, U./ Müller-Seitz, G./ Ringlstetter, M. (2007b): Positive Emotional Congruence in a Retail Setting: Toward a Conceptual Framework, 14th International Conference on Research in the Distributive Trades, Saarbrücken, 27.-19.06.2007.

Cribb, A./ Bignold, S. (1999): Towards the Reflexive Medical School: the hidden curriculum and medical eduction research, in: Studies in Higher Education 24 (2), S. 195-209.

Csikszentmihalyi, M. (1975): Beyond Boredom and Anxiety, San Francisco 1975.

Csikszentmihalyi, M. (1997): Finding flow: The psychology of engagement with everyday life, New York, NY 1997.

Csikszentmihalyi, M. (2000): The Costs and Benefits of Consuming, in: Journal of Consumer Research 27, S. 267-272.

Csikszentmihalyi, M. (2004): Flow im Beruf: Das Geheimnis des Glücks am Arbeitsplatz, Stuttgart 2004.

Csikszentmihalyi, M./ Hunter, J. (2003): Happiness in everyday life: the uses of experience samples, in: Journal of Happiness Studies 4, S. 185-199.

Csikszentmihalyi, M./ LeFevre, J. (1989): Optimal Experience in Work and Leisure, in: Journal of Personality and Social Psychology 56 (5), S. 815-822.

Csikszentmihalyi, M./ Rathunde, K. (1993): The measurement of flow in everyday life: toward a theory of emergent motivation, in: Jacobs, J. E. (Hrsg. 1993): Developmental Perspectives on Motivation. Volume 40 of the Nebraska Symposium on Motivation, Lincoln 1993, S. 57-97.

Cummins, R. A./ Nistico, H. (2002): Maintaining Life Satisfaction: The Role of Positive Cognitive Bias, in: Journal of Happiness Studies 3, S. 37-69.

Cunliffe, A. L. (2003): Reflexive inquiry in organizational research: Questions and possibilities, in: Human Relations 56 (8), S. 983-1003.

Cunningham, M. R. (1979): Weather, Mood and Helping Behavior: Quasi-experiments with the Sunshine Samaritan, in: Journal of Personality and Social Psychology 37, S. 1947-1956.

Cupchik, G. C. (2005): The Scent of Literature, in: Cognition and Emotion 19 (1), S. 101-119.

Czarniawska-Joerges, B. (1997): Symbolism and Organization Studies, in: Ortmann, G./ Sydow, J./ Türk, K. (Hrsg. 1997): Theorien der Organisation. Die Rückkehr der Gesellschaft, Opladen 1997, S. 360-384.

Czarniawska-Joerges, B./ Joerges, B. (1990): Linguistic Artifacts at Service of Organizational Control, in: Gagliardi, P. (Hrsg. 1990): Symbols and Artifacts: Views of the Corporate Landscape, Berlin und New York 1990, S. 339-264.

Czepiel, J. A./ Solomon, M. R./ Surprenant, C. F./ Gutman, E. G. (1985): Service Encounter: An Overview, in: Czepiel, J. A./ Solomon, M. R./ Surprenant, C. F. (Hrsg. 1985): The Service Encounter: Managing Employee/Customer Interaction in Service Businesses, Massachusetts 1985, S. 3-16.

Dafter, R. E. (1996): Why 'Negative' Emotions Can Sometimes Be Positive: The Spectrum Model of Emotions and Their Role in Mind-Body Healing, in: Advances: The Journal of Mind- Body Health 12 (2), S. 6-19.

Dal Zotto, C. (2000): Die Simultaneität und Permanenz von Personal- und Organisationsentwicklung, Frankfurt 2000.

Damasio, A. (2001): Fundamental Feelings, in: Nature 413, S. 781.

Damasio, A. R. (2002): Ich fühle, also bin ich. Die Entschlüsselung des Bewusstseins, 3. Aufl., München 2002.

Damasio, A. R. (2004): Descartes' Irrtum: Fühlen, Denken und das menschliche Gehirn, München 2004.

Dandridge, T. C. (1983): Symbol's Function and Use, in: Pondy, L. R./ Frost, P. J./ Morgan, G./ Dandridge, T. C. (Hrsg. 1983): Organizational Symbolism, Greenwich/Connecticut und London 1983, S. 69-79.

Dandridge, T. C. (1989): Work Ceremonies: Why Integrate Work and Play? in: Jones, M. O./ Moore, M. D./ Snyder, R. C. (Hrsg. 1989): Inside Organizations. Understanding the Human Dimension, Newbury Park u.a. 1989, S. 251-260.

Dandridge, T. C./ Mitroff, I./ Joyce, W. F. (1980): Organizational Symbolism. A Topic to Expand Organizational Analysis, in: Academy of Management Review 5, S. 77-82.

Daniels, K. (1998): Towards Integrating Emotions into Strategic Management Research: Trait Affect and Perceptions of the Strategic Environment, in: British Journal of Management Research 9, S. 163-168.

Daniels, M. J. (1960): Affect and its control in the medical intern, in: American Journal of Sociology 66, S. 259-267.

Danna, K./ Griffin, R. W. (1999): Health and Well-Being in the Workplace: A Review and Synthesis of the Literature, in: Journal of Management 25 (3), S. 357-384.

Danner, D. D./ Snowdon, D. A./ Friesen; W. V.,/ W. V., (2001): Positive Emotions in Early Life and Longevity: Findings from the Nun Study, in: Journal of Personality and Social Psychology 80 (5), S. 804-813.

Dansereau, F. (1995): A dyadic approach to leadership: Creating and nurturing this approach under fire, in: Leadership Quarterly 6, S. 479-490.

Darwin, C. (1872): The Expression of Emotions in Man and Animals, London 1872.

Dasborough, M. T. (2006): Cognitive asymmetry in employee emotional reactions to leadership behaviors, in: The Leadership Quarterly 17, S. 163-178.

Dasborough, M. T./ Ashkanasy, N. M. (2002): Emotion and attribution of intentionality in leader-member relationships, in: The Leadership Quarterly 13, S. 615-634.

Davidson, R. J. (1994): On Emotion, Mood, and Related Affective Constructs, in: Ekman, P./ Davidson, R. J. (Hrsg. 1994): The Nature of Emotion. Fundamental Questions, New York und Oxford 1994, S. 51-55.

Davis, M. H. (1994): Empathy. A Social Psychological Approach, Madison u.a. 1994.

Dawson, S./ Bloch, P. H./ Ridgway, N. M. (1990): Shopping Motives, Emotional States, and Retail Outcomes, in: Journal of Retailing 66 (4), S. 408-427.

De Cieri, H./ Holmes, B./ Abbott, J./ Pettit, T. (2005): Achievements and challenges for work/life balance strategies in Australian organizations, in: International Journal of Human Resource Management 16 (1), S. 90-103.

De Dreu, C. K. W./ West, M. A./ Fischer, A. H./ MacCurtain, S. (2001): Origins and consequences of emotions in organizational teams, in: Payne, R. L./ Cooper, C. L. (Hrsg. 2001): Emotions at Work. Theory, research and applications for management, Chichester 2001, S. 199-217.

De Raad, B./ Kokkonen, M. (2000): Traits and Emotions: A Review of their Structure and Management, in: European Journal of Personality 14, S. 477-496.

de Rivera, J. (1992): Emotional Climate: Social Structure and Emotional Dynamics, in: International Review of Studies on Emotion 2, S. 197-218.

de Rivera, J./ Possel, L./ Verette, J. A./ Weiner, B. (1989): Distinguishing elation, gladness, and joy, in: Journal of Personality and Social Psychology 57 (6), S. 1015-1023.

de Saussure, F. (1959): Course in general linguistics, New York 1959.

de Sousa, R. (1987): The Rationality of Emotion, Cambridge 1987.

de St. Aubin, E. (1996): Personal Ideology Polarity: Its Emotional Foundation and Its Manifestation in Individual Value Systems, Religiosity, Political Orientation, and Assumptions Concerning Human Nature, in: Journal of Personality and Social Psychology 71 (1), S. 152-162.

Deal, T. E./ Kennedy, A. A. (1982): Corporate Cultures. The Rights and Rituals of Corporate Life, Reading/MA 1982.

Dean, L. M./ Pugh, W. M./ Gunderson, E. K. E. (1975): Spatial and perceptual components of crowding: Effects on health and satisfaction, in: Environment and Behavior 7, S. 225-236.

Deeken, M. A. (1997): Organisationsveränderungen und das Konzept der Mobilisierung, Wiesbaden 1997.

Demerouti, E./ Bakker, A. B./ de Jonge, J./ Janssen, P. P. M./ Schaufeli, W. B. (2001): Burnout and engagement at work as a function of demands and control, in: Scandinavian Journal of Work Environment and Health 27, S. 279-286.

Denison, D. R. (1996): What is the difference between organizational culture and organizational climate? in: Academy of Management Review 21 (3), S. 619-654.

Denzin, N. K. (1984): On Understanding Human Emotion, San Franisco 1984.

Denzin, N. N. (1990): On Understanding Emotion: The Interpretative-Cultural Agenda, in: Kemper, T. D. (Hrsg. 1990): Research Agendas in the Sociology of Emotions, New York 1990, S. 85-116.

DeOliveira, C. A./ Bailey, H. N./ Moran, G./ Pederson, D. R. (2004): Emotion Socialization as a Framework for Understanding the Development of Disorganized Attachment, in: Social Development 13 (3), S. 437-467.

Derrida, J. (1976): Of grammatology, Baltimore 1976.

Derryberry, D./ Tucker, D. M. (1994): Motivating the focus of attention, in: Neidenthal, P. M./ Kitayama, S. (Hrsg. 1994): The heart's eye: Emotional influences on perception and attention, New York 1994, S. 167-196.

Desmet, P. M. A. (2003): A multilayered model of product emotions, in: The Design Journal 6 (2), S. 4-13.

Diefendorff, J. M./ Richard, E. M./ Croyle, M. H. (2006): Are emotional display rules formal job requirements? Examination of employee and supervisor perceptions, in: Journal of Occupational and Organizational Psychology 79, S. 273-298.

Diener, E. (1984): Subjective Well-Being, in: Psychological Bulletin 95 (3), S. 542-575.

Diener, E. (2000): Subjective Well-Being: The Science of Happiness and a Proposal for a National IndexIndividual Development in a Bio-Cultural Perspective, in: American Psychologist 55 (1), S. 34-43.

Diener, E./ Colvin, C. R./ Pavot, W. G./ Allman, A. (1991): The Psychic Costs of Intense Positive Affect, in: Journal of Personality and Social Psychology 61 (3), S. 492-503.

Diener, E./ Lucas, R. E. (1999): Personality and Subjective Well-Being, in: Kahneman, D./ Diener, E./ Schwarz, N. (Hrsg. 1999): Well-Being: the foundations of hedonic psychology, New York 1999, S. 213-229.

Diener, E./ Lucas, R. E. (2000): Subjective Emotional Well-Being, in: Lewis, M./ Haviland-Jones, J. M. (Hrsg. 2000): Handbook of Emotions, New York 2000, S. 325-337.

Diener, E./ Lucas, R. E./ Scollon, C. N. (2006): Beyond the Hedonic Treadmill. Revising the Adaptation Theory of Well-Being, in: American Psychologist 61 (4), S. 305-314.

Diener, E./ Oishi, S. (2000): Money and Happiness: Income and Subjective Well-being Across Nations, in: Diener, E./ Suh, E. M. (Hrsg. 2000): Culture and Subjective Well-being, Cambridge/Massachusetts 2000, S. 185-218.

Diener, E./ Suh, E. M./ Lucas, R. E./ Smith, H. L. (1999): Subjective Well-Being: Three Decades of Progress, in: Psychological Bulletin 125 (2), S. 276-302.

Dion, K. K. (1985): Socialization in Adulthood, in: Lindzey, G./ Aronson, E. (Hrsg. 1985): Handbook of Social Psychology. Volume II. Special Fields and Appilcations, New York 1985, S. 123-147.

Doherty, R. W./ Orimoto, L./ Singelis, T. M./ Hatfield, E./ Hebb, J. (1995): Emotional Contagion: Gender and Occupational Differences, in: Psychology of Women Quarterly 19, S. 355-371.

Dollard, M. F./ Dormann, C./ Boyd, C. M./ Winefield, H. R./ Winefield, A. H. (2003): Unique Aspects of Stress in Human Service Work, in: Australian Psychologist 38 (2), S. 84-91.

Domagalski, T. A. (1999): Emotion in Organizations: Main Currents, in: Human Relations 52 (6), S. 833-852.

Donald, I. (1994): Management and change in office environments, in: Journal of Environmental Psychology 14 (21-30).

Donald, I. (2001): Emotion and offices at work, in: Payne, R./ Cooper, C. (Hrsg. 2001): Emotion at Work: Theory, Research and Applications for Management, Chichester u.a. 2001, S. 281-303.

Donavan, D. T./ Brown, T. J./ Mowen, J. C. (2004): Internal Benefits of Service-Worker Customer Orientation: Job Satisfaction, Commitment, and Organizational Citizenship Behaviors, in: Journal of Marketing 68 (1), S. 128-146.

Doorewaard, H./ Benschop, Y. (2003): HRM and organizational change: an emotional endeavor, in: Journal of Organizational Change Management 16 (3), S. 272-286.

Döring, S. A. (2006): Warum brauchen wir eine Philosophie der Gefühle? in: Schützeichel, R. (Hrsg. 2006): Emotionen und Sozialtheorie. Disziplinäre Ansätze, Frankfurt a.M. und New York 2006, S. 66-83.

Dormayer, H. - J./ Kettern, T. (1997): Kulturkonzepte in der allgemeinen Kulturforschung. Grundlage konzeptioneller Überlegungen zur Unternehmenskultur, in: Heinen, E./ Fank, M. (Hrsg. 1997): Unternehmenskultur, München 1997, S. 49-66.

Dorr, A. (1985): Contexts for experience with emotion, with special attention to television, in: Lewis, M./ Saarni, C. (Hrsg. 1985): The Socialization of Emotions, New York 1985, S. 55-85.

Drepper, T. (2006): Vertrauen, organisationale Steuerung und Reflexionsangebote, in: Götz, K. (Hrsg. 2006): Vertrauen in Organisationen, München und Mering 2006, S. 185-204.

Driver, M. (2003): United we stand, or else? Exploring organizational attempts to control emotional expression by employees on September 11, 2001, in: Journal of Organizational Change Management 16 (5), S. 534-546.

Dror, O. E. (2005): Dangerous Liaisons: Science, Amusement and the Civilizing, in: Gouk, P./ Hills, H. (Hrsg. 2005): Representing Emotions: New Connections in the Histories of Art, Music and Medicine, Aldershot/Burlington 2005, S. 223-234.

Drumm, H. J. (2005): Personalwirtschaft, 5. Aufl., Berlin und Heidelberg 2005.

Druskat, V. U./ Kayes, D. C. (1999): The Antecedents of Team Competence: Toward a Fine-Grained Model of Self-Managing Team Effectiveness, in: Wageman, R. (Hrsg. 1999): Research on Managing Groups and Teams, Stamford 1999, S. 201-231.

Druskat, V. U./ Wolff, S. B. (2001): Building the Emotional Intelligence of Group, in: Harvard Business Review 79 (3), S. 80-90.

Duchenne de Boulogne, G. - B. (1990): The Mechanism of Human Facial Expression or an Electro-physiological Analysis of the Expression of the Emotions, Cambridge 1990.

Ducki, A. (2002): Betriebliche Gesundheitsförderung und Neue Arbeitsformen - Aktuelle Tendenzen in Forschung und Praxis, in: Gruppendynamik und Organisationsberatung 33 (4), S. 419-436.

Duffy, F. (1979): Bürolandschaft '58-'78, in: The Architectural Review 165 (1), S. 54-58.

Dugal, S./ Eriksen, M./ Mallon, K./ Roy, M. H. (2003): Campus Bitch & White Trash: Pardoning the Injury of Language Acts in Participatory Contexts, in: Journal of Critical Postmodern Organization Science 2 (3), S. 36-45.

Dulewicz, C./ Young, M./ Dulewicz, V. (2005): The relevance of emotional intelligence for leadership performance, in: Journal of General Management 30 (3), S. 71-86.

Duncan, E./ Grazzani-Gavazzi, I. (2004): Positive emotional experiences in Scottish and Italian young adults: A diary study, in: Journal of Happiness Studies 5, S. 359-384.

Dunkel, W. (1988): Wenn Gefühle zum Arbeitsgegenstand werden. Gefühlsarbeit im Rahmen personenbezogener Dienstleistungstätigkeiten, in: Soziale Welt 39 (1), S. 66-85.

Durkheim, E. (1994): Die elementaren Formen des religiösen Lebens, Frankfurt a.M. 1994.

Dworkin, N. R./ Goldstein, J. (2004): Managerial Socialization in Short-Term Hospitals: Some Early Evidence, in: Hospital Topics 82 (2), S. 18-26.

Eagles, J. M. (1994): The relationship between mood and daily hours of sunlight in rapid cycling bipolar illness, in: Biological Psychiatry 36, S. 422-424.

Ebers, M. (1985): Organisationskultur: Ein neues Forschungsprogramm? Wiesbaden 1985.

Ebers, M. (1987): Organisationskultur und Führung, in: Kieser, A./ Reber, G./ Wunderer, R. (Hrsg. 1987): Handwörterbuch der Führung, Stuttgart 1987, Sp. 1619-1630.

Ebers, M. (1991): Der Aufstieg des Themas "Organisationskultur" in problem- und disziplingeschichtlicher Perspektive, in: Dülfer, E. (Hrsg. 1991): Organisationskultur: Phänomen - Philosophie - Technologie, 2. Aufl., Stuttgart 1991, S. 39-63.

Ebert, D. (2006): Dispensation von Humanressourcen. Eine flexibilitätsorientierte Betrachtung, Wiesbaden 2006.

Edwards, J. R./ Rothbard, N. P. (2000): Mechanisms Linking Work and Family: Clarifying the Relationship Between Work and Family Constructs, in: Academy of Management Review 25 (1), S. 178-199.

Egger, M. (2001): Arbeitswissenschaft im Kontext sich wandelnder Rahmenbedingungen, München u.a. 2001.

Eiselen, T./ Sichler, R. (2001): Reflexive Emotionalität, in: Schreyögg, G./ Sydow, J. (Hrsg. 2001): Managementforschung. Band 11. Emotionen und Management, Wiesbaden 2001, S. 47-74.

Eisenberg, N./ Cumberland, A./ Spinrad, T. L. (1998): Parental Socialization of Emotion, in: Psychological Inquiry 9 (4), S. 241-273.

Eisenberg, N./ Miller, P. (1987): Empathy, sympathy, and altruism: empirical and conceptual links, in: Eisenberg, N./ Strayer, J. (Hrsg. 1987): Empathy and its development, Cambridge 1987, S. 292-316.

Eisenberger, R./ Armeli, S./ Rexwinkel, B./ Lynch, P. D./ Rhoades, L. (2001): Reciprocation of Perceived Organizational Support, in: Journal of Applied Psychology 86, S. 42-51.

Eisenführ, F./ Weber, M. (2003): Rationales Entscheiden, 4. Aufl., Berlin u.a. 2003.

Ekman, P. (1992): An Argument for Basic Emotions, in: Cognition and Emotion 6 (3/4), S. 169-200.

Ekman, P./ Friesen, W. V. (1984): Unmasking the face: A guide to recognizing emotions from facial clues, Palo Alto, Calif. 1984.

Ekman, P./ Friesen, W. V. (1986): A new pan-cultural facial expression of emotion, in: Motivation and Emotion 10, S. 159-168.

Ekman, P./ Oster, H. (1979): Facial Expressions of Emotion, in: Annual Review of Psychology 30, S. 527-554.

Elias, N. (1969): Über den Prozess der Zivilisation. Band 2, 2. Aufl., Bern und München 1969.

Elias, N. (1977): Zur Grundlegung einer Theorie sozialer Prozesse, in: Zeitschrift für Soziologie 6 (2), S. 127-149.

Elias, N. (1986): Figuration, in: Schäfers, B. (Hrsg. 1986): Grundbegriffe der Soziologie, Opladen 1986, S. 88-91.

Elias, N./ Dunning, E. (1986): Quest for Excitement, Oxford 1986.

Ellsworth, P. C./ Smith, C. A. (1988): Shades of Joy: Patterns of Appraisal Differentiating Pleasant Emotions, in: Cognition and Emotion 2, S. 301-331.

Elsbach, K. D./ Barr, P. S. (1999): The Effects of Mood on Individuals' Use of Structured Decision Protocols, in: Organization Science 10 (2), S. 181-213.

Elsik, W. (1992): Strategisches Personalmanagement. Konzeptionen und Konsequenzen, München und Mering 1992.

Elster, J. (1996): Rationality and the Emotions, in: The Economic Journal 106, S. 1386-1397.

Emerson, H. (1998): Flow and Occupation: A review of the literature, in: Canadian Journal of Occupational Therapy 65 (1), S. 37-44.

Emery, F. E./ Thorsrud, E. (1982): Industrielle Demokratie, Bern 1982.

Emirbayer, M./ Goldberg, C. A. (2005): Pragmatism, Bourdieu, and collective emotions in contentious politics, in: Theory and Society 34, S. 469-518.

Emmerich, A. (2001): Führung von unten. Konzept, Kontext und Prozess, Wiesbaden 2001.

Engen, T. (1982): The Perception of Odors, New York und London 1982.

Erdenberger, C. (1996): Strategisches Personal-Management. Determinanten und Prozeßstufen unter besonderer Berücksichtigung partizipativer Aspekte, Frankfurt a.M. 1996.

Erez, A./ Isen, A. M. (2002): The Influence of Positive Affect on the Components of Expectancy Motivation, in: Journal of Applied Psychology 87 (6), S. 1055-1067.

Erikson, E. H. (1982): Kindheit und Gesellschaft, 8. Aufl., Stuttgart 1982.

Ertel, M./ Pech, E./ Ullsperger, P./ von dem Knesebeck, O./ Siegrist, J. (2005): Adverse psychosocial working conditions and subjective health in freelance media workers, in: Work & Stress 19 (3), S. 293-299.

Escalas, J. E./ Stern, B. B. (2003): Sympathy and Empathy: Emotional Responses to Advertising Dramas, in: Journal of Consumer Research 29, S. 566-578.

Etzioni, A. (1961): A comparative Analysis of complex Organizations. On Power, Involvement and their Correlates, New York, London 1961.

Etzioni, A. (1975): Die aktive Gesellschaft. Eine Theorie gesellschaftlicher und politischer Prozesse, Opladen 1975.

Evans, G. W./ Johnson, D. (2000): Stress and open-office noise, in: Journal of Applied Psychology 85, S. 779-783.

Evison, R. (2001): Helping individuals manage emotional responses, in: Payne, R. L./ Cooper, C. L. (Hrsg. 2001): Emotions at Work: Theory, Research and Applications in Management, Chichester/England 2001, S. 241-268.

Falkenberg, L. E. (1987): Employee Fitness Programs: Their Impact on the Employee and the Organization, in: Academy of Management Review 12 (3), S. 511-522.

Fank, M. (1997): Ansatzpunkte für eine Abgrenzung des Begriffs Unternehmenskultur anhand der Betrachtung verschiedener Kulturebenen und Konzepte der Organisationstheorie, in: Heinen, E./ Fank, M. (Hrsg. 1997): Unternehmenskultur - Perspektiven für Wissenschaft und Praxis, 2. Aufl., München 1997, S. 239-262.

Fargel, Y. M. (2006): Mitarbeiter-Placement. Eine fit-orientierte Perspektive, Wiesbaden 2006.

Febvre, L. (1990): Sensibilität und Geschichte, in: Febvre, L. (Hrsg. 1990): Das Gewissen des Historikers, Frankfurt a.M. 1990, S. 91-107.

Fehr, B./ Russell, J. A. (1984): Concept of Emotion Viewed From a Prototype Perspective, in: Journal of Experimental Psychology 113 (3), S. 464-486.

Feldman, M. S./ Khademian, A. M. (2003): Empowerment and Cascading Vitality, in: Cameron, K. S./ Dutton, J. E./ Quinn, R. (Hrsg. 2003): Positive Organizational Scholarship. Foundations of a New Discipline, San Francisco 2003, S. 343-358.

Festinger, L. (1950): Informal social communication, in: Psychological Review 57, S. 271-282.

Festinger, L. (1957): A Theory of Cognitive Dissonance, Stanford 1957.

Feyerherm, A. E./ Rice, C. L. (2002): Emotional Intelligence and Team Performance: The Good, the Bad and the Ugly, in: The International Journal of Organizational Analysis 10 (4), S. 343-362.

Fiedler, K. (1985): Zur Stimmungsabhängigkeit kognitiver Funktionen, in: Psychologische Rundschau 36 (3), S. 125-134.

Fiedler, K. (1991): On the Task, the Measures, and the Mood in Research on Affect and Social Cognition, in: Forgas, J. P. (Hrsg. 1991): Emotion and Social Judgement, Oxford 1991, S. 83-104.

Fiehler, R. (1990): Kommunikation und Emotion, Berlin u.a. 1990.

Field, T./ Diego, M./ Hernandez-Reif, M./ Cisneros, W./ Feijo, L./ Vera, Y./ Gil, K./ Grina, D./ He, Q. C. (2005): Lavender Fragrance Cleansing Gel Effects on Relaxation, in: International Journal of Neuroscience 115 (2), S. 207-222.

Fine, G. A. (1979): Small Groups and Culture Creation: The Idioculture of Little League Baseball Teams, in: American Sociological Review 44, S. 733-745.

Fine, G. A. (1984a): Humorous Interaction and the Social Construction of Meaning: Making Sense in a Jocular Vein, in: Studies in Symbolic Interaction 5, S. 83-101.

Fine, G. A. (1984b): Negotiated Orders and Organizational Cultures, in: Annual Review of Sociology 10, S. 239-262.

Fine, G. A. (1989): Letting off Steam? Redefining a Restaurant's Work Environment, in: Jones, M. O./ Moore, M. D./ Snyder, R. C. (Hrsg. 1989): Inside Organizations. Understanding the Human Dimension, Newbury Park u.a. 1989, S. 119-128.

Fine, G. A. (2006): Shopfloor Cultures: The Idioculture of Production in Operational Meteorology, in: The Sociological Quarterly 47, S. 1-19.

Fineman, S. (1993): Organizations as Emotional Arenas, in: Fineman, S. (Hrsg. 1993): Emotion in Organizations, Thousand Oaks u.a. 1993, S. 9-35.

Fineman, S. (1996): Emotion and Organizing, in: Clegg, S. R./ Hardy, C./ Nord, W. R. (Hrsg. 1996): Handbook of Organization Studies, London u.a. 1996, S. 543-564.

Fineman, S. (2000): Commodifying the emotionally intelligent, in: Fineman, S. (Hrsg. 2000): Emotion in organizations, 2. Aufl., Thousand Oaks u.a. 2000, S. 101-114.

Fineman, S. P. (1983): Work Meanings, Non-work, and the Taken-for-granted, in: Journal of Management Studies 20 (2), S. 143-157.

Fineman, S. P. (2006): 'Managed Fun' in Organizations - An Oxymoron? Emotions and Work: Ideas in Progress, London, 15.12.2006.

Fineman, S./ Sims, D./ Gabriel, Y. (2005): Organizing and Organizations, London u.a. 2005.

Fineman, S./ Sturdy, A. (1999): The Emotions of Control: A Qualitative Exploration of Environmental Regulation, in: Human Relations 52 (2), S. 631-663.

Finlay, L. (2002): Negotiating the swamp: the opportunity and challenge of reflexivity in research practice, in: Qualitative Research 2 (2), S. 209-230.

Finnegan, M. C./ Solomon, L. Z. (1981): Work attitudes in windowed vs. windowless environments, in: The Journal of Social Psychology 115, S. 291-292.

Fiore, A. M./ Yah, X./ Yoh, E. (1999): Effects of product display and environmental fragrancing on approach responses and pleasurable experiences, in: Psychology and Marketing 17 (1), S. 27-54.

Fischbach, A. (2003): Determinants of Emotion Work, Göttingen 2003.

Fischer, A. H./ Manstead, A. S. R./ Zaalberg, R. (2003): Social influences on the emotion process, in: European Review of Social Psychology 14 (6), S. 171-201.

Fischer-Schreiber, I./ Schuhmacher, S. (1986): Lexikon der östlichen Weisheitslehren: Buddhismus, Hinduismus, Taoismus, Zen, Bern 1986.

Fisher, C. D. (1986): Organizational Socialization: An integrative review, in: Research in Personnel and Human Resources Management 4, S. 101-145.

Fisk, W. J./ Rosenfeld, A. H. (1997): Estimates of improved productivity and health from better indoor environments, in: Indoor Air 7, S. 158-172.

Flam, H. (2002): Soziologie der Emotionen, Konstanz 2002.

Flam, H./ King, D. (Hrsg. 2005): Emotions and Social Movements, London 2005.

Fleck, L. (1980): Entstehung und Entwicklung einer wissenschaftlichen Tatsache, Frankfurt a.M. 1980.

Folkins, C. H./ Sime, W. E. (1981): Physical fitness training and mental health, in: American Psychologist 36, S. 373-389.

Fong, C. T. (2006): The Effects of Emotional Ambivalence on Creativity, in: Academy of Management Journal 49 (5), S. 1016-1030.

Forgas, J. P. (1990): Affective influences on individual and group judgements, in: European Journal of Social Psychology 20, S. 441-453.

Forgas, J. P. (2002a): Feeling and Doing: Affective Influences on Interpersonal Behavior, in: Psychological Inquiry 13 (1), S. 1-28.

Forgas, J. P. (2002b): Toward Understanding the Role of Affect in Social Thinking and Behavior, in: Psychological Inquiry 13 (1), S. 90-102.

Forgas, J. P./ Bower, G. H./ Krantz, S. E. (1984): The Influence of Mood on Perceptions of Social Interactions, in: Journal of Experimental Social Psychology 20, S. 497-513.

Forster, J. (1978): Teams und Teamarbeit in der Unternehmung, Bern und Stuttgart 1978.

Foss, N. J. (2003): Bounded rationality in the economics of organization: 'Much cited and little used', in: Journal of Economic Psychology 24, S. 245-264.

Foucault, M. (1978): Dispositive der Macht. Michel Foucault über Sexualität, Wissen und Wahrheit, Berlin 1978.

Foucault, M. (2003): Die Ordnung der Dinge, Frankfurt a.M. 2003.

Fox, R. C. (1957): Training for uncertainty, in: Merton, R. K./ Reader, G. G./ Kendall, P. L. (Hrsg. 1957): The Student Phyisician. Introductory Studies in the Sociology of Medical Education, Cambridge/Massachusetts 1957, S. 207-241.

Fox, S./ Amichai-Hamburger, Y. (2001): The power of emotional appeals in promoting organizational change programs, in: Academy of Management Executive 15 (4), S. 84-94.

Francis, L. E. (1994): Laugther, the Best Mediation: Humor as Emotion Management in Interaction, in: Symbolic Interaction 17 (2), S. 147-163.

Francis, L. E. (1997): Ideology and Interpersonal Emotion Management: Redefining Identity in Two Support Groups, in: Social Psychology Quarterly 60 (2), S. 153-171.

Frank, R. (1999): Luxury Fever: Money and Happiness in an Era of Excess, New York 1999.

Frank, R. H. (1988): Passions within reason, New York 1988.

Fredrickson, B. L. (1998): What Good Are Positive Emotions? in: Review of General Psychology 2 (3), S. 300-319.

Fredrickson, B. L. (2000): Why Positive Emotions Matter in Organizations: Lessons from the Broaden-and-Build Model, in: The Psychologist-Manager Journal 4 (2), S. 131-142.

Fredrickson, B. L. (2001): The Role of Positive Emotions in Positive Psychology, in: American Psychologist 56 (3), S. 218-226.

Fredrickson, B. L. (2003): The Value of Positive Emotions, in: American Scientist 91 (4), S. 330-335.

Fredrickson, B. L./ Branigan, C. (2001): Positive Emotions, in: Mayne, T. J./ Bonanno, G. A. (Hrsg. 2001): Emotions: Current issues and future directions, New York 2001, S. 123-151.

Fredrickson, B. L./ Harrison, K. (2005): Throwing Like a Girl: Self-Objectification Predicts Adolescent Girls' Motor Performance, in: Journal of Sport & Social Issues 29 (1), S. 79-101.

Fredrickson, B. L./ Levenson, R. W. (1998): Positive Emotions Speed Recovery from the Cardiovascular Sequelae of Negative Emotions, in: Cognition and Emotion 12 (2), S. 191-220.

Fredrickson, B. L./ Mancuso, R. A./ Branigan, C./ Tugade, M. M. (2000): The Undoing Effect of Positive Emotions, in: Motivation and Emotion 24 (4), S. 237-258.

Fredrickson, B. L./ Tugade, M. M./ Waugh, C. E./ Larkin, G. R. (2003): What Good Are Positive Emotions in Crises? A Prospective Study of Resilience and Emotions Following the Terrorist Attacks on the United States on September 11th, 2001, in: Journal of Personality and Social Psychology 84 (2), S. 365-376.

Freiling, J. (2001): Resource-based View und ökonomische Theorie, Wiesbaden 2001.

Frese, M. (1982): Occupational socialization and psychological development: An underemphasized research perspective in industrial psychology, in: Journal of Occupational Psychology 55, S. 209-224.

Frese, M. (1990): Arbeit und Emotion - ein Essay, in: Frey, F./ Udris, I. (Hrsg. 1990): Bild der Arbeit, Bern u.a. 1990, S. 285-301.

Frey, D./ Oßwald, S./ Peus, C./ Fischer, P. (2006): Positives Management, ethikorientierte Führung und Center of Excellence – Wie Unternehmenserfolg und Entfaltung der Mitarbeiter durch neue Unternehmens- und Führungskulturen gefördert werden können, in: Ringlstetter, M./ Kaiser, S./ Müller-Seitz, G. (Hrsg. 2006): Positives Management. Zentrale Konzepte und Ideen des Positive Organizational Scholarship, Wiesbaden 2006, S. 237-268.

Fridlund, A. (1994): Human facial expression: An evolutionary view, San Diego/California 1994.

Fridlund, A. J. (1991): Sociality of Solitary Smiling: Potentiation by an Implicit Audience, in: Journal of Personality and Social Psychology 60 (2), S. 229-240.

Fried, Y./ Melamed, S./ Ben-David, H. A. (2002): The joint effects of noise, job complexity, and gender on employee sickness absence: An exploratory study across 21 organizations - the CORDIS study, in: Journal of Occupational and Organizational Psychology 75, S. 131-144.

Friedkin, N. E. (2004): Social Cohesion, in: Annual Review of Sociology 30, S. 409-425.

Friedman, H. S./ Prince, L. M./ Riggio, R. E./ DiMatteo, M. R. (1980): Understanding and assessing nonverbal expressiveness: The affective communication test, in: Journal of Personality and Social Psychology 39, S. 333-351.

Friedman, H. S./ Schustack, M. W. (2004): Persönlichkeitspsychologie und Differentielle Psychologie, 2. Aufl., Upper Saddle River, NJ 2004.

Friedman, R. A./ Podolny, J. (1992): Differentation of Boundary Spanning Roles: Labor Negotiations and Implications for Role Conflict, in: Administrative Science Quarterly 37, S. 28-47.

Frijda, N. H. (1986): The Emotions, Cambridge 1986.

Frijda, N. H. (1988): The Laws of Emotion, in: American Psychologist 43 (5), S. 349-358.

Frijda, N. H. (1994a): Varieties of Affect: Emotions and Episodes, Moods, and Sentiments, in: Ekman, P./ Davidson, R. J. (Hrsg. 1994): The Nature of Emotion. Fundamental Questions, New York und Oxford 1994, S. 59-67.

Frijda, N. H. (1994b): Emotions Are Functional, Most of the Time, in: Ekman, P./ Davidson, R. J. (Hrsg. 1994): The Nature of Emotion. Fundamental Questions, New York und Oxford 1994, S. 112-122.

Frost, P./ Morgan, G. (1983): Symbols and Sensemaking. The Realization of a Framework, in: Pondy, L. R./ Frost, P. J./ Morgan, G./ Dandrige, T. C. (Hrsg. 1983): Organizational Symbolism, London 1983, S. 207-236.

Fuchs, J. (2006): Karriere zur Employability - wie man im 21. Jahrhundert Karriere macht, in: Rump, J./ Sattelberger, T./ Fischer, H. (Hrsg. 2006): Employability Management. Grundlagen, Konzepte, Perspektiven, Wiesbaden 2006, S. 179-186.

Fürstenberg, F. (2001): Blick zurück in die Zukunft der Arbeitswissenschaft, in: Zeitschrift für Arbeitswissenschaft 55, S. 187-193.

Gabarro, J. J. (1979): Socialization at the top: how CEOs and subordinates evolve interpersonal contracts, in: Organizational Dynamics 7, S. 2-23.

Gabarro, J. J. (1987): The development of working relationships, in: Lorsch, J. W. (Hrsg. 1987): Handbook of Organiational Behavior, Englewood Cliffs/New Jersey 1987, S. 172-189.

Gabele, E./ Kirsch, W./ Treffert, J. (1977): Werte von Führungskräften der deutschen Wirtschaft. Eine empirische Analyse, München 1977.

Gabriel, Y. (1993): Organizational Nostalgia - Reflections on 'The Golden Age', in: Fineman, S. (Hrsg. 1993): Emotion in Organizations, Thousand Oaks u.a. 1993, S. 118-141.

Gabriel, Y. (1995): The Unmanaged Organization: Stories, Fantasies and Subjectivity, in: Organization Studies 16 (3), S. 477-501.

Gabriel, Y. (1998): Psychoanalytic Contributions to the Study of the Emotional Life of Organizations, in: Administration & Society 30 (3), S. 291-314.

Gabriel, Y./ Carr, A. (2002): Organizations, management and psychoanalysis: an overview, in: Journal of Managerial Psychology 17 (5), S. 348-365.

Gabriel, Y./ Griffiths, D. S. (2002): Emotion, learning and organizing, in: The Learning Organisation 9 (5), S. 214-221.

Gabrielsson, A./ Juslin, P. N. (1996): Emotional Expression in Music Performance: Between the Performer's Intention and the Listener's Experience, in: Psychology of Music 24 (1), S. 68-91.

Gagliardi, P. (1986): The Creation and Change of Organizational Cultures: A Conceptual Framework, in: Organization Studies 7 (2), S. 117-134.

Gagliardi, P. (1990): Symbols and artifacts: views of the corporate landscape, New York 1990.

Gagliardi, P. (1996): Exploring the aesthetic side of organizational life, in: Clegg, S./ Hardy, C./ Nord, W. R. (Hrsg. 1996): Handbook of Organization Studies, London 1996, S. 566-580.

Gallenmüller-Roschmann, J. (2005): Emotionen. Ein Kommentar aus wirtschaftspsychologischer Sicht, in: Mummert, U./ Sell, F. L. (Hrsg. 2005): Emotionen, Markt und Moral, Münster 2005, S. 43-52.

Gamson, W. A. (1995): Constructing Social Protest, in: Johnston, H./ Klandermans, B. (Hrsg. 1995): Social Movements and Culture, Minneapolis 1995, S. 85-106.

Ganster, D. C. (1989): Worker control and well-being: A review of research in the workplace, in: Sauter, S. L./ Hurrell Jr., J. J./ Cooper, C. L. (Hrsg. 1989): Job control and worker health, New York 1989, S. 3-24.

Ganster, D. C./ Schaubroek, J. (1991): Work Stress and Employee Health, in: Journal of Management 17 (2), S. 235-271.

Gardner, H. (1983): Frames of mind: The theory of multiple intelligences, New York 1983.

Garfinkel, H. (1967): Studies in ethnomethodology, Englewood Cliffs 1967.

Garnjost, P./ Wächter, H. (1996): Human Resource Management - Herkunft und Bedeutung, in: Die Betriebswirtschaft 56 (6), S. 791-808.

Gaßner, W. (1999): Implementierung organisatorischer Veränderungen: Eine mitarbeiterorientierte Perspektive, Wiesbaden 1999.

Gates, G. S. (2000): The Socialization of Feeling in Undergraduate Education: A Study of Emotional Management, in: College Student Journal 34 (4), S. 485-504.

Gauger, J. (2000): Commitment-Management in Unternehmen, Wiesbaden 2000.

Gebert, S./ von Rosenstiel, L. (2002): Organisationspsychologie: Person und Organisation, 5. Aufl., Stuttgart u.a. 2002.

Geertz, C. (1973): The Interpretation of Cultures: Selected Essays, New York 1973.

Gehring, A. (1969): Sympathie. Ein Mechanismus der Bewertungsentlastung, in: Soziale Welt 20, S. 435-441.

Geiger, S./ Turley, D. (2005): Socializing behaviors in business-to-business selling: an exploratory study from the Republic of Ireland, in: Industrial Marketing Management 34, S. 263-273.

Geißler, C. (2006): Warum emotionale Bindung wichtig ist, in: Harvard Business Manager 28 (9), S. 8-10.

Gelade, G. A./ Ivery, M. (2003): The Impact of Human Resource Management and Work Climate on Organizational Performance, in: Personnel Psychology 56, S. 383-404.

Genaidy, A./ Karwowski, W./ Christensen, D. (1999): Principles of Work System Performance Optimization: A Business Ergonomics Approach, in: Human Factors and Ergonomics in Manufacturing 9 (1), S. 105-128.

George, J. M. (1990): Personality, Affect, and Behavior in Gorups, in: Journal of Applied Psychology 75 (2), S. 107-116.

George, J. M. (1995): Leader Positive Mood and Group Performance: The Case of Customer Service, in: Journal of Applied Psychology 25 (9), S. 778-794.

George, J. M. (1996): Group Affective Tone, in: West, M. A. (Hrsg. 1996): Handbook of Work Group Psychology, Chichester 1996, S. 77-93.

George, J. M. (2000a): Affect Regulation in Groups and Teams, in: Lord, R. G./ Klimoski, R./ Kanfer, R. (Hrsg. 2000): Emotions in the Workplace: Understanding the Structure and Role of Emotions in Organizational Behavior, San Francisco 2000, S. 183-217.

George, J. M. (2000b): Emotions and leadership: The role of emotional intelligence, in: Human Relations 53 (8), S. 1027-1055.

George, J. M./ Bettenhausen, K. (1990): Understanding Prosocial Behavior, Sales Performance, and Turnover: A Group-Level Analysis in a Service Context, in: Journal of Applied Psychology 75 (6), S. 698-709.

George, J. M./ Brief, A. P. (1996): Motivational Agendas in the Workplace: The Effects of Feelings on Focus of Attention and Work Motivation, in: Staw, B. M./ Cummings, L. L. (Hrsg. 1996): Research in Organizational Behavior, Stamford 1996, S. 75-109.

George, J. M./ Jones, G. R. (1997): Experiencing Work: Values, Attitudes, and Moods, in: Human Relations 50 (4), S. 393-416.

Gergen, K. (1994): Realities and relationships: Soundings in social construction, Cambridge 1994.

Gergen, K. (2002): Konstruierte Wirklichkeiten, Stuttgart u.a. 2002.

Gergen, K. J. (1985): The Social Constructionsist Movement in Modern Psychology, in: American Psychologist 40 (3), S. 266-275.

Gerhards, J. (1986): Soziologie der Emotionen, in: Kölner Zeitschrift für Soziologie und Sozialpsychologie 38, S. 760-771.

Gerhards, J. (1988a): Soziologie der Emotionen: Fragestellungen, Systematik und Perspektiven, Weinheim/München 1988.

Gerhards, J. (1988b): Die sozialen Bedingungen der Entstehung von Emotionen. Eine Modellskizze, in: Zeitschrift für Soziologie 17 (3), S. 187-202.

Gerrig, R. J. (1988): Text comprehension, in: Sternberg, R. J./ Smith, E. E. (Hrsg. 1988): The psychology of human thought, Cambridge 1988, S. 242-266.

Geulen, D./ Hurrelmann, K. (1980): Zur Programmatik einer umfassenden Sozialisationstheorie, in: Hurrelmann, K./ Ulich, D. (Hrsg. 1980): Handbuch der Sozialisationsforschung, Weinheim, Basel 1980, S. 51-68.

Gherardi, S. (1995): Gender, symbolism and organizational cultures, Thousand Oaks u.a. 1995.

Giardini, A./ Frese, M. (2004): Emotionen in Organisationen, in: Schreyögg, G./ von Werder, A. (Hrsg. 2004): Handwörterbuch Unternehmensführung und Organisation (HWO), 4. Aufl., Stuttgart 2004, Sp. 205-214.

Giddens, A. (1984): The Constitution of Society: Outline of the Theory of Structuration, Berkeley u.a. 1984.

Gilboa, S./ Rafaeli, A. (2003): Store environment, emotions and approach behaviour: applying environmental aesthetics to retailing, in: The International Review of Retail, Distribution and Consumer Research 13 (2), S. 195-211.

Gilson, C./ Pratt, M./ Roberts, K. (2001): Peak Performance, London 2001.

Gioia, D. A. (1986): Symbols, Scripts, and Sensemaking, in: Sims, H. P. (Hrsg. 1986): The thinking organization, San Francisco 1986, S. 49-74.

Gioia, D. A./ Pitre, E. (1990): Multiparadigm Perspectives in Theory Building, in: Academy of Management Review 15 (4), S. 584-602.

Gioia, D. A./ Poole, P. P. (1984): Scripts in Organizational Behavior, in: Academy of Management Review 9 (3), S. 449-459.

Gittus, E. J. (2002): Berlin as a Conduit for the Creation of German National Identity at the End of the Twentieth Century, in: Space & Polity 6 (1), S. 91-115.

Glasø, L./ Einarsen, S. (2006): Experienced affects in leader-subordinate relationships, in: Scandinavian Journal of Management 22 (1), S. 49-73.

Glass, D./ Singer, J. (1972): Urban Stress, New York 1972.

Glowinkowski, S. P./ Cooper, C. L. (1986): Managers and professionals in business/industrial settings: The research evidence, in: Journal of Organizational Behavior and Management 8, S. 177-193.

Gmür, M./ Thommen, J. - P. (2006): Human Resource Management. Strategien und Instrumente für Führungskräfte und das Personalmanagement in 13 Bausteinen, Zürich 2006.

Goedhart, M./ Koller, T./ Wessels, D. (2005): Do Fundamentals - or Emotions - Drive the Stock Market? in: McKinsey Quarterly (Special Edition), S. 6-15.

Goersch, A. - M. (2000): Die Launen der Sachlichkeit. Der Einfluss der Stimmung auf unser Denken und Handeln, Regensburg 2000.

Goethe, J. W. (1973): Die Leiden des jungen Werther, Frankfurt a.M. 1973.

Goldberg, L. R. (1992): The development of markers for the Big Five factor structures, in: Psychological Assessment 4, S. 26-42.

Goldsmith, H. H. (1994): Parsing the Emotional Domain from a Developmental Perspective, in: Ekman, P./ Davidson, R. J. (Hrsg. 1994): The Nature of Emotion. Fundamental Questions, New York und Oxford 1994, S. 68-73.

Goldstein, K. M. (1972): Weather, mood, and internal-external control, in: Perceptual Motor Skills 35, S. 786.

Goleman, D. (1997): Emotionale Intelligenz, München 1997.

Goleman, D. (1999): Emotionale Intelligenz - zum Führen unerläßlich, in: Harvard Business Manager 21 (3), S. 27-36.

Goller, H. (1992): Emotionspsychologie und Leib-Seele-Problem, Stuttgart 1992.

Gomez, P./ Müller-Stewens, G. (1994): Corporate Transformation - Zum Management fundamentalen Wandels großer Unternehmen, in: Gomez, P./ Müller-Stewens, G./ Wunderer, R./ Hahn, D. (Hrsg. 1994): Unternehmerischer Wandel: Konzepte zur organisatorischen Erneuerung. Knut Bleicher zum 65. Geburtstag, Wiesbaden 1994, S. 125-198.

Gómez-Mejia, L. R./ Balkin, D. B./ Cardy, R. L. (1995): Managing human resources, Englewood Cliffs, NJ 1995.

Gonschorrek, U. (2002): Emotionales Management, Frankfurt a.M. 2002.

Goodman, N. (1993): Weisen der Welterzeugung, 2. Aufl., Frankfurt a.M. 1993.

Goodman, N. (1995): Sprachen der Kunst. Entwurf einer Symboltheorie, Frankfurt a.M. 1995.

Goodrich, R. (1979): How People Perceive Their Office Environment, New York 1979.

Goodwin, J./ Jasper, J. M./ Polletta, F. (Hrsg. 2001): Passionate Politics. Emotions and Social Movements, Chicago und London 2001.

Goodwin, J./ Jasper, J./ Polletta, F. (2000): The return of the repressed: The fall and rise of emotions in social movements, in: Mobilization 5, S. 65-84.

Gordon, S. L. (1989): Institutional and Impulsive Orientations in Selectively Appropriating Emotions to Self, in: Franks, D. D./ McCarthy, E. D. (Hrsg. 1989): The Sociology of Emotions: Original Essays and Research Papers, Greenwich u.a. 1989, S. 115-135.

Gordon, S. L. (1990): Social Structural Effects on Emotions, in: Kemper, T. D. (Hrsg. 1990): Research Agendas in the Sociology of Emotions, Albany 1990, S. 145-179.

Gottman, J. M. (1979): Marital Interaction: Empirical Investigations, New York 1979.

Gottman, J. M. (1998): Psychology and the Study of Marital Processes, in: Annual Review of Psychology 49, S. 169-197.

Gouk, P./ Hills, H. (2005): Towards Histories of Emotions, in: Gouk, P./ Hills, H. (Hrsg. 2005): Representing Emotions: New Connections in the Histories of Art, Music and Medicine, Aldershot/Burlington 2005, S. 15-34.

Gouldner, A. W. (1970): The coming crisis in western sociology, New York 1970.

Gouthier, M. H. J. (2006): Produzentenstolz von Dienstleistern als positive Arbeitsemotion, in: Ringlstetter, M./ Kaiser, S./ Müller-Seitz, G. (Hrsg. 2006): Positives Management. Zentrale Konzepte und Ideen des Positive Organizational Scholarship, Wiesbaden 2006, S. 91-113.

Graeff, P. (1998): Vertrauen zum Vorgesetzten und zum Unternehmen. Modellentwicklung und empirische Überprüfung verschiedener Arten des Vertrauens, deren Determinanten und Wirkungen bei Beschäftigten in Wirtschaftsunternehmen, Berlin 1998.

Graen, G. B./ Uhl-Bien, M. (1995): Relationship-Based Approach to Leadership: Development of LeaderMember Exchange (LMX) of Leadership over 25 Years: Applying a Multi-Level Multi-Domain Perspective, in: Leadership Quarterly 6 (2), S. 219-247.

Grandey, A. A. (2000): Emotion Regulation in the Workplace: A New Way to Conceptualize Emotional Labor, in: Journal of Occupational Health Psychology 5 (1), S. 95-110.

Grandey, A. A./ Cordeiro, B. L./ Crouter, A. C. (2005b): A longtitudinal and multi-source test of the work-family conflict and job satisfaction relationship, in: Journal of Occupational and Organizational Psychology 78, S. 305-323.

Grandey, A. A./ Fisk, G. M./ Mattila, A. S./ Jansen, K. J./ Sideman, L. A. (2005a): Is 'service with a smile' enough? Authenticity of positive displays during service encounters, in: Organzational Behavior and Human Decision Processes 96, S. 38-55.

Grandey, A. A./ Fisk, G. M./ Steiner, D. D. (2005c): Must "Service With a Smile" Be Stressful? The Moderating Role of Personal Control for American and French Employees, in: Journal of Applied Psychology 90 (5), S. 893-904.

Granovetter, M. S. (1995): Getting a Job, 2. Aufl., Chicago 1995.

Gray, E./ Watson, D. (2001): Emotion, mood, and temperament: similarities, differences, and a synthesis, in: Payne, R. L./ Cooper, C. L. (Hrsg. 2001): Emotions at Work. Theory, research and applications for management, Chichester 2001, S. 21-43.

Greenberg, J. (2005): Managing behavior in organizations, 4. Aufl., Upper Saddle River, NJ 2005.

Greenberg, L. S./ Safran, J. D. (1989): Emotion in Psychotherapy, in: American Psychologist 44 (1), S. 19-29.

Greenberger, D. B./ Strasser, S. (1986): The development and application of a model of personal control in organizations, in: Academy of Management Review 11, S. 164-177.

Greenhaus, J. H./ Powell, G. N. (2006): When Work and Family are Allies: A Theory of Work-family Enrichment, in: Academy of Management Review 31 (1), S. 72-92.

Greenspan, P. (2000): Emotional Strategies and Rationality, in: Ethics 110, S. 469-487.

Greenstein, F. I. (1994): The Hidden-Hand Presidency: Eisenhower as Leader, Baltimore 1994.

Greer, C. R. (2001): Strategic human resource management, 2. Aufl., Upper Saddle River, N.J 2001.

Greer, K. (2002): Walking an Emotional Tightrope: Managing Emotions in a Women's Prison, in: Symbolic Interaction 25 (1), S. 117-139.

Gremler, D. D./ Gwinner, K. P. (2000): Customer-Employee Rapport in Service Relationships, in: Journal of Service Research 3 (1), S. 82-104.

Griffiths, P. E. (1989): The Degeneration of the Cognitive Theory of Emotions, in: Philosophical Psychology 2 (3), S. 297-313.

Griffiths, P. E. (1997): What Emotions Really Are. The Problem of Psychological Categories, Chicago 1997.

Grönroos, C. (1990): Service management and marketing: managing the moment of truth in service competition, Lexington 1990.

Grossbart, S./ McConnell Hughes, S./ Pryor, S./ Yost, A. (2002): Socialization Aspects of Parents, Children, and the Internet, in: Advances in Consumer Research 29, S. 66-70.

Gruen, R. J./ Mendelsohn, G. (1986): Emotional Responses to Affective Displays in Others: The Distinction Between Empathy and Sympathy, in: Journal of Personality and Social Psychology 51 (3), S. 609-614.

Grzywacz, J. G./ Almeida, D. M./ McDonald, D. A. (2002): Work-family spillover and daily reports of work and family stress in te adult labor force, in: Family Relations 51, S. 28-36.

Grzywacz, J. G./ Butler, A. B. (2005): The Impact of Job Characteristics on Work-to-Family Facilitation: Testing a Theory and Distinguishing a Construct, in: Journal of Occupational Health Psychology 10 (2), S. 97-109.

Grzywacz, J. G./ Marks, N. F. (2000): Reconceptualizing the work-family interface: An ecological perspective on the correlates of positive and negative spillover between work and family, in: Journal of Occupational Health Psychology 5, S. 111-126.

Gupta, S. K./ Rosenhead, J. (1968): Robustness in sequential investment decisions, in: Management Science 15 (2), S. B18-B29.

Haas, J./ Shaffir, W. (1982): Ritual Evaluation of Competence, in: Work & Occupations 9 (2), S. 131-154.

Habisch, A. (2006): Corporate Volunteering als Element des Positive Organizational Scholarship, in: Ringlstetter, M./ Kaiser, S./ Müller-Seitz, G. (Hrsg. 2006): Positives Management. Zentrale Konzepte und Ideen des Positive Organizational Scholarship, Wiesbaden 2006, S. 221-236.

Hacker, W. (1986): Arbeitspsychologie, Bern 1986.

Hagestad, G. O./ Uhlenberg, P. (2005): The Social Separation of Old and Young: A Root of Ageism, in: Journal of Social Issues 61 (2), S. 343-360.

Hall, R. H./ Hanna, P. (2004): The impact of web page text-background colour combinations on readability, retention, aesthetics and behavioural intention, in: Behaviour & Information Technology 23 (3), S. 183-195.

Hall, R. J./ Lord, R. G. (1995): Multi-level information-processing explanations of followers' leadership perceptions, in: Leadership Quarterly 6 (3), S. 265-287.

Haller, S. (2001): Dienstleistungsmanagement: Grundlagen - Konzepte - Instrumente, Wiesbaden 2001.

Hallier, J./ James, P. (1999): Group Rites and Trainer Wrongs in Employee Experiences of Job Change, in: Journal of Management Studies 36 (1), S. 45-67.

Hallowell, R./ Bowen, D./ Knoop, C. - I. (2002): Four Seasons Goes to Paris, in: The Academy of Management Executive 16 (4), S. 7-24.

Hamann, S./ Canli, T. (2004): Individual differences in emotion processing, in: Current Opinion in Neurobiology 14, S. 233-238.

Hambrick, D. C./ Mason, P. A. (1984): Upper Echelons: The Organization as a Reflection of Its Top Managers, in: Academy of Management Review 9 (2), S. 193-206.

Hamilton, V. L./ Broman, C. L./ Hoffman, W. S./ Renner, D. S. (1990): Hard times and vulnerable people: initial effects of plant closing on autoworkers' mental health, in: Journal of Health and Social Behavior 31 (2), S. 123-140.

Hancock, P. (2002): Aesteticizing the World of Organization: Creating Beautiful Untrue Things, in: Journal of Critical Postmodern Organization Science 2 (1), S. 91-105.

Haney, C./ Banks, W. C./ Zimbardo, P. G. (1973): Interpersonal dynamics in a simulated prison, in: International Journal of Criminology and Penology 1 (69-97).

Hanoch, Y. (2002): The effects of emotion on bounded rationality: a comment on Kaufman, in: Journal of Economic Behavior & Organization 49, S. 131-135.

Hansen, C. D./ Kahnweiler, W. M. (1993): Storytelling: An Instrument for Understanding the Dynamics of Corporate Relationships, in: Human Relations 46 (12), S. 1391-1409.

Harding, J./ Pribram, E. D. (2002): The power of feeling. Locating emotions in culture, in: European Journal of Cultural Studies 5 (4), S. 407-426.

Harding, N. (2002): On the Manager's Body as an Aesthetics of Control, in: Journal of Critical Postmodern Organization Science 2 (1), S. 63-76.

Hardy, C./ Phillips, N./ Clegg, S. (2001): Reflexivity in organization and management theory: A study of the production of the research 'subject', in: Human Relations 54 (5), S. 531-560.

Hareli, S./ Rafaeli, A. (im Erscheinen): Emotion cycles: On the social influence of emotion in organizations, in: Research in Organizational Behavior.

Harkness, A. M. B./ Long, B. C./ Bermbach, N./ Patterson, K./ Jordan, S./ Kahn, H. (2005): Talking about work stress: Discourse analysis and implications for stress interventions, in: Work & Stress 19 (2), S. 121-136.

Harkness, S./ Super, C. M. (1985): Child-environment interactions in the socialization of affect, in: Lewis, M./ Saarni, C. (Hrsg. 1985): The socialization of emotions, New York 1985, S. 21-36.

Harris, M. (1989): Kulturanthropologie. Ein Lehrbuch, Frankfurt a.M. und New York 1989.

Harris, N. (1999): Building Lives: Constructing Rites and Passages, New Haven und London 1999.

Harrison, D. A./ Liska, L. Z. (1994): Promoting regular exercise in organizational fitness programs: Health-related differences in motivational building blocks, in: Personnel Psychology 47, S. 47-71.

Härtel, C. E. J. (2005): Defining emotional levels and climate as context and events, European Academy of Management (EURAM), München, 06.05.2005.

Härtel, C. E. J./ Zerbe, W. J. (2000): Commentary: Emotions as an organizing principle, in: Ashkanasy, N. M./ Härtel, C. E. J./ Zerbe, W. J. (Hrsg. 2000): Emotions in the Workplace, Westport 2000, S. 97-100.

Harter, J. K. (2000): Managerial Talent, Employee Engagement, and Business-Unit Performance, in: The Psychologist-Manager Journal 4 (2), S. 215-224.

Harter, J. K./ Schmidt, F. L./ Hayes, T. L. (2002): Business-Unit-Level Relationship Between Employee Satisfaction, Employee Engagement, and Business Outcomes: A Meta-Analysis, in: Journal of Applied Psychology 87 (2), S. 268-279.

Harter, J. K./ Schmidt, F. L./ Keyes, C. L. M. (2003): Well-Being in the Workplace and Its Relationships to Business Outcomes: A Review of the Gallup Studies, in: Keyes, C. L. M./ Haidt, J. (Hrsg. 2003): Flourishing: positive psychology and the life well-lived, Washington, D.C. 2003, S. 205-224.

Hartline, M./ Maxham, J./ McKee, D. (2000): Corridors of Influence in the Dissemination on Customer-Oriented Strategy to Customer Contact Service Employees, in: Journal of Marketing 64 (4), S. 35-50.

Hassmen, P./ Koivula, N./ Uutela, A. (2000): Physical exercise and psychological well-bein: A population study in Finland, in: Preventive Medicine 30, S. 17-25.

Hatch, M. J. (1993a): The Dynamics of Organizational Culture, in: Academy of Management Review 18 (4), S. 657-693.

Hatch, M. J. (1993b): Irony and the Social Construction of Contradiction in the Humor of a Management Team, in: Organization Science 8 (3), S. 275-288.

Hatcher, C. (2003): Refashioning a Passionate Manager: Gender at Work, in: Gender, Work and Organization 10 (4), S. 391-412.

Hatfield, E./ Cacioppo, J. T./ Rapson, R. L. (1992): Primitive emotional contagion, in: Clark, M. S. (Hrsg. 1992): Review of Personality and Social Psychology: Emotion and Social Behavior, Newbury Park/California 1992, S. 151-177.

Hatfield, E./ Cacioppo, J. T./ Rapson, R. L. (1994): Emotional Contagion, Cambridge 1994.

Hattrup, K./ Jackson, S. E. (1996): Learning about individual differences by taking situations seriously, in: Murphy, K. R. (Hrsg. 1996): Individual Differences and Behavior in Organizations, San Francisco 1996, S. 507-547.

Haugh, H. M./ McKee, L. (2003): 'It's just like a family' - shared values in the family firm, in: Community, Work & Family 6 (2), S. 141-158.

Hawkins, P. (1997): Organizational Culture: Sailing Between Evangelism and Complexity, in: Human Relations 50, S. 417-440.

Hayduk, L. A. (1983): Personal space: Where we now stand, in: Psychological Bulletin 94, S. 293-335.

Heerwagen, J. (2000): Green buildings, organizational success and occupant productivity, in: Building Research & Information 28 (5/6), S. 353-367.

Heerwagen, J. H./ Kampschroer, K./ Powell, K. M./ Loftness, V. (2004): Collaborative knowledge work environments, in: Building Research & Information 32 (6), S. 510-528.

Hegel, G. W. F. (1955): Vernunft in der Geschichte, Hamburg 1955.

Heidegger, M. (2004): Gelassenheit, 13. Aufl., Stuttgart 2004.

Heinen, E. (1987): Unternehmenskultur, München 1987.

Heinz, W. R. (1991): Berufliche und betriebliche Sozialisation, in: Hurrelmann, K./ Ulich, D. (Hrsg. 1991): Neues Handbuch der Sozialisationsforschung, 4. Aufl., Weinheim u.a. 1991, S. 397-415.

Heinz, W. R. (1995): Arbeit, Beruf und Lebenslauf. Eine Einführung in die berufliche Sozialisation, Weinheim/München 1995.

Heise, D. R./ Calhan, C. (1995): Emotion Norms in Interpersonal Events, in: Social Psychology Quarterly 58 (4), S. 223-240.

Helgerman McKinnon, S./ Utley, R. L. (2005): Heat Stress. Understanding factors and measures helps SH&E professionals take a proactive management approach, in: Professional Safety 50 (4), S. 41-47.

Hennig-Thurau, T./ Groth, M./ Paul, M./ Gremler, D. D. (2006): Are All Smiles Created Equal? How Emotional Contagion and Emotional Labor Affect Service Relationships, in: Journal of Marketing 70, S. 58-73.

Hentschel, B. (1992): Dienstleistungsqualität aus Kundensicht. Von merkmals- zum ereignisorientierten Ansatz, Wiesbaden 1992.

Hentze, J./ Graf, A. (2005): Personalwirtschaftslehre 2. Personalerhaltung und Leistungsstimulation, Personalfreistellung und Personalinformationswirtschaft, 7. Aufl., Bern u.a. 2005.

Hentze, J./ Graf, A./ Kammel, A./ Lindert, K. (2005): Personalführungslehre. Grundlagen, Funktionen und Modelle der Führung, 4. Aufl., Bern u.a. 2005.

Hentze, J./ Kammel, A. (2001): Personalwirtschaftslehre 1, 7. Aufl., Bern u.a. 2001.

Hentze, J./ Metzner, J. (2005): Personalwirtschaftslehre, Teil 2, 7. Aufl., Stuttgart 2005.

Hersey, R. B. (1932): Workers' Emotions in Shop and Home: A Study of Individual Workers from the Psychological and Physiological Standpoint, Philadelphia 1932.

Herz, R. S. (1996): A comparison of olfactory, visual and tactile cues for emotional and nonemotional associated memories, in: Chemical Senses 21 (5), S. 614-615.

Herz, R. S./ Eliassen, J./ Beland, S./ Souza, T. (2004): Neuroimaging evidence for the emotional potency of odor-evoked memory, in: Neuropsychologia 42 (3), S. 371-378.

Herz, R. S./ Schooler, J. W. (2002): A naturalistic study of autobiographical memories evoked by olfactory and visual cues. Testing the Proustian hypothesis, in: American Journal of Psychology 115 (1), S. 21-32.

Hesch, G. (1997): Das Menschenbild neuer Organisationsformen, Wiesbaden 1997.

Hess, U./ Banse, R./ Kappas, A. (1995): The intensity of facial expression is determined by underlying affective state and social situation, in: Journal of Personality and Social Psychology 69, S. 280-288.

Hess, U./ Kirouac, G. (2000): Emotion Expression in Groups, in: Lewis, M./ Haviland-Jones, J. M. (Hrsg. 2000): Handbook of Emotions, 2. Aufl., New York 2000, S. 368-381.

Heuven, E./ Bakker, A. B. (2003): Emotional dissonance and burnout among cabin attendants, in: European Journal of Work and Organizational Psychology 12 (1), S. 81-100.

Hilb, M. (2005): Integriertes Personal-Management: Ziele, Strategien, Instrumente, 14. Aufl., Neuwied 2005.

Hillon, M. E./ Smith, W. L./ Isaacs, G. D. (2005): Heroic/Anti-Heroic Narratives: The Quests of Sherron Watkins, in: Journal of Critical Postmodern Organization Science 3 (2), S. 16-26.

Hinterhuber, H. H./ Winter, L. G. (1991): Unternehmenskultur und Corporate Identity, in: Dülfer, E. (Hrsg. 1991): Organisationskultur: Phänomen - Philosophie - Technologie, 2. Aufl., Stuttgart 1991, S. 189-200.

Hirsch, A. R. (1995): Effects of ambient odors on slot machine usage in Las Vegas casino, in: Psychology and Marketing 12, S. 585-594.

Hirshleifer, D./ Shumway, T. (2003): Good Day Sunshine: Stock Returns and the Weather, in: The Journal of Finance 63 (3), S. 1009-1032.

Hochschild, A. R. (1979): Emotion Work, Feeling Rules, and Social Structure, in: American Journal of Sociology 85 (3), S. 551-575.

Hochschild, A. R. (1983a): Attending To, Codifying and Managing Feelings: Sex and Differences in Love, in: Richardson, L./ Verta, T. (Hrsg. 1983): Feminist Frontiers. Rethinking Sex, Gender and Society, Reading/Mass. u.a. 1983, S. 250-262.

Hochschild, A. R. (1983b): The Managed Heart: Commercialization of Human Feeling, Berkeley 1983.

Hochschild, A. R. (1989): The Economy of Gratitude, in: Franks, D. D./ McCarthy, E. D. (Hrsg. 1989): The Sociology of Emotions: Original Essays and Research Papers, Greenwich u.a. 1989, S. 95-113.

Hoelzl, E./ Rustichini, A. (2005): Overconfident: Do you put your money on it? in: The Economic Journal 115, S. 305-318.

Hofbauer, W. (1991): Organisationskultur und Unternehmensstrategie. Eine systemtheoretisch-kybernetische Analyse, München/Mering 1991.

Hoffmann, H. (2006): "Einfach eine Schweinerei" – Bei BenQ wächst die Wut, elektronisch veröffentlicht unter der URL: http://www.n-tv.de/720601.html, abgerufen am 23.10.2006.

Hofstede, G. (1980): Culture's consequences, Beverly Hills u.a. 1980.

Hofstede, G. (1998): Identifying Organizational Subcultures: An Empirical Approach, in: Journal of Management Studies 35 (1), S. 1-12.

Hogg, M. A. (1992): The Social Psychology of Group Cohesiveness: From Attraction to Social Identity, New York 1992.

Hohlbaum, A./ Olesch, G. (2006): Human Resources: Modernes Personalwesen, 2. Aufl., Rinteln 2006.

Holland, R. (1990): The paradime plague: prevention, cure, and inoculation, in: Human Relations 43 (1), S. 23-48.

Holland, R. (2003): Reflexivity, in: Human Relations 52 (4), S. 463-484.

Holleis, W. (1987): Unternehmenskultur und moderne Psyche, Frankfurt a.M. und New York 1987.

Höllmüller, M. (2002): Strategische Akquisition hochqualifizierter Nachwuchskräfte, Wiesbaden 2002.

Holmes, M. (2004): Feeling Beyond Rules. Politicizing the Sociology of Emotion and Anger in Feminist Politics, in: European Journal of Social Theory 7 (2), S. 209-227.

Holmlund, M. (2004): Analyzing Business Relationships and Distinguishing Different Interaction Levels, in: Industrial Marketing Management 33, S. 279-287.

Holtbrügge, D. (2001): Postmoderne Organisationstheorie und Organisationsgestaltung, Wiesbaden 2001.

Holtbrügge, D. (2005): Personalmanagement, 2. Aufl., Berlin u.a. 2005.

Holz, H. (1968): Herr und Knecht bei Leibniz und Hegel, Neuwied u.a. 1968.

Homburg, C./ Koschate, N./ Hoyer, W. (2006): The Role of Cognition and Affect in the Formation of Customer Satisfaction - A Dynamic Perspective, in: Journal of Marketing 70 (7), S. 21-31.

Homburg, C./ Pflesser, C. (2000): A Multiple-Layer Model of Market-Oriented Orgnizational Culture: Measurement Issues and Performance Outcomes, in: Journal of Marketing Research 37, S. 449-462.

Homburg, C./ Stock, R. (2001): Der Zusammenhang zwischen Mitarbeiter- und Kundenzufriedenheit: Eine dyadische Analyse, in: Zeitschrift für Betriebswirtschaft 71, S. 789-806.

Homburg, C./ Stock, R. M. (2004): The Link Between Salespeople's Job Satisfaction and Customer Satisfaction in a Business-to-Business Context: A Dyadic Analysis, in: Journal of the Academy of Marketing Science 32 (2), S. 144-158.

Homburg, C./ Stock, R. M. (2005): Exploring the Conditions Under Which Salesperson Work Satisfaction Can Lead to Customer Satisfaction, in: Psychology & Marketing 22 (5), S. 393-420.

Hong, L. K./ Duff, R. W. (1977): Becoming a Taxi-Dancer, in: Sociology of Work and Occupations 4 (3), S. 327-342.

Hooks, G./ Mosher, C. (2005): Outrages Against Personal Dignity: Rationalizing Abuse and Torture in the War on Terror, in: Social Forces 83 (4), S. 1627-1645.

Höpfl, H. (2002): Playing the part: Reflections on aspects of mere performance in the customer-client relationship, in: Journal of Management Studies 39 (2), S. 255-267.

Höpfl, H./ Linstead, S. (1993): Passion and Performance: Suffering and the Carrying of Organizational Roles, in: Fineman, S. (Hrsg. 1993): Emotion in Organizations, Thousand Oaks u.a. 1993, S. 76-93.

Howell, J. M./ Frost, P. J. (1989): A laboratory study of charismatic leadership, in: Organizational Behavior and Human Decision Processes 43, S. 243-269.

Hoyningen-Huene, P. (2002): Paul Feyerabend and Thomas Kuhn, in: Journal for General Philosophy of Science 33 (1), S. 61-83.

Hsee, C. K./ Hatfield, E./ Carlson, J. G./ Chemtob, C. (1990): The Effect of Power on Susceptibility to Emotional Contagion, in: Cognition and Emotion 4 (4), S. 327-340.

Hsiung, T. L./ Hsieh, A. T. (2003): Newcomer Socialization: The Role of Job Standardiza-
tion, in: Public Personnel Management 32 (4), S. 579-589.

Huang, M. - H. (2001): The Theory of Emotions in Marketing, in: Journal of Business and
Psychology 16 (2), S. 239-247.

Hughes, J. M. (1983): Emotion and High Politics. Personal Relations at the Summimt in Late
Nineteenth-Century Britain and Germany, Berkeley u.a. 1983.

Humphreys, M./ Brown, A. D. (2002): Dress and Identity: A Turkish Case Study, in: Journal
of Management Studies 39 (7), S. 927-952.

Hüppe, M. (1998): Emotion und Gedächtnis im Alter, Göttigen u.a. 1998.

Huy, Q. N. (1999): Emotional Capability, Emotional Intelligence and Radical Change, in:
Academy of Management Review 24 (2), S. 325-345.

Huy, Q. N. (2005): Emotion Management to Facilitate Strategic Change and Innovation: How
Emotional Balancing and Emotional Capability Work Together, in: Härtel, C. E.
J./ Zerbe, W. J./ Ashkanasy, N. M. (Hrsg. 2005): Emotions in Organizational Be-
havior, Mahwah und London 2005, S. 295-316.

Ingram, P./ Roberts, P. W. (2000): Friendships among Competitors in the Sydney Hotel Industry, in: American Journal of Sociology 106 (2), S. 387-423.

Institut der deutschen Wirtschaft (2006): Deutschland in Zahlen, Köln 2006.

Irvine, J. T. (1990): Registering Affect: Heteroglassia in the linguistic expression of emotion,
in: Lutz, C. A./ Abu-Lughod, L. (Hrsg. 1990): Language and the Politics of Emotion, Cambridge 1990, S. 126-161.

Isen, A. (1999a): On the relationship between affect and creative problem solving, in: Russ, S.
W. (Hrsg. 1999): Affect, Creative Experience and Psychological Adjustment,
Philadelphia 1999, S. 3-18.

Isen, A. (1999b): Positive affect, in: Dagleish, T./ Power, M. (Hrsg. 1999): Handbook of
Cognition and Emotion, New York 1999, S. 521-539.

Isen, A. M. (1984): Toward understanding the role of affect in cognition, in: Wyer, R. S./
Srull, T. K. (Hrsg. 1984): Handbook of Social Cognition, Hillsdale/New Jersey
1984, S. 179-236.

Isen, A. M. (1987): Positive Affect, Cognitive Processes, and Social Behavior, in: Advances
in Social Psychology 20, S. 203-253.

Isen, A. M. (1993): Positive Affect and Decision Making, in: Lewis, M./ Haviland-Jones, J.
M. (Hrsg. 1993): Handbook of Emotions, New York 1993, S. 261-277.

Isen, A. M. (2000a): Positive Affect and Decision Making, in: Lewis, M./ Haviland-Jones, J.
M. (Hrsg. 2000): Handbook of Emotions, 2. Aufl., New York 2000, S. 417-435.

Isen, A. M. (2000b): Some Perspectives on Positive Affect and Self-Regulation, in: Psychological Inquiry 11 (3), S. 184.

Isen, A. M./ Baron, R. A. (1991): Positive affect as a factor in organizational behavior, in: Research in Organizational Behavior 13, S. 1-53.

Isen, A. M./ Daubman, K. A./ Nowicki, G. P. (1987): Positive affect facilitates creative problem solving, in: Journal of Personality and Social Psychology 52 (6), S. 1122-1131.

Isen, A. M./ Means, B. (1983): The Influence of Positive Affect on Decision-Making Strategy, in: Social Cognition 2 (1), S. 18-31.

Isen, A. M./ Shalker, T. E./ Clark, M./ Karp, L. (1978): Affect, Acessibility of Material in Memory, and Behavior: A Cognitive Loop? in: Journal of Personality and Social Psychology 36 (1), S. 1-12.

Israel, J. (1972): Stipulations and Construction in the Social Sciences, in: Israel, J./ Tajfel, H. (Hrsg. 1972): The Context of Social Psychology, New York 1972, S. 123-211.

Izard, C. E. (1977): Human Emotions, New York 1977.

Izard, C. E. (1991): The psychology of emotions, New York 1991.

Izard, C. E. (1994): Innate and universal facial expressions: Evidence from developmental and cross-cultural research, in: Psychological Bulletin 115, S. 288-299.

Izard, C. E./ Ackerman, B. P. (2000): Motivational, Organizational, and Regulatory Functions of Discrete Emotions, in: Lewis, M./ Haviland-Jones, M. (Hrsg. 2000): Handbook of Emotions, 2. Aufl., New York 2000, S. 253-264.

Jablin, F. M. (1987): Organizational Entry, Assimilation, and Exit, in: Jablin, F. M./ Putnam, L. L./ Roberts, K. H./ Porter, L. W. (Hrsg. 1987): Handbook of Organizational Communication, Newbury Park 1987, S. 679-740.

Jackman, J. M./ Strober, M. H. (2003): Fear of Feedback, in: Harvard Business Review 81 (4), S. 101-107.

Jackson, N./ Carter, P. (1991): In Defence of Paradigm Incommensurability, in: Organization Studies 12 (1), S. 109-127.

Jackson, S. E./ Schuler, R. S. (1985): A meta-analysis an conceptual critique of research on role ambiguity and role conflict in work settings, in: Organizational Behavior and Human Decision Processes 36, S. 16-78.

Jaehrling, D. (2002): Fröhlich führen: Erfolge planen und verwirklichen mit dem emotionalen Führungskonzept, Düsseldorf und Berlin 2002.

Jamal, M. (1990): Relationship on job stress and type-a behavior to employees' job satisfaction, organizational commitment, psychosomatic health problems, and turnover motivation, in: Human Relations 43, S. 727-738.

James, K./ Brodersen, M./ Eisenberg, J. (2004): Workplace Affect and Workplace Creativity: A Review and Preliminary Model, in: Human Performance 17 (2), S. 169-194.

James, W. (1958): Varieties of religious experience, New York 1958.

Janke, W./ Hüppe, M. (1990): Emotionalität bei alten Personen, in: Scherer, K. R. (Hrsg. 1990): Psychologie der Emotionen, Göttingen u.a. 1990, S. 215-289.

Jasper, J. (1998): The emotions of protest: Affective and reactive emotions in and around social movements, in: Sociological Forum 13, S. 397-424.

Jaworski, B. J./ Kohli, A. K. (1993): Market Orientation: Antecedents and Consequences, in:
Journal of Marketing 57, S. 53-70.

Jett, Q. R./ George, J. M. (2003): Work Interrupted: A Closer Look at the Role of Interrup-
tions in Organizational Life, in: Academy of Management Review 28 (3), S. 494-
507.

Johns, F. (2006): The Essential Impact of Context on Organizational Behavior, in: Academy
of Management Review 31 (2), S. 386-408.

Johnson, P./ Duberley, J. (2003): Reflexivity in Management Research, in: Journal of Management Studies 40 (5), S. 1279-1303.

Jones, G. R. (1986): Socialization Tactics, Self-Efficacy, and Newcomers' Adjustments to
Organizations, in: Academy of Management Journal 29, S. 262-279.

Jorgenson, D. O. (1981): Perceived Causal Influences of Weather: Rating the Weather's Influence on Affective States and Behaviors, in: Environment and Behavior 13 (2), S.
239-256.

Jung, H. (2006): Personalwirtschaft, 7. Aufl., München/Wien 2006.

Kahn, W. A. (1990): Psychological Conditions of Personal Engagement and Disengagement
at Work, in: Academy of Management Journal 33 (4), S. 692-724.

Kahn, W. A. (1992): To Be Fully There: Psychological Presence at Work, in: Human Relations 45 (4), S. 321-349.

Kahneman, D. (2003): Maps of Bounded Rationality: Psychology for Behavioral Economics,
in: The American Economic Review 93 (5), S. 1449-1475.

Kaiser, S. (2001): Entwicklung von Humanressourcen eine ressourcen- und lernorientierte
Perspektive, Wiesbaden 2001.

Kaiser, S. (2004): Humanressourcen-Management in Professional Service Firms, in:
Ringlstetter, M./ Bürger, B./ Kaiser, S. (Hrsg. 2004): Strategien und Management
für Professional Service Firms, Weinheim 2004, S. 163-184.

Kaiser, S./ Fassbender, P. (2006): Konzept der Deeskalation, in: Personal 58 (5), S. 30-33.

Kaiser, S./ Müller-Seitz, G. (2004): ZP-Stichwort: Positive Organizational Scholarship, in:
Zeitschrift für Planung & Unternehmenssteuerung 15 (4), S. 449-454.

Kaiser, S./ Müller-Seitz, G. (2005a): Knowledge Management via a Novel Information Technology - The Case of Corporate Weblogs, in: Journal of Universal Computer Science (Special Issue: Proceedings of I-Know 2005), S. 465-473.

Kaiser, S./ Müller-Seitz, G. (2005b): Unleashing Passion for Knowledge - Examining We-
blogs as a Communication Technology to Foster Organizational Knowledge and
Learning, Proceedings of the 6th International Conference on Organizational
Learning and Knowledge, Trento/Italien, 09.-11.06.2005.

Kaiser, S./ Müller-Seitz, G. (2007): An explorative analysis of the socialization of positive emotions: Insights from the consulting field, in: Organizational Behaviour and Management Review [Comportamento Organizacional e Gestão] 13(1), S. 55-70.

Kaiser, S./ Müller-Seitz, G./ Lopes, M. P./ Cunha, M. P. e. (2007a): Weblog-Technology as a Trigger to Elicit Passion for Knowledge, in: Organization 14 (3), S. 391-412.

Kaiser, S./ Müller-Seitz, G./ Ringlstetter, M. (2005): Der Beitrag eines flexibilitätsorientierten Humanressourcen-Managements in Unternehmenskrisen: Eine kritische Betrachtung, in: Zeitschrift für Personalforschung 19 (3), S. 252-272.

Kaiser, S./ Müller-Seitz, G./ Ringlstetter, M. (2007b): Positive Organizational Scholarship: Die Wende der Organisationsforschung zum Guten?, in: Zeitschrift Forschung und Organisation 76 (3), S. 172-175.

Kaiser, S./ Ringlstetter, M. (2006a): Vertrauen: Erfolgsfaktor für wissensintensive Dienstleistungsunternehmen, in: Götz, K. (Hrsg. 2006): Vertrauen in Organisationen, München u.a. 2006, S. 99-112.

Kaiser, S./ Ringlstetter, M. (2006b): Individuell-subjektives Glücksempfinden als unternehmerischer Erfolgsfaktor, in: Ringlstetter, M./ Kaiser, S./ Müller-Seitz, G. (Hrsg. 2006): Positives Management. Zentrale Konzepte und Ideen des Positive Organizational Scholarship, Wiesbaden 2006, S. 151-164.

Kaiser, S./ Roßbach, M. (2003): Flexibilisierung in der Personalausstattung, in: Personal 55 (1), S. 16-19.

Kaleta, D./ Jegier, A. (2005): Occupational Energy Expenditure and Leisure-Time Physical Activity, in: International Journal of Occupational Medicine and Environmental Health 18 (4), S. 351-356.

Kaltcheva, V. D./ Weitz, B. A. (2006): When Should a Retailer Create an Exciting Store Environment? in: Journal of Marketing 70 (1), S. 107-118.

Kanfer, R./ Ackerman, P. L. (2004): Aging, Adult Development, and Work Motivation, in: Academy of Management Review 29 (3), S. 440-458.

Kang, S. - M./ Day, J. D./ Meara, N. M. (2006): Soziale und emotionale Intelligenz: Gemeinsamkeiten und Unterschiede, in: Schulze, R./ Freund, P. A./ Roberts, R. D. (Hrsg. 2006): Emotionale Intelligenz: Ein internationales Handbuch, Göttingen 2006, S. 101-115.

Kannheiser, W. (1992): Arbeit und Emotion, Berlin u.a. 1992.

Karasek Jr., R. A. (1979): Job Demands, Job Decision Latitude, and Mental Strain: Implications for Job Redesign, in: Administrative Science Quarterly 24, S. 285-308.

Karasek, R./ Theorell, T. (1990): Healthy work: stress, productivity, and the reconstruction of working life, New York 1990.

Kasper, H./ Mayrhofer, W. (2002): Personalmanagement, Führung, Organisation, 3. Aufl., Wien 2002.

Kasper, H./ Mühlbacher, J. (2002): Von Organisationskulturen zu lernenden Organisationen, in: Kasper, H./ Mayrhofer, W. (Hrsg. 2002): Personalmanagement. Führung. Organisation, Wien 2002, S. 95-155.

Katz, P. (1990): Emotional Metaphors, Socialization, and Roles of Drill Sergeants, in: Ethos 18, S. 457-480.

Katzenbach, J. R./ Santamaria, J. A. (1999): Firing up the Front Line, in: Harvard Business Review 77, S. 107-117.

Keighley, E. C. (1973): Visual requirements and reduced fenestration in offices: A study of multiple apertures and window areas, in: Building Science 8, S. 321-331.

Keller, M. C./ Fredrickson, B. L./ Ybarra, O./ Cote, S./ Johnson, K./ Mikels, J./ Conway, A./ Wager, T. (2005): A Warm Heart and a Clear Head. The Contingent Effects of Weather on Mood and Cognition, in: Psychological Science 16 (9), S. 724-731.

Kellett, J. B./ Humphrey, R. H./ Sleeth, R. G. (2002): Empathy and complex task performance: two routes to leadership, in: The Leadership Quarterly 13, S. 523-544.

Kelley, S. (1992): Developing customer orientation among service employees, in: Adademy of Marketing Science 20 (1), S. 27-36.

Kellmann, M./ Altenburg, D./ Lormes, W./ Steinacker, J. M. (2001): Assessing Stress and Recovery During Preparation for the World Championships in Rowing, in: The Sports Psychologist 15 (151-167).

Kellogg, D. L./ Youngdahl, W. E./ Bowen, D. E. (1997): On the relationship between customer participation and satisfaction: two frameworks, in: International Journal of Service Industry Mangement 8 (3), S. 206-219.

Kelloway, E. K./ Barling, J. (1991): Job characteristics, role stress and mental health, in: Journal of Occupational Psychology 64, S. 291-304.

Kelly, J. R. (1988): Entrainment in individual and group behavior, in: McGrath, J. E. (Hrsg. 1988): The social psychology of time: New perspectives, Newbury Park, CA 1988, S. 89-110.

Kelly, J. R./ Barsade, S. G. (2001): Mood and Emotions in Small Groups and Work Teams, in: Organizational Behavior and Human Decision Processes 86 (1), S. 99-130.

Kemper, T. D. (1978a): A Social Interactional Theory of Emotions, New York 1978.

Kemper, T. D. (1978b): Toward a sociology of emotions: some problems and some solutions, in: The American Sociologist 13, S. 30-41.

Kemper, T. D. (1981): Social Constructionist and Positivist Approaches to the Sociology of Emotions, in: American Journal of Sociology 87 (2), S. 336-362.

Kemper, T. D. (1991): Predicting Emotions from Social Relations, in: Social Psychology Quarterly 54 (4), S. 330-342.

Kenny, D. A./ Cook, W. (1999): Partner effects in relationship research: Conceptual issues, analytic difficulties, and illustrations, in: Personal Relationships 6, S. 433-448.

Kessel, M. (2006): Gefühle und Geschichtswissenschaft, in: Schützeichel, R. (Hrsg. 2006): Emotionen und Sozialtheorie. Disziplinäre Ansätze, Frankfurt a.M. und New York 2006, S. 29-47.

Keyes, C. L. M./ Hysom, S. J./ Lupo, K. L. (2000): The Positive Organization: Leadership Legitimacy, Employee Well-Being, and the Bottom Line, in: The Psychologist-Manager Journal 4 (2), S. 143-153.

Kiefer, T. (2002a): Analyzing Emotions for a Better Understanding of Organizational Change: Fear, Joy, and Anger During a Merger, in: Ashkanasy, N. M./ Zerbe, W. J./ Härtel, C. E. J. (Hrsg. 2002): Managing Emotions in the Workplace, Armonk u.a. 2002, S. 45-69.

Kiefer, T. (2002b): Understanding the Emotional Experience of Organizational Change: Evidence from a Merger, in: Advances in Developing Human Resources 4 (1), S. 39-61.

Kiefer, T. (2002c): Die Macht positiver und negativer Gefühle in der Arbeitswelt, in: Personalführung 12 (12), S. 49-55.

Kiely, J. A. (2005): Emotions in Business-to-Business Service Relationships, in: The Service Industries Journal 25 (3), S. 373-390.

Kienbaum, J./ Jochmann, W. (1994): Coaching: Ein Instrumentarium zur Absicherung und Förderung von Karrriereentwicklungen, in: Kienbaum, J. (Hrsg. 1994): Visionäres Personalmanagement, 2. Aufl., Stuttgart 1994, S. 17-43.

Kieser, A. (1990a): Organisationsstruktur, Unternehmenskultur und Innovation, in: Bleicher, K./ Gomez, P. (Hrsg. 1990): Zukunftsperspektiven der Organisation. Festschrift zum 65. Geburtstag von Prof. Dr. Robert Staerkle, Bern 1990, S. 157-178.

Kieser, A. (1990b): Organisational Culture, in: Grochla, E./ Gaugler, E. (Hrsg. 1990): Handbook of German Business Management, Stuttgart u.a. 1990, Sp. 1575-1580.

Kieser, A. (1991): Von der Morgensprache zum "Gemeinsamen HP-Frühstück": Zur Funktion von Werten, Mythen, Ritualen und Symbolen - "Organisationskulturen" - in der Zunft und im modernen Unternehmen, in: Dülfer, E. (Hrsg. 1991): Organisationskultur: Phänomen - Philosophie - Technologie, 2. Aufl., Stuttgart 1991, S. 253-271.

Kieser, A. (1996): Moden und Mythen des Organisierens, in: Die Betriebswirtschaft 56, S. 21-39.

Kieser, A. (2003): Einarbeitung neuer Mitarbeiter, in: von Rosenstiel, L./ Regnet, E./ Domsch, M. E. (Hrsg. 2003): Führung von Mitarbeitern. Handbuch für erfolgreiches Personalmanagement, 5. Aufl., Stuttgart 2003, S. 183-194.

Kieser, A./ Nagel, R. (1986): Die Gestaltung von Eingliederungsprogrammen für neue Mitarbeiter, in: Zeitschrift für betriebswirtschaftliche Forschung 38 (11), S. 956-962.

Kieser, A./ Nagel, R./ Hippler, G./ Krüger, K. - H. (1985): Die Einführung neuer Mitarbeiter in das Unternehmen, Frankfurt a.M. 1985.

Kiesler, S./ Sproull, L. (1992): Group Decision Making and Communication Technology, in: Organizational Behavior and Human Decision Processes 52, S. 96-123.

Kim, H. (2002): Shame, Anger, and Love in Collective Action: Emotional Consequences of Suicide Protest in South Korea, 1991, in: Mobilization 7 (2), S. 159-176.

King, L. A./ Hicks, J. A./ Krull, J. L./ Del Gaiso, A. K. (2006): Positive Affect and the Experience of Meaning in Life, in: Journal of Personality and Social Psychology 90 (1), S. 176-196.

Kinnie, N./ Hutchinson, S./ Purcell, J. (2000): `Fun and surveillance`: the paradox of high commitment management in call centres, in: International Journal of Human Resource Management 11 (5), S. 967-985.

Kirchmeyer, C. (1992): Perceptions of nonwork-to-work spillover: Challenging the common view of conflict-ridden domain relationships, in: Basic and Applied Social Psychology 13, S. 231-249.

Kirk-Smith, M. D./ Booth, D. A. (1987): Chemoreception in human behaviour. Experimental analysis of the social effects of fragrances, in: Chemical Senses 12 (1), S. 159-166.

Kirsch, W. (1990): Unternehmenspolitik und strategische Unternehmensführung, 2. Aufl., München 1990.

Kirsch, W. (1997a): Kommunikatives Handeln, Autopoiese, Rationalität, 2. Aufl., Herrsching 1997.

Kirsch, W. (1997b): Betriebswirtschaftslehre. Eine Annäherung aus der Perspektive der Unternehmensführung, 4. Aufl., München 1997.

Kirsch, W./ Esser, W. - M./ Gabele, E. (1979): Das Management des geplanten Wandels in Organisationen, Stuttgart 1979.

Kirsch, W./ Maaßen, H. (1988): Managementsysteme. Planung und Kontrolle, Herrsching 1988.

Kirsch, W./ Ringlstetter, M. (1995): Die Professionalisierung und Rationalisierung der Führung von Unternehmen, in: Geißler, H. (Hrsg. 1995): Organisationslernen und Weiterbildung, Neuwied u.a. 1995, S. 220-249.

Kitayama, S./ Markus, H. R./ Kurokawa, M. (2000): Culture, Emotion, and Well-being: Good Feelings in Japan and the United States, in: Cognition and Emotion 14 (1), S. 93-124.

Klatch, R. E. (2004): The Underside of Social Movements: The Effects of Destructive Affective Ties, in: Qualitative Sociology 27 (4), S. 487-509.

Klein, J./ Ringlstetter, M./ Oelert, J. (2001): Interne Kommunikation, in: Brauner, D. J./ Leitolf, J./ Raible-Besten, R./ Weigert, M. M. (Hrsg. 2001): Lexikon der Presse und Öffentlichkeitsarbeit, München 2001, S. 160-168.

Klein, K. J./ Tosi, H./ Cannella, A. A. J. (1999): Multilevel theory building: benefits, barriers, and new developments, in: Academy of Management Review 24 (2), S. 243-248.

Kleinginna, P. R./ Kleinginna, A. M. (1981): A Categorized List of Emotion Definitions, with Suggestions for a Consensual Definition, in: Motivation and Emotion 5 (4), S. 345-356.

Klewes, J. (1983): Retroaktive Sozialisation. Einflüsse Jugendlicher auf ihre Eltern, Weinheim und Basel 1983.

Klimecki, R./ Gmür, M. (2001): Personalmanagement: Strategien, Erfolgsbeiträge, Entwicklungsperspektiven, Stuttgart 2001.

Kluckhohn, F./ Strodtbeck, F. L. (1961): Variations in Value Orientations, Elmsford, New York 1961.

Kmieciak, P. (1976): Wertstrukturen und Wertewandel in der Bundesrepublik Deutschland: Grundlagen einer interdisziplinären empirischen Wertforschung mit einer Sekundäranalyse von Umfragedaten, Göttingen 1976.

Knasko, S. (1995): Pleasant Odors and Congruency Effects on Approach Behavior, in: Chemical Senses 20, S. 479-487.

Knasko, S. C. (1992): Ambient odor's effect on creativity, mood, and perceived health, in: Chemical Senses 17, S. 27-35.

Knasko, S. C./ Gilbert, A. N./ Sabini, J. (1990): Emotional state, physical well-being, and performance in the presence of feigned ambient odor, in: Journal of Applied Social Psychology 20, S. 1345-1357.

Kniehl, A. T. (1998): Motivation und Volition in Organisationen: Ein Beitrag zur theoretischen Fundierung des Motivationsmanagements, Wiesbaden 1998.

Knoblich, H./ Scharf, A./ Schubert, B. (2003): Marketing mit Duft, 4. Aufl., München und Wien 2003.

Kobayashi, F./ Schallert, D. L./ Ogren, H. A. (2003): Japanese and American Folk Vocabularies for Emotions, in: The Journal of Social Psychology 143 (4), S. 451-478.

Kohli, A. K./ Jaworski, B. J. (1990): Market Orientation: The Construct, Research Propositions, and Managerial Implications, in: Journal of Marketing 54, S. 1-18.

Kohn, M. L. (1981): Persönlichkeit, Beruf und soziale Schichtung, Stuttgart 1981.

Kolb, M./ Wiedmann, K. (1997): Einführung neuer Mitarbeiter – Strategische und wirtschaftliche Betrachtung, in: Personal 48 (4), S. 204-211.

Konar, E./ Sundstrom, E./ Brady, C./ Mandel, D./ Rice, R. (1982): Status demarcation in the office, in: Environment and Behavior 14, S. 561-580.

Kopelman, S./ Rosette, A. S./ Thompson, L. (2006): The three faces of Eve: Strategic displays of positive, negative, and neutral emotions in negotiations, in: Organizational Behavior and Human Decision Processes 99 (1), S. 81-101.

Köster, E. P./ Degel, J. (2001): Are weak odors stronger than strong odors? The influence of odor on human performance, in: The Aroma-Chology Review 9 (2), S. 9-11.

Kotchemidova, C. (2005): From Good Cheer to "Drive-By Smiling": A Social History of Cheerfulness, in: Journal of Social History 39 (1), S. 5-37.

Kouzes, J. M./ Posner, B. Z. (1990): The Credibility Factor: What Followers Expect From Their Leaders, in: Management Review 79 (1), S. 29-33.

Kouzes, J. M./ Posner, B. Z. (1996): Envisioning Your Future: Imagining Ideal Scenarios, in: The Futurist 30 (3), S. 14-19.

Kouzes, J. M./ Posner, B. Z. (2004): Follower-oriented leadership, in: Goethals, G. R./ Sorensen, G./ Mac Gregor Burns, J. (Hrsg. 2004): Encyclopedia of Leadership, Berkshire 2004, S. 494-499.

Kouzes, J. M./ Posner, B. Z. (2005): Leading in Cynical Times, in: Journal of Management Inquiry 14 (4), S. 357-364.

Kowalski, R. M. (2002): Whining, Griping, and Complaining: Positivity in Negativity, in: Journal of Clinical Psychology 58, S. 1023-1035.

Krämer, H. (1998): Zur Tertiarisierung der deutschen Volkswirtschaft, in: Mangold, K. (Hrsg. 1998): Die Zukunft der Dienstleistung, Wiesbaden 1998, S. 171-216.

Kramer, M. W./ Hess, J. A. (2002): Communication Rules for the Display of Emotions in Organizational Settings, in: Management Communication Quarterly 16 (1), S. 66-80.

Krauss, N. F. (2002): Strategische Perspektiven des Humanressourcen-Managements, Wiesbaden 2002.

Krell, G. (1991): Organisationskultur: Renaissance der Betriebsgemeinschaft? in: Dülfer, E. (Hrsg. 1991): Organisationskultur: Phänomen - Philosophie - Technologie, 2. Aufl., Stuttgart 1991, S. 147-160.

Krell, G. (1993): Vergemeinschaftung durch symbolische Führung, in: Müller-Jentsch, W. (Hrsg. 1993): Profitable Ethik - effiziente Kultur: neue Sinnstiftungen durch das Management? München/Mering 1993, S. 39-55.

Krell, G. (1994): Vergemeinschaftende Personalpolitik. Normative Personallehren, Werksgemeinschaft, NS-Betriebsgemeinschaft, Betriebliche Partnerschaft, Japan, Unternehmenskultur, München und Mering 1994.

Krell, G. (2001): Managing Diversity, in: Bühner, R. (Hrsg. 2001): Management-Lexikon, München und Wien 2001, S. 480-482.

Krell, G. (2003): Die Ordnung der 'Humanressourcen' als Ordnung der Geschlechter, in: Weiskopf, R. (Hrsg. 2003): Menschenregierungskünste. Anwendungen poststrukturalistischer Analyse auf Management und Organisation, Wiesbaden 2003, S. 65-90.

Krell, G./ Pantelmann, H./ Wächter, H. (2006): Diversity(-Dimensionen) und deren Management als Gegenstände der Personalforschung in Deutschland, Österreich und der Schweiz, in: Krell, G./ Wächter, H. (Hrsg. 2006): Diversity Management. Impulse aus der Personalforschung, München und Mering 2006, S. 25-56.

Krell, G./ Weiskopf, R. (2001): Leidenschaften als Organisationsproblem, in: Schreyögg, G./ Sydow, J. (Hrsg. 2001): Managementforschung. Band 11. Emotionen und Management, Wiesbaden 2001, S. 1-45.

Krell, G./ Weiskopf, R. (2006): Die Anordnung der Leidenschaften, Wien 2006.

Krell, T. C./ Spich, R. S. (1996): A model of lame duck situations in changing organizations, in: Journal of Organizational Change Management 9 (4), S. 56-68.

Krippendorf, K. (1984): Paradox and Information, in: Progress in Communication Sciences 5, S. 46-71.

Kroeber-Riel, W./ Weinberg, P. (1999): Konsumentenverhalten, 7. Aufl., München 1999.

Krüger, W. (1994): Organisation der Unternehmung, 3. Aufl., Stuttgart u.a. 1994.

Kruml, S. M./ Geddes, D. (2000): Catching Fire Without Burning Out: Is There an Ideal Way to Perform Emotion Labor? in: Ashkanasy, N. M./ Härtel, C. E. J./ Zerbe, W. J. (Hrsg. 2000): Emotions in the Workplace, Westport 2000, S. 177-188.

Kryter, K. (1970): The effects of noise on man, New York 1970.

Kuhn, T. S. (1962): The Structure of Scientific Revolutions, Chicago 1962.

Kuhn, T. S. (2001): Die Struktur wissenschaftlicher Revolutionen, 2. Aufl., Frankfurt a.M. 2001.

Küpers, W. (2002): Phenomenology of Aesthetic Organising - Ways Towards Aesthetically Responsive Organizations, in: Consumption, Markets and Culture 5 (1), S. 21-46.

Küpers, W./ Weibler, J. (2005): Emotionen in Organisationen, Stuttgart u.a. 2005.

Küpers, W./ Weibler, J. (2006): How emotional is transformational leadership really? in: Leadership & Organization Development Journal 27 (5), S. 368-383.

Kutschker, M. (1996): Evolution, Episoden und Epochen. Die Führung von Internationalisierungsprozessen, in: Engelhard, J. (Hrsg. 1996): Strategische Führung internationaler Unternehmen, Wiesbaden 1996, S. 1-37.

Kutschker, M./ Schmid, S. (2002): Internationales Management, München und Wien 2002.

Labianca, G./ Gray, B./ Brass, D. J. (2000): A Grounded Model of Organizational Schemata Change During Empowerment, in: Organization Science 11 (2), S. 235-257.

Lahelma, E. (1992): Unemployment and Mental Well-being: Elaboration of the Relationship, in: International Journal of Health Services 22 (2), S. 261-274.

Landen, M. (2002): Emotion management: dabbling in mystery - white witchcraft or black art, in: Human Resource Development International 5 (4), S. 507-521.

Lang, J. (1988): Symbolic aesthetics in architecture: towards a research agenda, in: Nasar, J. L. (Hrsg. 1988): Environmental Aesthetics: Theory, Research and Applications, Cambridge 1988, S. 11-26.

Larsen, R. J./ Ketelaar, T. (1989): Extraversion, Neuroticism and Susceptibility to Positive and Negative Mood Induction Procedures, in: Personality and Individual Differences 10 (12), S. 1221-1228.

Larsen, R. J./ Ketelaar, T. (1991): Personality and Susceptibility to Positive and Negative Emotional States, in: Journal of Personality and Social Psychology 61 (1), S. 132-140.

Lash, S. (1992): Ästhetische Dimensionen Reflexiver Modernisierung, in: Soziale Welt 3, S. 261-277.

Lashley, C. (2002): Emotional harmony, dissonance and deviance at work, in: International Journal of Contemporary Hospitality Management 14 (5), S. 255-257.

Lasser, R. (1987): Symbolische Führung, in: Kieser, A./ Reber, G./ Wunderer, R. (Hrsg. 1987): Handwörterbuch der Führung, Stuttgart 1987, Sp. 1927-1938.

Lavender, A. (1987): The effects of nurses changing from uniforms to everday clothes on a psychiatric rehabilitation ward, in: British Journal of Medical Psychology 60, S. 189-199.

Lawler, E. J./ Thye, S. R. (1999): Bringing Emotions Into Social Exchange Theory, in: Annual Review of Sociology 25, S. 217-244.

Lawler, E. J./ Thye, S. R./ Yoon, J. (2000): Emotion and Group Cohesion in Productive Exchange, in: American Journal of Sociology 106, S. 616-657.

Lawler, E. J./ Thye, S. R./ Yoon, J. (2006): Commitment in Structurally Enabled and Induced Exchange Relations, in: Social Psychology Quarterly 69 (2), S. 183-200.

Layard, R. (1980): Human Satisfactions and Public Policy, in: Economic Journal 90, S. 737-750.

Layard, R. (2005): Die glückliche Gesellschaft. Kurswechsel für Politik und Wirtschaft, Frankfurt a.M. 2005.

Lazarus, R. S. (1966): Psychological stress and the coping process, New York 1966.

Lazarus, R. S. (1991a): Emotion and Adaptation, Oxford 1991.

Lazarus, R. S. (1991b): Progress on a Cognitive-Motivational-Relational Theory of Emotion, in: American Psychologist 46 (8), S. 819-834.

Lazarus, R. S./ Cohen-Charash, Y. (2004): Discrete emotions in organizational life, in: Payne, R. L./ Cooper, C. L. (Hrsg. 2004): Emotions at Work. Theory, research and applications for management, Chichester 2004, S. 45-81.

Lazarus, R. S./ Kanner, A. D./ Folkman, S. (1980): Emotions: A Cognitive-Phenomenological Analysis, in: Plutchik, R./ Kellerman, H. (Hrsg. 1980): Emotion: Theory, Research, and Experience, Volume 1: Theories of Emotions, New York 1980, S. 189-217.

Le Bon, G. (1896): The crowd: A study of the popular mind, London 1896.

le Roux, G. M. (2005): "Whistle While You Work": A Historical Account of Some Associations Among Music, Work, and Health, in: American Journal of Public Health 95 (7), S. 1106-1108.

Leana, C. R./ Feldman, D. C. (1992): Coping with job loss: How individuals, organizations, and communities respond to layoffs, New York u.a. 1992.

Leather, P./ Pyrgas, M./ Beale, D./ Lawrence, C. (1998): Windows in the workplace: Sunlight, view, and occupational stress, in: Environment and Behavior 30, S. 739-762.

Ledanff, S. (2003): The Palace of the Republic versus the Stadtschloss. The Dilemmas of Planning in the Heart of Berlin, in: German Politics and Society 21 (4), S. 30-76.

LeDoux, J. (1996): Das Netz der Gefühle, New York 1996.

Leidner, R. (1991): Selling hamburgers and selling insurance, in: Gender & Society 5, S. 154-177.

Lempp, H. (2005): Qualitative research in understanding the tranformation from medical student to doctor, in: Education for Primary Care 16, S. 648-654.

Leopold, J./ Harris, L./ Watson, T. (1999): Strategic human resourcing. Principles, perspectives and practice, London 1999.

Lesch, W. (2001): Cultivating Emotions: Some Ethical Perspectives, in: Ethical Theory and Moral Practice 4, S. 105-108.

Levenson, R. W. (1994a): Human Emotions: A Functional View, in: Ekman, P./ Davidson, R. J. (Hrsg. 1994): The Nature of Emotion, New York u.a. 1994, S. 123-126.

Levenson, R. W. (1994b): The Search for Autonomic Specifity, in: Ekman, P./ Davidson, R. J. (Hrsg. 1994): The Nature of Emotion. Fundamental Questions, New York und Oxford 1994, S. 252-257.

Levin, I. M. (2000): Vision Revisited. Telling the Story of the Future, in: The Journal of Applied Behavioral Science 36 (1), S. 91-107.

Levy, R. I. (1973): Tahitians: Mind and Experience in the Society Islands, Chicago 1973.

Lewig, K. A./ Dollard, M. F. (2003): Emotional dissonance, emotional exhaustion and job satisfaction in call centre workers, in: European Journal of Work and Organizational Psychology 12 (4), S. 366-392.

Lewis, K. M. (2000b): When leaders display emotion: how followers respond to negative emotional expression of male and female leaders, in: Journal of Organizational Behavior 21, S. 221-234.

Lewis, L. (2000c): Communicating Change: Four Cases of Quality Programs, in: The Journal of Business Communication 37 (2), S. 128-155.

Lewis, M. (2000a): Self-conscious emotions: Embarassment, pride, shame, and guilt, in: Lewis, M./ Haviland-Jones, J. M. (Hrsg. 2000): Handbook of Emotions, 2. Aufl., New York u.a. 2000, S. 623-636.

Lichtman, S./ Poser, E. G. (1983): The effects of exercise on mood and cognitive functioning, in: Journal of Psychosomatic Research 27, S. 43-52.

Liebel, H. J./ Oechsler, W. A. (1994): Handbuch Human-Resource-Management, Wiesbaden 1994.

Likert, R. (1967): The Human Organization. Its Management and Value, New York 1967.

Liljander, V./ Strandvik, T. (1996): Emotions in service satisfaction, in: International Journal of Service Industry Management 8 (2), S. 148-169.

Lin, I. Y. (2004): Evaluating a servicescape: the effect of cognition and emotion, in: Hospitality Management 23, S. 163-178.

Lincoln, N. D./ Travers, C./ Ackers, P./ Wilkinson, A. (2002): The meaning of empowerment: the interdisciplinary etymology of a new management concept, in: International Journal of Management Reviews 4 (3), S. 271-290.

Lindblom, C. (1959): The Science of "Muddling Through", in: Public Administration Review 19 (2), S. 79-88.

Lindblom, C. (1965): The Intelligence of Democracy, New York und London 1965.

Lingenfelder, M./ Walz, H. (1988): Outplacement, in: Die Betriebswirtschaft 48 (1), S. 136-138.

Linstead, S. (1994): Objectivity, reflexivity, and fiction: Humanity, inhumanity, and the science of the social, in: Human Relations 47 (11), S. 1321-1345.

Locke, E. A. (1976): The Nature and Causes of Job Satisfaction, in: Dunnette, M. (Hrsg. 1976): Handbook of Industrial and Organizational Psychology, Chicago 1976, Sp. 1297-1351.

Locke, K. (1996): A funny thing happened! The management of consumer emotions in service encounters, in: Organizational Science 7 (1), S. 40-59.

Loewen, L. J./ Suedfeld, P. (1992): Cognitive arousal effects of masking office noise, in: Environment and Behavior 24, S. 381-395.

Loewenstein, G. (2000): Preferences, Behavior, and Welfare. Emotions in Economic Theory and Economic Behavior, in: The American Economic Review 90 (2), S. 426-432.

Lofland, J. (1977): Doomsday Cult. A Study of Conversion, Proselytication and Maintenance of Faith, New York 1977.

Lok, P./ Crawford, J. (1999): The relationship between commitment and organizational culture, subculture, leadership style and job satisfaction in organizational change and development, in: Leadership & Organization Development Journal 20 (7), S. 365-373.

Lord, R. G./ Kernan, M. C. (1987): Scripts as Determinants of Purposeful Behavior in Organizations, in: Academy of Management Review 12 (2), S. 265-277.

Lord, R. G./ Maher, K. J. (1991): Leadership and information processing: Linking perceptions and performance, Boston/Mass. 1991.

Louis, M. R. (1990): Acculturation in the workplace: Newcomers as lay ethnographers, in: Schneider, B. (Hrsg. 1990): Organizational climate and culture, San Francisco, CA 1990, S. 85-129.

Louro, M. J./ Pieters, R./ Zeelenberg, M. (2005): Negative Returns on Positive Emotions: The Influence of Pride and Self-Regulatory Goals on Repurchase Decisions, in: Journal of Consumer Research 31 (4), S. 833-840.

Luhmann, N. (1968): Zweckbegriff und Systemrationalität, Tübingen 1968.

Luhmann, N. (1976): Funktionen und Folgen formaler Organisation, 3. Aufl., Berlin 1976.

Luhmann, N. (1984): Soziale Systeme, Frankfurt a.M. 1984.

Luhmann, N. (1987): Soziologische Aufklärung. 4. Beiträge zur funktionalen Differentierung der Gesellschaft, Opladen 1987.

Luhmann, N. (2000): Organisation und Entscheidung, Opladen 2000.

Lui, S. S./ Ngo, H. - Y./ Tsang, A. W. - N. (2003): Socialized to be a professional: a study of the professionalism of accountants in Hong Kong, in: International Journal of Human Resource Management 14 (7), S. 1192-1205.

Lundberg, C. C./ Young, C. A. (2001): A note on emotions and consultancy, in: Journal of Organizational Change Management 14 (6), S. 530-538.

Lundin L.; Hermansson,/ Hermansson, A. - M./ Holak, S. L./ Havlena, W. J. (1998): Feelings, Fantasies, and Memories - The Fin de Siecle Effect, in: Journal of Business Research 42 (3), S. 217-226.

Lupton, D. (1998): The Emotional Self, London 1998.

Lurie, A. (1981): The language of clothes, New York 1981.

Lurie, Y. (2004): Humanizing Business through Emotions: On the Role of Emotions in Ethics, in: Journal of Business Ethics 49 (1), S. 1-11.

Lüscher, K. (1968): Der Prozeß der beruflichen Sozialisation, Stuttgart 1968.

Lutz, C. (1983): Parental goals, ethnopsychology, and the development of emotional meaning, in: Ethos 11, S. 246-263.

Lutz, C. A. (1990): Engendered emotion: gender, power, and the rhetoric of emotional control in American discourse, in: Lutz, C. A./ Abu-Lughod, L. (Hrsg. 1990): Language and the politics of emotion, Cambridge 1990, S. 69-91.

Lutz, C./ Abu-Lughod, L. (Hrsg. 1990): Language and the Politics of Emotion, Cambridge 1990.

Lutz, C./ White, G. M. (1986): The Anthropology of Emotions, in: Annual Review of Anthropology 15, S. 405-436.

Lyon, M. L. (1995): Missing Emotion: The Limitations of Cultural Constructionism in the Study of Emotion, in: Cultural Anthropology 10 (2), S. 244-263.

Lyons, W. (1992): An Introduction to the Philosophy of the Emotions, in: Strongman, K. T. (Hrsg. 1992): International Review of Studies on Emotion, Canada 1992, S. 295-313.

Mackie, D. M./ Silver, L. A./ Smith, E. R. (2004): Intergroup Emotions. Emotion as an Intergroup Phenomenon, in: Tiedens, L. Z./ Leach, C. W. (Hrsg. 2004): The Social Life of Emotions, Cambridge 2004, S. 227-245.

Mackie, D. M./ Worth, L. T. (1989): Processing Deficits and the Mediation of Positive Affect in Persuasion, in: Journal of Personality and Social Psychology 57 (1), S. 27-40.

MacLennan, N. (1995): Coaching and Mentoring, Aldershot 1995.

Mael, F. A./ Ashforth, B. E. (2001): Identification in Work, War, Sports, and Religion: Contrasting the Benefits and Risks, in: Journal for the Theory of Social Behaviour 31 (2), S. 197-222.

Magai, C. (1999): Bindung, Emotion und Persönlichkeitsentwicklung, in: Spangler, G./ Zimmermann, P. (Hrsg. 1999): Die Bindungstheorie. Grundlagen, Forschung und Anwendung, Stuttgart 1999, S. 140-149.

Magen, Z./ Aharoni, R. (1991): Adolescents' Contributing toward Others. Relationship to Positive Experiences and Transpersonal Commitment, in: Journal of Humanistic Psychology 31 (2), S. 126-143.

Maier, G. W./ Woschee, R. - M. (2002): Die affektive Bindung an das Unternehmen, in: Zeitschrift für Arbeits- und Organisationspsychologie 46, S. 126-136.

Maitlis, S. (2005): The Social Processes of Organizational Sensemaking, in: Academy of Management Journal 48 (1), S. 21-49.

Malatesta, C. Z./ Haviland, J. M. (1985): Signals, symbols, and socialization. The modification of emotional expression in human development, in: Lewis, M./ Saarni, C. (Hrsg. 1985): The Socialization of Emotions, New York 1985, S. 89-116.

Malatesta, C. Z./ Izard, C. E. (1984): The ontogenesis of human social signals: From biological imperative to symbol utilization, in: Fox, N. A./ Davidson, R. J. (Hrsg. 1984): Psychobiology of affective development, Hillsdale/New Jersey 1984, S. 161-206.

Mandl, H./ Friedrich, H. F./ Hron, A. (1988): Theoretische Ansätze zum Wissenserwerb, in: Mandl, H./ Spada, H. (Hrsg. 1988): Wissenspsychologie, München und Weinheim 1988, S. 123-160.

Mangaliso, M. P. (2001): Building competitive advantage from ubuntu: Management lessons from South Africa, in: Academy of Management Executive 15 (3), S. 23-33.

Mann, S. (1999): Emotion at Work: To What Extent are We Expressing, Suppressing, or Faking it? in: European Journal of Work and Organizational Psychology 8 (3), S. 347-369.

Mann, S. (2004): 'People-work': emotion management, stress and coping, in: British Journal of Guidance & Counselling 32 (2), S. 205-221.

Mann, S./ Holdsworth, L. (2003): The psychological impact of teleworking: stress, emotions and health, in: New Technology, Work and Employment 18 (3), S. 196-211.

Mano, H. (1999): The Influence of pre-existing negative affect on store purchase intentions, in: Journal of Retailing 75 (2), S. 149-172.

Manstead, A. S. R./ Fischer, A. H. (2001): Social appraisal: The social world as object of and influence on appraisal processes, in: Scherer, K. R./ Schorr, A./ Johnstone, T. (Hrsg. 2001): Appraisal proceses in emotion: Theory, methods, research, New York 2001, S. 221-232.

Marcus, G. E. (2000): Emotions in Politics, in: Annual Review of Political Science 3, S. 221-250.

Markus, H./ Kitayama, S. (1991): Culture and the self: Implications for cognition, emotion, and motivation, in: Psychological Review 98, S. 224-253.

Markus, T. A. (1967): The function of windows: A reappraisal, in: Building Science 2, S. 97-121.

Marr, R./ Filiaster, A. (2005): Towards a Connecting Leadership: Closing Intellectual and Emotional Gaps in Organisations, EURAM 2005, München, 05.-07.05.2005.

Marriott, J. W. (2006): The Marriott Philosophy. A living tradition of values and beliefs, elektronisch veröffentlicht unter der URL: http://marriott.com/Multimedia/PDF/ Marriott_Management_Philosophy.pdf, abgerufen am 20.08.2006.

Martin, A. (1988): Personalforschung, München und Wien 1988.

Martin, A. (1998): Affekt, Kommunikation und Rationalität in Entscheidungsprozessen, München u.a. 1998.

Martin, J. (1992): Cultures in organizations: Three perspectives, New York 1992.

Martin, J./ Feldman, M. S./ Hatch, M. J./ Sitkin, S. B. (1983): The Uniqueness Paradox in Organizational Stories, in: Administrative Science Quarterly 28, S. 438-453.

Martin, J./ Knopoff, K./ Beckman, C. (1998): An Alternative to Bureaucratic Impersonality and Emotional Labor: Bounded Emotionality at The Body Shop, in: Administrative Science Quarterly 43, S. 429-469.

Martin, R./ Koda, H. (1989): Jocks and Nerds: Men Styles in the Twentieth Century, New York 1989.

Martin, S. E. (1999): Police Force or Police Service? Gender and Emotional Labor, in: Annals of the American Academy of Political and Social Sciences 561 (1), S. 111-126.

Martocchio, J. J./ Jimeno, D. I. (2003): Employee absenteeism as an affective event, in: Human Resource Management Review 13, S. 227-241.

Maslow, A. H. (1954): Motivation and Personality, New York u.a. 1954.

Matas, L./ Arend, R. A./ Sroufe, L. A. (1978): Continuity of adaptation in the second year: The relationship between quality of attachment and later competence, in: Child Development 49, S. 547-556.

Mathews, K. E./ Canon, L. K. (1975): Environmental noise level as a determinant of helping behavior, in: Journal of Personality and Social Psychology 32, S. 571-577.

Matsumoto, D. (1990): Cultural Similarities and Differences in Display Rules, in: Motivation and Emotion 14 (3), S. 195-214.

Matthews, G./ Davies, D. R./ Lees, J. L. (1990): Arousal, extroversion, and individual-differences in resource availability, in: Journal of Personality and Social Psychology 59 (1), S. 150-168.

Mattila, A. S./ Wirtz, J. (2001): Congruency of scent and music as a driver of in-store evaluations and behavior, in: Journal of Retailing 77, S. 273-289.

May, D. R./ Oldham, G. R./ Rathert, C. (2005): Employee affective and behavioral reactions to the spatial density of physical work environments, in: Human Resource Management 44 (1), S. 21-33.

Mayer, J. D./ Caruso, D. R./ Salovey, P. (1999): Emotional intelligence meets standards for traditional intelligence, in: Intelligence 27, S. 267-298.

Mayer, J. D./ DiPaolo, M./ Salovey, P. (1990): Pereiving affective content in ambiguous visual stimuli: A component of emotional intelligence, in: Journal of Personality Assessment 54, S. 772-781.

Mayer, J. D./ Salovey, P. (1993): The intelligence of emotional intelligence, in: Intelligence 17, S. 433-442.

Mayer, J. D./ Salovey, P. (1995): Emotional intelligence and the construction and regulation of feelings, in: Applied and Preventive Psychology 4, S. 197-208.

Mayer, J. D./ Salovey, P. (1997): What is emotional intelligence? in: Salovey, P./ Sluyter, D. J. (Hrsg. 1997): Emotional development and emotional intelligence: Implications for educators, New York 1997, S. 3-31.

Mayo, E. (1945): The social problems of an industrial civilization, Boston 1945.

Mayrhofer, W. (1987): Der gegenwärtige Stand der Outplacement-Diskussion, in: Zeitschrift für Personalforschung 1 (2), S. 147-180.

Mayrhofer, W./ Iellatchitch, A. (2005): Rites, right? The value of rites de passage for dealing with today's career transitions, in: Career Development International 10 (1), S. 52-66.

Mayrhofer, W./ Meyer, M. (2004): Organisationskultur, in: Schreyögg, G./ von Werder, A. (Hrsg. 2004): Handwörterbuch Unternehmensführung und Organisation, Stuttgart 2004, Sp. 1025-1033.

Mazhindu, D. M. (2003): Ideal nurses: the social construction of emotional labour, in: European Journal of Psychotherapy and Counselling 6 (3), S. 243-262.

McAllister Groves, J. (1995): Learning to feel. The neglected sociology of social movements, in: The Sociological Review 43 (3), S. 435-461.

McCarthy, E. D. (1989): Emotions Are Social Things: An Essay in the Sociology of Emotions, in: Franks, D. D./ McCarthy, E. D. (Hrsg. 1989): The Sociology of Emotions: Original Essays and Research Papers, Greenwich und London 1989, S. 51-72.

McCauley, R. N./ Lawson, E. T. (2002): Bringing ritual to mind: Psychological foundations of cultural forms, Cambridge 2002.

McColl-Kennedy, J. R./ Anderson, R. D. (2002): Impact of leadership style and emotions on subordinate performance, in: The Leadership Quarterly 13, S. 545-559.

McDougall, W. (1923): Outline of psychology, New York 1923.

McDowell, D. J./ Parke, R. D. (2000): Differential Knowledge of Display Rules for Positive and Negative Emotions: Influences from Parents, Influences on Peers, in: Social Development 9 (4), S. 415-432.

McGillivray, D. (2005): Governing the Working Bodies Through Leisure, in: Leisure Science 27, S. 315-330.

McGregor, D. (1960): The Human Side of the Enterprise, New York u.a. 1960.

McIntosh, D. N./ Druckman, D./ Zajonc, R. B. (1994): Socially induced affect, in: Druckman, D./ Bjork, R. A. (Hrsg. 1994): Learning, remembering, believing: Enhancing human performance, Washington, DC 1994, S. 251-276.

McKnight, D. H./ Cummings, L. L./ Chervany, N. L. (1998): Initial Trust Formation in New Organizational Relationships, in: Academy of Management Review 23 (3), S. 473-490.

McPhail, C. (1991): The Myth of the Madding Crowd, New York 1991.

Mead, G. H. (2005): Geist, Identität und Gesellschaft aus der Sicht des Sozialbehaviorismus, 14. Aufl., Frankfurt a.M. 2005.

Mees, U. (1985): Was meinen wir, wenn wir von Gefühlen reden? Zur psychologischen Textur von Emotionswörtern, in: Sprache & Kognition 1, S. 2-20.

Mees, U. (2006): Zum Forschungsstand der Emotionspsychologie - eine Skizze, in: Schützeichel, R. (Hrsg. 2006): Emotionen und Sozialtheorie. Disziplinäre Ansätze, Frankfurt a.M. und New York 2006, S. 104-123.

Meffert, H./ Bruhn, M. (2003): Dienstleistungsmarketing, 4. Aufl., Wiesbaden 2003.

Mehrabian, A./ Diamond, S. G. (1971): Seating arrangement and conversation, in: Sociometry 34, S. 281-289.

Mehrabian, A./ Epstein, N. (1972): A measure of emotional empathy, in: Journal of Personality 40, S. 525-543.

Mehrabian, A./ Russell, J. A. (1974): An Approach to Environmental Psychology, Cambridge/Massachusetts 1974.

Mehta, A./ Purvis, S. C. (2006): Reconsidering Recall and Emotion in Advertising, in: Journal of Advertising Research 46 (1), S. 49-56.

Meijman, T. F./ Mulder, G. (1998): Psychological aspects of workload, in: Drenth, P. J. D./ Thierry, H. (Hrsg. 1998): Handbook of work and organizational psychology, Hove 1998, S. 5-33.

Melamed, S./ Fried, Y./ Froom, P. (2001): The interactive effect of chronic exposure to noise and job complexity on changes in blood pressure and job satisfaction: A longitudinal study of industrial employees, in: Journal of Occupational Health Psychology 6 (3), S. 182-195.

Menaghan, E. G. (1991): Work Experiences and Family interaction Processes: The long Reach of the Job? in: Annual Review of Sociology 17, S. 419-444.

Menon, K./ Dube, L. (2000): Ensuring greater satisfaction by engineering salesperson response to customer emotions, in: Journal of Retailing 76 (3), S. 285-308.

Menon, U. (2000): Analyzing Emotions as Culturally Constructed Scripts, in: Culture & Psychology 6 (1), S. 40-50.

Mercer, P. (1972): Sympathy and Ethics, Oxford 1972.

Merleau-Ponty, M. (1998): Phenomenology of Perception, London 1998.

Mestrovic, S. (1997): Postemotional Society, London 1997.

Mestrovic, S. (1999): The Postemotional Self, in: Psychohistoric Review 27 (2), S. 59-70.

Meyer, A. (1998): Dienstleistungs-Marketing: Grundlagen und Gliederung des Handbuchs, in: Meyer, A. (Hrsg. 1998): Handbuch Dienstleistungs-Marketing, Stuttgart 1998, S. 3-22.

Meyer, A./ Mattmüller, R. (1987): Qualität von Dienstleistungen: Entwurf eines praxisorientierten Qualitätsmodells, in: Marketing- Zeitschrift für Forschung und Praxis 9 (3), S. 187-195.

Meyer, D. K./ Turner, J. C. (2002): Discovering Emotion in Classroom Motivation Research, in: Educational Psychologist 37 (2), S. 107-114.

Meyer, J. P./ Allen, N. J. (1997): Commitment in the Workplace: Theory, Research, and Application, Thousand Oaks u.a. 1997.

Meyer, U. - W./ Schützwohl, A./ Reisenzein, R. (1993): Einführung in die Emotionspsychologie. Band 1, Bern u.a. 1993.

Mignonac, K./ Herrbach, O. (2004): Linking Work Events, Affective States, and Attitudes: An Empirical Study of Managers' Emotions, in: Journal of Business and Psychology 19 (2), S. 221-240.

Mikulincer, M./ Shaver, P. R. (2005): Attachment theory and emotions in close relationships: Exploring the attachment-related dynamics of emotional reactions to relational events, in: Personal Relationships 12, S. 149-168.

Miller, V. D./ Jablin, F. M. (1991): Information seeking during organizational entry: Influences, tactics, and a model of the process, in: Academy of Management Review 16, S. 92-120.

Mills, P. K./ Moshavi, D. S. (1999): Professional concern: managing knowledge-based service relationships, in: International Journal of Service Industry Management 10 (1), S. 48-67.

Mills, T. L./ Boylstein, C. A./ Lorean, S. (2001): Doing' Organizational Culture in the Saturn Corporation, in: Organization Studies 22 (1), S. 117-143.

Millward, L. J./ Brewerton, P. M. (1999): Contractors and their Psychological Contracts, in: British Journal of Management 10, S. 253-274.

Mintzberg, H. (1978): Patterns in Strategy Formation, in: Management Science 24 (9), S. 934-948.

Mintzberg, H. (1979): The Structuring of Organizations, Englewood Cliffs/New Jersey 1979.

Mintzberg, H. (1990): Mintzberg on Management, New York 1990.

Mintzberg, H./ Waters, J. (1985): Of strategies, deliberate and emergent, in: Strategic Management Journal 6, S. 257-272.

Mondillon, L./ Niedenthal, P. M./ Brauer, M./ Rohmann, A./ Dalle, N./ Uchida, Y. (2005): Beliefs About Power and Its Relation to Emotional Experience: A Comparison of Japan, France, Germany, and the United States, in: Personality and Social Psychology Bulletin 31 (8), S. 1112-1122.

Moneta, G./ Csikszentmihalyi, M. (1996): The Effect of Perceived Challenges and Skills on the Quality of Subjective Experience, in: Journal of Personality 64 (2), S. 275-310.

Montgomery, A. J./ Panagopolou, E./ de Wildt, M./ Meeks, E. (2006): Work-family interference, emotional labor and burnout, in: Journal of Managerial Psychology 21 (1), S. 36-51.

Morgan, G./ Frost, P. J./ Pondy, L. R. (1983): Organizational Symbolism, in: Pondy, L. R./ Frost, P. J./ Morgan, G./ Dandridge, T. C. (Hrsg. 1983): Organizational Symbolism, Greenwich/Connecticut und London 1983, S. 3-35.

Morgenstern, O./ von Neumann, J. (1947): The Theory of Games and Economic Behavior, Princeton 1947.

Morrin, M./ Ratneshwar, S. (2003): Does It Make Sense to Use Scents to Enhance Brand Memory? in: Journal of Marketing Research 90 (2), S. 10-25.

Morris, J. A./ Feldman, D. C. (1996): The dimensions, antecedents, and consequences of emotional labor, in: Academy of Management Journal 21 (4), S. 986-1010.

Morris, J. A./ Feldman, D. C. (1997): Managing emotions in the workplace, in: Journal of Managerial Issues 9, S. 257-274.

Morris, W. N. (1989): Mood. The Frame of Mind, Berlin u.a. 1989.

Morrison, D. L./ Payne, R. L. (2003): Multilevel Approaches to Stress Management, in: Australian Psychologist 38 (2), S. 128-137.

Morrison, E. W. (1993): Longitudinal study of the effects of information seeking on newcomer socialization, in: Journal of Applied Psychology 78, S. 173-183.

Morrison, E. W. (2002): Information seeking within organizations, in: Human Communication Research 28 (2), S. 229-242.

Morrow, P. C./ McElroy, J. C. (1981): Interior office design and visitor response, in: Journal of Applied Psychology 66, S. 646-630.

Mortimer, J. T./ Lorence, J./ Kumka, D. S. (1986): Work, family, and personality: Transition to adulthood, Norwood 1986.

Mowday, R. T./ Sutton, R. I. (1993): Organizational behavior: Linking individuals and groups to organizational contexts, in: Annual Review of Psychology 44, S. 195-229.

Muchinsky, P. M. (2000): Emotions in the workplace: the neglect of organizational behavior, in: Journal of Organizational Behavior 21 (7), S. 801-805.

Mudie, P./ Cottam, A./ Raeside, R. (2003): An Exploratory Study of Consumption Emotion in Services, in: The Service Industries Journal 23 (5), S. 84-106.

Mullen, B./ Copper, C. (1994): The relation between group cohesiveness and performance: An integration, in: Psychological Bulletin 115, S. 210-227.

Müller-Seitz, G. (2006): Positive Emotions in Organizations – Theoretical Reconsiderations and Initial Suggestions Regarding Their Cultivation, Doktorandenkolloquium der EURAM-Konferenz, Oslo, 16.-20.05.2006.

Müller-Seitz, G. (2007): Refining Notions on Organizational Culture by Integrating Positive Emotions – Explorative Insights from a Retail Corporation, Doktorandenkolloquium der EURAM-Konferenz, Paris, 16.-19.05.2007.

Müller-Seitz, G./ Kaiser, S. (2006): Positive Emotional States' Structurational Impact upon Interpersonal Relationships - Theoretical Deliberations and Intitial Insights from the Field of Professional Service Firms, 22nd EGOS Colloquium, Bergen/Norwegen, 06.-08.07.2006.

Mumby, D. K./ Putnam, L. L. (1992): The Politics of Emotion: A Feminist Reading of Bounded Rationality, in: Academy of Management Review 17 (3), S. 465-487.

Mummalaneni, V. (2005): An empirical investigation of web site characteristics, consumer emotional states and on-line shopping behaviors, in: Journal of Business Research 58 (4), S. 526-532.

Münsterberg, H. (1912): Psychologie und Wirtschaftsleben, Leipzig 1912.

Muramatsu, R./ Hanoch, Y. (2005): Emotions as a mechanism for boundedly rational agents: The fast and frugal way, in: Journal of Economic Psychology 26 (2), S. 201-221.

Murphy, L. R./ Sauter, S. L. (2003): The USA Perspective: Current Issues and Trends in the Management of Work Stress, in: Australian Psychologist 38 (2), S. 151-157.

Muthig, K. - P. (1999): Kognitive Prozesse: Aufnahme und Verarbeitung von Informationen, in: Hoyos, C./ Frey, D. (Hrsg. 1999): Arbeits- und Organisationspsychologie, Weinheim 1999, S. 251-278.

Myers, D. G. (2000): The Funds, Friends, and Faith of Happy People Individual Development in a Bio-Cultural Perspective, in: American Psychologist 55 (1), S. 56-67.

Nakamura, J./ Csikszentmihalyi, M. (2002): The concept of flow, in: Snyder, C. R./ Lopez, S. J. (Hrsg. 2002): Handbook of positive psychology, Oxford 2002, S. 89-105.

Narver, J. C./ Slater, S. F. (1990): The Effect of a Market Orientation on Business Profitability, in: Journal of Marketing 54 (10), S. 20-35.

Nasar, J. L. (1994): Urban design aesthetics: The evaluative qualities of building exteriors, in: Environment and Behavior 26 (3), S. 377-401.

Neckel, S. (1999): Blanker Neid, blinde Wut? Sozialstruktur und kollektive Gefühle, in: Leviathan 2, S. 145-165.

Neisser, U. (1979): Kognition und Wirklichkeit - Prinzipien und Implikationen der kognitiven Psychologie, Stuttgart 1979.

Nelson, D. L./ Simmons, B. L. (2004): Eustress: An Elusive Construct, an Engaging Pursuit, in: Perrewe, P. L./ Ganster, D. C. (Hrsg. 2004): Emotional and Physiological Processes and Positive Intervention Strategies, Amsterdam u.a. 2004, S. 265-322.

Nelson, D./ Quick, J. C. (1991): Social Support and Newcomer Adjustment in Organizations: Attachment Theory at Work, in: Journal of Organizational Behavior 12, S. 543-554.

Nerdinger, F. W. (2001): Gefühlsarbeit in Dienstleistungsinteraktionen, in: Bruhn, M./ Stauss, B. (Hrsg. 2001): Dienstleistungsmanagement Jahrbuch 2001: Interaktionen im Dienstleistungsbereich, Wiesbaden 2001, S. 501-519.

Nerdinger, F. W. (2003): Grundlagen des Verhaltens in Organisationen, Stuttgart 2003.

Nerdinger, F. W./ Röper, M. (1999): Emotionale Dissonanz und Burnout, in: Zeitschrift für Arbeitswissenschaft 53, S. 187-193.

Neubauer, W. (2003): Organisationskultur, Stuttgart 2003.

Neuberger, O. (1987): Führungstheorien - Machttheorie, in: Kieser, A./ Reber, G./ Wunderer, R. (Hrsg. 1987): Handwörterbuch der Führung, Stuttgart 1987, Sp. 831-843.

Neuberger, O. (1992): Vorgesetzten-Mitarbeiter-Beziehungen, in: Gaugler, E./ Weber, W. (Hrsg. 1992): Handwörterbuch des Personalwesens, 2. Aufl., Stuttgart 1992, Sp. 2288-2299.

Neuberger, O. (1994): Personalentwicklung, Stuttgart 1994.

Neuberger, O. (1995): Führen und geführt werden, Stuttgart 1995.

Neuberger, O. (1997): Individualisierung und Organisierung. Die wechselseitige Erzeugung von Individuum und Organisation durch Verfahren, in: Ortmann, G./ Sydow, J./ Türk, K. (Hrsg. 1997): Theorien der Organisation. Die Rückkehr der Gesellschaft, Opladen 1997, S. 487-522.

Neuberger, O. (2002): Führen und führen lassen. Ansätze, Ergebnisse und Kritik der Führungsforschung, 6. Aufl., Stuttgart 2002.

Neuberger, O. (2003a): Dilemmata und Paradoxa im Managementprozeß, in: Schreyögg, G. (Hrsg. 2003): Funktionswandel im Management: Wege jenseits der Ordnung, Berlin 2003, S. 173-216.

Neuberger, O. (2003b): Mikropolitik, in: von Rosenstiel, L./ Regnet, E./ Domsch, M. E. (Hrsg. 2003): Führung von Mitarbeitern. Handbuch für erfolgreiches Personalmanagement, 5. Aufl., Stuttgart 2003, S. 41-50.

Neuberger, O./ Kompa, A. (1993): Wir, die Firma. Der Kult um die Unternehmenskultur, München 1993.

Neumann, R./ Strack, F. (2000): "Mood Contagion": The Automatic Transfer of Mood Between Persons, in: Journal of Personality and Social Psychology 79 (2), S. 211-223.

Newcombe, M. J./ Ashkanasy, N. M. (2002): The role of affect and affective congruence in perceptions of leaders: an experimental study, in: The Leadership Quarterly 13, S. 601-614.

Nightingale, D. J./ Cromby, J. (1999): Social constructionist psychology. A critical analysis of theory and practice, Buckingham 1999.

Nikolaou, I./ Tsaousis, I. (2002): Emotional Intelligence in the Workplace: Exploring its Effects on Occupational Stress and Organizational Commitment, in: The International Journal of Organizational Analysis 10 (4), S. 327-342.

Nink, M./ Wood, G. (2004): Emotionale Bindung - Der Schlüssel zu hoher Mitarbeitermotivation, in: DGQ Deutsche Gesellschaft für Qualität e.V. (Hrsg. 2004): EXBA 2004. Benchmarkstudie zur Excellence in der deutschen Wirtschaft, Mainz 2004, S. 28-32.

Nippa, M. (2001): Intuition und Emotion in der Entscheidungsforschung - State-of-the-Art und aktuelle Forschungsrichtungen, in: Schreyögg, G./ Sydow, J. (Hrsg. 2001): Managementforschung. Band 11, Wiesbaden 2001, S. 213-247.

Nissley, N. (2002): Tuning- in to organizational song as aesthetic discourse, in: Culture and Organization 8 (1), S. 51-68.

Nissley, N./ Taylor, S./ Butler, O. (2002): The power of organizational song: An organizational discourse and aesthetic expression of organizational culture, in: Tamara: Journal of Critical Postmodern Organization Science 2 (1), S. 47-62.

Norem, J. K./ Chang, E. C. (2002): The Positive Psychology of Negative Thinking, in: Journal of Clinical Psychology 58, S. 993-1001.

Norman, D. A. (2004): Why We Love (or Hate) Everyday Things, New York 2004.

North, A. C./ Hargreaves, D./ McKendrick, J. (1999): The influence of in-store music on wine selection, in: Journal of Applied Psychology 84, S. 271-276.

Novak, T. P./ Hoffman, D. L./ Yung, Y. (2000): Measuring the customer experience in online environments: A structural modeling approach, in: Marketing Science 19 (1), S. 22-44.

Nullmeier, F. (2006): Politik und Emotion, in: Schützeichel, R. (Hrsg. 2006): Emotionen und Sozialtheorie. Disziplinäre Ansätze, Frankfurt a.M. und New York 2006, S. 84-103.

Nunner-Winkler, G. (1999): Empathie, Scham und Schuld. Zur moralischen Bedeutung von Emotionen, in: Grundmann, M. (Hrsg. 1999): Konstruktivistische Sozialisationsforschung: lebensweltliche Erfahrungskontexte, individuelle Handlungskompetenzen und die Konstruktion sozialer Strukturen, Frankfurt a.M. 1999, S. 149-179.

Nussbaum, M. (2001): Upheavals of Thought. The Intelligence of Emotions, Cambridge 2001.

Nyer, P. U. (1996): The determinants of satisfaction: an experimental verification of the moderating role of ambiguity, in: Advances in Consumer Research 23, S. 255-259.

Nystrom, P. C./ Starbuck, W. H. (1984): To avoid organizational crises, unlearn, in: Organizational Dynamics 12, S. 53-65.

Oatley, K./ Jenkins, J. M. (1996): Understanding emotions, Cambridge, Mass. u.a. 1996.

Odiorne, G. S. (1984): Strategic Management of Human Resources. A Portfolio Approach, San Francisco 1984.

Oechsler, W. (2006): Personal und Arbeit. Grundlagen des Human Resource Management und der Arbeitgeber-Arbeitnehmer-Beziehungen, 8. Aufl., München und Wien 2006.

Oelert, J. (2003): Internes Kommunikationsmanagement. Rahmenfaktoren, Gestaltungsansätze und Aufgabenfelder, Wiesbaden 2003.

Ogbonna, E./ Harris, L. C. (2004): Work Intensification and Emotional Labour Among UK University Lecturers: An Exploratory Study, in: Organization Studies 25 (7), S. 1185-1203.

Oldham, G. R./ Brass, D. J. (1979): Employee reactions to an open-plan office: A naturally occurring quasi-experiment, in: Administrative Science Quarterly 24, S. 267-284.

Oldham, G. R./ Fried, Y. (1987): Employee Reactions to Workspace Characteristics, in: Journal of Applied Psychology 72 (1), S. 75-80.

Oldham, G. R./ Kulik, C. T./ Stepina, L. P. (1991): Physical environments and employee reactions: Effects of stimulus-screening skills and job complexity, in: Academy of Management Journal 34, S. 929-938.

Oldham, G. R./ Rotchford, N. L. (1983): Relationships between Office Characteristics and Employee Reactions: A Study of the Physical Environment, in: Administrative Science Quarterly 28, S. 542-556.

Olfert, K. (2006): Personalwirtschaft, 12. Aufl., Ludwigshafen 2006.

Oliver, R. L. (1980): A cognitive model of the antecedents and consequences of satisfaction decisions, in: Journal of Marketing Research 17, S. 460-469.

Oliver, R. L. (1997): Satisfaction - A behavioral perspective on the consumer, Boston/Massachusetts. u.a. 1997.

Olson, D. H./ McCubbin, H. I. (1983): Families, London 1983.

Olsson, E./ Ingvad, B. (2001): The emotional climate of care-giving in home-care services, in: Health and Social Care in the Community 9 (6), S. 454-463.

O'Reilly, C. A./ Chatman, J. (1986): Organizational commitment and psychological attachment: the effects of compliance, identification, and internalization on prosocial behavior, in: Journal of Applied Psychology 71, S. 492-499.

Ortmann, G. (2001): Emotion und Entscheidung, in: Schreyögg, G./ Sydow, J. (Hrsg. 2001): Managementforschung. Band 11, Wiesbaden 2001, S. 277-323.

Ortmann, G. (2003): Regel und Ausnahme. Paradoxien sozialer Ordnung, Frankfurt a.M. 2003.

Ortmann, G. (2004): Als ob. Fiktionen und Organisationen, Wiesbaden 2004.

Orwell, G. (1976): 1984, Frankfurt a.M. 1976.

Osgood, C. E. (1951): Culture: Its Empirical and Non-Empirical Characters, in: Southwestern Journal of Antropology 7, S. 202-217.

O'Shaughnessy, J./ O'Shaughnessy, N. J. (2003): The Marketing Power of Emotion, Oxford 2003.

Ost, D. (2004): Politics as the Mobilization of Anger. Emotions in Movements and in Power, in: European Journal of Social Theory 7 (2), S. 229-244.

Ostroff, C./ Kozlowski, S. W. J. (1992): Organizational Socialization as a Learning Process: The Role of Information Acquisition, in: Personnel Psychology 45, S. 849-874.

Ott, J. S. (1989): The organizational culture perspective, Pacific Grove, CA 1989.

Otto, J. H./ Euler, H. A./ Mandl, H. (2000): Begriffsbestimmungen, in: Otto, J. H./ Euler, H. A./ Mandl, H. (Hrsg. 2000): Emotionspsychologie. Ein Handbuch, Weinheim u.a. 2000, S. 11-18.

Ouchi, W. G./ Wilkins, A. L. (1985): Organizational Culture, in: Annual Review of Sociology 11, S. 457-483.

Paez, D./ Asun, D./ Gonzalez, J. L. (1995): Emotional Climate, Mood and Collective Behavior: Chile 1973-1990, in: Riguelme, H. U. (Hrsg. 1995): Era in Twilight, Bilbao 1995, S. 141-182.

Page, R. A. (1977): Noise and Helping Behavior, in: Environment and Behavior 9 (3), S. 311-334.

Palmer, B./ Walls, M./ Burgess, Z./ Stough, C. (2001): Emotional intelligence and effective leadership, in: Leadership & Organization Development Journal 22 (1), S. 5-10.

Palmer, I./ Hardy, C. (2000): Thinking about management: Implications of organizational debates for practice, Thousand Oaks et al. 2000.

Panksepp, J. (1998): Affective Neuroscience, Oxford 1998.

Park, R. E. (1967): On Social Control and Collective Behavior, Chicago 1967.

Parkes, K. (2006): Physical activity and self-rated health: Interactive effects of activity in work and leisure domain, in: British Journal of Health Psychology 11, S. 533-550.

Parkinson, B. (1995a): Emotion, in: Parkinson, B./ Colman, A. M. (Hrsg. 1995): Emotion and Motivation, London 1995, S. 1-21.

Parkinson, B. (1995b): Ideas and Realities of Emotion, London u.a. 1995.

Parkinson, B./ Fischer, A. H./ Manstead, A. S. R. (2005): Emotions in Social Relations: Cultural, Group and Interpersonal Processes, New York 2005.

Parrott, D. J./ Zeichner, A./ Evces, M. (2005): Effect of Trait Anger on Cognitive Processing of Emotional Stimuli, in: The Journal of General Psychology 132 (1), S. 67-80.

Parrott, W. G./ Sabini, J. (1990): Mood and memory uner natural conditions: Evidence for mood incongruent recall, in: Journal of Personality and Social Psychology 59, S. 321-336.

Parrott, W./ Harre, R. (2001): Princess Diana and the Emotionology of Contemporary Britain, in: International Journal of Group Tensions 30 (1), S. 29-38.

Parsons, T. (1976): Zur Theorie sozialer Systeme, Opladen 1976.

Pascale, R. T./ Athos, A. G. (1981): The Art of Japanese Management. Applications for American Executives, New York 1981.

Patterson, M. L./ Kelly, C. E./ Kondracki, B. A./ Wulf, L. J. (1979): Effects of seating arrangement on small-group behavior, in: Social Psychology Quarterly 42, S. 181-185.

Paul, R. J./ Niehoff, B. P./ Turnley, W. H. (2000): Empowerment, expectations, and the psychological contract- managing the dilemmas and gaining the advantages, in: Journal of Socio-Economics 29, S. 471-485.

Paulus, P. B. (1980): Crowding, in: Paulus, P. B. (Hrsg. 1980): Psychology of Group Influence, Hillsdale/New Jersey 1980, S. 245-289.

Paulus, P. B./ Annis, A. B./ Seta, J. J./ Schkade, J. K./ Matthews, R. W. (1976): Density does affect task performance, in: Journal of Personality and Social Psychology 34, S. 248-253.

Pautzke, G. (1989): Die Evolution der organisatorischen Wissensbasis. Bausteine zu einer Theorie des organisatorischen Lernens, München 1989.

Pawlow, I. P. (1927): Conditioned Reflexes, London 1927.

Payne, R. L./ Cooper, C. L. (Hrsg. 2001): Emotions at Work: Theory, Research and Applications in Management, Chichester/England 2001.

Peccei, R./ Rosenthal, P. (2000): Front-line responses to customer orientation programmes: a theoretical and empirical analysis, in: International Journal of Human Resource Management 11 (3), S. 562-590.

Pechlaner, H. (2004): Determinanten des Customer Value in Industrieerlebniswelten, in: Schwark, J. (Hrsg. 2004): Tourismus und Industriekultur - Vermarktung von Technik und Arbeit, Berlin 2004, S. 119-149.

Pekrun, R. (1988): Emotion, Motivation und Persönlichkeit, München/Weinheim 1988.

Pekrun, R./ Frese, M. (1992): Emotions in Work and Achievement, in: Cooper, C. L./ Robertson, I. T. (Hrsg. 1992): International Review of Industrial and Organizational Psychology, Canada 1992, S. 153-200.

Pennebaker, J. W./ Segal, J. D. (1999): Forming a story: The health benefits of narrative, in: Journal of Clinical Psychology 55 (10), S. 1243-1254.

Penrose, E. (1959): The Theory of the Firm, London 1959.

Perry, E. J. (2002): Moving the Masses: Emotion Work in the Chinese Revolution, in: Mobilization 7 (2), S. 111-128.

Pescosolido, A. (2002): Emergent leaders as managers of group emotion, in: The Leadership Quarterly 13, S. 583-599.

Peters, T. J./ Waterman, R. H. (1993): Auf der Suche nach Spitzenleistungen. Was man von den bestgeführten US-Unternehmen lernen kann, 15. Aufl., Landsberg am Lech 1993.

Pettigrew, T. F. (1998): Intergroup Contact Theory, in: Annual Review of Psychology 49, S. 65-85.

Pfeffer, J. (1981): Management as Symbolic Action: The Creation and Maintenance of Organizational Paradigms, in: Staw, B. M./ Cummings, L. L. (Hrsg. 1981): Research in Organizational Behavior, Greenwich 1981, S. 1-52.

Pham, M. T. (2004): The Logic of Feeling, in: Journal of Consumer Psychology 14 (4), S. 360-369.

Phillips, D. P. (1974): The influence of suggestion on suicide: substantiative and theoretical implications of the Werther effect, in: American Sociological Review 39, S. 340-354.

Piaget, J. (1983): Meine Theorie der geistigen Entwicklung, Frankfurt a.M. 1983.

Piccardo, C./ Varchetta, G./ Zanarini, G. (1990): Car Makers and Marathon Runners: In Pursuit of Culture Through the Language of Leadership, in: Gagliardi, P. (Hrsg. 1990): Symbols and Artifacts: Views of the Corporate Landscape, Berlin und New York 1990, S. 255-272.

Pilcher, J. J./ Nadler, E./ Busch, C. (2002): Effects of hot and cold temperature exposure on performance: A meta-analytic review, in: Ergonomics 45 (10), S. 682-698.

Pitkala, K. H./ Mantyranta, T. (2003): Professional socialization revised: medical students' own conceptions related to adoption of the future physician's role - a qualitative study, in: Medical Teacher 25 (2), S. 155-160.

Pixley, J. (2002): Finance organizations, decisions and emotions, in: British Journal of Sociology 53 (1), S. 41-65.

Pizer, M. K./ Härtel, C. E. J. (2005): For Better or For Worse: Organizational Culture and Emotions, in: Härtel, C. E. J./ Zerbe, W. J./ Ashkanasy, N. M. (Hrsg. 2005): Emotions in Organizational Behavior, Mahwah und London 2005, S. 335-354.

Planalp, S. (1999): Communicating Emotion. Social, Moral, and Cultural Processes, Cambridge 1999.

Plötner, O./ Ehret, M. (2006): From relationships to partnerships - new forms of cooperation between buyer and seller, in: Industrial Marketing Management 35, S. 4-9.

Plutchik, R. (1980): A general psychoevolutionary theory of emotion, in: Plutchik, R./ Kellerman, H. (Hrsg. 1980): Emotion: Theory, Research, and Experience, Volume 1: Theories of Emotions, New York 1980, S. 3-33.

Poder, P. (2004): Feelings of Power and Power of Feeling: Handling Emotion in Organisational Change, Kopenhagen 2004.

Pogrebin, M. R./ Poole, E. D. (1991): Police and tragic events: The management of emotions, in: Journal of Criminal Justice 19, S. 395-403.

Polach, J. (2003): HRD's role in work-life integration issues: moving the workforce to a change in mindset, in: Human Resource Development International 6 (1), S. 57-68.

Pollak, L. H./ Thoits, P. A. (1989): Processes in Emotional Socialization, in: Social Psychology Quarterly 52 (1), S. 22-34.

Polletta, F./ Jasper, J. M. (2001): Collective Identity and Social Movements, in: Annual Review of Sociology 27, S. 283-305.

Pondy, L. R. (1983): The Role of Metaphors and Myths in Organization and in the Faciliation of Change, in: Pondy, L. R./ Frost, P. J./ Morgan, G./ Dandridge, T. C. (Hrsg. 1983): Organizational Symbolism, Greenwich/Connecticut und London 1983, S. 157-166.

Pöppel, E. (1995): Lust und Schmerz. Über den Ursprung der Welt im Gehirn, München 1995.

Popper, K. R. (1992): Die offene Gesellschaft und ihre Feinde, Band 1, 7. Aufl., Tübingen u.a. 1992.

Posner, B. Z./ Randolph, W. A. (1979): Perceived Situational Moderators of the Relationship Between Role Ambiguity, Job Satisfaction, and Effectiveness, in: The Journal of Social Psychology 109, S. 237-244.

Pranter, C. A./ Martin, C. L. (1991): Compatibility Management: Roles in Service Performers, in: The Journal of Services Marketing 5 (2), S. 43-53.

Pratkanis, A. R./ Turner, M. E. (1999): Groupthink and Preparedness for the Loma Prieta Earthquake: A Social Identity Maintenance Analysis of Causes and Preventions, in: Wageman, R. (Hrsg. 1999): Research on Managing Groups and Teams, Stamford 1999, S. 115-136.

Pratt, M. G. (2000): The Good, the Bad, and the Ambivalent: Managing Identification among Amway Distributors, in: Administrative Science Quarterly 45, S. 456-493.

Pratt, M. G./ Ashforth, B. E. (2003): Fostering Meaningfulness in Working and at Work, in: Cameron, K. S./ Dutton, J. E./ Quinn, R. E. (Hrsg. 2003): Positive Organizational Scholarship. Foundations of a New Discipline, San Francisco 2003, S. 309-327.

Pratt, M. G./ Rafaeli, A. (1997): Organizational Dress as a Symbol of Multilayered Social Identities, in: Academy of Management Journal 40 (4), S. 862-898.

Pratt, M. G./ Rockmann, K. W./ Kaufmann, J. B. (2006): Constructing Professional Identity: The Role of Work and Identity Learning Cycles in the Customization of Identity Among Medical Residents, in: Academy of Management Journal 49 (2), S. 235-262.

Priddat, B. P. (1998): Moral Based Rational Man, in: Priddat, B. P./ Hengsbach, F./ Kersting, W./ Ulrich, H. G. (Hrsg. 1998): Homo oeconomicus: Der Mensch der Zukunft? Stuttgart u.a. 1998, S. 1-46.

Provitera, M./ Hair, J./ Johnson, W./ Plank, R. (2002): The Impact of Market Orientation on Espirit de Corps, Customer Orientation, and Business Performance, in: The Marketing Management Journal 12 (2), S. 67-79.

Pugliesi, K. (1999): The Consequences of Emotional Labor: Effects on Work Stress, Job Satisfaction, and Well-Being, in: Journal of Motivation and Emotion 23 (2), S. 125-154.

Putnam, L. L./ Mumby, D. K. (1993): Organizations, Emotion and the Myth of Rationality, in: Fineman, S. (Hrsg. 1993): Emotion in Organizations, Thousand Oaks u.a. 1993, S. 36-57.

Quick, J. C. (1992): Crafting an Organizational Culture: Herb's Hand at Southwest Airlines, in: Organizational Dynamics 21 (2), S. 45-56.

Quick, J. C./ Quick, J. D. (2004): Healthy, Happy, Productive Work: A Leadership Challenge, in: Organizational Dynamics 33 (4), S. 329-337.

Radley, A. (1988): The social form of feeling, in: British Journal of Social Psychology 27, S. 5-18.

Rafaeli, A. (1989a): When Clerks Meet Customers: A Test of Variables Related to Emotional Expressions on the Job, in: Journal of Applied Psychology 74 (3), S. 385-393.

Rafaeli, A. (1989b): When Cashiers Meet Customers: An Analysis of the Role of Supermarket Cashiers, in: Academy of Management Journal 32 (2), S. 245-273.

Rafaeli, A. (2002): Foreword, in: Ashkanasy, N. M./ Zerbe, W. J./ Härtel, C. E. J. (Hrsg. 2002): Managing Emotions in the Workplace, Armonk/N.Y. 2002, S. xi-xiii.

Rafaeli, A./ Dutton, J./ Harquail, C. V./ Mackie-Lewis, S. (1997): Navigating by attire: The use of dress by female administration employees, in: Academy of Management Journal 40, S. 9-45.

Rafaeli, A./ Kluger, A. N. (2000): Affective Reactions to Physical Appearance, in: Ashkanasy, N. M./ Härtel, C. E. J./ Zerbe, W. J. (Hrsg. 2000): Emotions in the Workplace, Westport 2000, S. 141-155.

Rafaeli, A./ Pratt, M. G. (1993): Tailored meanings: On the meaning and impact of organizational dress, in: Academy of Management Review 18, S. 32-55.

Rafaeli, A./ Pratt, M. G. (2005): Artifacts and Organizations: Beyond Mere Symbolism, Mahwah, NJ 2005.

Rafaeli, A./ Sutton, R. I. (1987): Expression of Emotion as Part of the Work Role, in: Academy of Management Review 12 (1), S. 23-37.

Rafaeli, A./ Sutton, R. I. (1990): Busy stores and demanding customers: How do they affect the display of positive emotions? in: Academy of Managment Journal 13 (3), S. 623-637.

Rafaeli, A./ Vilnai-Yavetz, I. (2004a): Emotion as a Connection of Physical Artifacts and Organizations, in: Organization Science 15 (6), S. 671-686.

Rafaeli, A./ Vilnai-Yavetz, I. (2004b): Instrumentality, aesthetics and symbolism of physical artifacts as triggers of emotion, in: Theoretical Issues in Ergnomics Science 5 (1), S. 91-112.

Rafaeli, A./ Worline, M. (2001): Individual emotion in work organizations, in: Social Science Information 40 (1), S. 95-123.

Raja, U./ Johns, G./ Ntalianis, F. (2004): The Impact of Personality on Psychological Contracts, in: Academy of Management Journal 47 (3), S. 350-367.

Raspa, R. (1990): The C.E.O. as Corporate Myth-Maker: Negotiating the Boundaries of Work and Play at Domino's Pizza Company, in: Gagliardi, P. (Hrsg. 1990): Symbols and Artifacts: Views of the Corporate Landscape, Berlin und New York 1990, S. 273-280.

Rastetter, D. (1999): Emotionsarbeit. Stand der Forschung und offene Fragen, in: Arbeit 8 (4), S. 374-388.

Rastetter, D. (2001): Emotionsarbeit - Betriebliche Steuerung und indidviduelles Erleben, in: Schreyögg, G./ Sydow, J. (Hrsg. 2001): Managementforschung. Band 11, Wiesbaden 2001, S. 111-134.

Ratner, C. (1989): A Social Constructionist Critique of The Naturalistic Theory of Emotion, in: The Journal of Mind and Behavior 10 (3), S. 211-230.

Ratner, C. (1999): Eine kulturpsychologische Analyse der Emotionen, in: Friedlmeier, W./ Holodynski, M. (Hrsg. 1999): Emotionale Entwicklung. Funktion, Regulation und soziokultureller Kontext von Emotionen, Heidelber und Berlin 1999, S. 243-258.

Ratner, C. (2000): A Cultural-Psychological Analysis of Emotions, in: Culture & Psychology 6 (1), S. 5-39.

Raush, H. L. (1965): Interaction sequences, in: Journal of Personality and Social Psychology 2, S. 487-499.

Ravasi, D./ Schultz, M. (2006): Responding to Organizational Identity Threats: Exploring the Role of Organizational Culture, in: Academy of Management Journal 49 (3), S. 433-458.

Reddy, W. M. (2001): The Navigation of Feeling, Cambridge 2001.

Redl, F. (1942): Group Emotion and Leadership, in: Psychiatry 5, S. 573-596.

Redman, T./ Mathews, B. P. (2002): Managing Services: Should We Be Having Fun? in: The Service Industries Journal 22 (3), S. 51-62.

Reger, J. (2004): Organizational 'Emotion Work' Through Consciousness-Raising: An Analysis of a Feminist Organization, in: Qualitative Sociology 27 (2), S. 205-222.

Reger, R. K./ Palmer, T. B. (1996): Managerial categorization of competitors: Using old maps to navigate new environments, in: Organization Science 7, S. 22-39.

Rehn, M. - L. (1990): Die Eingliederung neuer Mitarbeiter. Eine Längsschnittstudie zur Anpassung an Normen und Werte in der Arbeitsgruppe, München und Mering 1990.

Reichardt, R. (1979): Wertstrukturen im Gesellschaftssystem – Möglichkeiten makrosoziologischer Analysen und Vergleiche, in: Klages, H./ Kmieciak, P. (Hrsg. 1979): Wertwandel und gesellschaftlicher Wandel, Frankfurt a.M. und New York 1979, S. 23-40.

Reicher, S./ Haslam, S. A. (2006): Rethinking the psychology of tyranny: The BBC prison study, in: British Journal of Social Psychology 45 (1), S. 1-40.

Reichers, A. E. (1987): An interactionist perspective on newcomer socialization rates, in: Academy of Management Review 12 (2), S. 278-287.

Reichwald, R./ Möslein, K. (2003): Management und Technologie, in: von Rosenstiel, L./ Regnet, E./ Domsch, M. E. (Hrsg. 2003): Führung von Mitarbeitern. Handbuch für erfolgreiches Personalmanagement, 5. Aufl., Stuttgart 2003, S. 689-706.

Reio Jr., T. G./ Callahan, J. L. (2004): Affect, Curiosity, and Socialization-related Learning: A Path Analysis of Antecedents to Job Performance, in: Journal of Business & Psychology 19 (1), S. 3-22.

Reio, T. G. (2002): The Emotions of Socialization-Related Learning: Understanding Workplace Adaptation as a Learning Process, 83rd Annual Meeting of the American Educational Research Association (AERA) "Validity and Value in Educational Research", New Orleans, 01.-05.04.2002.

Renjun, Q./ Zigang, Z. (2005): Work Group Emotions in Chinese Culture Settings, in: Singapore Management Review 27 (1), S. 69-86.

Ribeiro, A. (1986): Dress and morality, London 1986.

Richard, O. C./ Barnett, T./ Dwyer, S./ Chadwick, K. (2004): Cultural Diversity in Management, Firm Performance, and the Moderating Role of Entrepreneurial Orientation Dimensions, in: Academy of Management Journal 47 (2), S. 255-266.

Richenhagen, G. (1997): Bildschirmarbeitsplätze. Mehr Arbeitsschutz am Computer, 3. Aufl., Neuwied u.a. 1997.

Richter, J. (1996): Die Theorie der Sympathie, Frankfurt a.M. 1996.

Ridder, H. - G. (1999): Personalwirtschaftslehre, Stuttgart u.a. 1999.

Ridder, H. - G./ Conrad, P./ Schirmer, F./ Bruns, H. - J. (2001): Strategisches Personalmanagement: Mitarbeiterführung, Integration und Wandel aus ressourcenorientierter Perspektive, Landsberg/Lech 2001.

Rieckmann, H. (1996): Die Schallmauer in der Personal- und Organisationsentwicklung: Der SchweineHund und seine Spießgesellen, in: Sattelberger, T. (Hrsg. 1996): Human Resource Management im Umbruch, Wiesbaden 1996, S. 185-231.

Rime, B./ Mesquita, B./ Philippot, P./ Boca, S. (1991): Beyond the Emotional Event: Six Studies on the Social Sharing of Emotion, in: Cognition and Emotion 5 (5/6), S. 435-465.

Rindova, V. P./ Pollock, T. G./ Hayward, M. L. A. (2006): Celebrity Firms: The Social Construction of Market Popularity, in: The Academy of Management Review 31 (1), S. 50-71.

Ringlstetter, M. (1988): Auf dem Weg zu einem evolutionären Management. Konvergierende Tendenzen in der deutschsprachigen Führungs- bzw. Managementlehre, Herrsching 1988.

Ringlstetter, M. (1991a): Die strategische Neuausrichtung einer Reisebürokette, in: Wolf, J./ Seitz, E. (Hrsg. 1991): Handbuch Tourismus-Management, Landsberg/Lech 1991, S. 15-28.

Ringlstetter, M. (1991b): Von der Strategie zur Organisation: Die strategische Mobilisierung eines Niederlassungs-Unternehmens, in: Kirsch, W. (Hrsg. 1991): Beiträge zum Management strategischer Programme, München 1991, S. 337-357.

Ringlstetter, M. (1994): Aufgaben eines Humanressourcen-Managements in internationalen Unternehmen, in: Schuster, L. (Hrsg. 1994): Die Unternehmung im internationalen Wettbewerb, Berlin 1994, S. 233-252.

Ringlstetter, M. (1995): Konzernentwicklung Rahmenkonzepte zu Strategien, Strukturen und Systemen, Herrsching 1995.

Ringlstetter, M. (1997): Organisation von Unternehmen und Unternehmensverbindungen Einführung in die Gestaltung der Organisationsstruktur, München u.a. 1997.

Ringlstetter, M. (1998): Zukünftige Leitlinien der Personalentwicklung: Führungskräfte als Unternehmer an der eigenen Humanressource. Unveröffentlichtes Arbeitspapier des Lehrstuhls für Organisation und Personal, Katholische Universität Eichstätt, Ingolstadt 1998.

Ringlstetter, M. (1999): Unternehmensentwicklung, Evolution und Evolutionäres Management - Skizze eines organisationstheoretischen Bezugsrahmens. Unveröffentlichtes Arbeitspapier des Lehrstuhls für Organisation und Personal, Katholische Universität Eichstätt, Ingolstadt 1999.

Ringlstetter, M./ Bürger, B. (2003): Bedeutung netzwerkartiger Strukturen bei der strategischen Entwicklung von Professional Firms, in: Bruhn, M./ Stauss, B. (Hrsg. 2003): Dienstleistungsnetzwerke: Dienstleistungsmanagement Jahrbuch 2003, Wiesbaden 2003, S. 113-130.

Ringlstetter, M./ Gauger, J. (1999): Internationales Humanressourcenmanagement. Eine Systematisierung der spezifischen Herausforderungen eines Internationalen Humanressourcenmanagements und Ansatzpunkte zu ihrer Handhabung, in: Kutschker, M. (Hrsg. 1999): Perspektiven der internationalen Wirtschaft, Wiesbaden 1999, S. 127-164.

Ringlstetter, M./ Kaiser, S./ Bürger, B. (2004): Eine Einführung in die Welt der Professional Service Firms, in: Ringlstetter, M./ Bürger, B./ Kaiser, S. (Hrsg. 2004): Strategien und Management für Professional Service Firms, Weinheim 2004, S. 11-35.

Ringlstetter, M./ Kaiser, S./ Müller-Seitz, G. (2006a): Positives Management - Ein Ansatz zur Neuausrichtung und Erweiterung bisheriger Managementforschung und -praxis, in: Ringlstetter, M./ Kaiser, S./ Müller-Seitz, G. (Hrsg. 2006): Positives Management. Zentrale Konzepte und Ideen des Positive Organizational Scholarship, Wiesbaden 2006, S. 3-10.

Ringlstetter, M./ Kaiser, S./ Müller-Seitz, G. (Hrsg. 2006b): Positives Management. Zentrale Konzepte und Ideen des Positive Organizational Scholarship, Wiesbaden 2006.

Ringlstetter, M./ Kaiser, S./ Müller-Seitz, G. (2006c): Der Einfluss der Kundenzufriedenheit auf die Mitarbeiterzufriedenheit bei Professional Service Firms, in: Zeitschrift für Management 1 (4), S. 308-342.

Ringlstetter, M./ Kniehl, A. T. (1995): Professionalisierung als Leitidee eines Human Ressourcen-Managements, in: Wächter, H./ Metz, T. (Hrsg. 1995): Professionalisierte Personalarbeit. Perspektiven der Professionalisierung des Personalwesens, München u.a. 1995, S. 139-161.

Ringlstetter, M./ Müller-Seitz, G. (2006a): Die Janusköpfigkeit positiver Emotionalität – Plädoyer für die Umorientierung von einer valenz- zu einer funktionalorientierten Betrachtung, in: Ringlstetter, M./ Kaiser, S./ Müller-Seitz, G. (Hrsg. 2006): Positives Management. Zentrale Konzepte und Ideen des Positive Organizational Scholarship, Wiesbaden 2006, S. 131-150.

Ringlstetter, M./ Müller-Seitz, G. (2006b): Positive Emotionalität in Organisationen - Skizzierung eines "blinden Flecks" und Erörterung aus ressourcenorientierter Perspektive, Herbstworkshop der Kommission Personalwesen, Essen, 22./23.09.2006.

Ritter, C. (1999): Passion und Politik. Zur Rationalität von Emotionen in Prozessen politischer Identitätsbildung, in: Klein, A./ Nullmeier, F. (Hrsg. 1999): Masse - Macht - Emotionen, Opladen 1999, S. 219-237.

Robbins, S. P. (2005): Essentials of organizational behavior, 11. Aufl., Upper Saddle River, NJ 2005.

Roberts, W. L. (1999): The Socialization of Emotional Expression: Relations with Prosocial Behavior and Competence in Five Samples, in: Canadian Journal of Behavioural Science 31, S. 72-81.

Robinson, D. N. (2004): The Reunification of Rational and Emotional Life, in: Theory & Psychology 14 (3), S. 283-293.

Rodriguez Mosquera, P. M./ Fischer, A. H./ Manstead, A. S. R. (2004): Inside the Heart of Emotion: On Culture and Relational Concerns, in: Tiedens, L. Z./ Leach, C. W. (Hrsg. 2004): The Social Life of Emotions, Cambridge 2004, S. 187-202.

Roethlisberger, F. J./ Dickson, W. J. (1939): Management and the worker: An account of a research program conducted by the Western Electric Company, Hawthorne Works, Chicago, Cambridge/Massachusetts 1939.

Rogelberg, S. G./ Barnes-Farrell, J. L./ Creamer, V. (1999): Customer service behavior: The interaction of service predisposition and job characteristics, in: Journal of Business and Psychology 13 (3), S. 421-435.

Rogg, K. L./ Schmidt, D. B./ Shull, C./ Schmitt, N. (2001): Human resource practices, organizational climate, and customer satisfaction, in: Journal of Management 27, S. 431-449.

Rohleder, N. E. (2000): Die ersten Tage entscheiden, in: Personalwirtschaft 27 (2), S. 66-68.

Rohlen, T. P. (1974): For Harmony and Strength: Japanese White-collar Organization in Anthropological Perspective, Berkeley 1974.

Rorty, A. O. (1984): Aristotle on the Metaphysical Status of Pathe, in: Review of Metaphysics 84, S. 521-546.

Rosaldo, M. Z. (1980): Knowledge and passion: Ilongot notions of self and social life, Cambridge 1980.

Rose, N. (1990): Governing the Soul. The shaping of the private self, London u.a. 1990.

Rosenberg, E. L. (1998): Levels of Analysis and the Organization of Affect, in: Review of General Psychology 2 (3), S. 247-270.

Rosenberg, E. L./ Fredrickson, B. L. (1998): Overview to Special Issue: Understanding Emotions Means Crossing Boundaries Within Psychology, in: Review of General Psychology 2 (3), S. 243-245.

Rosenberg, M. (1990): Reflexivity and Emotions, in: Social Psychology Quarterly 53 (1), S. 3-12.

Rosete, D./ Ciarrochi, J. (2005): Emotional Intelligence and its relationship to workplace performance outcomes of leadership effectiveness, in: Leadership & Organization Development Journal 26 (5), S. 388-399.

Roth, G. (2001): Fühlen, Denken, Handeln - Wie das Gehirn unser Verhalten steuert, Frankfurt a.M. 2001.

Rothbard, N. P. (2001): Enriching or Depleting? The Dynamics of Engagement in Work and Family Roles, in: Administrative Science Quarterly 46, S. 655-684.

Röttger-Rössler, B. (2004): Die kulturelle Modellierung des Gefühls. Ein Beitrag zur Theorie und Methodik ethnologischer Emotionsforschung anhand indonesischer Fallstudien, Münster 2004.

Rousseau, D. M. (1989): Psychological and implied contracts in organizations, in: Employee Responsibilities and Rights Journal 2 (2), S. 121-139.

Rousseau, D. M. (1995): Psychological Contracts in Organizations. Understanding Written and Unwritten Agreements, Thousand Oaks u.a. 1995.

Rubin, R. S./ Munz, D. C./ Bommer, W. H. (2005): Leading from within: The effects of emotion recognition and personality on transformational leadership behavior, in: Academy of Management Journal 48 (5), S. 845-858.

Rubinstein, R. P. (2001): Dress Codes. Meanings and Messages in American Culture, 2. Aufl., Boulder/Colorado u.a. 2001.

Rückle, H. (1992): Coaching, Düsseldorf 1992.

Ruderman, M. N./ Ohlott, P. J./ Panzer, K./ King, S. N. (2002): Benefits of multiple roles for managerial women, in: Academy of Management Journal 45, S. 369-386.

Rudolph, U. (2004): Islamische Philosophie. Von den Anfängen bis zur Gegenwart, München 2004.

Rüegg-Stürm, J. (2003): Kulturwandel in komplexen Organisationen, Diskussionsbeitrag des Instituts für Betriebswirtschaft Nr. 49, Universität St. Gallen, St. Gallen 2003.

Russell, J. A. (1991): Culture and the Categorization of Emotions, in: Psychological Bulletin 110 (3), S. 426-450.

Russell, J. A. (2003): Core Affect and the Psychological Construction of Emotion, in: Psychological Review 110 (1), S. 145-172.

Russell, J. A./ Pratt, G. (1980): A Description of the Affective Quality Attributed to Environments, in: Journal of Personality and Social Psychology 38 (2), S. 311-322.

Russell, J. A./ Snodgras, E. B. (1987): Emotion and the Environment, in: Stokols, D./ Altman, I. (Hrsg. 1987): Handbook of Environmental Psychology, New York 1987, S. 245-280.

Ryan, R. M./ Deci, E. L. (2001): On happiness and human potentials: A review of research on hedonic and eudaimonic well-being, in: Annual Review of Psychology 52, S. 141-166.

Ryff, C. D./ Singer, B. (1998): The contours of positive human health, in: Psychological Inquiry 9, S. 1-28.

Sackmann, S. (1989): The Role of Metaphors in Organization Transformation, in: Human Relations 42 (6), S. 463-485.

Sackmann, S. (1990): Managing Organizational Culture: Dreams and Possibilities, in: Communication Yearbook 13, S. 114-148.

Sackmann, S. A. (1991): Cultural Knowledge in Organizations. Exploring the Collective Mind, Newbury Park u.a. 1991.

Sackmann, S. A. (1992): Culture and subcultures: An analysis of organizational knowledge, in: Administrative Science Quarterly 37 (1), S. 140-161.

Sackmann, S. A. (2002): Unternehmenskultur. Erkennen - Entwickeln - Verändern, Neuwied u.a. 2002.

Sackmann, S. A. (2004): Kognitiver Ansatz, in: Schreyögg, G./ von Werder, A. (Hrsg. 2004): Handwörterbuch Unternehmensführung und Organisation (HWO), 4. Aufl., Stuttgart 2004, Sp. 587-596.

Sadowski, D./ Backes-Gellner, U./ Frick, B./ Brühl, N./ Pull, K./ Schröder, M./ Müller, C. (1994): Weitere 10 Jahre Personalwirtschaftslehren - ökonomischer Silberstreif am Horizont, in: Die Betriebswirtschaft 54 (3), S. 397-410.

Sailer, U./ Hassenzahl, M. (2000): Assessing noise annoyance: an improvement-oriented approach, in: Ergonomics 43 (11), S. 1920-1938.

Salancik, G. R./ Pfeffer, J. (1978): A Social Information Processing Approach to Job Attitudes and Task Design, in: Administrative Science Quarterly 23, S. 224-253.

Salanova, M./ Bakker, A. B./ Llorens, S. (2006): Flow at Work: Evidence for an Upward Spiral of personal and Organizational Resources, in: Journal of Happiness Studies 7, S. 1-22.

Sally, D. (2002): Two Economic Applications of Sympathy, in: Journal of Law Economics & Organization 18 (2), S. 455-487.

Salovey, P./ Bedell, B. T./ Detweiler, J. B./ Mayer, J. D. (2000): Current directions in emotional intelligence research, in: Lewis, M./ Haviland-Jones, J. M. (Hrsg. 2000): Handbook of emotions, 2. Aufl., New York 2000, S. 504-520.

Salovey, P./ Hsee, C. K./ Mayer, J. D. (1993): Emotional intelligence and the self-regulation of affect, in: Wegner, D. M./ Pennebaker, J. W. (Hrsg. 1993): Handbook of mental control, Englewood Cliffs/New Jersey 1993, S. 258-277.

Salovey, P./ Mayer, J. (1990): Emotional Intelligence, in: Imagination, Cognition and Personality 9 (3), S. 185-211.

Salovey, P./ Mayer, J. D. (1994): Some final thoughts about personality and intelligence, in: Sternberg, R. J./ Ruzgis, P. (Hrsg. 1994): Personality and intelligence, Cambridge 1994, S. 303-318.

Salovey, P./ Mayer, J. D./ Goldman, S. L./ Turvey, C./ Palfai, T. P. (1995): Emotional attention, clarity, and repair: Exploring emotional intelligence using the trait meta-mood scale, in: Pennebaker, J. W. (Hrsg. 1995): Emotion, disclosure, and health, Washington/D.C. 1995, S. 125-154.

Sandelands, L. E./ Boudens, C. J. (2000): Feeling at Work, in: Fineman, S. (Hrsg. 2000): Emotions in Organizations, London u.a. 2000, S. 46-63.

Sanders, J. L./ Brizzolara, M. S. (1982): Relationships between weather and mood, in: The Journal of General Psychology 107, S. 155-156.

Sarges, W. (1996): Weiterentwicklungen der Assessment-Center-Methode, Göttingen u.a. 1996.

Sartre, J. - P. (1964): Entwurf einer Theorie der Emotionen, in: Sartre, J. - P. (Hrsg. 1964): Die Transzendenz des Ego. Drei Essays. Reinbek 1964, S. 153-195.

Sassoon, J. (1990): Colors, Artifacts, and Ideologies, in: Gagliardi, P. (Hrsg. 1990): Symbols and Artifacts: Views of the Corporate Landscape, Berlin und New York 1990, S. 169-184.

Sattelberger, T. (1991a): Kulturarbeit und Personalentwicklung: Ansätze einer integrativen Verknüpfung, in: Sattelberger, T. (Hrsg. 1991): Innovative Personalentwicklung. Grundlagen, Konzepte, Erfahrungen, 2. Aufl., Wiesbaden 1991, S. 239-258.

Sattelberger, T. (1991b): Gedankenskizze zu Nachwuchsermittlung, Projektarbeit und Coaching, in: Sattelberger, T. (Hrsg. 1991): Innovative Personalentwicklung. Grundlagen, Konzepte, Erfahrungen, 2. Aufl., Wiesbaden 1991, S. 155-172.

Sattelberger, T. (1995): Lebenszyklusorientierte Personalentwicklung, in: Sattelberger, T. (Hrsg. 1995): Innovative Personalentwicklung. Grundlagen, Konzepte, Erfahrungen, 3. Aufl., Wiesbaden 1995, S. 287-305.

Sattelberger, T. (1996a): Klassische Personalentwicklung: Dominant, aber tot, in: Sattelberger, T. (Hrsg. 1996): Human Resource Management im Umbruch: Positionierung, Potentiale, Perspektiven, Wiesbaden 1996, S. 232-251.

Sattelberger, T. (1996b): Führungskräfteentwicklung: Eine grundsätzliche Positionierung im Rahmen der Unternehmensentwicklung, in: Sattelberger, T. (Hrsg. 1996): Human Resource Management im Umbruch: Positionierung, Potentiale, Perspektiven, Wiesbaden 1996, S. 21-42.

Sattelberger, T. (1996c): Human Resources Management in der flachen Organisation: Zwischen blinder Anpassung und proaktivem Management of Change, in: Sattelberger, T. (Hrsg. 1996): Human Resource Management im Umbruch: Positionierung, Potentiale, Perspektiven, Wiesbaden 1996, S. 80-113.

Sattelberger, T. (1999): Wissenskapitalist oder Söldner: Personalarbeit in Unternehmensnetzwerken des 21. Jahrhunderts, Wiesbaden 1999.

Sattelberger, T. (2003): Sinngemeinschaften oder Söldnertruppen führen: "Reflexionen zum Beruf des Managers", in: Geißler, H./ Sattelberger, T. (Hrsg. 2003): Management wertvoller Beziehungen. Wie Unternehmen und ihre Businesspartner gewinnen, Wiesbaden 2003, S. 211-236.

Sattelberger, T. (2006): Die Irrungen und Wirrungen der Ich AG, in: Rump, J./ Sattelberger, T./ Fischer, H. (Hrsg. 2006): Employability Management. Grundlagen, Konzepte, Perspektiven, Wiesbaden 2006, S. 77-84.

Sattelberger, T./ Boehm-Tettelbach, P. (1996): Strategische Personal- und Organisationsentwicklung in internationalen Strukturen, in: Sattelberger, T. (Hrsg. 1996): Human Resource Management im Umbruch: Positionierung, Potentiale, Perspektiven, Wiesbaden 1996, S. 314-348.

Sauer, B. (1997): Politologie der Gefühle, in: Forschungsjournal Neue Soziale Bewegungen 10 (3), S. 52-65.

Saunders, E. M. J. (1993): Stock prices and wall street weather, in: American Economic Review 83, S. 1337-1345.

Sauter, S. L./ Hurrel, J. J./ Fox, H. R./ Tetrick, L. E./ Barling, J. (1999): Occupational Health Psychology: An Emerging Discipline, in: Industrial Health 37, S. 199-211.

Sawaf, A./ Bloomfield, H./ Rosen, J. (2001): Inner technology: emotions in the new millenium, in: Payne, R. L./ Cooper, C. L. (Hrsg. 2001): Emotions at Work: Theory, Research and Applications in Management, Chichester/England 2001, S. 327-342.

Schank, R. (1982): Dynamic memory. A theory of reminding and learning in computers and people, Cambridge/Massachusetts 1982.

Schank, R. C./ Abelson, R. P. (1977): Scripts, plans, goals and understanding, Hillsdale/New York 1977.

Schanz, G. (1993): Personalwirtschaftslehre. Lebendige Arbeit in verhaltenswissenschaftlicher Perspektive, München 1993.

Schanz, G. (1998): Der Manager und sein Gehirn, Frankfurt a.M. 1998.

Scheff, T. J. (1994): Bloody Revenge. Emotions, Nationalism, and War, Boulder u. a. 1994.

Scheff, T. J. (2003): Male emotions/relationships and violence: A case study, in: Human Relations 56 (6), S. 727-749.

Schein, E. (1983): The role of the founder in creating organizational culture, in: Organizational Dynamics 12 (1), S. 13-28.

Schein, E. H. (1978): Career Dynamics: Matching individual and organizational needs, Reading/MA 1978.

Schein, E. H. (1980): Organizational Psychology, 3. Aufl., Englewood Cliffs/New Jersey 1980.

Schein, E. H. (1986): What You Need to Know About Organizational Culture, in: Training and Development Journal 40 (1), S. 30-33.

Schein, E. H. (1988): Organizational Socialization and the Profession of Management, in: Sloan Management Review 30 (1), S. 53-65.

Schein, E. H. (1996): Three Cultures of Management: The Key to Organizational Learning, in: Sloan Management Review 38 (1), S. 9-20.

Schein, E. H. (2004): Organizational Culture and Leadership, 3. Aufl., San Francisco 2004.

Scheler, M. (1992): On Feeling, Knowing, and Valuing, Chicago 1992.

Scherer, A. G. (1995): Pluralismus im Strategischen Management. Der Beitrag der Teilnehmerperspektive zur Lösung von Inkommensurabilitätsproblemen in der Forschung Praxis, Wiesbaden 1995.

Scherer, A. G./ Steinmann, H. (1999): Some Remarks on the Problem of Incommensurability in Organization Studies, in: Organization Studies 20 (3), S. 519-544.

Scherer, K. R. (2003): Emotion, in: Stroebe, W./ Hewstone, M./ Stephenson, G. M. (Hrsg. 2003): Sozialpsychologie. Eine Einführung, Berlin 2003, S. 165-213.

Scherer, K. R. (2004): Which Emotions Can be Induced by Music? What Are the Underlying Mechanisms? And How Can We Measure Them? in: Journal of New Music Research 33 (3), S. 239-251.

Scherer, K. R. (2005): What are emotions? And how can they be measured? in: Social Science Information 44 (4), S. 695-729.

Scherer, K. R./ Tran, V. (2001): Effects of Emotion on the Process of Organizational Learning, in: Dierkes, M./ Antal, A. B./ Child, J./ Nonaka, I. (Hrsg. 2001): Handbook of Organizational Learning and Knowledge Management, Oxford 2001, S. 369-392.

Scherer, K. R./ Wallbott, H. G./ Matsumoto, D./ Kudoh, T. (1988): Emotional experience in cultural context: A comparison between Europe, Japan, and the USA, in: Scherer, K. R. (Hrsg. 1988): Facets of emotion: Recent research, Hillsdale/New Jersey 1988, S. 5-31.

Scherm, E./ Süß, S. (2003): Personalmanagement, München 2003.

Schiffenbauer, A. I./ Brown, J. E./ Perry, P. L./ Shulack, L. K./ Zanzola, A. M. (1977): The relationship between density and crowding: Some architectural modifiers, in: Environment and Behavior 9, S. 3-14.

Schipper, F. (2006): Rationality, Emotion and the Philosophy of Management and Organization (PMO), Emotions and Work: Ideas in Progress, London, 15.12.2006.

Schirmer, F. (1992): Arbeitsverhalten von Managern. Bestandsaufnahme, Kritik und Weiterentwicklung der Aktivitätsforschung, Wiesbaden 1992.

Schmidt-Atzert, L. (1996): Lehrbuch der Emotionspsychologie, Stuttgart u.a. 1996.

Schmidt-Denter, U. (1988): Soziale Entwicklung. Ein Lehrbuch über soziale Beziehungen im Laufe des menschlichen Lebens, München 1988.

Schneider, B. (1985): Organizational Behavior, in: Annual Review of Psychology 36, S. 573-611.

Schneider, B. (1990): The Climate for Service: Application of the Climate Construct, in: Schneider, B. (Hrsg. 1990): Organizational Climate and Culture, San Francisco 1990, S. 383-412.

Schneider, B./ Bowen, D. E./ Ehrhart, M. G./ Holcombe, K. M. (2000): The Climate for Service: Evolution of a Construct, in: Ashkanasy, N. M./ Wilderom, C. P. M./ Peterson, M. F. (Hrsg. 2000): Handbook of Organizational Culture & Climate, Thousand Oaks u.a. 2000, S. 21-36.

Schneider, B./ White, S. S./ Paul, M. C. (1998): Linking Service Climate and Customer Perceptions of Service Quality: Test of a Causal Model, in: Journal of Applied Psychology 83 (2), S. 150-163.

Schneider, F. W./ Lesko, W. A./ Garrett, W. A. (1980): Helping behavior in hot, comfortable, and cold temperatures, in: Environment and Behavior 12, S. 231-240.

Schneider, K. (1992): Emotionen, in: Spada, H. (Hrsg. 1992): Lehrbuch allgemeine Psychologie, 2. Aufl., Bern u.a. 1992, S. 403-449.

Schoenewolf, G. (1990): Emotional Contagion: Behvaioral Induction in Individuals and Groups, in: Modern Psychoanalysis 15, S. 49-61.

Scholz, C. (1988): Management der Unternehmenskultur, in: Harvard Business Manager 10 (1), S. 81-91.

Scholz, C. (2000): Personalmanagement: Informationsorientierte und verhaltenstheoretische Grundlagen, 5. Aufl., München 2000.

Schreyögg, G. (1984): Mythen und Magie in der Unternehmensführung - Anmerkungen zu einer neuen Strömung in der betriebswirtschaftlichen Forschung, in: management forum 4, S. 167-179.

Schreyögg, G. (1989): Zu den problematischen Konsequenzen starker Unternehmenskulturen, in: Zeitschrift für betriebswirtschaftliche Forschung 41, S. 94-113.

Schreyögg, G. (1991): Kann und darf man Unternehmenskulturen ändern? in: Dülfer, E. (Hrsg. 1991): Organisationskultur: Phänomen - Philosophie - Technologie, 2. Aufl., Stuttgart 1991, S. 201-214.

Schreyögg, G. (2001): Unternehmenstheater als neuer Ansatz organisatorischer Kommunikation und Veränderung, in: Zeitschrift für Organisationsforschung 70 (5), S. 268-275.

Schreyögg, G. (2003): Organisation. Grundlagen moderner Organisationsgestaltung, 4. Aufl., Wiesbaden 2003.

Schreyögg, G. (2004): Organisationstheorie, in: Schreyögg, G./ von Werder, A. (Hrsg. 2004): Handwörterbuch Unternehmensführung und Organisation (HWO), 4. Aufl., Stuttgart 2004, Sp. 1069-1088.

Schreyögg, G./ Sydow, J. (Hrsg. 2001): Emotion und Management, Wiesbaden 2001.

Schubert, B./ Hehn, P. (2004): Markengestaltung mit Duft, in: Bruhn, M. (Hrsg. 2004): Handbuch Markenführung. Kompendium zum erfolgreichen Markenmanagement. Strategien - Instrumente - Erfahrungen, 2. Aufl., Wiesbaden 2004, S. 1243-1267.

Schuh, S. (1989): Organisationskultur. Integration eines Konzepts in die empirische Forschung, Wiesbaden 1989.

Schuler, H./ Funke, U. (1995): Diagnose beruflicher Eignung und Leistung, in: Schuler, H. (Hrsg. 1995): Organisationspsychologie, 2. Aufl., Bern u.a. 1995, S. 235-283.

Schuster, M. (2005): Integration von Organisationen, Wiesbaden 2005.

Schützwohl, A. (1991): Determinanten von Stolz und Scham: Handlungsergebnis, Erfolgserwartung und Attribution, in: Zeitschrift für experimentelle und angewandte Psychologie 38, S. 76-93.

Schwartz, N./ Strack, F. (1999): Reports of subjective well-being: Judgmental processes and their methodological implications, in: Kahneman, D./ Diener, E./ Schwartz, N. (Hrsg. 1999): Well-Being: The Foundations of Hedonic Psychology, New York 1999, S. 61-84.

Schwartz, T. M./ Doyle, S. X./ Eberle, R. A. (1998): The Strategic Management of Corporate Myths, in: International Journal of Value-Based Management 11, S. 237-251.

Schwarz, N. (1987): Stimmung als Information. Untersuchungen zum Einfluß von Stimmungen auf die Bewertung des eigenen Lebens, Berlin 1987.

Schwarz, N. (1990): Feelings as Information: Informational and Motivational Functions of Affective States, in: Higgins, E. T./ Sorrentino, R. M. (Hrsg. 1990): Handbook of Motivation and Cognition, 2. Aufl., New York 1990, S. 527-561.

Schwarz, N./ Clore, G. L. (1983): Mood, misattribution and judgements of well-being: Informative and directive functions of affective states, in: Journal of Personality and Social Psychology 45, S. 513-523.

Schweer, M. K. W. (1997): Vertrauen in zentrale gesellschaftliche Institutionen, in: Gruppendynamik 28 (2), S. 201-210.

Schweer, M. K. W./ Thies, B. (2004): Vertrauen, in: Auhagen, A. E. (Hrsg. 2004): Positive Psychologie, Weinheim u.a. 2004, S. 125-138.

Schweer, M./ Thies, B. (2003): Vertrauen als Organisationsprinzip, Bern u.a. 2003.

Schwetje, T. (1999): Kundenzufriedenheit und Arbeitszufriedenheit bei Dienstleistungen, Wiesbaden 1999.

Scott, C./ Myers, K. K. (2005): The Socialization of Emotion: Learning Emotion Management at the Fire Station, in: Journal of Applied Communication Research 33 (1), S. 67-92.

Seligman, M. E. P./ Csikszentmihalyi, M. (2000): Positive Psychology: An Introduction, in: American Psychologist 55 (1), S. 5-14.

Seligman, M. E. P./ Pawelski, J. O. (2003): Positive Psychology: FAQs, in: Psychological Inquiry 14, S. 159-169.

Sells, S. B. (1963): Dimensions of stimulus situations which account for behavior variance, in: Sells, S. B. (Hrsg. 1963): Stimulus Determiants of Behavior, New York 1963, S. 3-15.

Selten, R. (1990): Bounded Rationality, in: Journal of Institutional and Theoretical Economics 146, S. 649-658.

Selye, H. (1976): Stress in health and disease, Boston 1976.

Seo, M. - G./ Feldman Barrett, L./ Bartunik, J. M. (2004): The Role of Affective Experience in Work Motivation, in: Academy of Management Review 29 (3), S. 423-439.

Shamir, B. (1980): Between Service and Servility: Role Conflict in Subordi-nate Services Roles, in: Human Relations 33, S. 741-756.

Shamir, B. (1995): Between Service and Servility: Role Conflict in Subordinate Service Roles, in: Bateson, J. E. G. (Hrsg. 1995): Managing Services Marketing. Text and Readings, 3. Aufl., Fort Worth u.a. 1995, S. 161-169.

Shapiro, S. P. (1987): The Social Control of Impersonal Trust, in: American Journal of Sociology 93 (3), S. 623-658.

Sharpe, E. K. (2005): "Going Above and Beyond": The Emotional Labor of Adventure Guides, in: Journal of Leisure Research 37 (1), S. 29-50.

Shaver, P. R./ Morgan, H. J./ Wu, S. (1996): Is love a "basic" emotion? in: Personal Relationships 3, S. 81-96.

Shaver, P./ Schwartz, J./ Kirson, D./ O'Connor, C. (1987): Emotion Knowledge: Further Exploration of a Prototype Approach, in: Journal of Personality and Social Psychology 52 (6), S. 1061-1086.

Shibutani, T. (1966): Improvised news. A sociological study of rumor, Indianapolis 1966.

Shott, S. (1979): Emotion and Social Life: A Symbolic Interactionist Analysis, in: American Journal of Sociology 84 (6), S. 1317-1334.

Shuler, S./ Sypher, B. D. (2000): Seeking emotional labor: when managing the heart enhances the work experience, in: Management Communication Quarterly 14 (1), S. 50-89.

Shuval, J. T. (1975): From 'boy' to 'colleague': processes of role tranformation in professional socialization, in: Social Science and Medicine 9, S. 413-420.

Sieben, B. (2001): Emotionale Intelligenz - Golemans Erfolgskonstrukt auf dem Prüfstand, in: Schreyögg, G./ Sydow, J. (Hrsg. 2001): Managementforschung. Band 11. Emotionen und Management, Wiesbaden 2001, S. 135-170.

Sieben, B. (2007): Management und Emotionen. Analyse einer ambivalenten Verknüpfung, Frankfurt a.M. 2007.

Siedenbiedel, C. (2006): Küssen verboten: Beziehungen am Arbeitsplatz oft ein heikles Thema, elektronisch veröffentlicht unter der URL: http://www.faz.net/s/RubCD 175863466D41BB9A6A93D460B81174/Doc~E1234BE579E674A3D93529BC6 EEA0865E~ATpl~Ecommon~Scontent.html, abgerufen am 31.07.2006.

Simon, H. A. (1979): Rational Decision-Making in Business Organizations, in: American Economic Review 69 (4), S. 493-513.

Simon, H. A. (1987): Making Management Decisions: the Role of Intuition and Emotion, in: Academy of Management Executive 1 (1), S. 57-64.

Skinner, B. F. (1973): Wissenschaft und menschliches Verhalten, München 1973.

Smircich, L. (1983): Concepts of Culture and Organizational Analysis, in: Administrative Science Quarterly 28, S. 339-358.

Smith III, A. C./ Kleinman, S. (1989): Managing Emotions in Medical School: Student's Contacts with the Living and the Dead, in: Social Psychology Quarterly 52 (1), S. 56-69.

Smith, A./ Whitney, H./ Thomas, M./ Perry, K./ Brockman, P. (1997): Effects of Caffeine and Noise on Mood, Performance and Cardiovascular Functioning, in: Human Psychopharmacology 12, S. 27-33.

Smith, C. A./ Ellsworth, P. C. (1985): Patterns of Cognitive Appraisal in Emotion, in: Journal of Personality and Social Psychology 48 (4), S. 813-838.

Smith, C. R./ Hyde, M. J. (1991): Rethinking "the public": The role of emotion in being-with-others, in: Quarterly Journal of Speech 77, S. 446-466.

Smith, K. K./ Crandell, S. D. (1984): Exploring Collective Emotions, in: American Behavioral Scientist 27 (6), S. 813-828.

Smith, K./ Kaminstein, D. S./ Makadok, R. J. (1995): The health of the corporate body: Illness and organizational dynamics, in: Journal of Applied Behavioral Science 31, S. 328-351.

Snow, D. A./ Rochford Jr., E. B./ Worden, S. K./ Benford, R. D. (1986): Frame Alignment Processes, Micromobilization, and Movement Participation, in: American Sociological Review 51, S. 464-481.

Snyder, E. E./ Ammons, R. (1993): Baseball's Emotion Work: Getting Psyched to Play, in: Qualitative Sociology 16 (2), S. 111-132.

Sokolowski, K. (1993): Emotion und Volition: eine motivationspsychologische Standortbestimmung, Göttingen u.a. 1993.

Solomon, M. R./ Surprenant, C./ Czepiel, J. A./ Gutman, E. G. (1985): A Role Theory Perspective on Dyadic Interactions: The Service Encounter, in: Journal of Marketing 49, S. 99-111.

Solomon, R. C. (1993): The Passions, Indianapolis 1993.

Solomon, R. C./ Stone, L. D. (2002): On 'Positive' and 'Negative' Emotions, in: Journal for the Theory of Social Behaviour 32 (4), S. 417-435.

Sommer, R./ Ross, H. (1958): Social Interaction on a Geriatrics Ward, in: International Journal of Social Psychiatry 4, S. 128-133.

Sonnentag, S. (2003): Recovery, Work Engagement, and Proactive Behavior: A New Look at the Interface Between Nonwork and Work, in: Journal of Applied Psychology 88 (3), S. 518-528.

Sonneveld, M. H. (2004): Dreamy hands: exploring tactile aesthetics in design, in: McDonagh, D./ Hekkert, P./ van Erp, J./ Gyi, D. (Hrsg. 2004): Design and emotion: the experience of everyday things, London 2004, S. 228-232.

Sony (2006): About Us, elektronisch veröffentlicht unter der URL: http://www.sonycareers.com/?state=AB&open=2, abgerufen am 04.07.2006.

Spangenberg, E. R./ Crowley, A. E./ Henderson, P. W. (1996): Improving the Store Environment. Do Olfactory Cues Affect Evaluations and Behaviors? in: Journal of Marketing 60, S. 67-80.

Sparrow, P./ Hiltrop, J. - M. (1994): European Human Resource Management in Transition, Hemel Hempstead 1994.

Spector, P. E. (1997): Job satisfaction: Application, assessment, causes, and consequences, Thousand Oaks u.a. 1997.

Spector, R./ McCarthy, P. (2005): The Nordstrom Way to Customer Service Excellence: A Handbook for Implementing Great Service in Your Organization, Hoboken/New Jersey 2005.

Spieß, E. (2000): Berufliche Werte, Formen der Kooperation und Arbeitszufriedenheit, in: Gruppendynamik 31 (2), S. 185-196.

Spinas, P./ Troy, N./ Ulich, E. (1983): Leitfaden zur Einführung und Gestaltung von Arbeit mit Bildschirmsystemen, München 1983.

Spinner, H. F. (1994): Der ganze Rationalismus einer Welt von Gegensätzen: Fallstudien zur Doppelvernunft, Frankfurt a.M. 1994.

Spreitzer, G./ Sutcliffe, K./ Dutten, J. E./ Sonenshein, S./ Grant, A. M. (2005): A Socially Embedded Model of Thriving at Work, in: Organization Science 16 (5), S. 537-549.

Sproull, L. S. (1981): Beliefs in organizations, in: Nystrom, P. C./ Starbuck, W. H. (Hrsg. 1981): Handbook of organizational design, New York 1981, S. 203-224.

Staehle, W. H. (1999): Management, 8. Aufl., München 1999.

Stanley, R. O./ Burrows, G. D. (2001): Varieties and functions of human emotion, in: Payne, R. L./ Cooper, C. L. (Hrsg. 2001): Emotions at Work: Theory, Research and Applications in Management, Chichester/England 2001, S. 3-19.

Staub, E. (1997): Blind versus constructive patriotism: moving from embeddedness in the group to critical loyalty and action, in: Bar-Tal, D./ Staub, E. (Hrsg. 1997): Patriotism in the Lives of Individuals and Nations, Chicago 1997, S. 213-229.

Stauss, B. (1991): Augenblicke der Wahrheit, in: absatzwirtschaft 34 (6), S. 96-105.

Stauss, B. (1997): Global Word of Mouth. Service bashing on the Internet is a thorny issue, in: Marketing Management 6 (3), S. 28-30.

Stauss, B. (1999a): Kundenzufriedenheit, in: Marketing - Zeitschrift für Forschung und Praxis 21 (1), S. 5-24.

Stauss, B. (1999b): Physisches Umfeld der Kanzlei, in: Hartung, W./ Römermann, V. (Hrsg. 1999): Marketing und Management - Handbuch für Rechtsanwälte, München 1999, S. 991-1005.

Stauss, B. (2004): Nächstenliebe aus Kundensicht - Zur Relevanz "Prosozialen Dienstleisterverhaltens" in kirchlichen Dienstleistungsorganisationen, in: Wiedmann, K. - P./ Fritz, W./ Abel, B. (Hrsg. 2004): Management mit Vision und Verantwortung - Eine Herausforderung an Wissenschaft und Praxis, Wiesbaden 2004, S. 401-422.

Stauss, B./ Mang, P. (1999): "Culture shocks" in inter-cultural service encounters? in: Journal of Services Marketing 13 (4/5), S. 329-346.

Stauss, B./ Neuhaus, P. (1997): The qualitative satisfaction model, in: International Journal of Service Industry Management 8 (3), S. 236-249.

Stauss, B./ Schmidt, M./ Schoeler, A. (2005): Customer frustration in loyalty programs, in: International Journal of Service Industry Management 16 (3), S. 229-252.

Stauss, B./ Seidel, W. (2002): Beschwerdemanagement, 3. Aufl., München u.a. 2002.

Staw, B. M. (1986): Organizational Psychology and the Pursuit of the Happy/Productive Worker, in: California Management Review 28 (4), S. 40-53.

Staw, B. M./ Barsade, S. G. (1993): Affect and Managerial Performance. A Test of the Sadder-but-Wiser vs. Happier-and-Smarter Hypotheses, in: Administrative Science Quarterly 38, S. 304-331.

Staw, B. M./ Bell, N. E./ Clausen, N. A. (1986): The Dispositional Approach To Job Attitudes: A Lifetime Longitudinal Test, in: Administrative Science Quarterly 31, S. 56-77.

Staw, B. M./ Sutton, R. I./ Pelled, L. H. (1994): Employee Positive Emotion and Favorable Outcomes at the Workplace, in: Organization Science 5 (1), S. 51-71.

Stearns, P. (1993): Girls, boys and emotions: Redefinitions and historical change, in: The Journal of American History 80, S. 36-74.

Stearns, P. N. (1986): Historical analysis in the study of emotion, in: Motivation and Emotion 10, S. 185-193.

Stearns, P. N. (1997): Emotional Change and Political Disengagement in the Twentieth-Century United States: A Case Study in Emotions History, in: Innovation 10 (4), S. 361-380.

Stearns, P. N./ Stearns, C. Z. (1985): Emotionology: Clarifying the History of Emotions and Emotional Standards, in: The American Historical Review 90, S. 813-836.

Stein, V. (2000): Emergentes Organisationswachstum. Eine systemtheoretische "Rationalisierung", München u.a. 2000.

Steinberg, R. J./ Figart, D. M. (1999): Emotional Labor Since The Managed Heart, in: Annals of the American Academy of Political and Social Science 561, S. 8-26.

Steincke, A. (2000): Erlebnis- und Konsumwelten, München 2000.

Steins, G./ Wicklund, R. A. (1993): Zum Konzept der Perspektivenübernahme, in: Psychologische Rundschau 44 (4), S. 226-239.

Stepper, S. (1992): Der Einfluss der Körperhaltung auf die Emotion "Stolz"- Experimentelle Untersuchungen zur "Körper-Feedback" Hypothese, Mannheim 1992.

Stern, S. (1989): Symbolic Representation of Organizational Identity: The Role of Emblem at the Garrett Corporation, in: Jones, M. O./ Moore, M. D./ Snyder, R. C. (Hrsg. 1989): Inside Organizations. Understanding the Human Dimension, Newbury Park u.a. 1989, S. 281-295.

Stetter, F. S. (1999): Karriere im Management: Ansätze zur Professionalisierung des Humanressourcen-Managements, Wiesbaden 1999.

Steward, K. (2005): Under Heat: What You Should Know about Heat Stress, in: Professional Safety 50 (6), S. 54-56.

Stock, R. (2003): Der Zusammenhang von Mitarbeiter- und Kundenzufriedenheit: Direkte, indirekte und moderierende Effekte, 2. Aufl., Wiesbaden 2003.

Strati, A. (1992): Aesthetic Understanding of Organizational Life, in: Academy of Management Review 17 (3), S. 568-581.

Strati, A. (1999): Organization and aesthetics, London 1999.

Strazdins, L. (2002): Emotional Work and Emotional Contagion, in: Ashakansy, N. M./ Zerbe, W. J./ Härtel, C. E. J. (Hrsg. 2002): Managing Emotions in the Workplace, Armonk u.a. 2002, S. 232-250.

Strazdins, L./ D'Souza, R. M./ Lim, L. L. - Y./ Broom, D. H./ Rodgers, B. (2004): Job Strain, Job Insecurity, and Health: Rethinking the Relationship, in: Journal of Occupational Health Psychology 9 (4), S. 296-305.

Strong, C. A./ Harris, L. C. (2004): The drivers of customer orientation: an exploration of relational, human resource and procedural tactics, in: Journal of Strategic Marketing 12, S. 183-204.

Strongman, K. T. (2003): The Psychology of Emotion: From Everyday Life to Theory, 5. Aufl., Chichester 2003.

Sturdy, A. (2003): Knowing the Unknowable? A Discussion of Methodological and Theoretical Issues in Emotion Research and Organizational Studies, in: Organization 10 (1), S. 81-105.

Styhre, A./ Börjesson, S./ Wickenberg, J. (2006): Managed by the other: cultural anxieties in two Anglo-Americanized Swedish firms, in: International Journal of Human Resource Management 17 (7), S. 1293-1306.

Suchanek, A. (1991): Der ökonomische Ansatz und das Verhältnis von Mensch, Institution und Erkenntnis, in: Bievert, B./ Held, M. (Hrsg. 1991): Das Menschenbild der ökonomischen Theorie. Zur Natur des Menschen, Frankfurt a.M. u.a. 1991, S. 76-93.

Suchanek, A. (1993): Der homo oeconomicus als Heuristik, Diskussionsbeiträge der wirtschaftswissenschaftlichen Fakultät Ingolstadt der Katholischen Universität Eichstätt, Nr. 38, Ingolstadt 1993.

Suh, E./ Diener, E./ Oishi, S./ Triandis, H. C. (1998): The Shifting Basis of Life Satisfaction Judgments Across Cultures: Emotions Versus Norms, in: Journal of Personality and Social Psychology 74 (2), S. 482-493.

Sundstrom, E. (1978): Crowding as a sequential process: Review of research on the effects of population density on humans, in: Baum, A./ Epstein, Y. (Hrsg. 1978): Human Responses to Crowding, Hillsdale/New Jersey 1978, S. 31-116.

Sundstrom, E. (1986): Work places: The psychology of the physical environment in offices and factories, New York 1986.

Sundstrom, E./ Bell, P. A./ Busby, P. L./ Asmus, C. (1996): Environmental Psychology 1989-1994, in: Annual Review of Psychology 47, S. 485-512.

Sundstrom, E./ Burt, R. E./ Kamp, D. (1980): Privacy at work: Architectural correlates of job satisfaction and job performance, in: Academy of Management Journal 23, S. 101-117.

Sundstrom, E./ Sundstrom, M. G. (1989): Work Places. The psychology of physical environment in offices and factories, Cambridge 1989.

Sundstrom, E./ Town, J. P./ Rice, R. W./ Osborn, D. P./ Brill, M. (1994): Office Noise, Satisfaction, and Performance, in: Environment and Behavior 26 (2), S. 195-222.

Süß, S. (2006): Freiberuflich tätig und gebunden? Erscheinungsformen und Einflussfaktoren des Commitments von Freelancern, Jahrestagung der Kommission "Organisation" im Verband der Hochschullehrer für Betriebswirtschaftslehre e.V., Chemnitz, 23./24.02.2006.

Sutton, R. I. (1991): Maintaining Norms about Expressed Emotions: The Case of Bill Collectors, in: Administrative Science Quarterly 36, S. 245-268.

Sutton, R. I./ Rafaeli, A. (1987): Characteristics of Work Stations as Potential Occupational Stressors, in: Academy of Management Journal 30 (2), S. 260-276.

Sy, T./ Cote, S. (2004): Emotional intelligence. A key ability to succeed in the matrix organization, in: Journal of Management Development 23 (5), S. 437-455.

Sy, T./ Cote, S./ Saavedra, R. (2005): The Contagious Leader: Impact of the Leader's Mood on the Mood of Group Members, Group Affective Tone, and Group Processes, in: Journal of Applied Psychology 90 (2), S. 295-305.

Syed, J./ Ali, F./ Winstanley, D. (2005): In pursuit of modesty: contextual emotional labour and the dilemma for working women in Islamic societies, in: International Journal of Work Organisation and Emotion 1 (2), S. 150-167.

Szilagyi, A. D./ Holland, W. E. (1980): Changes in social density: relationships with functional interaction and perceptions of job characteristics, roles stress, and work satisfaction, in: Journal of Applied Psychology 65 (1), S. 28-53.

Tan, H. H./ Foo, M. D./ Kwek, M. H. (2004): The effects of customer personality traits on the display of positive emotions, in: Academy of Management Journal 47 (2), S. 287-296.

Tangney, J. P./ Stuewig, J./ Mashek, D. J. (2007): Moral Emotions and Moral Behavior, in: Annual Review of Psychology 58 (1), S. 345-372.

Tarlow Friedman, E./ Schwartz, R. M./ Haaga, D. A. F. (2002): Are The Happy Too Happy? in: Journal of Happiness Studies 3, S. 355-372.

Tarlow, S. (2000): Emotion in Archaleogy, in: Current Anthropology 41 (5), S. 713-746.

Taylor, F. W. (1911): The Principles of Scientific Management, New York 1911.

Taylor, G. J./ Bagby, R. M./ Parker, J. D. A. (1997): Disorders of Affect Regulation: Alexithymia in Medical and Psychiatric Illness, Cambridge 1997.

Taylor, R. K. (2000a): Marketing Strategies: Gaining a Competitive Advantage Through the Use of Emotion, in: Competitiveness Review 10 (2), S. 146-152.

Taylor, S. E./ Crocker, J. (1981): Schematic bases of social information processing, in: Higgins, E. T./ Herman, C. P./ Zanna, M. P. (Hrsg. 1981): Social Cognition. The Ontario Symposium, Hillsdale/New Jersey 1981, S. 89-134.

Taylor, S./ Tyler, M. (2000): Emotional Labour and Sexual Difference in the Airline Industry, in: Work, Employment & Society 14 (1), S. 77-95.

Taylor, V. (2000b): Emotions and identity in women's self-help movements, in: Striker, S./ Owens, T. J./ White, R. W. (Hrsg. 2000): Self, identity and social movements, Minneapolis 2000, S. 271-299.

Temme, G./ Tränkle, U. (1996): Arbeitsemotionen, in: Arbeit 5 (3), S. 275-297.

Thachankary, T. (1992): Organizations as "texts": Hermeneutics as a model for understanding organizational change, in: Research in Organizational Change and Development 6, S. 197-233.

Thagard, P. (2005): The Emotional Coherence of Religion, in: Journal of Cognition and Culture 5 (1-2), S. 58-74.

Thayer, R. E. (1997): The Origin of Everyday Moods. Managing Energy, Tension, and Stress, Oxford 1997.

The Boston Consulting Group (2006a): BCG People: Diversity, elektronisch veröffentlicht unter der URL:

http://www.bcg.com/careers/bcg_people/Diversity/diversity_splash.html, abgerufen am 03.12.2006.

The Boston Consulting Group (2006b): Praktikum bei BCG, elektronisch veröffentlicht unter der URL: http://www.bcg.de/Karriere/praktikum/index.jsp, abgerufen am 15.07.2006.

The Boston Consulting Group (2006c): Einstiegstraining, elektronisch veröffentlicht unter der URL: http://www.bcg.de/karriere/einstieg/absolventen/einstiegstraining/index.jsp, abgerufen am 03.12.2006.

The White House (2005): The White House: News & Policies, elektronisch veröffentlicht unter der URL: http://www.whitehouse.gov/news/releases/2005/01/images/20050120-1_p44294-227-515h.html, abgerufen am 23.05.2006.

Thiele, M. (1997): Kernkompetenzorientierte Unternehmensstruktur. Ansätze zur Neugestaltung von Geschäftsbereichorganisationen, Wiesbaden 1997.

Thoits, P. A. (1989): The Sociology of Emotions, in: Annual Review of Sociology 15 (3), S. 317-342.

Thom, G. (2000): Integrative Personalwirtschaft, Köln 2000.

Thorndike, E. L. (1920): Intelligence and its uses, in: Harper's Magazine 140, S. 227-237.

Thorne, M. L. (2000): Cultural Chameleons, in: British Journal of Management 11 (4), S. 325-339.

Thory, K. (2005): Emotional Labour: Definitional Issues and Skill Based Implications in the Workplace, European Academy of Management, München, 05.-07.05.05.

Tickle-Degnen, L./ Rosenthal, R. (1987): Group Rapport and Nonverbal Behavior, in: Personality and Social Psychology Review 9, S. 113-136.

Tiedens, L. Z./ Sutton, R. I./ Fong, C. T. (2004): Emotional Variation in Work Groups, in: Tiedens, L. Z./ Leach, C. W. (Hrsg. 2004): The Social Life of Emotions, Cambridge 2004, S. 164-186.

Tietjen, G. H./ Kripke, D. F. (1994): Suicides in california (1968-1977) - absence of seasonality in los angeles and sacramento counties, in: Psychiatric Research 53, S. 161-172.

Tillmann, K. - J. (2004): Sozialisationstheorien, 13. Aufl., Reinbek bei Hamburg 2004.

Tödtmann, C. (2003): Kündigung per SMS oder Mail geht nicht. Neue Medien bringen neue Rechtsfragen: Was darf der Chef lieblos per Computer oder Handy mitteilen? in: Handelsblatt 45 (108), S. k04.

Tom, V. (1971): The role of personality and organizational images in the recruiting process, in: Organizational Behavior and Human Performance 6, S. 573-592.

Tomkins, S. (1981): The quest for primary motives: Biography and autobiography of an idea, in: Journal of Personality and Social Psychology 41, S. 306-329.

Topf, M. (1989): Sensitivity to Noise, Personality Hardiness, and Noise-induced Stress in Critical Care Nurses, in: Environment and Behavior 21 (6), S. 717-733.

Torrington, D./ Hall, L./ Taylor, S. (2005): Human resource management, 6. Aufl., Harlow u.a. 2005.

Totterdell, P. (1999): Mood scores: Mood and performance in professional cricketers, in: British Journal of Psychology 90, S. 317-332.

Totterdell, P./ Kellett, S./ Teuchmann, K./ Briner, R. B. (1998): Evidence of Mood Linkage in Work Groups, in: Journal of Personality and Social Psychology 74 (6), S. 1504-1515.

Totterdell, P./ Wall, T./ Holman, D./ Epitropaki, O. (2004): Affect Networks: A Structural Analysis of the Relationship Between Work Ties and Job-Related Affect, in: Journal of Applied Psychology 89 (5), S. 854-867.

Trainor, K. (2003): Seeing, Feeling, Doing: Ethics and Emotions in South Asian Buddhism, in: Journal of the American Academy of Religion 71 (3), S. 523-529.

Tran, V. (1998): The role of the emotional climate in learning organisations, in: The Learning Organisation 5 (2), S. 99-103.

Trebesch, K. (1985): Organisationskultur: zwischen dem Versuch totaler Verhaltenskontrolle und der Funktion sozialer Abwehr von Angst in Organisationen, in: Organisationsentwicklung 4 (4), S. 51-63.

Trice, H. M./ Beyer, J. M. (1984): Studying Organizational Cultures Through Rites and Ceremonials, in: Academy of Management Review 9 (4), S. 653-669.

Trice, H. M./ Beyer, J. M. (1991): Cultural Leadership in Organizations, in: Organization Science 2 (2), S. 149-169.

Trice, H. M./ Beyer, J. M. (1993): The Cultures of Work Organizations, Upper Saddle River/New Jersey 1993.

Tritt, K. (1991): Emotionen und ihre soziale Konstruktion, Frankfurt a.M. 1991.

Trommsdorff, G./ Friedlmeier, W. (1999): Emotionale Entwicklung im Kulturvergleich, in: Friedlmeier, W./ Holodynski, M. (Hrsg. 1999): Emotionale Entwicklung. Funktion, Regulation und soziokultureller Kontext von Emotionen, Heidelber und Berlin 1999, S. 275-293.

Trux, W./ Kirsch, W. (1979): Strategisches Management oder Die Möglichkeit einer >>wissenschaftlichen<< Unternehmensführung, in: Die Betriebswirtschaft 39 (2), S. 215-235.

Tsahuridu, E. E. (2006): Emotional autonomy at work, Emotions and Work: Ideas in Progress, London 15.12.2006,.

Tuckman, B. W. (1965): Developmental sequence in small groups, in: Psychological Bulletin 63, S. 384-399.

Turley, L. W./ Miliman, R. E. (2000): Atmospherics effects on shopping behavior: a review of the experimental evidence, in: Journal of Business Research 49, S. 193-211.

Turnbull, S. (2002): The Planned and Unintended Emotions Generated by a Corporate Change Program, in: Advances in Developing Human Resources 4 (1), S. 22-38.

Turner, J. H. (1999): Toward a General Sociological Theory of Emotions, in: Journal for the Theory of Social Behaviour 29 (2), S. 133-162.

Turner, J. H./ Stets, J. E. (2006): Sociological Theories of Human Emotions, in: Annual Review of Sociology 32, S. 25-52.

Tversky, A./ Kahneman, D. (1982): Judgement under uncertainty: Heuristics and biases, in: Kahneman, D./ Slovics, P./ Tversky, A. (Hrsg. 1982): Judgement under uncertainty, Cambridge 1982, S. 3-20.

Ulich, D. (1994): Sozialisations- und Erziehungseinflüsse in der emotionalen Entwicklung, in: Schneewind, K. A. (Hrsg. 1994): Psychologie der Erziehung und Sozialisation, Göttingen u.a. 1994, S. 229-257.

Ulich, D./ Kapfhammer, H. - P. (2002): Sozialisation der Emotionen, in: Hurrelmann, K./ U-lich, D. (Hrsg. 2002): Handbuch der Sozialisationsforschung, 6. Aufl., Weinheim u.a. 2002, S. 551-572.

Ulich, D./ Kienbaum, J./ Volland, C. (1999): Emotionale Schemata und Emotionsdifferenzierung, in: Friedlmeier, W./ Holodynski, M. (Hrsg. 1999): Emotionale Entwicklung. Funktion, Regulation und soziokultureller Kontext von Emotionen, Heidelber und Berlin 1999, S. 52-69.

Ulich, D./ Mayring, P. (2003): Psychologie der Emotionen, 2. Aufl., Stuttgart 2003.

Ulich, E. (1998): Arbeitspsychologie, 4. Aufl., Stuttgart 1998.

Ulrich, P./ Fluri, E. (1978): Management, 2. Aufl. Aufl., Bern u.a. 1978.

Ulrich, R. S. (1983): Aesthetic and affective responses to natural environments, in: Altman, I./ Wohlwill, J. F. (Hrsg. 1983): Human Behavior and Environment, New York 1983, S. 85-125.

Ulrich, R. S./ Simons, R. F./ Losito, B. D./ Fiorito, E./ Miles, M. A./ Zelson, M. (1991): Stress recovery during exposure to natural and urban environments, in: Journal of Environmental Psychology 11, S. 201-230.

van Buskirk, W./ McGrath, D. (1992): Organizational Stories as a Window on Affect in Organizations, in: Journal of Organizational Change Management 5 (2), S. 9-24.

van Dick, R. (2004): Commitment und Identifikation mit Organisationen, Göttingen 2004.

van Dolen, W./ de Ruyter, K./ Lemmink, J. (2004): An empirical assessment of the influence of customer emotions and contact employee performance on encounter and relationship satisfaction, in: Journal of Business Research 57, S. 437-444.

van Kleef, G. A./ de Dreu, C. K. W./ Pietroni, D./ Manstead, A. S. R. (2006): Power and emotion in negotiation: Power moderates the interpersonal effects of anger and happiness on concession making, in: European Journal of Social Psychology 36, S. 557-581.

van Maanen, J. (1975): Police Socialization: A Longitudinal Examination of Job Attitudes in an Urban Police Department, in: Administrative Science Quarterly 20, S. 207-228.

van Maanen, J. (1976): Breaking in: Socialization to work, in: Dubin, R. (Hrsg. 1976): Handbook of work, organization and society, Chicago 1976, S. 67-130.

van Maanen, J./ Kunda, G. (1989): "Real Feelings": Emotional Expression and Organizational Culture, in: Research in Organizational Behavior 11, S. 43-103.

van Maanen, J./ Schein, E. H. (1979): Toward a Theory of Organizational Socialization, in: Research in Organizational Behavior 1, S. 209-264.

Veitch, J. A. (2000): Creating high-quality workplaces using lighting, in: Clements-Croome, D. (Hrsg. 2000): Creating the Productive Workplace, London und New York 2000, S. 207-224.

Vendelo, M. T. (1998): Narrating corporate reputation: becoming legitimate through storytelling, in: International Studies of Management & Organization 28 (3), S. 120-121.

Verbeke, W./ Bagozzi, R. P. (2000): Sales Call Anxiety: Exploring What It Means When Fear Rules a Sales Encounter, in: Journal of Marketing 64 (3), S. 88-101.

Verbeke, W./ Bagozzi, R. P. (2003): Exploring the role of self- and customer-provoked embarrassment in personal selling, in: International Journal of Research in Marketing 20, S. 233-258.

Vester, H. - G. (1991): Emotion, Gesellschaft und Kultur, Opladen 1991.

Vester, H. - G. (2004): Das Erlebnis begreifen. Überlegungen zum Erlebnisbegriff, in: Kagelmann, H. - J./ Rieder, M./ Bachmann, R. (Hrsg. 2004): Erlebniswelten: Vom Erlebnisboom in der Postmoderne, 2. Aufl., München 2004, S. 9-20.

Vilnai-Yavetz, I./ Rafaeli, A. (2006): Aesthetics and Professionalism of Virtual Servicescapes, in: Journal of Service Research 8 (3), S. 245-259.

Vince, R. (2006): Being Taken Over: Managers' Emotions and Rationalizations During a Company Takeover, in: Journal of Management Studies 43 (2), S. 343-365.

Vinton, K. L. (1989): Humor in the Workplace. It Is More Than Telling Jokes, in: Small Group Behavior 20 (2), S. 151-166.

Vogel, B. (2006): Emotionsorientierte Führung von Teams: Emotionen in Teams als Leadership-Aufgabe, in: Bruch, H./ Krummaker, S./ Vogel, B. (Hrsg. 2006): Leadership - Best Practices und Trends, Wiesbaden 2006, S. 167-178.

Vogel, S. (1996): Emotionspsychologie. Grundriss einer exakten Wissenschaft der Gefühle, Opladen 1996.

von Eckardstein, D./ Luegner, G./ Niedl, K./ Schuster, B. (1995): Psychische Befindensbeeinträchtigung und Gesundheit im Betrieb: Herausforderungen für Personalmanager und Gesundheitsexperten, München und Mering 1995.

von Rosenstiel, L. (1999): Grundlagen der Führung, in: von Rosenstiel, L./ Regnet, E./ Domsch, M. E. (Hrsg. 1999): Führung von Mitarbeitern. Handbuch für erfolgreiches Personalmanagement, Stuttgart 1999, S. 3-24.

von Rosenstiel, L. (2003a): Grundlagen der Organisationspsychologie, 5. Aufl., 2003.

von Rosenstiel, L. (2003b): Anerkennung und Kritik als Führungsmittel, in: von Rosenstiel, L./ Regnet, E./ Domsch, M. E. (Hrsg. 2003): Führung von Mitarbeitern. Handbuch für erfolgreiches Personalmanagement, 5. Aufl., Stuttgart 2003, S. 269-280.

von Rosenstiel, L. (2003c): Grundlagen der Führung, in: von Rosenstiel, L./ Regnet, E./ Domsch, M. (Hrsg. 2003): Führung von Mitarbeitern. Handbuch für erfolgreiches Personalmanagement, 5. Aufl., Stuttgart 2003, S. 3-26.

von Rosenstiel, L./ Einsiedler, H. E. (1987): Führung durch Geführte, in: Kieser, A./ Reber, G./ Wunderer, R. (Hrsg. 1987): Handwörterbuch der Führung, Stuttgart 1987, Sp. 982-997.

von Scheve, C./ von Luede, R. (2005): Emotion and Social Structures: Towards an Interdisciplinary Approach, in: Journal for the Theory of Social Behaviour 35 (3), S. 303-328.

Voola, R./ Carlson, J./ West, A. (2004): Emotional intelligence and competitive advantage: examining the relationship from a resource-based view, in: Strategic Change 13, S. 83-93.

Vroon, P./ van Amerongen, A./ de Vries, H. (1996): Psychologie der Düfte. Wie Gerüche uns beeinflussen und verführen, Zürich 1996.

Wadosch, M. (1996): Die ästhetische Fähigkeit des Unternehmens, Herrsching 1996.

Wagner, D. (2003): Diversity Management - Besondere Personengruppen, in: Luczak, H. (Hrsg. 2003): Kooperation und Arbeit in vernetzten Welten, Stuttgart 2003, S. 117-124.

Wagner, D./ Sepeheri, P. (2002): Diversity and Managing Diversity: Verständnisfragen, Zusammenhänge und theoretische Erkenntnisse, in: Peters, S./ Bentel, N. (Hrsg. 2002): Frauen und Männer im Management, 2. Aufl., Wiesbaden 2002, S. 121-142.

Wahren, H. - K. E. (1987): Zwischenmenschliche Kommunikation und Interaktion in Unternehmen: Grundlagen, Probleme und Ansätze zur Lösung, Berlin 1987.

Waitt, G. (2001): The Olympic spirit and civic boosterism: the Sydney 2000 Olympics, in: Tourism Geographies 3 (3), S. 249-278.

Wakefield, K. L./ Blodgett, J. G. (1996): The effect of the servicescape on customers' behavioral intentions in leisure service settings, in: The Journal of Services Marketing 10 (6), S. 45-61.

Walgenbach, P. (2000): Das Konzept der Vertrauensorganisation. Eine theoriegeleitete Betrachtung, in: Die Betriebswirtschaft 60 (6), S. 707-720.

Wal-Mart (2006): The Wal-Mart Cheer, elektronisch veröffentlicht unter der URL: http://walmartstores.com/GlobalWMStoresWeb/navigate.do?catg=259&contId=4 410, abgerufen am 25.07.2006.

Walter-Busch, E. (1979): Aspekte der gegenwärtigen Sinn- und Orientierungskrise, in: iomanagement 48, S. 65-76.

Walter-Busch, E. (1996): Organisationstheorien von Weber bis Weick, Amsterdam 1996.

Warner, R. (1982): The psychologist as social systems consultant, in: Millon, T./ Green, C./ Meagher, R. (Hrsg. 1982): Handbook of Clinical Health Psychology, New York 1982, S. 277-300.

Warr, P. (1999): Well-Being and the Workplace, in: Kahneman, D./ Diener, E./ Schwarz, N. (Hrsg. 1999): Well-Being: the foundations of hedonic psychology, New York 1999, S. 392-412.

Wasielewski, P. L. (1985): The Emotional Basis of Charisma, in: Symbolic Interaction 8 (2), S. 207-222.

Wasserman, V./ Rafaeli, A./ Kluger, A. (2000): Aesthetic symbols as emotional cues, in: Fineman, S. P. (Hrsg. 2000): Emotion in Organization, London 2000, S. 140-166.

Watson, T. (1995): Rhetoric, discourse and argument in organizational sense making: A reflexive tale, in: Organization Studies 16 (5), S. 805-821.

Watts, F. N. (1992): Aplications of current cognitive theories of the emotions to the conceptualisation of emotional disorders, in: British Journal of Clinical Psychology 31, S. 153-167.

Wayne, J. H./ Musisca, N./ Fleeson, W. (2004): Considering the role of personality in the work-family experience: Relationships of the big five to work-family conflict and facilitation, in: Journal of Vocational Behavior 64, S. 108-130.

Weaver, G. R./ Gioia, D. A. (1994): Paradigms Lost: Incommensurability vs Structurationist Inquiry, in: Organization Studies 15 (4), S. 565-590.

Weber, H. (2000): Sozial-konstruktivistische Ansätze, in: Otto, J. H./ Euler, H. A./ Mandl, H. (Hrsg. 2000): Emotionspsychologie. Ein Handbuch, Weinheim u.a. 2000, S. 139-150.

Weber, M. (1985): Wirtschaft und Gesellschaft, 5. Aufl., Tübingen 1985.

Weber, W./ Mayrhofer, W. (1988): Organisationskultur - zum Umgang mit einem vieldiskutierten Konzept in Wissenschaft und Praxis, in: Die Betriebswirtschaft 48 (5), S. 555-566.

Wegge, J. (2001): Emotion und Arbeit: Zum Stand der Dinge, in: Zeitschrift für Arbeitswissenschaft 55 (1), S. 49-56.

Weibler, J. (1994): Führung durch den nächsthöheren Vorgesetzten, Wiesbaden 1994.

Weibler, J. (1995): Symbolische Führung, in: Kieser, A./ Reber, G./ Wunderer, R. (Hrsg. 1995): Handwörterbuch der Führung, Stuttgart 1995, Sp. 2015-2026.

Weibler, J. (1996): Ökonomische vs. verhaltenswissenschaftliche Ausrichtung der Personalwirtschaftslehre - Eine notwendige Kontroverse? in: Die Betriebswirtschaft 56, S. 649-665.

Weibler, J. (2004): Führung und Führungstheorien, in: Schreyögg, G./ von Werder, A. (Hrsg. 2004): Handwörterbuch Unternehmensführung und Organisation (HWO), 4. Aufl., Stuttgart 2004, Sp. 294-307.

Weick, K. E. (1993): The Collapse of Sensemaking in Organizations: The Mann Gulch Disaster, in: Administrative Science Quarterly 38 (4), S. 628-652.

Weick, K. E. (1999): Theory construction as disciplined reflexivity: Tradeoffs in the 90s, in: Academy of Management Review 24 (4), S. 797-806.

Weick, K. E./ Sutcliffe, K. M./ Obstfeld, D. (2005): Organizing and the Process of Sensemaking, in: Organization Science 16 (4), S. 409-421.

Weinert, A. B./ Langer, C. (1995): Menschenbilder. Empirische Feldstudie unter den Führungskräften eines internationalen Energiekonzerns, in: Die Unternehmung 49 (2), S. 75-90.

Weingarten, G. (1973): Mental performance during physical exertion: The benefit of being physically fit, in: International Journal of Sport Psychology 4, S. 16-26.

Weinholz, D. (1991): The socialization of pyhsicians during attending rounds: a study of team learning among medical students, in: Qualitative Health Research 1, S. 152-177.

Weiss, H. M. (1977): Subordinate Imitation of Supervisor Behavior: The Role of Modeling in Organizational Socialization, in: Organizational Behavior and Human Performance 19, S. 89-105.

Weiss, H. M. (2002): Deconstructing job satisfaction: Separating evaluations, beliefs and affective experiences, in: Human Resource Management Review 12, S. 173-194.

Weiss, H. M./ Brief, A. P. (2001): Affect at work: a historical perspective, in: Payne, R./ Cooper, C. (Hrsg. 2001): Emotions at Work, Canada 2001, S. 133-171.

Weiss, H. M./ Cropanzano, R. (1996): Affective events theory: A theoretical discussion of the structure, causes, and consequences of affective experiences at work, in: Research in Organizational Behavior 18, S. 1-74.

Weitbrecht, H. (2005): Mitarbeiter emotional binden, in: Personal 55 (11), S. 10-12.

Wells, B. W. P. (1965): Subjective responses to the lighting installation in a modern office building and their design implications, in: Building Science 1, S. 57-68.

Wernerfelt, B. (1995): The Resource-Based View of the Firm: Ten Years After, in: Strategic Management Journal 16 (3), S. 171-174.

Wertheimer, M. (1912): Experimentelle Studien über das Sehen von Bewegung, in: Zeitschrift für Psychologie 61, S. 161-265.

Werther Jr., W. B./ Davis, K. (1993): Human Resources and Personnel Management, 4. Aufl., New York u.a. 1993.

Westwood, R. (2004): Comic Relief: Subversion and Catharsis in Organizational Comedic Theatre, in: Organization Studies 25 (5), S. 775-795.

Wharton, A. S./ Erickson, R. J. (1993): Managing Emotions on the Job and at Home: Understanding the Consequences of Multiple Emotional Roles, in: Academy of Management Review 18 (3), S. 457-486.

Whitehouse, H. (2000): Arguments and icons: Divergent modes of religiosity, Oxford 2000.

Wiendieck, G. (1990): Organisationspsychologische Konzepte normativer Steuerung. Das Beispiel der Organisationskultur, in: Kölner Beiträge zur Wirtschaftspsychologie 2, S. 27-43.

Wilkie, M. (1995): Scent of a Market, in: American Demographics 17 (8), S. 40-47.

Wilkins, A. L. (1983): Organizational Stories as Symbols Which Control the Organization, in: Pondy, L. R./ Frost, P. J./ Morgan, G./ Dandridge, T. C. (Hrsg. 1983): Organizational Symbolism, Greenwich/Connecticut und London 1983, S. 81-92.

Williams, C. (2003): Sky Service: The Demands of Emotional Labour in the Airline Industry, in: Gender, Work and Organization 10 (5), S. 513-550.

Williamson, O. E. (1985): The Economic Institutions of Capitalism. Firms, Markets, Relational Contracting, New York u.a. 1985.

Willmott, H. (1993): Strength is Ignorance; Slavery is Freedom: Managing Culture in Modern Organizations, in: Journal of Management Studies 30 (4), S. 515-552.

Wilson, C. P. (1979): Jokes. Form, Content, Use and Function, London u.a. 1979.

Windolf, P. (1981): Berufliche Sozialisation, Stuttgart 1981.

Wineman, J. D. (1982): Office Design and Evaluation. An Overview, in: Environment and Behavior 14 (3), S. 271-298.

Wisely, N./ Fine, G. A. (1997): Making Faces. Portraiture as a Negotiated Worker-Client Relationship, in: Work and Occupations 24 (2), S. 164-187.

Wispe, L. (1986): The Distinction Between Sympathy and Empathy: To Call Forth a Concept, A Word Is Needed, in: Journal of Personality and Social Psychology 50 (2), S. 314-321.

Wittgenstein, L. (1992): Logisch-philosophische Abhandlung. Tractatus logico-philosophicus, 23. Aufl., Frankfurt a.M. 1992.

Wöhe, G. (2000): Einführung in die Allgemeine Betriebswirtschaftslehre, 20. Aufl., München 2000.

Wöhler, K. (2004): Was soll die Diagnose: Überall Erlebnis? in: Kagelmann, H. - J./ Rieder, M./ Bachmann, R. (Hrsg. 2004): Erlebniswelten: Vom Erlebnisboom in der Postmoderne, 2. Aufl., München 2004, S. 220-225.

Wohlwill, J. F. (1976): Environmental aesthetics: the environment as a source of affect, in: Altman, I./ Wohlwill, J. F. (Hrsg. 1976): Human behavior and environment, New York 1976, S. 37-85.

Wolff, S. B./ Pescosolido, A. T./ Druskat, V. U. (2002): Emotional intelligence as the basis of leadership emergence in self-managing teams, in: The Leadership Quarterly 13 (5), S. 505-522.

Wolfrum, U. (1993): Erfolgspotentiale. Kritische Würdigung eines zentralen Konzepts der strategischen Unternehmensführung, München 1993.

Wolkoff, P./ Wilkins, C. K./ Clausen, P. A./ Nielsen, G. D. (2006): Organic compounds in office environments - sensory irritation, odor, measurements and the role of reactive chemistry, in: Indoor Air 16, S. 7-19.

Wolkomir, M. (2001): Emotion Work, Commitment, and the Authentication of the Self: The Case of Gay and Ex-Gay Christian Support Groups, in: Journal of Contemporary Enthnography 30 (3), S. 305-334.

Wollsching-Strobel, P. (1999): Managementnachwuchs erfolgreich machen. Personalentwicklung für High-Potentials, Wiesbaden 1999.

Wood, G./ Nink, M. (2005): Engagement-Index 2005. Studie zur emotionalen Bindung von ArbeitnehmerInnen in Deutschland, Potsdam 2005.

Woodside, A. G./ Davenport, J. W. (1974): The Effect of Salesman Similarity and Expertise on Consumer Purchasing Behavior, in: Journal of Marketing Research 11 (2), S. 198-202.

Woolthuis, R. K./ Hillebrand, B./ Nooteboom, B. (2005): Trust, Contract and Relationship Development, in: Organization Studies 26 (6), S. 813-840.

Wotton, E. (1976): Some considerations affecting the inclusion of windows in office facades, in: Lighting Design and Applications 6 (2), S. 32-40.

Wouters, C. (1991): On Status Competition and Emotion Management, in: Journal of Social History 24 (4), S. 699-717.

Wouters, C. (1995a): Etiquette Books and Emotion Management in the 20th Century: Part One - The Integration of Social Classes, in: Journal of Social History 29 (1), S. 107-124.

Wouters, C. (1995b): Etiquette Books and Emotion Management in the 20th Century: Part Two - The Integration of the Sexes, in: Journal of Social History 29 (2), S. 326-339.

Wright, P. M./ McMahan, G. C./ McWilliams, A. (1994): Human resources and sustained competitive advantage: a resource-based perspective, in: International Journal of Human Resource Management 5 (2), S. 301-326.

Wright, T. A./ Cropanzano, R. (2004): The Role of Psychological Well-Being in Job Performance: A Fresh Look at an Age-Old Queste, in: Organizational Dynamics 33 (4), S. 338-351.

Wright, T. A./ Staw, B. M. (1999): Affect and Favorable Work Outcomes. Two Longitudinal Tests for the Happy-Productive Worker Thesis, in: Journal of Organizational Behavior 20, S. 1-23.

Wrzesniewski, A./ Dutton, J. E./ Debebe, G. (2003): Interpersonal sensemaking and the meaning of work, in: Research in Organizational Behavior 25, S. 93-135.

Wrzesniewski, A./ McCauley, C. R./ Rozin, P./ Schwartz, B. (1997): Jobs, careers, and callings: People's relations to their work, in: Journal of Research in Personality 31, S. 21-33.

Wunderer, R. (1992): Managing the boss - "Führung von unten", in: Zeitschrift für Personalforschung 6 (3), S. 287-311.

Wunderer, R. (Hrsg. 1995): Betriebswirtschaftslehre als Management- und Führungslehre, 3. Aufl., Stuttgart 1995.

Wunderer, R./ Küpers, W. (2003): Demotivation -> Remotivation. Wie Leistungsbarrieren blockiert und reaktiviert werden, München 2003.

Yang, G. (2000): Achieving Emotions in Collective Action: Emotional Processes and Movement Mobilization in the 1989 Chinese Student Movement, in: The Sociological Quarterly 41 (4), S. 593-614.

Yang, G. (2005): Emotional events and the transformation of collective action. The Chinese student movement, in: Flam, H./ King, D. (Hrsg. 2005): Emotions and Social Movements, London 2005, S. 79-98.

Yanow, D. (1998): Space stories: Studying museum buildings as organizational spaces, in: Journal of Management Inquiry 7 (3), S. 215-239.

Ybema, S. (2004): Managerial postalgia: projecting a golden future, in: Journal of Managerial Psychology 19 (8), S. 825-841.

Yi, Y. (1990): A Critical Review of Consumer Satisfaction, in: Zeithaml, V. A. (Hrsg. 1990): Review of Marketing, Chicago 1990, S. 68-123.

Yinon, Y./ Bizman, A. (1980): Noise, success, and failure as determinants of helping behavior, in: Personality and Social Psychology Bulleting 6, S. 125-130.

Young, E. (1989): On the naming of the rose: Interest and multiple meanings as elements of organizational culture, in: Organization Studies 10, S. 187-206.

Young, M. P. (2001): Emotions and Political Identity: Mobilizing Affection for the Polity, in: Goodwin, J./ Jasper, J. M./ Polletta, F. (Hrsg. 2001): Passionate Politics. Emotions and Social Movements, Chicago und London 2001, S. 83-98.

Youssef, C. M. (2005): Beyond Emotional Labor: Positive Emotional Synchronization, Arbeitspapier, University of Nebraska-Lincoln, Department of Management, Lincoln 2005.

Yu, Y. - T./ Dean, A. (2001): The contribution of emotional satisfaction to consumer loyalty, in: International Journal of Service Industry Management 12 (3), S. 234-250.

Yukl, G. A. (1998): Leadership and Organizations, 4. Aufl., Englewood Cliffs/New Jersey 1998.

Yukl, G./ Falbe, C. M. (1990): Influence Tactic and Objectives in Upward, Downward and Lateral Influence Attempts, in: Journal of Applied Psychology 75 (2), S. 132-140.

Zaalberg, R./ Manstead, A. S. R./ Fischer, A. H. (2004): Relations between emotion, display rules, social motives, and social behaviour, in: Cognition and Emotion 18 (2), S. 183-207.

Zajonc, R. B. (1980): Feeling and thinking: Preferences need no inferences, in: American Psychologist 35 (2), S. 151-175.

Zajonc, R. B. (1984): On the primacy of affect, in: American Psychologist 39 (2), S. 117-123.

Zajonc, R. B./ McIntosh, D. N. (1992): Emotions Research: Some Promising Questions and Some Questionable Promises, in: Psychological Science 3 (1), S. 70-74.

Zak, P./ Kurzban, R./ Matzner, W. (2004): The Neurobiology of Trust, in: Annals of the New York Academy of Sciences 1032, S. 224-227.

Zalesny, M. D./ Farace, R. V. (1987): Traditional vs. open offices: A comparison of socio-technical, social relations, and social meaning perspectives, in: Academy of Management Journal 30 (240-259).

Zand, D. E. (1997): The Leadership Triad: Knowledge - Trust - Power, New York und Oxford 1997.

Zapf, D. (2000): Organisationen und Emotion, in: Otto, J./ Euler, H./ Mandl, H. (Hrsg. 2000): Emotionspsychologie. Ein Handbuch, Weinheim u.a. 2000, Sp. 567-575.

Zapf, D. (2002): Emotion work and psychological well-being: A review of the literature and some conceptual considerations, in: Human Resource Management Review 12, S. 237-268.

Zapf, D./ Holz, M. (2006): On the positive and negative effects of emotion work in organizations, in: European Journal of Work and Organizational Psychology 15 (1), S. 1-28.

Zapf, D./ Knorz, C./ Kulla, M. (1996): On the Relationship between Mobbing Factors, and Job Content, Social Work Environment, and Health Outcomes, in: European Journal of Work and Organizational Psychology 5 (2), S. 215-237.

Zapf, D./ Seifert, C./ Schmutte, B./ Mertini, H./ Holz, M. (2001): Emotion work and job stressors and their effects on burnout, in: Psychology and Health 16, S. 527-545.

Zautra, A. J./ Affleck, G. G./ Tennen, H./ Reich, J. W./ Davis, M. C. (2005): Dynamic Approaches to Emotion and Stress in Everyday Life: Bolger and Zuckerman Reloaded With Positive as Well as Negative Affects, in: Journal of Personality 73 (6), S. 1511-1538.

Zeithaml, V. A./ Berry, L. L./ Parasuraman, A. (1993): The Nature and Determinants of Customer Expectations of Service, in: Journal of the Academy of Marketing Science 21 (1), S. 1-12.

Zeithaml, V. A./ Bitner, M. J. (2003): Services Marketing: Integrating customer focus across the firm, 3. Aufl., New York 2003.

Zeithaml, V. A./ Parasuraman, A./ Berry, L. L. (1985): Problems and Strategies in Services Marketing, in: Journal of Marketing 49, S. 33-46.

Zeldin, T. (1982): Personal History and the History of the Emotions, in: Journal of Social History 15, S. 339-348.

Zembylas, M. (2002): "Structures of Feeling" in Curriculum and Teaching: Theorizing the Emotional Rules, in: Educational Theory 52 (2), S. 187-208.

Zerbe, W. J./ Härtel, C. E. J./ Ashkanasy, N. M. (2002): Emotional Labor and the Design of Work, in: Ashkanasy, N. M./ Zerbe, W. J./ Härtel, C. E. J. (Hrsg. 2002): Managing Emotions in the Workplace, Armonk und London 2002, S. 276-284.

Ziegler, W./ Hegerl, U. (2002): Der Werther-Effekt. Bedeutung, Mechanismen, Konsequenzen, in: Der Nervenarzt 73 (1), S. 41-49.

Zimbardo, P. G./ Gerrig, R. J. (1999): Psychologie, 7. Aufl., Berlin u.a. 1999.

Zimbardo, P. G./ Maslach, C./ Haney, C. (1999): Reflections on the Stanford Prison Experiment: Genesis, transformation, consequences, in: Blass, T. (Hrsg. 1999): Obedience to authority: Current perspectives on the Milgram Paradigm, Mahwah, NJ 1999, S. 193-237.

Zohar, D. (2000): A Group-Level Model of Safety Climate: Testing the Effect of Group Climate on Microaccidents in Manufacturing Jobs, in: Journal of Applied Psychology 85 (4), S. 587-596.

zu Knyphausen-Aufseß, D./ Ringlstetter, M. (1995): Evolutionäres Management, in: Corsten, H./ Reiß, M. (Hrsg. 1995): Handbuch Unternehmensführung. Konzepte - Instrumente - Schnittstellen, Wiesbaden 1995, S. 197-205.

Zurcher, L. A. (1982): The Staging of Emotion: A Dramaturgical Analysis, in: Symbolic Interaction 5 (1), S. 1-22.